W0261554

Informatik-Fachberichte 253

Herausgeber: W. Brauer
im Auftrag der Gesellschaft für Informatik (GI)

W. Ameling (Hrsg.)

ASST '90
7. Aachener Symposium für Signaltheorie

Modellgestützte Signalverarbeitung
Aachen, 12.-14. September 1990

Proceedings

Springer-Verlag

Berlin Heidelberg New York London
Paris Tokyo Hong Kong Barcelona

Herausgeber

W. Ameling
Rogowski-Institut für Elektrotechnik, Lehrstuhl für Allgemeine
Elektrotechnik und Datenverarbeitungssysteme, RWTH Aachen
Schinkelstraße 2, D-5100 Aachen

Veranstaltungs- und Organisationsleitung
Rheinisch-Westfälische Technische Hochschule (RWTH) Aachen

Wissenschaftliche Leitung
W. Ameling, Rogowski-Institut für Elektrotechnik

Mitveranstalter
P. L. Butzer, Lehrstuhl A für Mathematik
H.-D. Lüke, Institut für Elektrische Nachrichtentechnik
D. Meyer-Ebrecht, Lehrstuhl für Meßtechnik
H. Meyr, Lehrstuhl für Elektrische Regelungstechnik
F. Schreiber, Lehrstuhl für Datenfernverarbeitung
P. Vary, Institut für Nachrichtengeräte und Datenverarbeitung

Organisation
W. Ameling, R. Gebhardt, B. Keitemeier, R. Schnitzler
Rogowski-Institut für Elektrotechnik

Tagungsort
Hörsäle des Kármán-Auditoriums, RWTH Aachen

CR Subject Classification (1987): C.1, F.2, I.4-6

ISBN-13:978-3-540-53124-1   e-ISBN-13:978-3-642-76062-4
DOI: 10.1007/978-3-642-76062-4

CIP-Titelaufnahme der Deutschen Bibliothek.
Modellgestützte Signalverarbeitung: Aachen, 12.-14. September 1990; proceedings / ASST '90,
7. Aachener Symposium für Signaltheorie. W. Ameling (Hrsg.). [Veranst.- u. Organisationslei-
tung: Rhein.-Westfäl. Techn. Hochsch. (RWTH) Aachen]. - Berlin; Heidelberg; New York; London;
Paris; Tokyo; Hong Kong; Barcelona: Springer, 1990
(Informatik-Fachberichte; 253)
ISBN-13:978-3-540-53124-1 (Berlin ...) brosch.

NE: Ameling, Walter [Hrsg.]; Aachener Symposium für Signaltheorie [07, 1990]; Technische
Hochschule [Aachen]; GT

Dieses Werk ist urheberrechtlich geschützt. Die dadurch begründeten Rechte, insbesondere
die der Übersetzung, des Nachdrucks, des Vortrags, der Entnahme von Abbildungen und Ta-
bellen, der Funksendung, der Mikroverfilmung oder der Vervielfältigung auf anderen Wegen und
der Speicherung in Datenverarbeitungsanlagen, bleiben, bei auch nur auszugsweiser Verwer-
tung, vorbehalten. Eine Vervielfältigung dieses Werkes oder von Teilen dieses Werkes ist auch
im Einzelfall nur in den Grenzen der gesetzlichen Bestimmungen des Urheberrechtsgesetzes
der Bundesrepublik Deutschland vom 9. September 1965 in der jeweils geltenden Fassung
zulässig. Sie ist grundsätzlich vergütungspflichtig. Zuwiderhandlungen unterliegen den Straf-
bestimmungen des Urheberrechtsgesetzes.

© Springer-Verlag Berlin Heidelberg 1990

2145/3140-543210 – Gedruckt auf säurefreiem Papier

Vorwort

Seit 1975 wird das *Aachener Symposium für Signaltheorie* - zunächst unter dem Namen "Aachener Kolloquium" - in zwei- bis dreijährigem Turnus ausgerichtet. Das Symposium widmet sich schwerpunktmäßig den theoretischen Grundlagen der Signalverarbeitung, soll jedoch die Bezüge zur Anwendung und Technologie nicht außer acht lassen. Initiiert wurde das Symposium 1975 als eine gemeinsame Veranstaltung Aachener Institute der Elektrotechnischen und der Mathematisch-Naturwissenschaftlichen Fakultät, die sich in ihren Forschungsarbeiten mit Signalverarbeitung und deren theoretischen Grundlagen befassen. Das Symposium soll ein "Werkstattgespräch" sein, also über den aktuellen Stand laufender Forschungsarbeiten berichten. Es soll insbesondere ein Forum für die Verständigung zwischen den involvierten Fachrichtungen - Ingenieurwissenschaften, Informatik, Mathematik, Physik etc. - sein. In dieser Rolle hat das Symposium schnell breites Interesse im In- und Ausland gefunden.

Der folgende Überblick soll zum einen die Entwicklung des Aachener Kolloquiums dokumentieren, andererseits aber auch noch einmal, stellvertretend für viele andere, Namen aufführen, ohne die das Aachener Kolloquium nicht zu dem geworden wäre, was es heute darstellt:

1. Aachener Kolloquium (1975)
Spezielle Probleme der Signaltheorie
Leitung: H.D. Lüke
Mitveranstalter: H.J. Tafel;

2. Aachener Kolloquium (1976)
Theorie und Anwendung diskreter Signale
Leitung: H.J. Tafel
Mitveranstalter: H.D. Lüke, H. Lueg;

3. Aachener Kolloquium (1979)
Stochastische Signale
Leitung: H. Meyr
Mitveranstalter: P.L. Butzer, H.D. Lüke, H.J. Tafel;

4. Aachener Kolloquium (1981)
Theorie und Anwendung der Signalverarbeitung
Leitung: H.D. Lüke
Mitveranstalter: P.L. Butzer, H. Meyr, H.J. Tafel;

5. Aachener Kolloquium (1984)
Mathematische Methoden in der Signalverarbeitung
Leitung: P.L. Butzer
Mitveranstalter: H.-D. Lüke, H. Meyr, F. Schreiber, H.J. Tafel;

<u>6. Aachener Symposium für Signaltheorie</u> (1987)
Mehrdimensionale Signale und Bildverarbeitung
Leitung: D. Meyer-Ebrecht
Mitveranstalter: W. Ameling, P.L. Butzer, H.-D. Lüke, H. Meyr, F. Schreiber;

<u>7. Aachener Symposium für Signaltheorie</u> (1990)
Modellgestützte Signalverarbeitung
Leitung: W. Ameling
Mitveranstalter: P.L. Butzer, H.-D. Lüke, D. Meyer-Ebrecht, H. Meyr, F. Schreiber, P. Vary.

Den Mittelpunkt jeder Tagung in dieser Reihe stellten Signale in einem jeweils ausgesuchten und aktuellen Kontext dar. Das Thema der diesjährigen Tagung, *Modellgestützte Signalverarbeitung*, weist auf die Notwendigkeit hin, in zunehmend komplexen Signalverarbeitungsprozessen die zugrundeliegenden abstrakten Verarbeitungsmodelle explizit herauszustellen. Damit wird ein Weg beschritten, der eine übersichtliche Klassifikation von Signalverarbeitungsprozessen erlaubt. Die Realisierung von Signalverarbeitungsprozessen stellt die Klassifikation von Problemen, ihre Identifikation mit einem abstrakten Modell und eine entsprechende Modellimplementierung dar. Modellgestützte Signalverarbeitung beinhaltet also eine starke Strukturierungskomponente. Die Verbindung zur Mathematik ist damit klar vorgezeichnet. Die Mathematik als Strukturwissenschaft kann in vielen Fällen Grundstrukturen für die abstrakte Modellgestaltung liefern. Damit wird der ursprünglichen Intention dieser Tagung voll entsprochen.

Für die Unterstützung bei der Vorbereitung und Durchführung dieses Symposiums danke ich den Mitgliedern des Programm- und den Mitarbeitern des Organisationskomitees. Insbesondere war die Organisation des Symposiums nur durch den engagierten Einsatz meiner Mitarbeiter möglich, die diese Arbeit neben ihren vielfältigen Aufgaben in Lehre und Forschung geleistet haben. Ein besonderer Dank gilt meinem Oberingenieur Dr. R. Gebhardt, meinem Akademischen Oberrat B. Keitemeier und Herrn R. Schnitzler für ihren unermüdlichen Einsatz.

Unserer Hochschule danke ich dafür, daß das Symposium in den für diese Tagung besonders geeigneten Räumen und in der angenehmen Umgebung des Forums stattfinden kann. Schließlich möchte ich Herrn Prof. Dr. W. Brauer für die Aufnahme des Tagungsbandes in die Reihe Informatik-Fachberichte und dem Springer-Verlag für die ausgezeichnete Ausgabe und die pünktliche Auslieferung der Tagungsbände zum Beginn des Symposiums herzlich danken.

Walter Ameling

Inhaltsverzeichnis

Modelle

Hauptvorträge

Messung und Modellierung von schwach nichtlinearen Systemen

H. W. Schüßler, Y. Dong
Lehrstuhl für Nachrichtentechnik
Universität Erlangen - Nürnberg

1. Einleitung

Reale Systeme zur Übertragung von Signalen sind höchstens näherungsweise linear.
Man kann ihr Verhalten durch Angabe einer komplexen Übertragungsfunktion zur
Charakterisierung ihrer linearen Verzerrungen und des Leistungsdichtespektrums
der am Ausgang auftretenden Störungen beschreiben, die durch die zusätzlich vorhandenen nichtlinearen Eigenschaften verursacht werden. Eine derartige Kenn-
zeichnung gilt nur näherungsweise. Insbesondere werden sowohl der erwähnte Frequenzgang des linearen Modellsystems wie die durch die Nichtlinearität verursachten Störungen von der Aussteuerung abhängen. In der vorliegenden Arbeit
nehmen wir an, daß diese Abhängigkeit vernachlässigt werden kann. Das kann bei
Nachrichtensystemen in der Regel dann unterstellt werden, wenn sie entsprechend
ihren üblichen Betriebsbedingungen ausgesteuert werden. Solche Systeme seien als
schwach nichtlinear bezeichnet.

Wir stellen hier am Beispiel realer digitaler Filter ein Verfahren vor, mit dem
der komplexe Frequenzgang des linearen Ersatzsystems und das Leistungsdichtespektrum der durch die Quantisierungseffekte verursachten Störungen sehr schnell
und mit großer Genauigkeit gemessen werden können (siehe [1]). Zusätzlich wird
eine Methode zur parametrischen Beschreibung der modellhaften Teilsysteme angegeben. Die Aufgabenstellung wird mit Hilfe von Bild 1 erläutert:

Das zu untersuchende System S soll basierend auf Meßergebnissen durch die Paral-
lelschaltung eines linearen Teilsystems S_L und eines die nichtlinearen Verzerrungen beschreibenden Systems S_N dargestellt werden, wobei die Auftrennung so
erfolgen soll, daß für die Ausgangfolgen

$$E\{y_L(k+m)n(k)\} = 0, \quad \forall\, m \qquad (1)$$

gilt (Bild 1a,b). Die Beschreibung der Teilsysteme erfolgt durch die Angabe der
Übertragungsfunktion $H(e^{j\Omega})$ von S_L und des Leistungsdichtespektrums $\Phi_{nn}(e^{j\Omega})$ der
Störung. Daran schließt sich die Bestimmung zweier rationaler Übertragungsfunk-
tionen $H_L(z)$ und $H_N(z)$ derart, daß

$$H_L(e^{j\Omega}) \approx H(e^{j\Omega}) \qquad (2a) \qquad \text{und} \qquad |H_N(e^{j\Omega})|^2 \approx \Phi_{nn}(e^{j\Omega}) \qquad (2b)$$

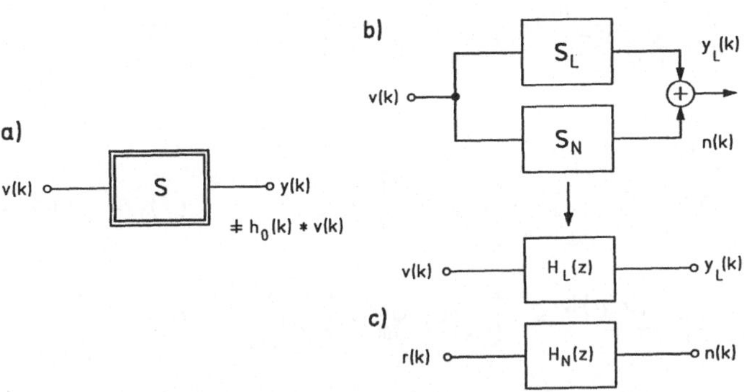

Bild 1: Zur Erläuterung der Aufgabenstellung

ist, so daß die Entstehung der Störung durch die Reaktion eines linearen Systems auf weißes Rauschen r(k) geeigneter Varianz modelliert werden kann (Bild 1c).

2. Meßmethode

Das zu untersuchende System wird in einer Folge von Versuchen mit unterschiedlichen periodischen Folgen $\tilde{v}_\lambda(k)$ der Periode M erregt. Man erzeugt sie zweckmäßig aus vorgegebenen Spektralwerten $V_\lambda(\mu)$ durch Bildung der inversen DFT

$$\tilde{v}_\lambda(k) = \mathrm{DFT}^{-1}\left\{V_\lambda(\mu)\right\} = \frac{1}{M} \cdot \sum_{\mu=0}^{M-1} V_\lambda(\mu)w_M^{-\mu k}, \quad w_M = e^{-j2\pi/M} \qquad (3a)$$

wobei

$$V_\lambda(\mu) = |V_\lambda(\mu)|\, e^{j\varphi_\lambda(\mu)} = V_\lambda^*(M-\mu) \qquad (3b)$$

gewählt wird, damit die $\tilde{v}_\lambda(k)$ reell werden. Im allgemeinen sind die $V_\lambda(\mu)$ bezüglich λ und μ voneinander unabhängige komplexe Zufallswerte. Für das im λ-ten Versuch nach Abklingen des Einschwingvorganges am Ausgang erscheinende periodische Signal $\tilde{y}_\lambda(k)$ machen wir entsprechend Bild 1b den Ansatz

$$\tilde{y}_\lambda(k) = \tilde{y}_{L\lambda}(k) + \tilde{n}_\lambda(k). \qquad (4)$$

Das Ausgangssignal des linearen Teilsystems ist

$$\tilde{y}_{L\lambda}(k) = \mathrm{DFT}^{-1}\left\{H(e^{j\Omega_\mu}) \cdot V_\lambda(\mu)\right\} = \frac{1}{M} \cdot \sum_{\mu=0}^{M-1} H(e^{j\Omega_\mu}) \cdot V_\lambda(\mu) \cdot w_M^{-\mu k}, \qquad (5)$$

wobei die $H(e^{j\Omega_\mu})$ Abtastwerte des gesuchten Frequenzganges $H(e^{j\Omega})$ in den Punkten $\Omega_\mu = \mu \cdot 2\pi/M$ sind. Sie werden so bestimmt, daß der quadratische Mittelwert der verbleibenden Störung

4

$$\Delta = E\left\{\tilde{n}_\lambda^2(k)\right\} = E\left\{\left|\tilde{y}_\lambda(k) - \frac{1}{M} \cdot \sum_{\mu=0}^{M-1} H(e^{j\Omega_\mu}) \cdot V_\lambda(\mu) \cdot w_M^{-\mu k}\right|^2\right\} \tag{6}$$

minimal wird. Man erhält zunächst

$$E\left\{\tilde{n}_\lambda(k) \cdot V_\lambda^*(\rho) \cdot w_M^{\rho k}\right\} = E\left\{\left[\tilde{y}_\lambda(k) - \tilde{y}_{L\lambda}(k)\right] \cdot V_\lambda^*(\rho) \cdot w_M^{\rho k}\right\} = 0 \tag{7} \qquad \text{und damit}$$

$$\frac{1}{M} \cdot \sum_{\mu=0}^{M-1} H(e^{j\Omega_\mu}) \cdot E\left\{V_\lambda(\mu) \cdot V_\lambda^*(\rho)\right\} w_M^{(\rho-\mu)k} = E\left\{\tilde{y}_\lambda(k) \cdot w_m^{\rho k} \cdot V_\lambda^*(\rho)\right\} . \tag{8}$$

Die Summation über $k = 0(1)M-1$ liefert mit $\displaystyle\sum_{k=0}^{M-1} w_M^{(\rho-\mu)k} = \begin{cases} M, & \rho = \mu \\ 0, & \rho \neq \mu \end{cases}$

und $\displaystyle\sum_{k=0}^{M=1} \tilde{y}_\lambda(k)\, w_M^{\rho k} = \text{DFT}\left\{\tilde{y}_\lambda(k)\right\} = Y_\lambda(\mu):$ $\quad H(e^{j\Omega_\rho}) \cdot E\left\{|V_\lambda(\rho)|^2\right\} = E\left\{Y_\lambda(\rho) \cdot V_\lambda^*(\rho)\right\}.$

Ersetzt man wieder ρ durch μ, so folgt das Ergebnis

$$H(e^{j\Omega_\mu}) = \frac{E\left\{Y_\lambda(\mu) \cdot V_\lambda^*(\mu)\right\}}{E\left\{|V_\lambda(\mu)|^2\right\}} . \tag{9}$$

Die hier nötigen Erwartungswerte können nur näherungsweise durch Mittelung über L Versuche bestimmt werden. Man erhält den Schätzwert

$$\hat{H}(e^{j\Omega_\mu}) = \frac{\frac{1}{L} \cdot \sum_{\lambda=1}^{L} Y_\lambda(\mu) \cdot V_\lambda^*(\mu)}{\frac{1}{L} \cdot \sum_{\lambda=1}^{L} |V_\lambda(\mu)|^2} \approx H(e^{j\Omega_\mu}). \tag{10}$$

Der spezielle Fall eines Eingangssignals, bei dem die Beträge der Spektralwerte für alle Versuche festgehalten werden, bei dem also $|V_\lambda(\mu)| = |V(\mu)|$, $\forall\lambda$ gilt, ist wegen der einfachen Realisierung von besonderem Interesse. Man kann zeigen, daß zumindest in diesem Fall der oben angegebene Schätzwert für $H(e^{j\Omega_\mu})$ erwartungstreu und konsistent ist. Es folgt weiterhin aus der Beziehung (7), nach der die Störung und eine Komponente des Eingangssignals zueinander orthogonal sind, daß die hier beschriebene Abtrennung eines linearen Teilsystems zu der mit (1) geforderten Orthogonalität von $n(k)$ und $y_L(k)$ führt.

Es interessiert weiterhin das Leistungsdichtespektrum $\Phi_{nn}(e^{j\Omega})$ der Störung.

Ausgehend von $Y_\lambda(\mu) = \mathrm{DFT}\{y_\lambda(k)\} = H(e^{j\Omega_\mu})\, V_\lambda(\mu) + N_\lambda(\mu)$ erhält man zunächst

$$\Phi_{nn}(e^{j\Omega_\mu}) = \frac{1}{M}\, E\left\{|N_\lambda(\mu)|^2\right\} = \frac{1}{M}\, E\left\{|Y_\lambda(\mu) - H(e^{j\Omega_\mu})V_\lambda(\mu)|^2\right\}. \qquad (11)$$

Setzt man hier den obigen Näherungswert $\hat{H}(e^{j\Omega_\mu})$ ein und mittelt über L Messungen, so folgt der Schätzwert

$$\hat{\Phi}_{nn}(e^{j\Omega_\mu}) = \frac{1}{L\cdot M} \sum_{\lambda=1}^{L} |Y_\lambda(\mu) - \hat{H}(e^{j\Omega_\mu})\, V_\lambda(\mu)|^2. \qquad (12)$$

Dieser Ausdruck läßt sich noch vereinfachen in

$$\hat{\Phi}_{nn}(e^{j\Omega_\mu}) = \frac{1}{L\cdot M} \left[\sum_{\lambda=1}^{L} |Y_\lambda(\mu)|^2 - |H(e^{j\Omega_\mu})|^2 \sum_{\lambda=1}^{L} |V_\lambda(\mu)|^2 \right]. \qquad (13)$$

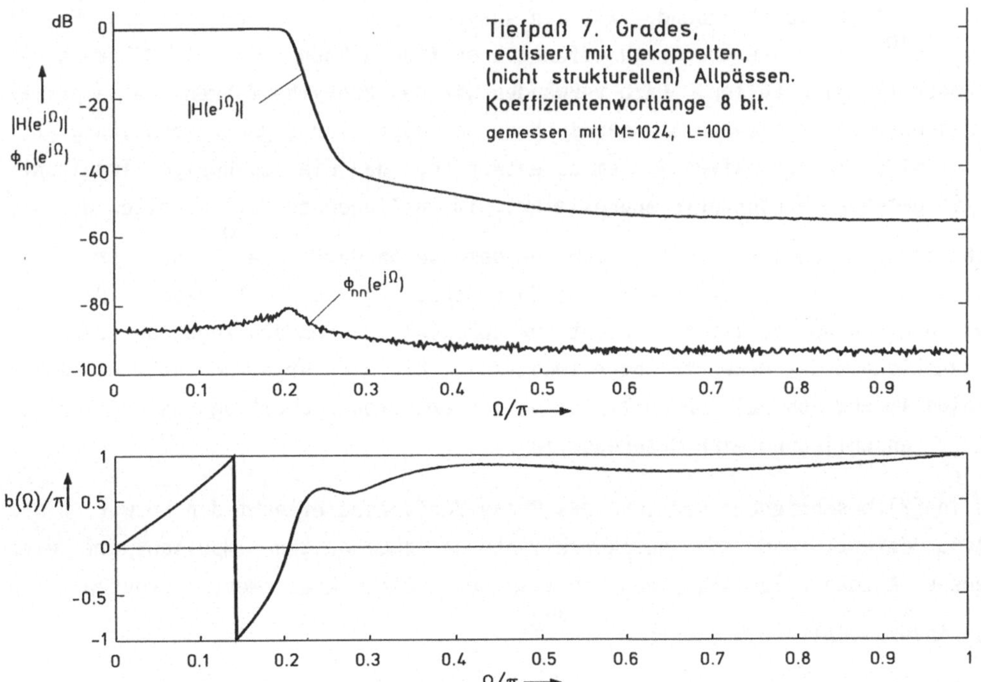

Bild 2:   Meßergebnisse an einem Tiefpaß

Für die Bestimmung der Schätzwerte $\hat{H}(e^{j\Omega_\mu})$ und $\hat{\Phi}_{nn}(e^{j\Omega_\mu})$ sind an aufwendigen Operationen damit in jedem Meßschritt eine inverse DFT bei der Erzeugung des Meßsignals sowie eine DFT bei der Berechnung des Ausgangsspektrums $Y_\lambda(\mu)$ nötig.

Hinzu kommen die Bestimmung der Erwartungswerte von $Y_\lambda(\mu) \cdot V_\lambda(\mu)$, $|V_\lambda(\mu)|^2$ und $|Y_\lambda(\mu)|^2$. Das Verfahren wurde unter Verwendung des Signalprozessors DSP56001 bei Steuerung durch einen PC realisiert. Bei Anwendung mit einer Taktfrequenz von rund 100 kHz sind für eine Periodenlänge M = 1024, d.h. für 512 Meßpunkte zwischen Null und der halben Abtastfrequenz je Stichprobe rund 100 ms erforderlich.

Bild 2 zeigt ein Meßergebnis. Untersucht wurde ein Tiefpaß 7. Grades, der durch gekoppelte Allpässe realisiert worden ist, die wegen der Rundung ihrer Koeffizienten ihre Allpaßeigenschaft verloren haben. Dargestellt sind $|\hat{H}(e^{j\Omega})|$ und $\hat{\Phi}_{nn}(e^{j\Omega})$ in dB sowie die Phase $b(\Omega)$.

3. Parametrische Modellierung

Wir beschreiben abschließend, wie man ausgehend von den Meßergebnissen $\hat{H}(e^{j\Omega})$ und $\hat{\Phi}_{nn}(e^{j\Omega})$ rationale Übertragungsfunktionen finden kann, die die Näherungsbeziehungen (2a,b) erfüllen. Dazu verwenden wir das Prony-Verfahren, eine primär im Zeitbereich arbeitende Standardmethode der digitalen Signalverarbeitung [2]. Mit ihr wird ein rekursives System so entworfen, daß die zugehörige Impulsantwort vorgegebene Wunschwerte approximiert. Im vorliegenden Fall erhalten wir sie durch inverse Fouriertransformation der gemessenen Werte $\hat{H}(e^{j\Omega_\mu})$ des Frequenzganges. Das Verfahren erfordert eine Vorabschätzung des Modellgrades. Die Wahl eines zu hohen Wertes ist hier nicht nur unschädlich, sondern wegen der begrenzten Genauigkeit der Meßwerte sogar zweckmäßig. Die sich ergebende näherungsweise Übereinstimmung von Pol- und Nullstellen der erhaltenen Übertragungsfunktion gestattet anschließend eine Gradreduktion.

Eine in [2] beschriebene Variante des Prony-Verfahrens erlaubt den Entwurf eines Systems derart, daß die Autokorrelierte der zugehörigen Impulsantwort eine gegebene Autokorrelationsfolge approximiert. Diese Wunschwerte ergeben sich durch inverse DFT der Meßwerte $\hat{\Phi}_{nn}(e^{j\Omega_\mu})$.

Bild 3 zeigt die Ergebnisse für das schon vorher untersuchte Beispiel. Dargestellt sind im Teilbild a) die ersten 250 Werte der Impulsantwort $h_0(k) = \text{DFT}^{-1}\{H(e^{j\Omega_\mu})\}$, von denen die ersten 100 für das Prony-Verfahren verwendet wurden. Aus der dabei ermittelten Übertragungsfunktion $H_L(z)$ wurde die Impulsantwort berechnet. Bild 3b zeigt die Abweichung zwischen $h_0(k)$ und der so bestimmten Impulsantwort des Modells. Weiterhin wurde im Teilbild 3c das gemessene Leistungsdichtespektrum der Störung von Bild 2 erneut gezeigt, jetzt zusammen mit der Leistungs-Übertragungsfunktion $|H_N(e^{j\Omega})|^2$ des Modells. Man erkennt in beiden Fällen die gute Übereinstimmung.

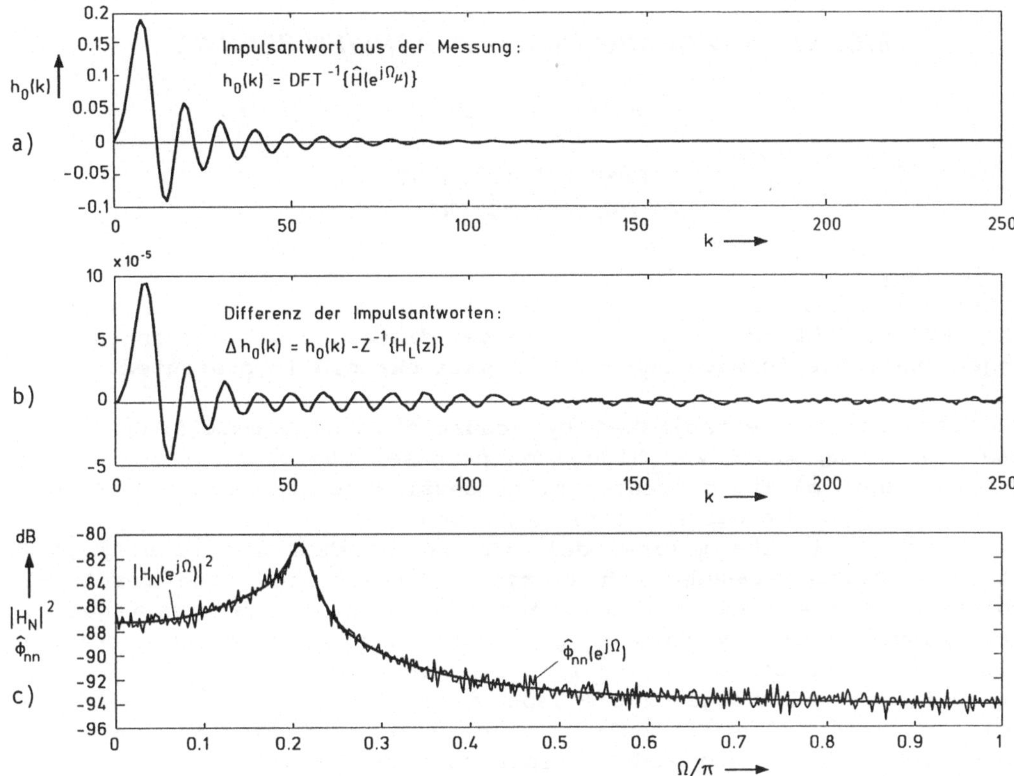

Bild 3:   Zur Modellierung eines Tiefpasses 7. Grades

[1] H.W. Schüßler, Y. Dong: A New Method for Measuring the Performance of Weakly Nonlinear and Noisy Systems. FREQUENZ, Bd. 44 (1990), S. 82 - 87

[2] H. W. Schüßler, P. Steffen: Some Advanced Topics in Filter Design, Kap. 8 in "Advanced Topics in Signal Processing", edited by J. S. Lim and A. V. Oppenheim. Prentice Hall, Englewood Cliffs, N.J. 1988

MODEL-DRIVEN MIGRATION IN APPLIED SEISMICS

Roland Marschall

Prakla-Seismos AG
Hannover, FRG

1. ABSTRACT:

After a general discussion of the FORWARD PROBLEM (=modelling) and
the INVERSE PROBLEM (=migration) in two dimensions, based on the homogeneous acoustic wave equation, a data example is presented.

The data-set was established by acoustic forward modelling, where
the underlying model was hidden on purpose. The problem was solved
in two steps: a) The conventional processing stream was used up to
                  poststack time migration.
                  b) The macro-model was established and finally pre-
stack shotgather based-depth migration was applied. The result is
compared to the true solution, and demonstrates the advantages of
the proposed velocity checking procedure in terms of macro model ve-
rification over the so-called focussing approaches.
An additional advantage of the depth migration method being used becomes apparent as well: only a fraction of the existing data set
needs to be depth-migrated in order to obtain a proper image. This
fact is demonstrated with the given data example as well.

2. INTRODUCTION:

Time evolution problems are called FORWARD PROBLEMS and the depth-
extrapolation problems are called INVERSE PROBLEMS (Claerbout 1985).
In a forward problem one has to specify in principle three sets of
parameters:
a) the density field (x,z)
b) the incompressibility $k(x,z)$
c) the initial source of disturbance
Based on these specifications we may compute the wavefield every-
where within the specified grid at later times. However, since in
actual seismic data-acquisition sources and receivers are located at
or slightly below the given surface, we also will use the wavefield
obtained by forward modelling only at the model's surface in order
to construct e.g. synthetic shotgathers.
Fig. 1 (upper part) shows schematically the principle of calculating
e.g. shotgathers (=seismograms) by forward modelling (McMechan
1989). **Fig.** 1 (lower part) gives an actual example for a relatively
simple model (Berkhout 1978).

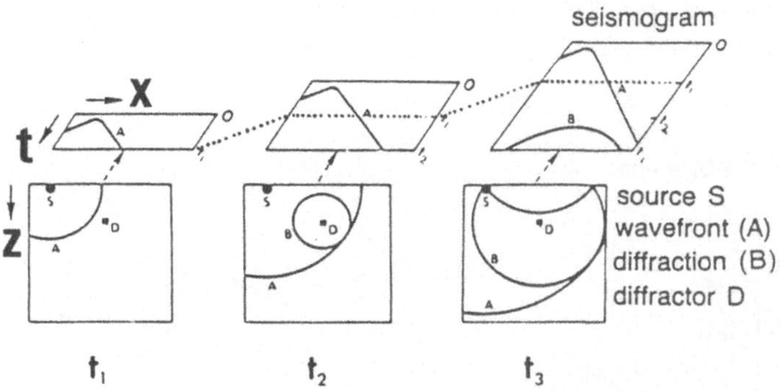

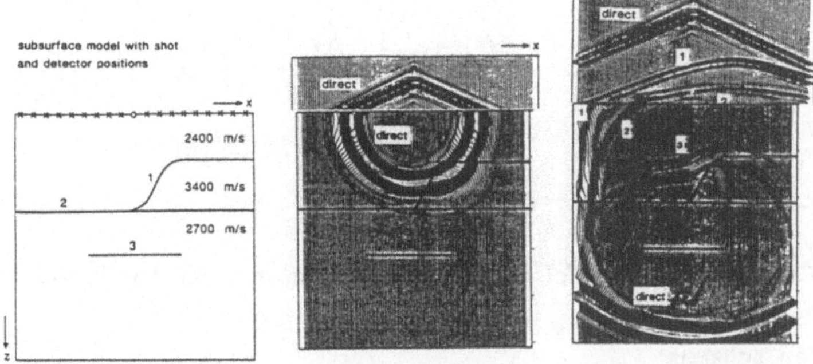

Fig. 1: Forward modelling

Here we only mention 2-D acoustic modelling techniques based on the
HOMOGENEOUS 2-DIMENSIONAL ACOUSTIC WAVE-EQUATION:

$$\frac{\delta^2 U}{\delta t^2} = \frac{K}{S} \cdot \left(\frac{\delta^2 U}{\delta x^2} + \frac{\delta^2 U}{\delta z^2} \right)$$

where x, z are the spatial variables and time t is the extrapolation
parameter.
A possible FIRST-ORDER SCHEME for forward modelling is given by
(Berkhout 1978):

$$p(i,m,n+1) = -p(i,m,n-1) + 2(1-(c\Delta t/\Delta)^2) \cdot p(i,m,n) + (c\Delta t)^2 s(i,m,n)$$
$$+ (c\Delta t/\Delta)^2 \cdot [(p(i+1,m,n) + p(i-1,m,n) + p(i,m+1,n)$$
$$+ p(i,m-1,n)]$$

where $p(i,m,n) = p(i\Delta x, m\Delta Z, n\Delta t)$, $s(i,m,n)$ = source and $\Delta = \Delta x = \Delta Z$.
This explicit scheme is valid for small grid sizes ($< \lambda/10$), small
extrapolation steps $(c\Delta t)^2 < \Delta^2$ and small velocity changes within
one grid cell.
A SECOND-ORDER explicit and a FOURTH-ORDER implicit finite difference scheme is given in **Fig. 2** (Daudt et al., 1989).

homogeneous two-dimensional acoustic-wave equation

$$\frac{\partial^2 U}{\partial t^2} = c^2\left(\frac{\partial^2 U}{\partial x^2} + \frac{\partial^2 U}{\partial z^2}\right)$$

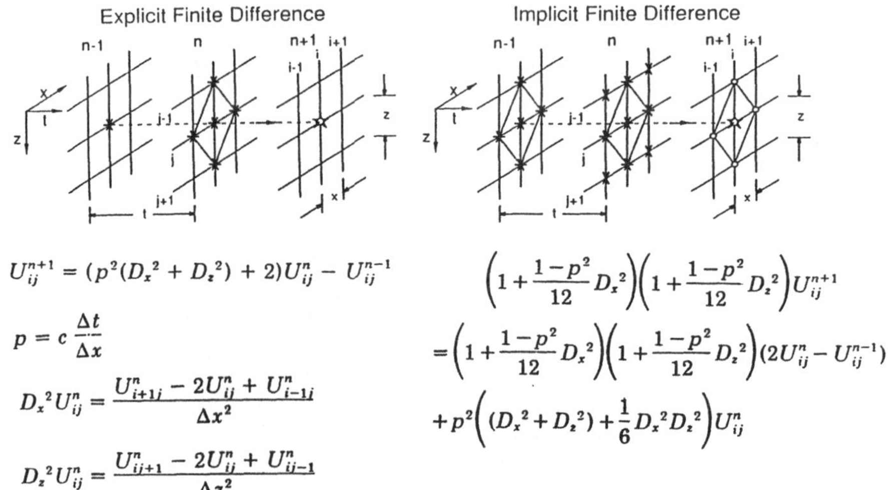

$$U_{ij}^{n+1} = (p^2(D_x{}^2 + D_z{}^2) + 2)U_{ij}^n - U_{ij}^{n-1}$$

$$p = c\,\frac{\Delta t}{\Delta x}$$

$$D_x{}^2 U_{ij}^n = \frac{U_{i+1j}^n - 2U_{ij}^n + U_{i-1j}^n}{\Delta x^2}$$

$$D_z{}^2 U_{ij}^n = \frac{U_{ij+1}^n - 2U_{ij}^n + U_{ij-1}^n}{\Delta z^2}$$

$$\left(1 + \frac{1-p^2}{12}D_x{}^2\right)\left(1 + \frac{1-p^2}{12}D_z{}^2\right)U_{ij}^{n+1}$$

$$= \left(1 + \frac{1-p^2}{12}D_x{}^2\right)\left(1 + \frac{1-p^2}{12}D_z{}^2\right)(2U_{ij}^n - U_{ij}^{n-1})$$

$$+ p^2\left((D_x{}^2 + D_z{}^2) + \frac{1}{6}D_x{}^2 D_z{}^2\right)U_{ij}^n$$

Subscripts i and j and superscript n represent the x, z and time coordinates

Fig. 2: Higher-order schemes
Also with these schemes of higher order a certain grid-density is required in order to avoid dispersion.
Naturally, other forward modelling algorithms exist as well. One example is the FOURIER-method (Daudt et al., 1989), where the spatial derivatives are evaluated by multiplication in the wavenumber domain.
Of course there exist algorithms for the elastic case as well. All these modelling algorithms may be used to calculate the model's response at pre-stack stage (=shot gathers) as well as at post-stack stage (=zero-offset section, exploding reflector etc.). In order to simulate a 2-D seismic profile, we will calculate shotgathers, each with a certain number of data channels (say, 96 or 120). Denoting with Δs = shot spacing, with Δg = channel spacing and with N = number of channels, the INLINE-COVERAGE of the resulting 2-D line is given by
c_x = (N/2) . (Δg/Δs)
The usual processing stream in terms of data treatment is to apply NMO-corrections, statics, deconvolution and to finally stack the data (**Fig. 3, row 1**).
The last step here is a conventional POSTSTACK TIME MIGRATION.

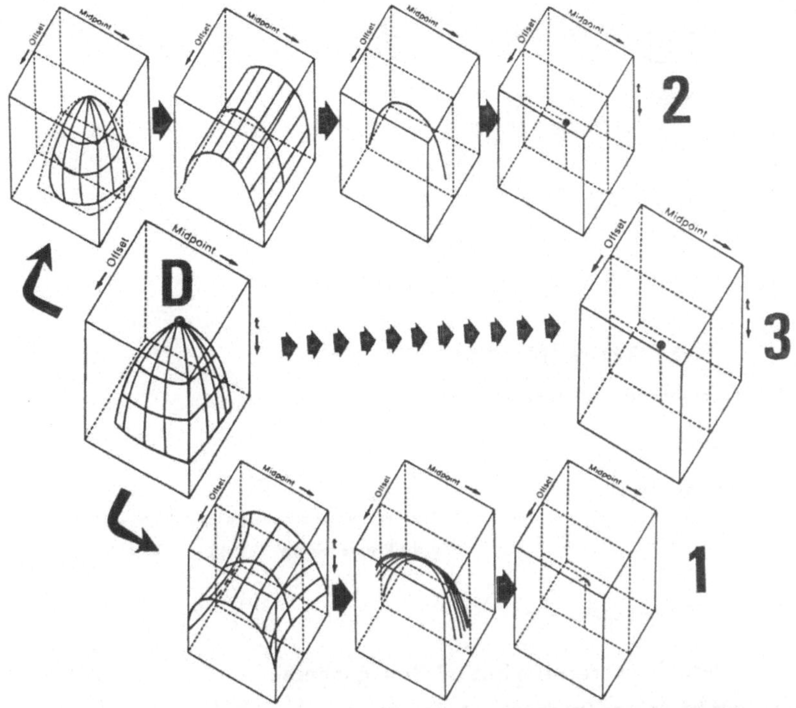

Fig. 3: Possible processing flows (D = point diffractor)
As is well known by stacking, a data-reduction by the factor c_x
(=inline coverage) is achieved. An improved processing-flow incorpo-
rates a prestack partial migration (=dip move out (DMO)-process) as
well, avoiding the distortion of the point diffractor response in
the individual common-offset planes (**Fig. 3**, row 2).
Here at poststack stage either a conventional time migration or a
poststack depth migration may be applied. The optimum way, however,
is a full prestack depth migration (**Fig. 3**, row 3).
Comparing the procedures for time- and depth-migration the main
differences between them are (Whitmore et al. 1988):
a) the type of background velocity used
b) the approximations made to the wave equation
Time migration uses a background velocity which is a function of x
and vertical traveltime, whereas depth migration needs a background
velocity as a function of x and z (=MACRO MODEL). For depth migration programs the so-called THIN LENS TERM is usually activated in
addition to the FRESNEL DIFFRACTION TERM (Gazdag et al., 1984).
The type of prestack depth migration being applied for the data-ex-
ample to be discussed later is a shot-oriented prestack-depth migration as summarized in **Fig. 4** below, which is carried out for each
individual frequency component (=monochromatic approach). (Berkhout
1984, Gazdag et al. 1984, Zuurbier et al. 1987).

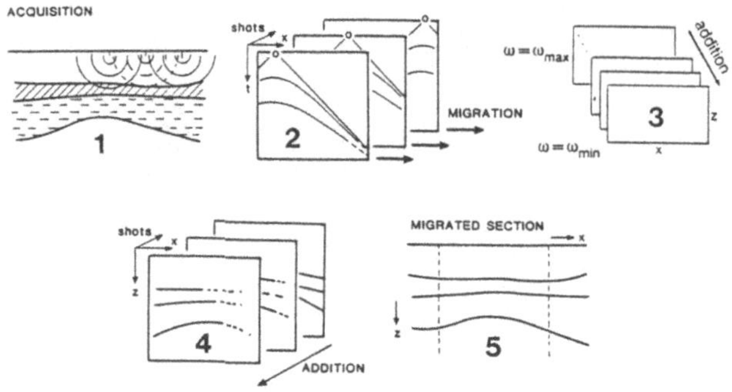

The Inverse (Migration) Problem

45 degree approximated one-way wave equation

$$P_{ttz} = -\alpha\vartheta P_{zzt} + \beta\vartheta^2 P_{zzz}$$

space-frequency domain

$$-\omega^2 P_z = -i\alpha\vartheta\omega P_{zz} + \beta\vartheta^2 P_{zzz}$$

z -   depth
x -   horizontal distance
t -   time
α, β -   adjustable parameters

ϑ is the P-wave velocity

imaging in the frequency domain

$$M(x,z) = \sum_\omega P^m(x,z,\omega)\overline{P^s}(x,z,\omega)$$

__depth extrapolation of shot gathers__

Fig. 4: Shot-oriented prestack depth migration

As is evident from **Fig. 4**, a macro-subsurface model defining the velocity field v(x,z) is mandatory.

In our approach this macro-model is derived by the following steps:
a) interpretation of conventional poststack time migration
b) image ray migration of digitized "migrated" times
c) checking and updating of the first guess for the velocity field v(x,z) by wavefront modelling based on at least two different shot-geophone vectors for each CMP and interface selected. Here, in order to obtain the required offset-traveltimes, constant-offset-sections prior to NMO usually have to be interpreted.

By this approach any iterative focussing process is avoided and in contrast to other approaches the prestack depth migration only has to be carried out once. Having discussed the forward and inverse problem we switch over now to the actual data example.

3. ACTUAL DATA EXAMPLE:

The model-data set was specified as follows (IFP, 1990):
- **MODEL-DIMENSION:** 9200 m (length), 3000 m (depth)
- **MODEL:** established by SIERRA- and IFP-2D-acoustic wave propagation software
- **GEOLOGY:** The geologic model of the basin consists of:
    a) DELTAIC SEDIMENT INTERVAL, thickening from east to west, setting on a SALIFEROUS EVAPORITIC SERIES. In the western part normal growth faults are developed.

     b) PRESALIFEROUS FOLDED CARBONATE PLATFORM DEPOSITS, in which a
     structural hydrocarbon trap is expected (marls and
     carbonates).
* **WELLS:** the three wells cross an unfaulted sedimentary series in
which the shaly-marly source rocks are absent.
* **HISTORY:** continuous platform sedimentation (marls and carbonates),
after which these deposits were slightly folded and then eroded
(flat erosion surface).
Deposition of an isopacheous saliferous evporitic series.
On this series a clayey-marly series rich in organic matter was
deposited.
These sediments are overlain by a thick deposit of shaly-sandy
detrital sediments, whose facies thickness was governed by
continuous lateral creep of salt, resulting from the overburden
pressure. Linked to this salt-creep, which may locally cause
complete disappearance of the salt, slanting growth faults
appeared and were active continuously during the deposition of
the detrital series.

The model was selected according to a real sedimentary basin in
Angola (Verrier et al. 1972) and is shown in **Fig. 5** in terms of
a) actual QUENGUELA-NORD-basin in Angola (Fig. 5, row 1)
b) resulting structural features of the model (row 2)
c) resulting velocity model used for forward modelling (row 3).
From this model-specification the following seismic data-set was
derived:

3.1. INPUT-DATA:

Source: watergun-array (6 guns, 40 m-array), depth = 8 m
Streamer: 96 channels, g = 25 m (xmin = 200 m, xmax = 2575 m)
       depth = 12 m
FSP at 3000 m, LSP at 8975 m, s = 25 m, SR = 4 msec, L = 2900 msec,
     c_x = (96/2) . (25/25) = 48 fold
The processing flow being applied is to be discussed next.

3.2. PROCESSING SEQUENCE:

The processing flow was as follows (Marschall et al., 1990):
Phase 1:
Input from shotgather tape, check for amplitude decay, spiking
filter $1/W_o(1/Z)$, bandpass filter (Ormsby 0 -10/40 - 60 Hz),
velocity analyses, DMO, velocity analyses, stack, static correction
to sea level (13 msec), poststack time migration
- - - - - - - - - - - - - - - -

Phase 2:
Building of macro-model, wavefront modelling, prestack shotgather
based depth migration. Starting with the data base A1 as described
below the following steps B1 to C3 had to be carried out:

A1: DATA BASE: near-trace section, migration of near-trace section
        (See Figs. 6a, 6b, including two wells), DMO-stack,
        migrated DMO-stack, (See Figs. 7a, 7b), constant off-
        set gathers prior to NMO, wells 1504, 2700 and 9004

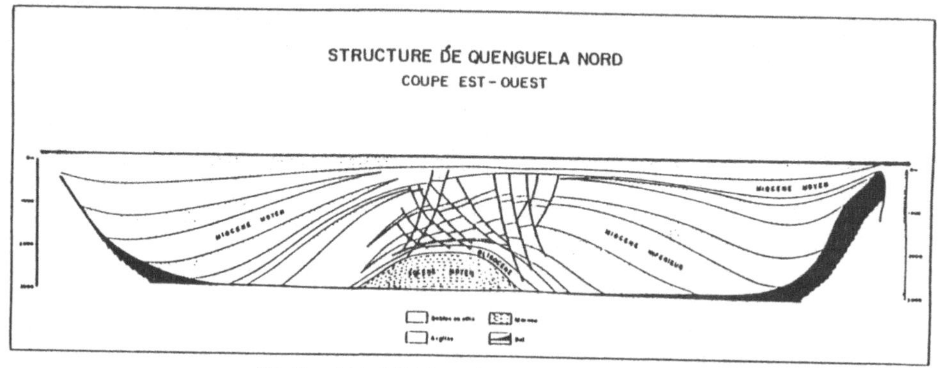

Fig. 18. — Coupe E-W à travers la structure de Quenguela-Nord.

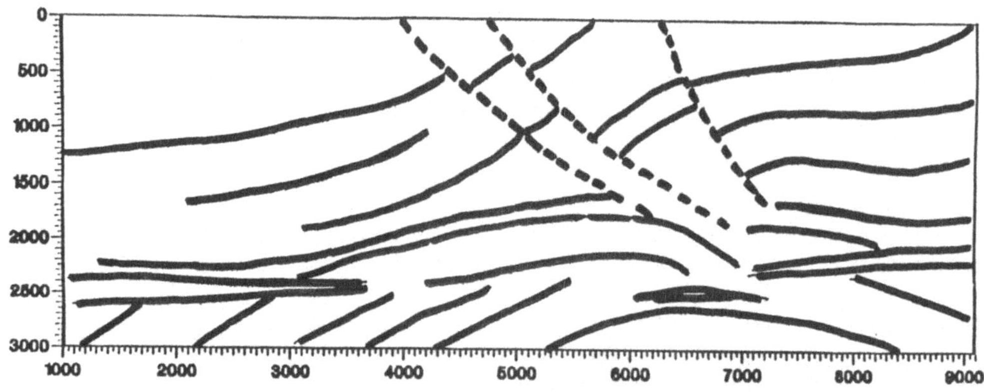

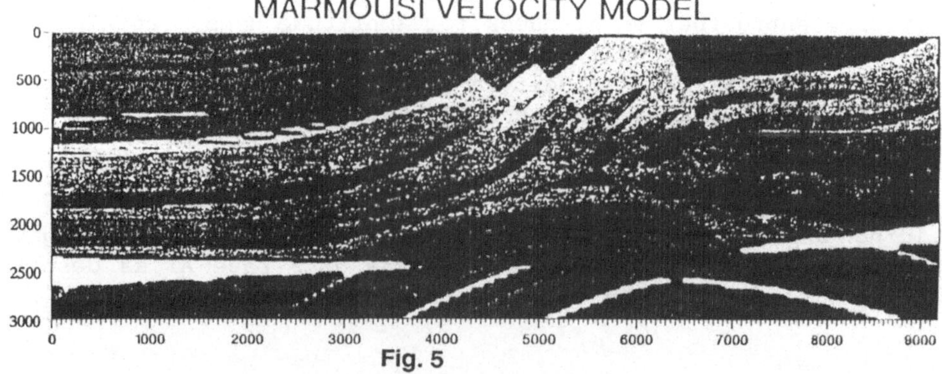

Fig. 5

NEAR-TRACE-SECTION

2700
9004
NEAR-TRACE-SECTION
TIME-MIGRATION

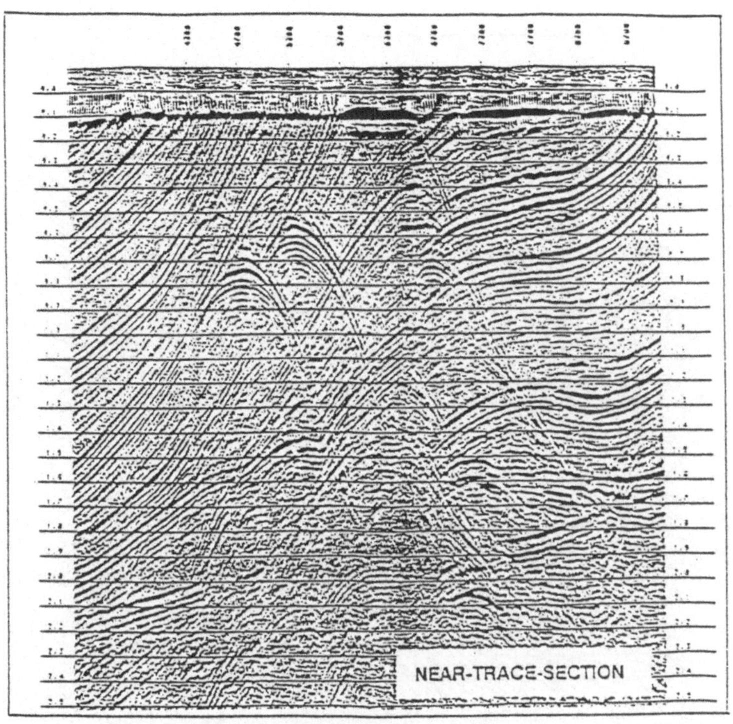

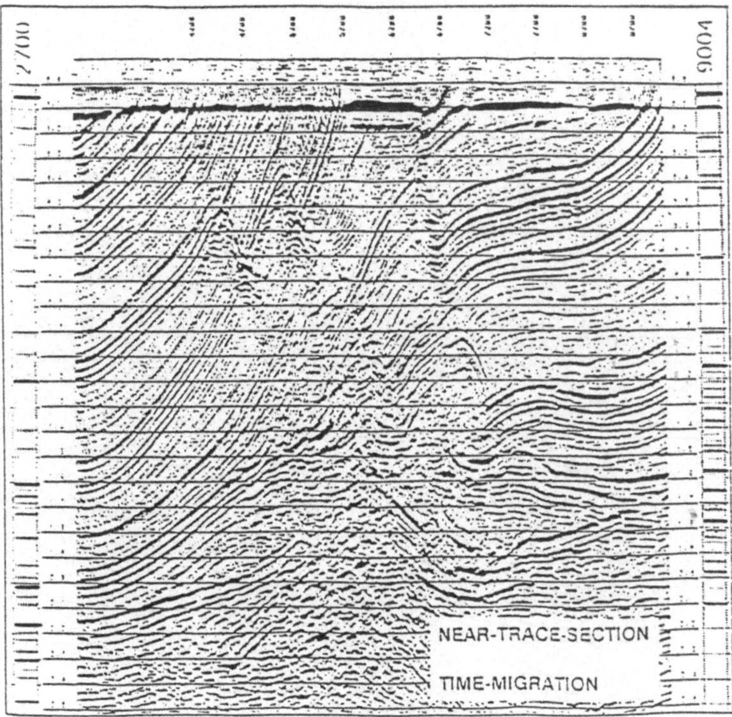

Fig. 6a, b

DMO
STACK
H1504
H9004
ρ
17 Time migration with wells
(densities)
ρ
Z
Z
DMO
STACK
TIME-MIGRATION
t

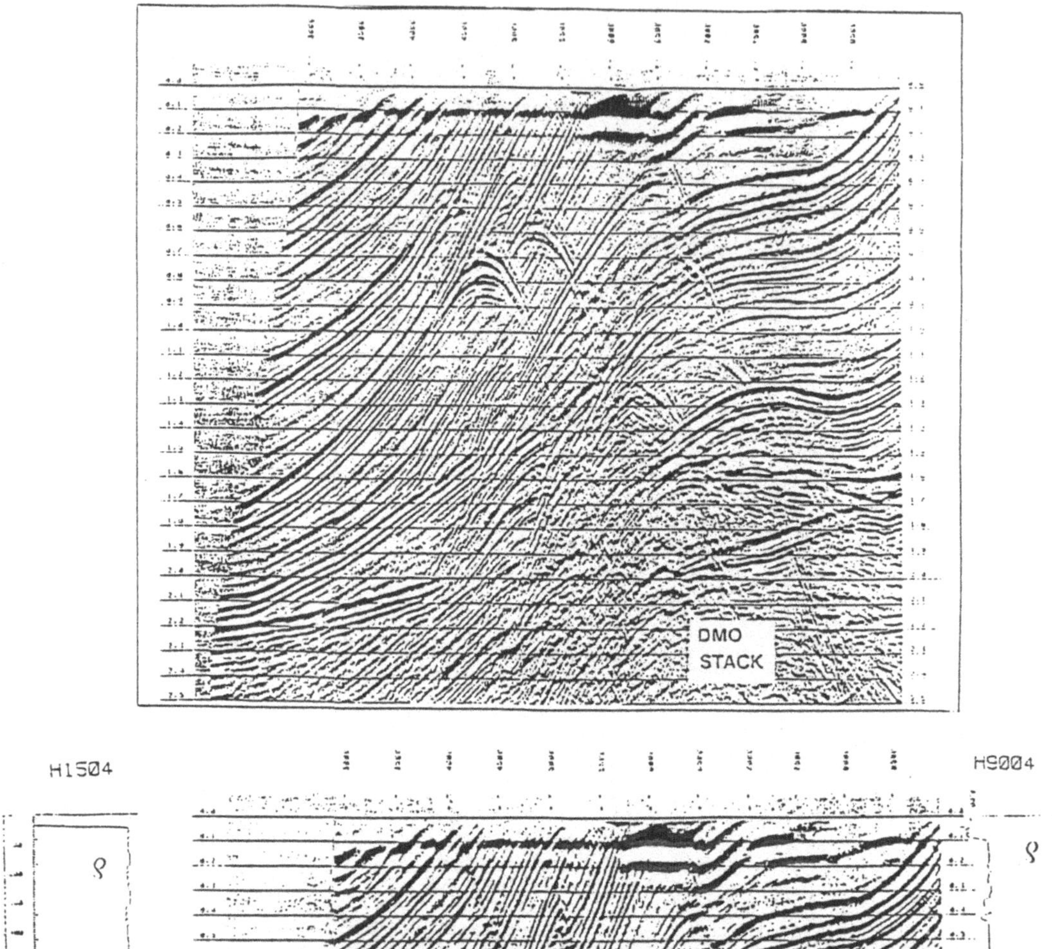

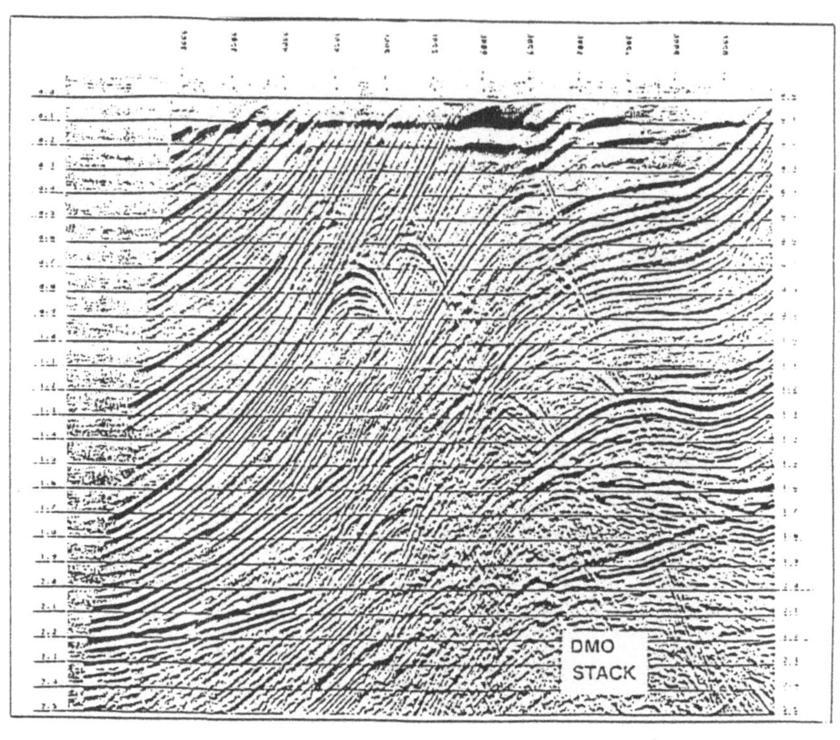

Fig. 7a, b

B1: INTERPRETATION: 5 velocity interfaces in migrated section
B2: IMAGE RAY MIGRATION: including additional ray-migration of in-
        terfaces 40 and 50, taken from unmigrated near-trace section
B3: VELOCITY CHECKING: based on wavefront-calculations (Marschall
        et al., 1989; Zuurbier et al. 1989)
B4: FINAL VELOCITIES: interfaces/velocities are as follows:
        5/1500 m/s; 10/1605 + 0,265 Z; 30, 40/1760 + 0,650 Z;
        50/2800 m/s; 60/4200 m/s
    The final macro-model is given in **Fig. 8** in terms of interpreted
    migrated section and depth section.
B5: ADDITIONAL CHECK: with diffractions and forward modelling (zero
    offset). **Fig. 9** shows the zero-offset section with the diffrac-
    tion curves being superimposed for comparison, and the final ve-
    locity model.

C1: PRE-STACK DEPTH MIGRATION: 120 channels added (zero padding)
C2: DISPLAY OF shot gathers and CRGs after migration
C3: STACK OF MIGRATED GATHERS:
    a) without any muting
    b) with muting (offset- and time depending)
    c) in addition a decimation test was carried out, i.e. we
        stacked every 3rd, 5th and 7th migrated gather only.

D1: INTERPRETATION OF FINAL RESULT

Fig. 10 displays from top to bottom the following results with no
mute being applied: **a)** stack of all shotgathers (Fig. 10, top)
                     b) stack of every 5th shotgather (Fig. 10,
                        bottom)
It clearly can be seen that even if only every fifth shotgather is
used, the result still shows a correct solution. This corresponds to
only 20 % of the data set and immediately gives the optimum strategy
for this type of processing:
Go through the full-blown effort for one line, but apply the reduced
flow to all other lines thus saving a lot of computer time.
In addition one could, instead of adding zero-traces in step C1
above, use the RECIPROCITY-PRINCIPLE and therefore add real traces
instead.

4. CONCLUSION:
The data example proves that prestack depth migration is an important tool provided that the macro model is correct. Here the velo-
city-checking by wavefront-modelling is the key process in order to
establish reliable migration models.
Finally we want to point out that in general one would solve the
overburden problem by poststack time migration and the target
problem by prestack depth migration.

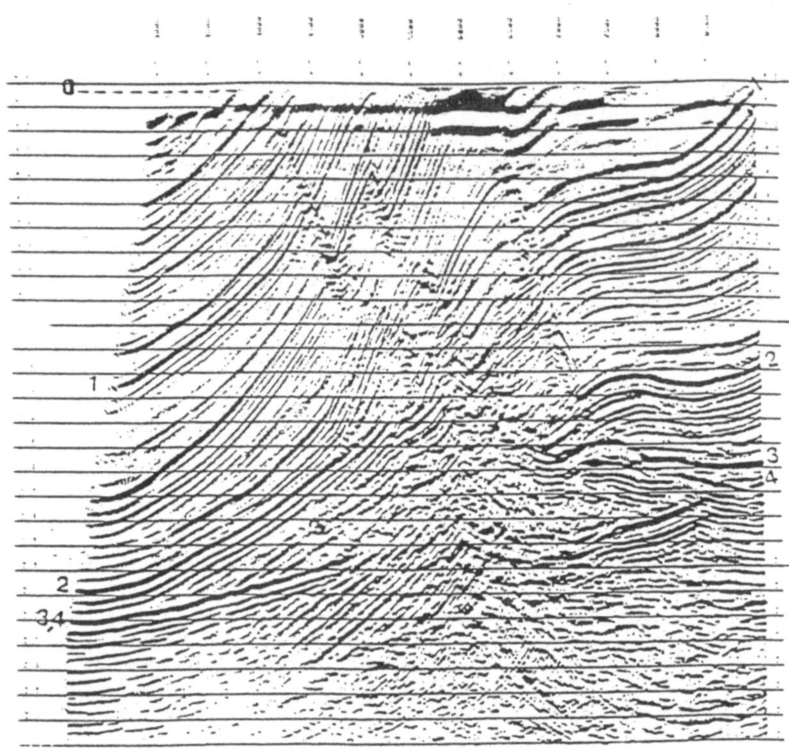

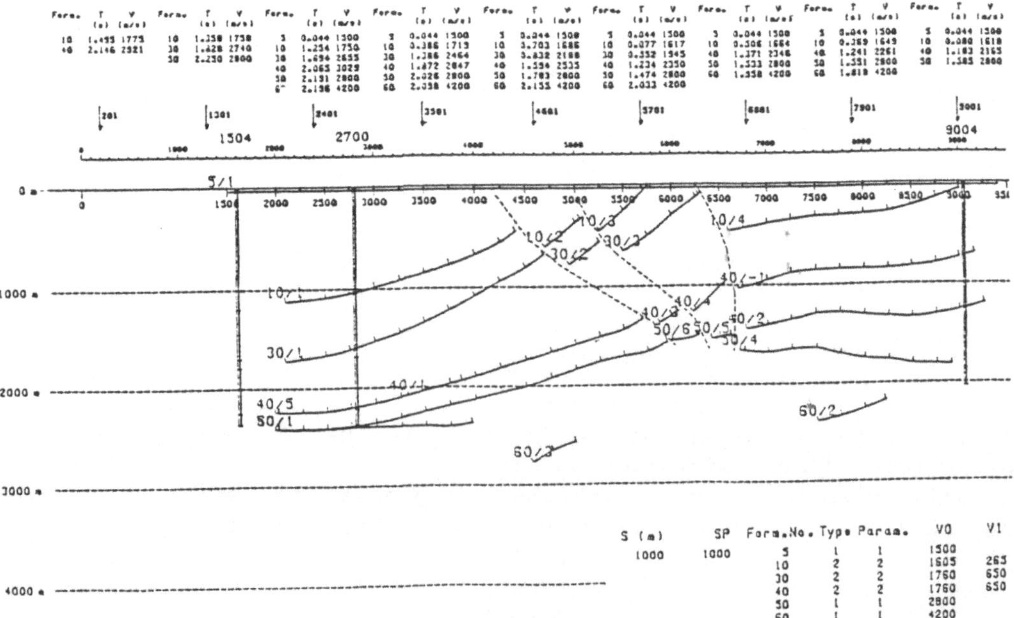

Fig. 8

NEAR-TRACE-SECTION

MARMOUSI MODEL
VELOCITY MODEL
V—INTERVAL
5300
5100
4900
4700
4500
4300
4100
3900
3700
3500
3300
3100
2900
2700
2500
2300
2100
1900
1700
1500

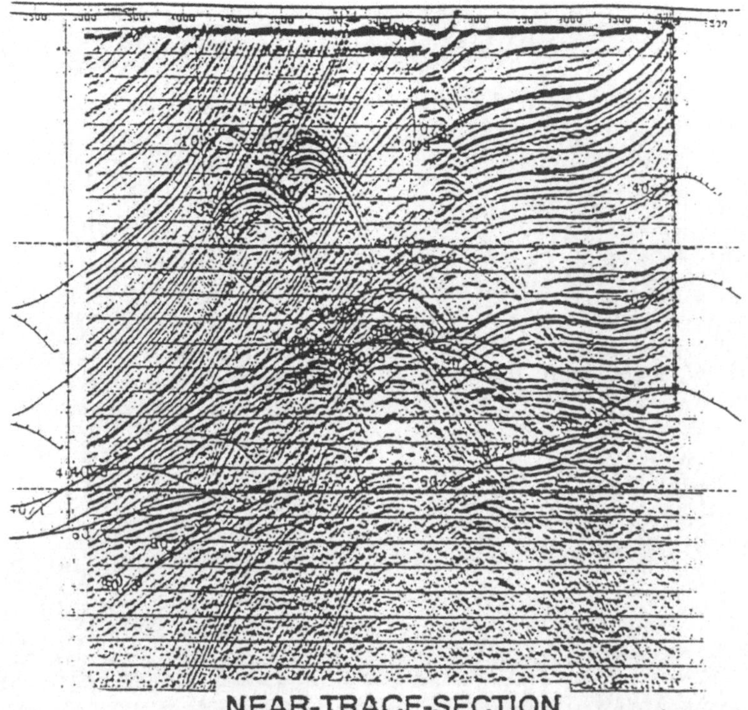

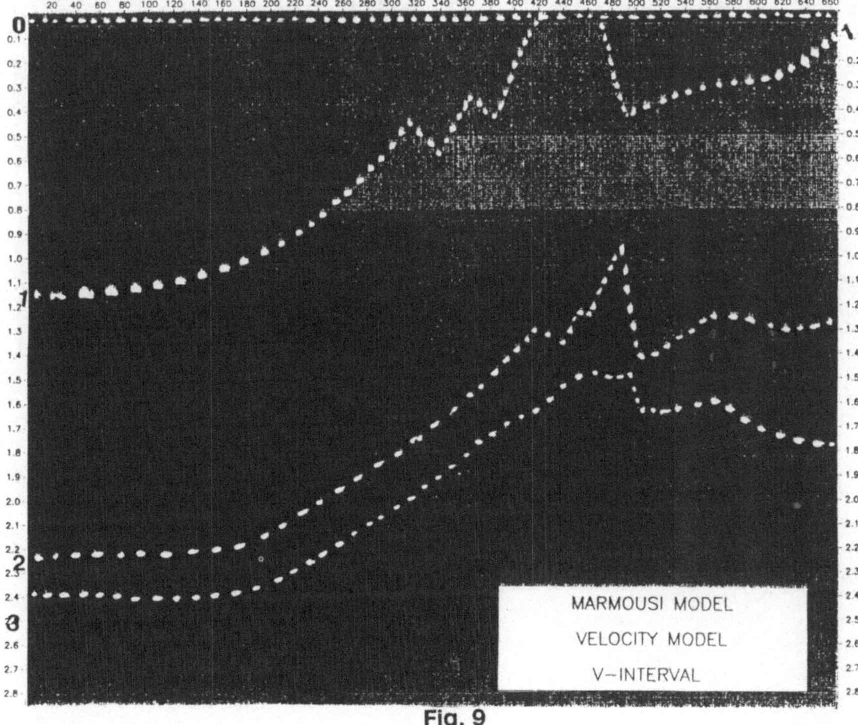

Fig. 9

SP
000001 U1 500000 T000056678 DJ3238
SP
8975
8000
7000
6000
5000
4000
3000
SP
760
720
680
640
600
560
520
480
440
400
360
320
280
240
200
160
120
80
40

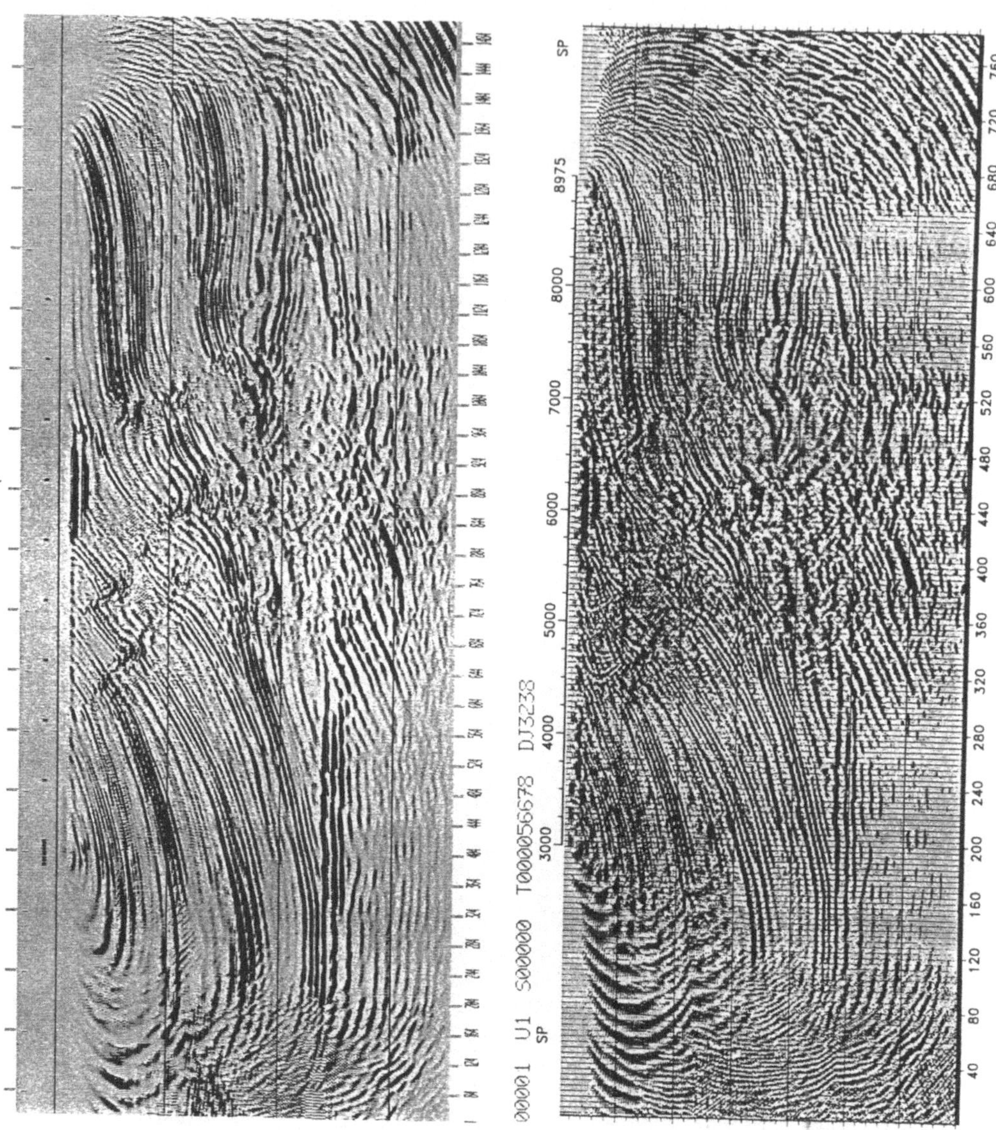

Fig. 10

5. REFERENCES:

Berkhout, A. J.	1987	Applied seismic wave theory: Elsevier, Amsterdam.
Berkhout, A. J.	1982	Seismic migration, Vol. 14A: Elsevier, Amsterdam.
Gazdag, J. Sguazzero, P.	1984	Migration of seismic data: Proc. IEEE, Vol. 72, No. 10.
Claerbout, J. F.	1985	Imaging the earth's interior: Blackwell Scientific Publications, London.
Daudt, C. R. Braile, L. W. Nowack, R. L. Chiang, C. S.	1989	A comparison of finite-difference and Fourier method calculations of synthetic seismograms: Bull. Seism. Soc. of Am., Vol. 79, No. 4, pp 1210-1230.
Whitmore, N. D. Gray, S. H. Gersztenkorn, A.	1988	Two-dimensional post-stack depth migration, a survey of methods: First Break, Vol. 6, No. 6.
Stolt, R. H. Benson, A. K.	1986	Seismic migration, theory and practice: Geophysical Press, London-Amsterdam.
McMechan, G. A.	1989	A review of seismic acoustic imaging by reverse time migration: Int. Journ. of Imag. Syst. and Techn., Vol. 1, No. 1.
Berkhout, A. J.	1984	Seismic migration, Vol. 14B: Elsevier, Amsterdam.
Zuurbier, N. P. Krajewski, P. Schneider, J. Fertig, J.	1987	Prestack migration of converted waves: 57th SEG-convention, New Orleans. Preprint, Prakla-Seismos AG, Hannover.
Marschall, R. Thiessen, J.	1990	Data treatment 2: EAEG-Workshop on "Practical Aspects of Seismic Data Inversion", program and abstracts. 52nd EAEG-meeting, Copenhagen.
Verrier, G. Castello-Branco, F.	1972	La fosse tertiaire et le gisement de Quenguela-Nord: Revue de l'Institut Francais du Petrole, Rueil, France.
IFP	1990	Marmousi model: Preprint, Institute Francais du Petrole, Rueil, France.
Marschall, R. Papaterpos, M.	1989	Some aspects of pre-stack shotgather based depth migration with special emphasis on macro model verification: 1st Hellenic Geophysical Congress, Athens, April 19-21, 1988. Preprint, Prakla-Seismos AG, Hannover.
Zuurbier, N. Marschall, R.	1989	Migration velocity by wavefront processing: 51st EAEG-meeting, Berlin. Preprint, Prakla-Seismos AG, Hannover.

Numerische Integration partieller Differentialgleichungen mit Hilfe diskreter passiver dynamischer Systeme

Alfred Fettweis

Ruhr-Universität Bochum
Lehrstuhl für Nachrichtentechnik

Kurzfassung

Die durch partielle Differentialgleichungen (PDGl) beschriebenen physikalischen Systeme sind üblicherweise passiv (Erhaltung der Energie), massiv parallel und beinhalten nur lokale Verknüpfungen (Nahwirkungsprinzip). Unter Verwendung von Prinzipien der mehrdimensionalen Wellendigitalfilter (MD WDF) ist es möglich, solche physikalischen Systeme durch diskrete passive dynamische Systeme nachzubilden, und zwar unter Beibehaltung der genannten günstigen Eigenschaften. Die sich daraus ergebenden Algorithmen sind sehr gut für die numerische Integration der gegebenen partiellen Differentialgleichungen geeignet und können so gestaltet werden, daß Sie alle guten Eigenschaften besitzen, die für WDF bekannt sind. Verfahren dieser Art können sehr gut als Grundlage für den Entwurf massiv paralleler Spezialrechner dienen, die für die numerische Integration spezieller Klassen von PDGl konzipiert sind.

Modellgestützte Verarbeitung

Eine Machbarkeitsstudie zur Anwendung von binären periodischen Pulskompressionsfolgen im Dauerstrichradar

H.Eggers, DAIMLER BENZ, Forschungsinstitut Ulm

1 EINFÜHRUNG

Viel Anstrengung ist bisher für die Gestaltung aperiodischer Radarsignale aufgewendet worden, jedoch ist noch relativ wenig über das Verhalten periodischer Signale bekannt. Vor kurzem wurden einige Untersuchungen [1,2] durchgeführt. Das Interesse daran wurde hauptsächlich durch das Aufkommen von Halbleitersendern niedriger Spitzenleistung angeregt. Deren Anwendung zwingt dazu, das Signal über den ganzen (Entfernungs-)Eindeutigkeitsbereich auszudehnen, damit die gleiche Energie im Echo zur Verfügung steht wie bei herkömmlichen Röhrensendern. Pulskompressionstechniken müssen angewendet werden, um das erforderliche S/N-Verhältnis und die Entfernungsauflösung zu garantieren. Diese Betriebsart des Radars wird normalerweise 'continous wave', oder, abgekürzt, 'CW' genannt. Die komprimierten Echosignale weisen an der Stelle, die mit dem Zielabstand korrespondiert, einen hohen Wert auf, das sogenannte Hauptmaximum. Außerhalb des Hauptmaximums werden viele kleinere Nebenmaxima mit geringerer Leistung erzeugt, die sich über die ganze Periodendauer des Signals erstrecken. Diese Nebenmaxima können auf Grund der hohen Pegelunterschiede der Echos(R^4-Gesetz!) Signale von einem schwächeren, weiter entfernten Ziel verdecken. Deshalb ist es erforderlich, über die ganze Signalperiode hinweg ein einheitlich niedriges Niveau (z.B. -60dB) der Nebenmaxima einzuhalten, auch wenn die Echos dopplerverschoben sind.

Dieser Beitrag ist im wesentlichen der Diskussion gewidmet, wie solche niedrigen Nebenwerte eingehalten werden können, wenn das Sendesignal durch eine Binärfolge moduliert ist. In diesem Fall setzt sich das Sendesignal aus N Subpulsen der Dauer T_C zusammen, deren jeder mit dem korrespondierenden Wert der Binärfolge moduliert ist. Die Periodendauer $T = N \times T_C$ des Sendesignals entspricht dann der Radarperiode in einem konventionellen Radar. Obwohl bekannt ist, daß solche Signale nur eine niedrige Dopplertoleranz haben, bieten sie doch den Vorteil eines einfachen Senderaufbaus und einer durch die Dopplerverschiebung unbeeinflussten Entfernungsmessung.

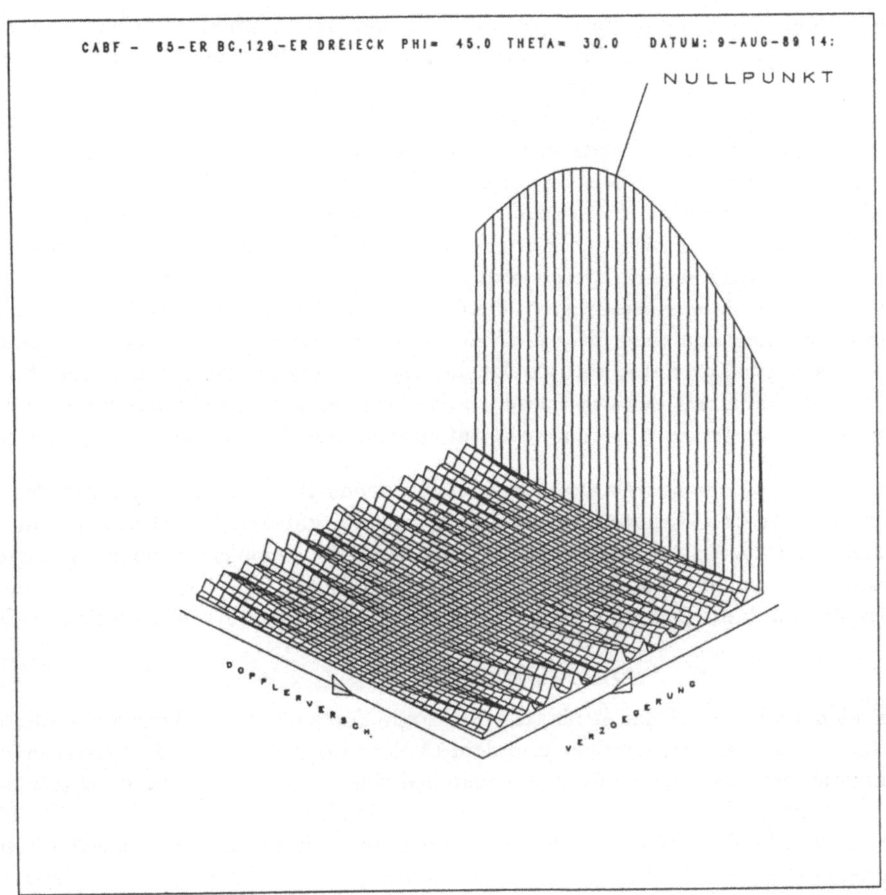

Abbildung 1 : Kreuzambiguityfunktion, dreiecksgewichtetes mismatched filter

2   PERIODISCHE PULSKOMPRESSIONSSIGNALE:

Im CW-Betrieb werden die Sendesignale periodisch und ohne Lücken übertragen. Der Korrelator berechnet dann die periodische Kreuzkorrelation zwischen dem eingehenden Signal und dem gespeicherten Referenzmuster. Gleichung 1 beschreibt den mathematischen Zusammenhang zwischen dem Signal s_n, dem Referenzmuster c_n und dem Korrelatorausgang g_k. Die Indices n und k bezeichnen Zeitpunkte, gemessen in Vielfachen der Subpulsdauer T_c. N_{cor} ist die Zahl der Koeffizienten im Referenzmuster.

$$g_k = \sum_{n=0}^{N_{cor}-1} c_n^* \cdot s_{n+k} \quad k = \ldots, -1, 0, 1, \ldots \tag{1}$$

Das Referenzmuster wird üblicherweise so gewählt, daß sich ein matched filter zur Sendefolge ergibt. Diese Wahl ergibt das höchste S/N-Verhältnis, jedoch lassen sich Nebenwerte nicht völlig vermeiden, auch wenn die Echos nicht dopplerverschoben sind. Geht man von der Forderung nach einem matched filter ab, so können die Nebenwerte ganz zum Verschwinden gebracht werden, wenn keine Dopplerverschiebung vorliegt. Nach einer Methode von Borchert und Rohling [1,2] lassen sich entsprechende Korrelatorkoeffizienten zu jeder Binärfolge beliebiger Länge bestimmen, wenn das DFT-Spektrum der Folge keine Nullstellen enthält. Der auf diese Weise konstruierte Korrelator wird in Anlehnung an die Terminologie in [1] als mismatched filter bezeichnet. Das mismatched filter hat die gleiche Länge wie die Binärfolge, so daß N_{cor} gleich N ist. Da der Korrelator jetzt kein matched filter mehr ist, tritt ein Verlust im S/N-Verhältnis ein. Dieser Verlust wird durch die sogenannte 'Effizienz' des Korrelator/Binärfolgen-Paares beschrieben, die einfach das Verhältnis der S/N-Verhältnisse des Korrelators zu einem matched filter gleicher Länge ist. Die Binärfolge muß so ausgewählt werden, daß sich ein Korrelator höchstmöglicher Effizienz ergibt. Es gibt allerdings keine mathematische Prozedur mit der sich Paare von Binärfolgen und mismatched filtern mit hoher Effizienz bestimmen lassen[2], so daß man auf ein einfaches Suchverfahren angewiesen ist.

Das Ausgangssignal des Korrelators unter verschiedenen Dopplerverschiebungen des Sendesignals wird durch die bekannte Frequenz-/Zeit-Ambiguityfunktion beschrieben. Um Signale unterschiedlicher Länge vergleichen zu können, wird die Dopplerverschiebung auf die Signalperiode T normiert. Die relative Dopplerverschiebung (RDV) gibt den während einer Signalperiode durch die Dopplerverschiebung erreichten Phasenfortschritt in Bruchteilen von 2π an:

$$RDV \; = \; f_D \times T \; = \; N \times f_D \times T_C \tag{2}$$

Im folgenden Bild 1 wird das Ambiguitydiagramm für eine Binärfolge vorgestellt, die als Produktkode aus dem 5-elementigen und dem 13-elementigen Barkerkode konstruiert wurde. Die Binärfolge ist zusammen mit ihrem matched filter nicht zur Anwendung geeignet, da bereits ohne Dopplerverschiebung Nebenwerte erheblicher Größe auftreten. Mit Hilfe des oben erwähnten Verfahrens wird deshalb ein mismatched filter bestimmt, das die Nebenmaxima für eine RDV von Null zum Verschwinden bringt. Auch dieses Folgen-/Korrelatorpaar ist noch nicht anwendbar, da die Nebenmaxima mit wachsender Dopplerverschiebung rasch große Werte erreichen. Es kann verbessert werden, wenn zur Bestimmung des Korrelators nicht eine rechteckige Fensterfunktion, sondern z.B. eine Dreiecksfunktion doppelter Länge verwendet wird, die aus dem periodisch wiederholten mismatched filter einen größeren Abschnitt mit entsprechender Gewichtung ausschneidet[2].

Das Ambiguitydiagramm in Bild 1 zeigt in Zeitrichtung eine Periode der Kreuzambiguityfunktion zwischen der Binärfolge und ihrem dreiecksgewichteten mismatched filter. Die Zeitachse erstreckt sich vom Hintergrund auf den Betrachter zu, die positive Dopplerachse zeigt senkrecht dazu nach rechts. Es wurden Dopplerverschiebungen bis zu einer RDV von ±0.36 berücksichtigt. Wie man dem Diagramm entnehmen kann, ist der Verlauf der Nebenwerte in Dopplerrichtung durch die getroffenen Maßnahmen bereits recht flach geworden. Der Preis dafür ist ein starker Abfall des Hauptmaximums über der Dopplerfrequenz auf Grund der verminderten Bandbreite des Korrelationsfilters. Im folgenden Abschnitt wird jedoch dargelegt, daß dieser Abfall für das vorgestellte Signalverarbeitungskonzept ohne Belang ist. Außerdem sind die Rauschanteile in benachbarten Hauptmaxima durch die größere Länge des Korrelationsfilters nicht mehr von einander unabhängig, was im Detektionsprozeß berücksichtigt werden muß.

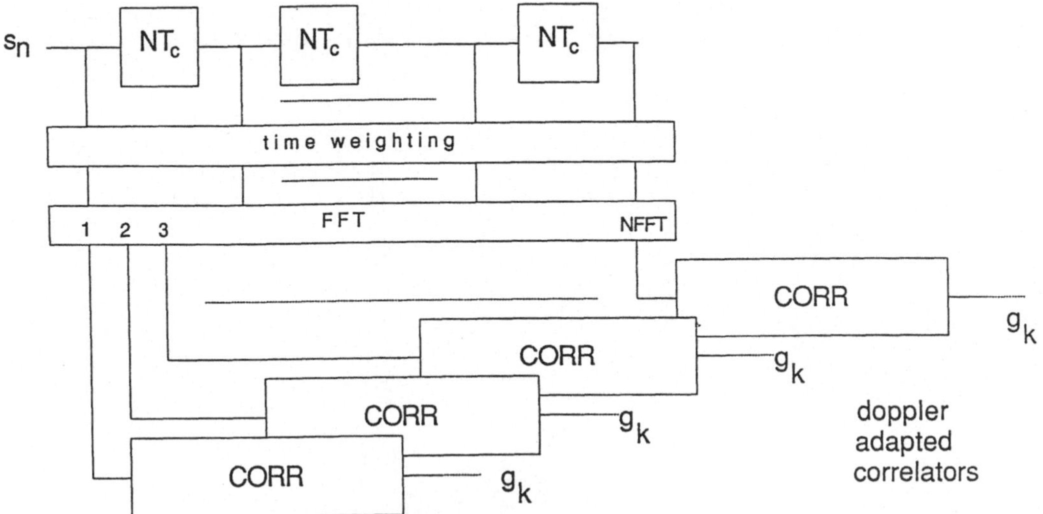

Abbildung 2 : Signalverarbeitung: Dopplerfilterung vor Pulskompression

3   SIGNALVERARBEITUNG:

Obwohl mit der oben geschilderten Maßnahme der Anstieg der Nebenwerte vermindert wurde, können die geforderten niedrigen Werte für die Nebenzipfel nur in einem engen Bereich um eine RDV von Null garantiert werden. Ist die Dopplerverschiebung des Sendesignals jedoch bekannt, so kann die auftretende Phasenverschiebung von Abtastwert zu Abtastwert leicht in den Korrelatorkoeffizienten berücksichtigt werden:

$$c_n' = c_n e^{(j2\pi f_D T_c n)} \; / \; N \tag{3}$$

Damit läßt sich die Zone niedriger Nebenwerte in den Bereich der bekannten Dopplerverschiebung legen. Dies führt zu folgendem Vorgehen: Durch eine Filterbank werden vor dem Korrelator die eingehenden Echosignale nach ihrer Dopplerverschiebung sortiert. An jedem Filterausgang befindet sich ein Korrelator, der nach Gleichung 3 auf die jeweilige Mittenfrequenz des Filters adaptiert ist. Jeder Korrelator wird auf diese Weise nur mit Signalen nahezu passender Dopplerverschiebung beschickt, so daß die Korrelation in allen Filterkanälen mit niedrigen Werten für die Nebenzipfel erfolgen kann.

Die Filterbank kann zweckmäßig durch eine FFT implementiert werden, wie es in Bild 2 gezeigt ist. Das eingehende Signal wird nach der Filterung mit einem Subpulsfilter (in Bild 2 nicht gezeigt) abgetastet und in einem Signalspeicher abgelegt. Diesem Speicher werden jeweils N_{FFT} Abtastwerte im Abstand einer Periode der Binärfolge ($N \times T_C$), entnommen und der FFT über eine Fensterfunktion zugeführt. Durch diese Maßnahme entstammen alle

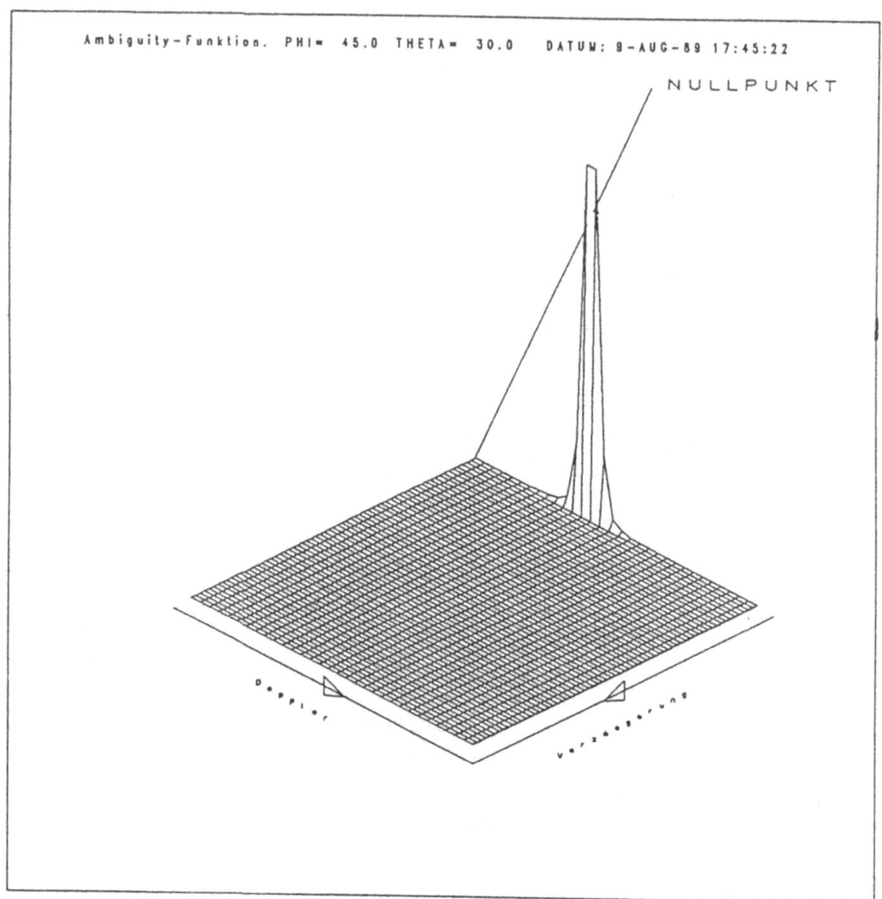

Abbildung 3 : Filterausgangswerte

gleichzeitig bearbeiteten Abtastwerte demselben Element der Binärfolge, so daß der Phasenfortschritt von Folgenperiode zu Folgenperiode zur Bestimmung der Dopplerfrequenz ausgewertet werden kann. Dieser Vorgang wird für jeden Abtastwert, d.h. im Abstand T_C
wiederholt. Auf Grund der Linearität der FFT erscheint dann am Ausgang des passenden
FFT-Kanal eine Replik der Binärfolge mit einer dem Kanal entsprechenden Dopplerverschiebung. Die Pulskompression kann jetzt mit hoher Güte durch einen auf den Phasenfortschritt
von Abtastwert zu Abtastwert angepassten Korrelator erfolgen. Die Dopplerverschiebung
muß allerdings eindeutig bestimmt werden, da ein Signal mit einer RDV vom Betrag der Ka-
nalmittenfrequenz zuzüglich einem Vielfachen der Folgenwiederholfrequenz sich zwar auch
im gleichen Dopplerkanal abbildet, jedoch einen anderen Phasenfortschritt von Abtastwert
zu Abtastwert aufweist: Der Korrelator ist grob fehlangepaßt und erzeugt hohe Nebenwerte.

In den Nachbarkanälen erscheint bei regulärem Betrieb ebenfalls eine dopplerverschobene Replik der Binärfolge, allerdings ist sie mit der Übertragungsfunktion des FFT-Filters bedämpft. Dieses Signal ruft in dem angeschlossenene Korrelator, der ja auf die Mittenfrequenz des Nachbarkanals angepaßt ist, Nebenwerte hervor, die mit wachsender Fehlanpassung ansteigen. Der Anstieg der Nebenwerte muß durch die steigende Dämpfung der Filterfunktion ausgeglichen werden, um ein einheitlich niedriges Niveau der der Nebenwerte zu garantieren. Die vor der FFT eingefügte Fensterfunktion dient dem Zweck eine entsprechende Filterübertragungsfunktion einzustellen.

4 SIMULATION:

Um die bisher dargelegten Ideen zu verifizieren, wurde der gesamte Signalverarbeitungsteil eines Radargerätes ab dem Subpulsfilter bis zur Pulskompression auf einem Digitalrechner simuliert. Bild 3 zeigt in einer Darstellung ähnlich den Ambiguity-Diagrammen zuvor die Beträge der Ausgangssignale der verschiedenen Dopplerkanäle. Es wird die bereits vorgestellte 65-elementige Binärfolge als Sendesignal verwendet. Als Subpulsfilter dient ein matched filter. Die Fensterfunktion vor der FFT wurde durch ein Hamming-Fenster realisiert. Die Korrelatoren sind an die jeweilige Filtermittenfrequenz angepaßt. Es wird das bereits vorgestellte mismatched filter für die Binärfolge mit dreieckiger Fensterfunktion verwendet. Dargestellt ist der ungünstigste Fall, wenn die Dopplerverschiebung gerade in der Mitte zwischen zwei FFT-Kanälen liegt. Mit Ausnahme der Zeitsprosse des Hauptmaximums kann über der ganzen Zeit-/Frequenzebene ein einheitliches Niveau der Nebenwerte von ca. -60dB eingehalten werden, der größte Nebenwert liegt bei -58dB.

5 ZUSAMMENFASSUNG:

Binärfolgen können als Sendesignale in der CW-Betriebsart des Radars verwendet werden, wenn die Dopplerverschiebung eindeutig gemessen werden kann. Ein ausreichendes Niveau der Nebenwerte läßt sich durch Dopplerfilterung vor der Pulskompression einhalten, wenn angepaßte mismatched filter als Korrelatoren eingesetzt werden. Durch die Forderung nach eindeutiger Messung der Dopplerverschiebung ist die Anwendung auf Nahbereichsradare begrenzt, wenn die Auflösung von Entfernungsmehrdeutigkeiten nicht durch spezielle Verfahren erfolgt[3].

6 LITERATUR:

[1] Borchert, W.; Rohling, H.
     Zum Mimatched-Filter-Entwurf für
     periodische binärphasencodierte
     Signale
     NTZ-Archiv, Band 10, 1988, S.111-117

[2] Borchert, W.; Eggers, H.
     Periodische Binär- und Polyphasen-
     folgen und ihre Ambiguity-Funktion
     7.Radarsymposium,Ulm 1989,S.405-418

[3] Rohling, H.
     Zur Auflösung von Radialgeschwindigkeits-
     und Entfernungsmehrdeutigkeiten bei der
     Radarmessung
     NTZ-Archiv, Band 8, S.25-34

Modellgestützte Rekonstruktion mit alternierenden orthogonalen Projektionen in der Mikrotomographie

Gerd Fuhrmann

Zentrallabor für Elektronik
Forschungszentrum Jülich, Postfach 1913, D-5170 Jülich

Abstract

X-ray microtomography has evolved to a valuable tool for high resolution non destructive material research. This paper describes the design of a microtomography system at the research center Jülich. Special emphasis has been laid on improving the reconstruction by means of alternating orthogonal projections.

Einführung

Für zerstörungsfreie Materialuntersuchungen, insbesondere im technisch-wissenschaftlichen Bereich, gewinnt die Röntgen-Mikrotomographie zunehmend an Bedeutung. Hierbei werden durch mathematische Verfahren aus ein- bzw. zweidimensionalen Projektionen, die in verschiedenen um die Probe herum angeordneten Winkelstellungen aufgenommen werden, zwei- bzw. dreidimensionale Rekonstruktionen der Röntgenstrahlen-Abschwächungskoeffizienten-Verteilung der untersuchten Probe erzielt. Durch die Beschränkung auf die Untersuchung von leblosen Proben sind hohe Strahlendosen zulässig und Bewegungsartefakte entfallen. Bei Ortsauflösungen im Mikrometerbereich sind z. B. das Erkennen von Poren- und Rißgeometrien in Materialproben, die Beurteilung der Faserlage in Verbundwerkstoffen oder die Analyse der Durchmischung von Legierungsbestandteilen einige mögliche Anwendungen der Mikro-Computertomographie (μCT).

Physikalische Meßtechnik

Die Forderung nach hoher Ortsauflösung läßt sich mit derzeit üblichen Detektoren durch geometrische Vergrößerung der Projektionen um den Faktor 5-10 unter Einsatz von Mikrofocus-Röntgenquellen mit einem Brennfleck-Durchmesser von ca. 1 μm erreichen. Eine Meßzeit-effiziente Probenanalyse erfordert die Aufnahme von zweidimensionalen Projektionsfunktionen, um hieraus eine dreidimensionale Rekonstruktion erstellen zu können. Diese beiden Forderungen zusammen führen auf eine dreidimensionale Fächerstrahl-Geometrie wie sie in Abb. 1 gezeigt wird. Als Detektor wird ein gekühlter CCD-Sensor der Firma Thomson mit $550 \cdot 586$ Pixeln und einer photosensitiven Pixelgröße von 23 μm $\cdot$ 12 μm benutzt. Auf der angekoppelten Glasfaseroptik, deren Einzelfasern einen Durchmesser von etwa 6 μm besitzen, befindet sich eine etwa 20 μm dicke Schicht Gadoliniumoxisulfid als Szintillator. Die Kühlung erfolgt über zwei

Peltier-Elemente, die entstehende Wärme wird durch Wasserkühlung abgeführt. Die Temperatur des Sensors kann so auf etwa -50 °C abgesenkt werden. Durch die Kühlung des CCD-Chips wird eine Reduktion des Dunkelentladestroms bewirkt, so daß ein Aufsammeln von Ladungsträgern im Halbleiter selbst über einen Zeitraum von mehreren zehn Sekunden möglich wird. Auf diese Weise kann eine ausreichende Röntgenquantenstatistik durch Langzeitbelichtung erreicht werden. Der verwendete Röntgenenergiebereich liegt zwischen 10 keV und 50 keV. Eine Beeinflussung der Bildqualität durch Röntgenstreustrahlung ist in diesem Bereich nicht von Bedeutung.

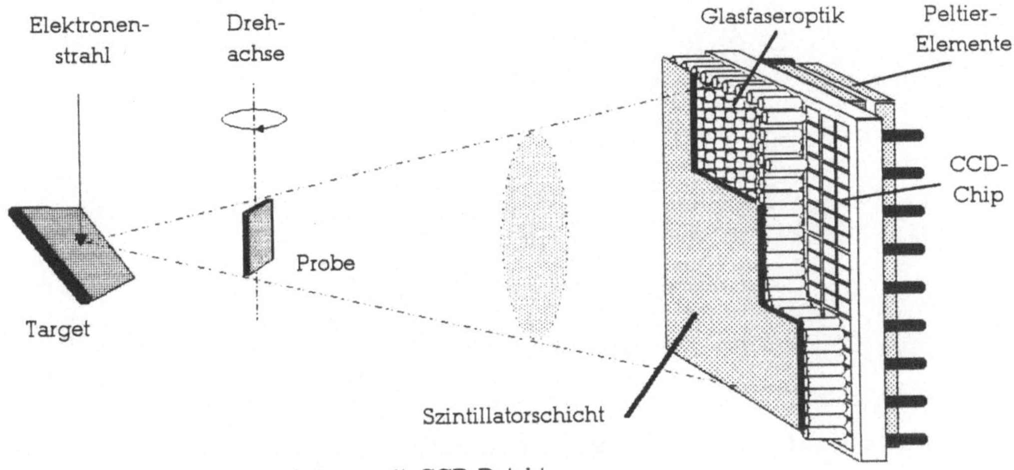

Abb. 1: Mikrotomographie-Anlage mit CCD-Detektor

Rekonstruktionsalgorithmen

Die Rekonstruktion der Verteilung der Abschwächungskoeffizienten aus den zweidimensionalen Projektionen erfolgt durch eine dreidimensionale gefilterte Rückprojektion. Bei diesem, u. a. in [1] und [2] angegebenen, Algorithmus für konusförmige Strahlgeometrie bei äquidistantem Detektor-Abtastraster werden die Projektionen zunächst gewichtet, sodann senkrecht zur Drehachse entlang der η-Koordinate eindimensional gefiltert und schließlich über ihre Projektionsebenen zurückprojiziert. Mit den Benennungen aus Abb. 2 ergeben sich damit die folgenden drei Rekonstruktionsschritte:

1) Gewichtung der Projektionsfunktion mit dem Verhältnis zwischen dem Abstand Quelle - Drehachse und dem Abstand Quelle - Szintillatorschirm-Auftreffpunkt.

$$P'_\beta(\eta, \xi) = P_\beta(\eta, \xi) \cdot \frac{D_{SO}}{\sqrt{D_{SO}^2 + \eta^2 + \xi^2}}$$

2) Faltung mit $^1/_2\, h(\eta)$, der Fouriertransformierten von $|f_\eta|$, wobei f_η die Koordinate der Fouriertransformierten der Projektionskoordinate η bezeichnet.

$$Q_\beta(\eta, \xi) = P'_\beta(\eta, \xi) * \frac{1}{2} h(\eta)$$

3) Gewichtete Rückprojektion über das dreidimensionale Rekonstruktionsgitter:

$$a(x,y,z) = \int_0^{2\pi} \frac{D_{SO}^2}{(D_{SO} - s)^2} \, Q_\beta \left(\frac{D_{SO}t}{D_{SO} - s} \, , \, \frac{D_{SO}z}{D_{SO} - s} \right) d\beta$$

mit:
$$t = x \cdot \cos\beta + y \cdot \sin\beta$$
$$s = -x \cdot \sin\beta + y \cdot \cos\beta$$

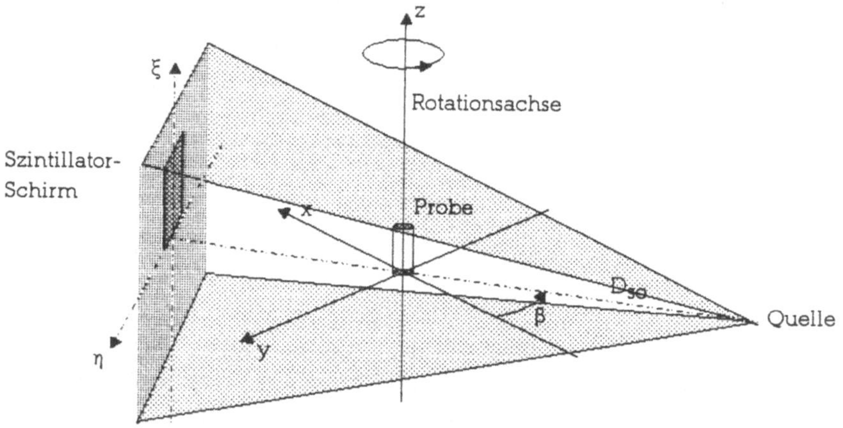

Abb. 2: Dreidimensionale Fächerstrahl-Projektionsgeometrie

Simulationsergebnisse mit errechneten Projektionsdatensätzen (siehe nächster Abschnitt) haben gezeigt, daß der Algorithmus brauchbare Resultate liefert, wenn Durchstrahlungen aus äquiangular über einen Vollkreis verteilten Winkelstellungen vorliegen. In Übereinstimmung mit der Literatur [3] kann lediglich in weit vom Zentrum entfernten Schichten eine Qualitätsminderung der Rekonstruktion beobachtet werden, was auf den ungünstigen Durchstrahlungswinkel des verkippten Fächerstrahl-Bündels zurückzuführen ist.

Materialproben für mikrotomographische Untersuchungen jedoch liegen aus Herstellungsgründen zumeist in Folienform vor. Zur besseren Handhabung wird die Folie in einen Halterahmen eingespannt. Eine Durchleuchtung der Probe von allen Seiten ist damit nicht mehr möglich, es liegt ein "Limited-Angle" Problem vor. Ohne besondere Maßnahmen zeigt die Rekonstruktion starke Artefakte. Eine Verbesserung des Rückrechnungsergebnisses läßt sich durch Einbringen von Kentnissen über das zugrundeliegende physikalisch-mathematische Modell und von a-priori Wissen erzielen. Von D. C. Youla und anderen Autoren [4], [5] wurde für zweidimensionale Anwendungen das Verfahren der alternierenden, orthogonalen Projektionen vorgeschlagen, das die in [6] und [7] von R. W. Gerchberg und A. Papoulis entwickelte Methode der Spektral-Extrapolation fortführt und verbessert.

Angenommen f, g und h seien jeweils Elemente der geschlossenen, linearen Mannigfaltigkeiten $\mathcal{P}_b$, $\mathcal{P}_a$ und $\mathcal{P}_{a\perp}$ eines Hilbert-Raumes $\mathcal{H}$. Dabei sind $\mathcal{P}_a$ und $\mathcal{P}_{a\perp}$ orthogonal zueinander. P_b, P_a und Q_a seien die zugeordneten Projektionsoperatoren auf $\mathcal{P}_b$, $\mathcal{P}_a$ respektive $\mathcal{P}_{a\perp}$. Dann besitzt f entsprechend dem Projektionstheorem [9] eine eindeutige Zerlegung in

$$f = g + h.$$

Dabei gilt, wegen der Orthogonalität der zugehörigen Mannigfaltigkeiten $\mathcal{P}_a$ und $\mathcal{P}_{a\perp}$. $(g, h) = 0$. Die Umformung

$$g = P_a f = P_a P_b f = (1-Q_a) \cdot P_b f = f - Q_a P_b f$$

führt auf die folgende Iteration, die eine schrittweise Annäherung an die gesuchte Lösung f bewirkt:

$$f_{k+1} = g + Q_a P_b f_k \qquad \text{mit } k = 1, \to \infty \ , \quad f_1 = g$$

Eine formale Herleitung und weitere Anmerkungen zu dem Verfahren findet man z. B. in [8].

In Abb. 3 wird der Rekonstruktionsvorgang im Hilbert-Raum geometrisch dargestellt. Die drei geschlossenen, linearen Mannigfaltigkeiten werden dabei durch Geraden repräsentiert. Exemplarisch sind die drei Schritte des ersten Iterationsablaufes eingezeichnet:

1) Projektion des Ausgangsvektors f_k auf die Mannigfaltigkeit $\mathcal{P}_b$. (Dargestellt ist die Projektion des Initialvektors $f_1 = g$ auf $\mathcal{P}_b$, $P_b \cdot f_1 = \overline{OC}$).
2) Projektion des sich aus 1) ergebenden Vektors auf $\mathcal{P}_{a\perp}$. ($Q_a \cdot P_b = \overline{OC'}$ im Beispiel).
3) Addition des so gefundenen Anteils von h zu g. Dies ergibt den neuerlichen Vektor f_{k+1}. ($f_2 = \overline{OD}$).

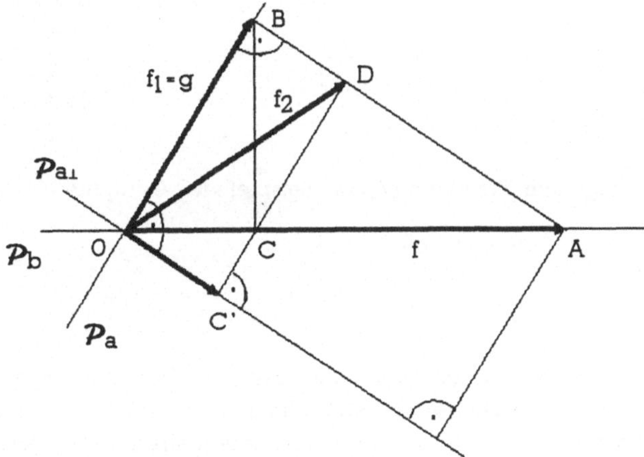

Abb. 3: Rekonstruktions-Geometrie im Hilbert-Raum

Abb. 4 zeigt die Anwendung des Verfahrens auf das "Limited-Angle"-Problem der Computer-Tomographie am Beispiel einer zweidimensionalen Parallelstrahl-Rekonstruktion. Die Zeichnung versinnbildlicht den ersten Rekursionsschritt. Sie ist im Uhrzeigersinn, beginnend oben links, zu lesen. Dort wird schematisch die Belegung des Frequenzraums durch die Fouriertransformierten der winkelbeschränkten Projektionsfunktionen entsprechend dem Zentralschnitttheorem [2] gezeigt. Inverse Fouriertransformation und anschließenende Anwendung von a-priori-Wissen stellen den ersten Schritt (Projektion auf $\mathcal{P}_b$) dar. Nichtnegativität der Abschwächungskoeffizienten und geometrische Ausdehnung der Probe sind hierbei Bedingungen, die in den Projektionsoperator eingearbeitet werden können. Durch Fouriertransformation und "Ausschneiden" der zu $\mathcal{P}_a$ orthogonalen Datenmenge erfolgt die Projektion auf $\mathcal{P}_{a\perp}$. Das Hinzufügen der Ursprungsdatenmenge g vervollständigt den Zyklus.

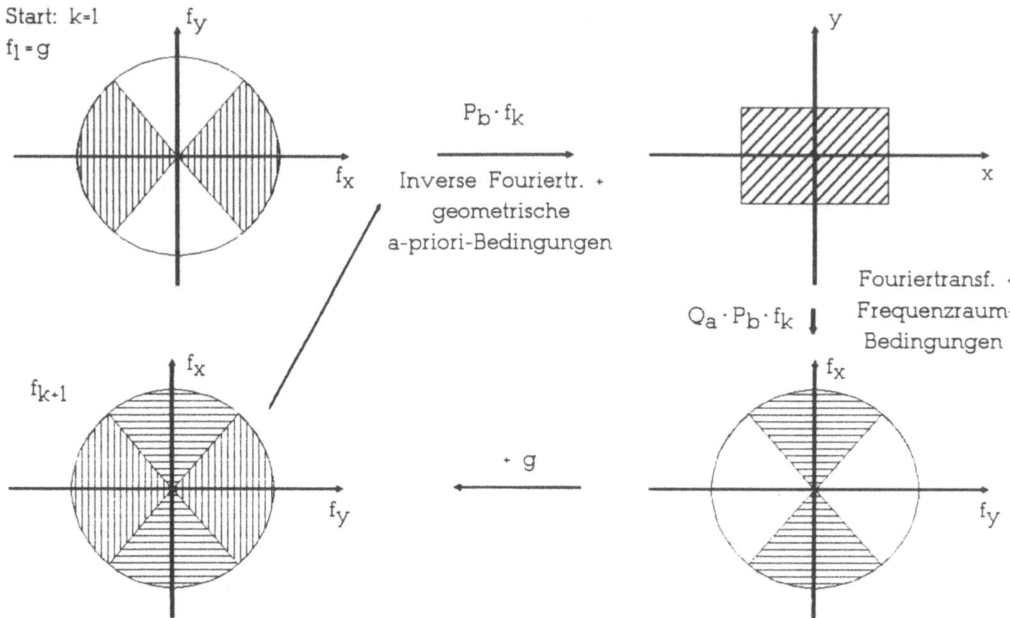

Abb. 4: Alternierende, orthogonale Projektionen am Beispiel der Computer-Tomographie

Simulationspaket

Zur Erprobung der Algorithmen wurde ein Simulationspaket für Personal-Computer geschaffen, das die Erzeugung von Projektionsdatensätzen ermöglicht. Dazu können interaktiv auf einer grafischen Oberfläche geometrische Körper auf einen imaginären Probenteller aufgebracht werden, die dann mit wählbarer Strahlgeometrie und Auflösung "durchleuchtet" werden. Dabei kann für jedes Körperelement entweder ein fester Abschwächungskoeffizient oder eine chemische Verbindung eingegeben werden. Im letzteren Fall wird der zugehörige Abschwächungskoeffizient über eine Interpolationskoeffizienten-Tabelle entsprechend einer vorgegebenen monoenergetischen Strahlung berechnet. Die erzeugten Datensätze können bei wählbarem Signal-zu-Rausch-Verhältnis mit gaußförmigem Rauschen beaufschlagt, radial und zirkular bandbeschränkt oder auch in einem beliebigen Bereich gelöscht werden. Das Programmpaket kann auch im Vorfeld einer µCT-Messung zur Untersuchung erzielbarer Kontrastauflösungen herangezogen werden.

Computersystem

Für die Berechnung von dreidimensionalen Rekonstruktionsbildern ist eine hohe Rechenleistung erforderlich. Für eine dreidimensionale gefilterte Rückprojektion, wie oben beschrieben, werden größenordnungsmäßig N^4 Rechenoperationen benötigt, wobei N die Kantenlänge der Rekonstruktionsmatrix angibt.. Aus diesem Grunde wird für Rekonstruktionszwecke ein digitaler Gleitkomma-Signalprozessor (DSP) der Firma AT&T eingesetzt, der eine Peak-Performance von 25

MFlops leistet. Für die Berechnung einer Rekonstruktionsmatrix mit 255^2 Elementen aus 180 Projektionen benötigt dieser Prozessor ca. 20 s. Die Rechenzeit für eine 3-D-Rekonstruktion gleicher Grund-Matrixgröße und einer "Höhe" von 100 Schichten beträgt also etwa 35 Minuten. Je ein solcher DSP, zusammen mit bis zu 16 MByte Ram, befindet sich auf einer Einsteckkarte, die am Zentrallabor für Elektronik des Forschungszentrums Jülich entwickelt wurde. Als Host-Computer dient dabei ein IBM-AT oder IBM-PS/2 Rechner, der mit mehreren dieser Zusatzkarten ausgerüstet werden kann. Hierdurch kann die Rekonstruktion parallel mit mehreren Signalprozessoren durchgeführt werden.

Das Detektorsignal des CCD-Chips wird im Slow-Scan-Verfahren mittels Frame-Grabber-Karte eingelesen und auf Festplatte zwischengespeichert. Zur Visualisierung der Ergebnisse dienen hochauflösende Video-Einsteckkarten.

Zusammenfassung und Ausblick

Am Zentrallabor für Elektronik des Forschungszentrums Jülich wird eine Mikrotomographie-Anlage konzipiert, deren Komponenten "Detektorsystem" und "Rekonstruktionsrechner" einsatzbereit sind. Die Fertigstellung des Prototyps und erste Probeaufnahmen werden für Ende dieses Jahres erwartet.

Eine noch schnellere Rekonstruktion wird durch den Einsatz von "Parallel-DSP-Strukturen" erreicht. Ein solches Parallelisierungskonzept wird derzeit realisiert.

Bisher existiert nur wenig Bildverarbeitungssoftware für dreidimensionale Meßwertdarstellungen. Hier besteht ein Bedarf an Funktionen zur Geometrieuntersuchung, Vermessung, statistischen Auswertung und Manipulation der Datensätze.

Die gewählte Vorgehensweise bei der Implementierung eines Mikrotomographiesystems, entsprechend dem erwähnten Anforderungsbereich, hat sich bisher bewährt und wird weiter verfolgt.

Referenzen

[1] L. A. Feldkamp, L. C. Davis, J. W. Kress, "Practical cone-beam algorithm" J. Opt. Soc. Amer., Vol. 1, S. 612-619, Juni 1984

[2] A. C. Kak, M. Slaney, "Principles of Computerized Tomographic Imaging" IEEE Press, New York, 1988

[3] B. D. Smith, "Image reconstruction from cone-beam projections: Necessary and sufficient conditions and reconstruction methods", IEEE Trans. Med. Imag., Vol. MI-4, S. 14-25, März 1985

[4] D. C. Youla, "Generalized Image Restoration by the Method of Alternating Orthogonal Projections", IEEE Trans. Circuits and Systems, Vol. CAS-25, No. 9, S. 694-702, September 1978

[5] A. Lent, H. Tuy, " An iterative method for the extrapolation of bandlimited functions", J. Math. Anal. Appl., Vol. 83, S. 554 - 565, 1981

[6] Ed. H. Stark, "Image Recovery: Theory and Application", Academic Press, San Diego, 1986

[7] R. W. Gerchberg, "Super-resolutions through error energy reduction", Opt. Acta, Vol. 21, No. 9, S. 709-720, 1974

[8] A. Papoulis, "A new algorithm in spectral analysis and bandlimited extrapolation", IEEE Trans. Circuits and Systems, Vol. CAS-22, No. 9, S. 735-742, September 1975

[9] A. C. Zaanen, "Linear Analysis", Interscience, New York, 1953

AUSWERTUNG VON MR-SIGNALEN IM ZEITBEREICH MITTELS 'LINEAR PREDICTION' (LP)

Erik A. Penner, Walter Ameling

Rogowski-Institut für Elektrotechnik, RWTH Aachen

Zusammenfassung

In diesem Beitrag wird ein neues Verfahren zur Auswertung der von einem MR-Tomographen gelieferten Signale vorgestellt. Im Gegensatz zu den bislang gebräuchlichen Verfahren erfolgt die Schätzung der für die Gewebecharakterisierung wichtigen Relaxationszeit T_2 nicht erst nach vorheriger Fouriertransformation im Frequenzbereich, sondern es werden alle gesuchten Parameter werden direkt im Zeitbereich unter Verwendung eines LP-Filters ermittelt. Dadurch wird eine verbesserte Auflösung multipler T_2-Zeiten erreicht.

Einleitung

Innerhalb der letzten Jahre hat sich die Magnet-Resonanz-Tomographie (Kernspintomographie) als ein neues bildgebendes Verfahren in der klinischen Praxis fest etabliert. Aufgrund der Informationsfülle, die dieses Verfahren zur Verfügung stellt, ist man potentiell in der Lage, äußerst differenzierte Aussagen bis hin zur Beschreibung biochemischer Vorgänge im untersuchten Gewebe zu treffen [Ramm 86].

Das Ziel unserer Arbeiten ist es, das diagnostische Potential der Kernspintomographie zu erhöhen. Ein Teilziel auf diesem Weg ist daher eine - im Hinblick auf deren Aussagekraft - optimale Auswertung der vom Tomographen gelieferten Signale. In diesem Beitrag wird ein fundamental neuer, auf einer verfeinerten Modellbildung basierender Ansatz beschrieben.

Das vom Tomographen gelieferte Signal kann näherungsweise als eine Überlagerung gedämpfter Sinusschwingungen aufgefaßt werden. Für ein zweidimensionales Bild wird die Ortsinformation in Frequenz und Phasenlage enkodiert, während die Amplitude der jeweiligen Schwingung proportional zur Spindichte an einem bestimmten Ort ist. Das Abklingverhalten erlaubt Rückschlüsse auf die transversale Relaxationszeit T_2 in diesem Ortspunkt. T_2 ist ein sowohl für die Gewebedifferenzierung als auch für die Gewebecharakterisierung wichtiger Parameter.

Im weiteren soll der Übersichtlichkeit wegen nur der eindimensionale Fall betrachtet werden. Dann ergibt sich für das demodulierte Meßsignal s(t) folgende Darstellung:

$$s_l(t) = \int_x \int_{T2} \rho(x,T2)\, e^{-jaxt}\, e^{-b(2\tau l+t)/T2}\, dT2\, dx$$

Spindichte ρ; Experimentkonstanten a,b; Echodauer 2τ; Echonummer l

Das Signalmaximum tritt ein, wenn unabhängig vom Ort alle Phasenwinkel gleich Null sind, so daß sich sämtliche Beiträge addieren. Durch eine geeignete Anregung des Meßobjekts läßt sich dieser Zustand quasi-periodisch wiederherstellen: Man erhält eine Folge sogenannter "Spin-Echos", deren Amplitude in Abhängigkeit von der vorliegenden T_2-Verteilung von Echo zu Echo abnimmt.

Konventionelle Auswerteverfahren

Bei den konventionellen Verfahren erfolgt die Schätzung der Parameter in zwei voneinander getrennten Schritten. Aus jedem einzelnen Echo wird mittels einer Fouriertransformation (FT) die Spindichteverteilung zum Echozeitpunkt rekonstruiert. Dabei wird implizit davon ausgegangen, daß während der Echodauer keine Relaxation stattfindet. Im zweiten Schritt werden die Relaxationszeiten pixelweise bestimmt: Jedes Spindichtebild liefert jeweils einen Stützpunkt auf der einem bestimmten Bildpunkt zugehörigen Abklingkurve. Die Estimation der Relaxationszeiten aus diesen Abklingkurven ist jedoch ein extrem schlecht konditioniertes Problem, da von dem Auftreten mehrerer Zeitkonstanten pro Bildpunkt - oder sogar von einer kontinuierlichen Verteilungsfunktion - ausgegangen werden muß. Eine zusätzliche Erschwernis ist in der Praxis durch die nur geringe Anzahl zur Verfügung stehender Stützpunkte (8-64) gegeben, deren Beschränkung sich aus biologischen und technischen Grenzen ergibt.

Die Berechnung der unteren Fehlerschranken ('Cramer-Rao Bounds') für diese Vorgehensweise zeigt, daß insbesondere bei mehreren Relaxationsprozessen pro Bildpunkt, die ähnliche Zeitkonstanten aufweisen, sehr leicht Fehler von 50 und mehr Prozent auftreten können (Bild 1).

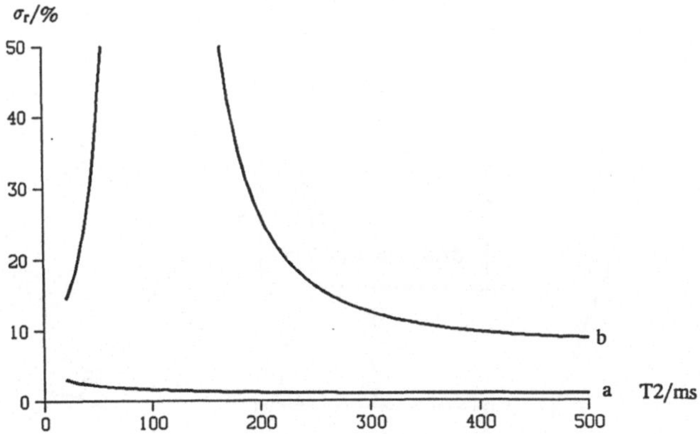

Bild 1: Minimale relative Standardabweichung von T_2 für den (a) mono- (b) biexponentiellen Fall (50 Echos á 12 ms; Peak SNR = 35 dB) [Brenner 90a]

Wir möchten betonen, daß es sich bei den 'Cramer-Rao Bounds' um die sich im statistischen Mittel ergebenden kleinstmöglichen Fehler handelt, die bei Verwendung eines optimalen Schätzers theoretisch erreicht, aber keinesfalls unterboten werden können. Die großen Schätzfehler stellen also ein prinzipielles Problem der konventionellen Verfahren dar, welches auch durch bessere Algorithmen nicht zu umgehen ist.

Auswertung im Zeitbereich

Als Alternative zur üblicherweise in zwei voneinander unabhängigen Verarbeitungsschritten erfolgenden Auswertung streben wir eine *simultane* Parameterestimation an (siehe auch [Brenner 90b]). Dies bedeutet, daß wir sowohl Spindichte als auch die Relaxationszeiten in nur einem Schritt aus dem gesamten zur Verfügung stehenden Datensatz bestimmen wollen. Dabei erfolgt die Analyse direkt im Zeitbereich unter Umgehung der normalerweise benutzten FT. Die Überlegenheit dieses Ansatzes ist offensichtlich: Zum einen werden die inhärenten Nachteile der FT vermieden, zum anderen ist die Vernachlässigung der Relaxation während der Echodauer nicht mehr erforderlich: Anstatt von einer Überlagerung *ungedämpfter* Sinusschwingungen gehen wir von einer Superposition *gedämpfter* Schwingungen aus. Die zu lösende Aufgabe besteht damit aus der Ermittlung von vier Parametern (Amplitude, Phasenwinkel, Dämpfung und Frequenz) pro Schwingung. Ein mögliches Verfahren zur Lösung dieses nichtlinearen Problems ist 'Linear Prediction'. Aufgrund seiner Struktur erscheint dieser Algorithmus besonders geeignet: Er besteht aus drei Teilen, welche jeweils ein Standardproblem der numerischen Mathematik repräsentieren. Dabei konzentriert sich die Nichtlinearität des Problems in der mittleren Teilaufgabe, der Nullstellenbestimmung eines komplexen Polynoms. Bei den anderen Teilen handelt es sich um lineare Ausgleichsprobleme.

Der Aufbau des Algorithmus' ist dem nachfolgenden Bild 2 zu entnehmen:

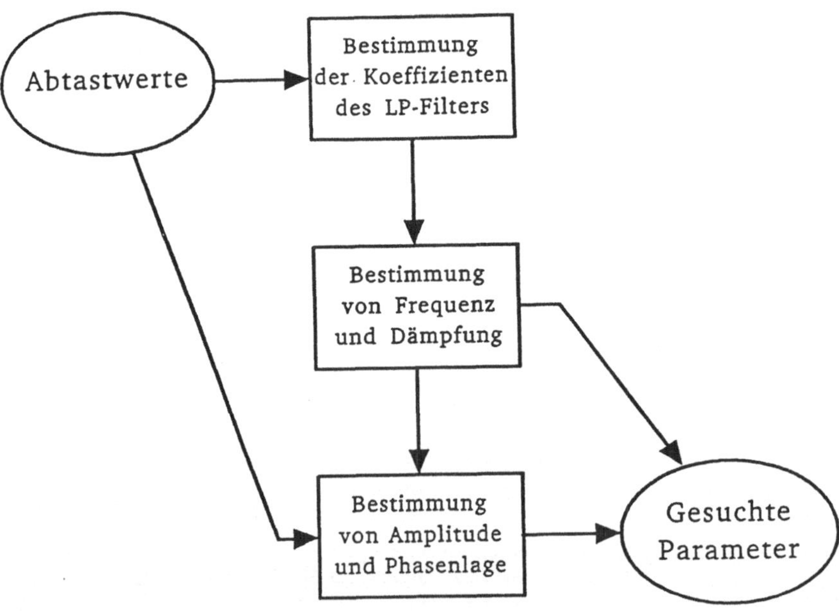

Bild 2: Aufbau des LP-Algorithmus'

Zuerst wird die Übertragungsfunktion eines LP-Filters so bestimmt, daß das Ausgangssignal minimal wird. Hierzu ist die Lösung eines linearen Gleichungssystems erforderlich. Bei dem LP-

Filter handelt es sich um einen 'Finite-Impulse-Response' Filter, dessen Struktur einem Echoentzerrer ähnelt. Der Name "Linear Prediction" weist auf die Vorhersage des x_n-ten Meßwerts mittels einer Linearkombination der zeitlich früheren Meßwerte x_{n-M} bis x_{n-1} hin.

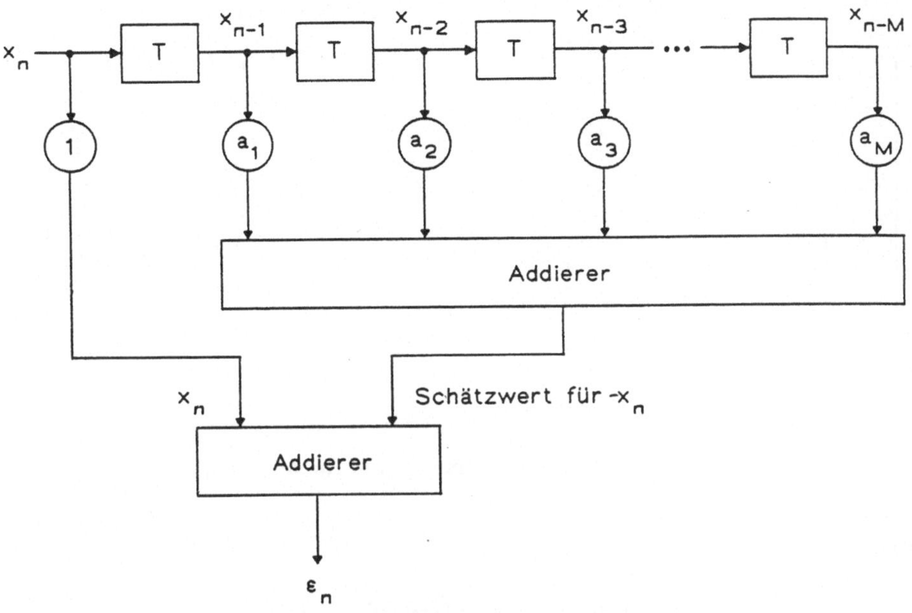

Bild 3: Struktur eines LP-Filters

Die Nullstellen in der Übertragungsfunktion des Filters geben Frequenz und Dämpfung der gesuchten Schwingungen an. Sie ergeben sich aus der Lösung einer algebraischen Gleichung hohen Grades, deren Koeffizienten die zuvor bestimmten Filterkoeffizienten sind.

Im letzten Teil des Verfahrens werden die Amplituden und Phasenwinkel der Schwingungen ermittelt. Diese Aufgabe kann wiederum als ein zu lösendes lineares Gleichungssystem formuliert werden.

In der oben beschriebenen Form wurde LP bereits erfolgreich in der MR-Spektroskopie eingesetzt. Hier lautet die Aufgabe, die Parameter einer *beschränkten* Anzahl gedämpfter Schwingungen zu ermitteln. Im Gegensatz dazu handelt es sich in der Bildgebung um ein kontinuierliches Spektrum, d.h., im Prinzip um eine *unbeschränkte* Anzahl von Schwingungen. Die Anzahl der Parameter ist beim LP-Algorithmus jedoch durch die Filterordnung M beschränkt. Um die Anzahl der zu untersuchenden Schwingungen virtuell zu reduzieren, wird von folgenden Zusammenhängen Gebrauch gemacht [Haacke 89]: Ein beliebiges kontinuierliches Spektrum läßt sich durch eine Folge von rect-Funktionen approximieren. Nach einer Differentiation verbleibt für die Analyse an jeder Kante der rect-Funktionen jeweils eine diskrete Schwingung. Wie in Bild 4 gezeigt, läßt sich die Differentiation durch Wichtung des Meßsignals mit "t" erreichen (entsprechend dem Differentiationstheorem der FT). Mit Ausnahme des letzten Teilschritts läßt sich der LP-Algorithmus unverändert auf das apodisierte Meßsignal anwenden.

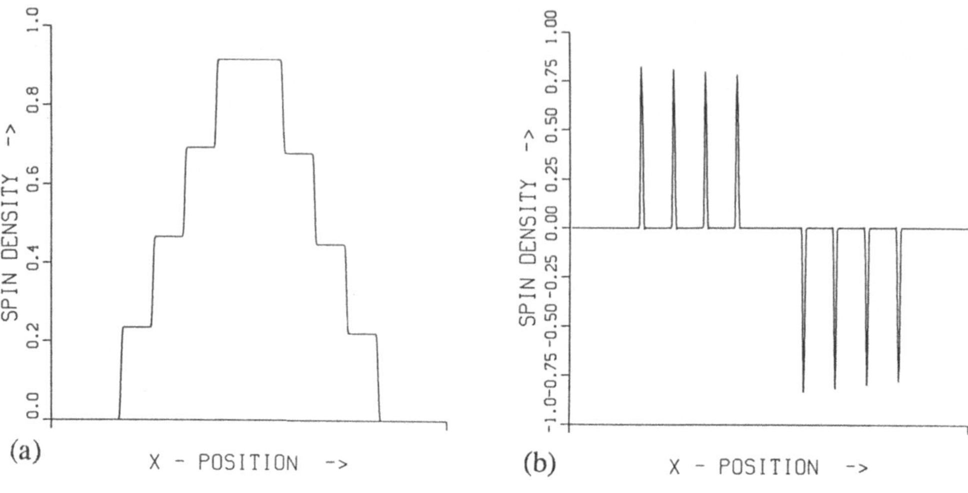

Bild 4: Spektrum (a) ohne (b) mit Apodisierung

Ergebnisse

Bild 5 zeigt das Ergebnis einer eindimensionalen Simulationsstudie.

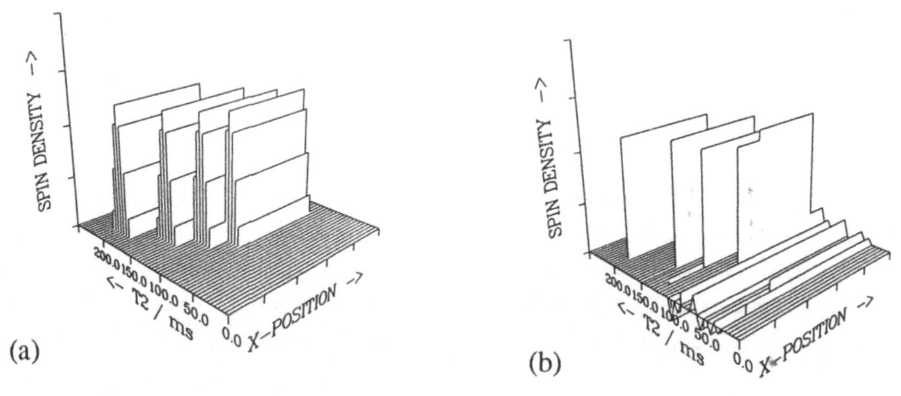

Bild 5: (a) Meßobjekt mit Relaxationszeiten von 100, 120, 150 und 200 ms
(b) Simulationsergebnis (basierend auf 50 Echos á 12 ms; SNR = 50 dB)

Wie hier demonstriert wird, ist unser neues Verfahren in der Lage, auch bei schlechtem S/N Verhältnis mehrere eng benachbarte Relaxationszeiten aufzulösen. Dies ist möglich, weil die Dämpfungswerte nur für die Kanten der rect-Funktionen bestimmt werden. Solange kein Kantenpaar mit exakt derselben x-Position existiert, wird nur maximal eine Zeitkonstante pro x-Position geschätzt. Somit wird das Estimationsproblem auf den monoexponentiellen Fall reduziert. Dementsprechend ist auch die in Bild 1 für den biexponentiellen Fall angegebene Fehlerschranke für unseren Algorithmus nicht mehr gültig.

Literatur

[Brenner 90a] A.R. Brenner, E.A. Penner, R. Gebhardt, W. Ameling
"Lower Error Bounds for the Estimation of Relaxation Parameters"
in: "Tissue Characterization in MR Imaging",
Springer-Verlag 1990

[Brenner 90b] A.R. Brenner, W. Ameling
"Simultane Rekonstruktion von Spindichte und Relaxation im Zeitbereich - Ein verallgemeinertes inverses Problem in der Kernspintomographie"
in: "Modellgestützte Signalverarbeitung", ASST '90
Informatik Fachberichte, Springer-Verlag 1990

[Haacke 89] E.M. Haacke, Z.-P. Liang, S.H. Izen
"Superresolution Through Object Modeling and Estimation"
IEEE Transactions on Acoustics, Speech and Signal Processing, Vol. 37, No. 4, April 1989

[Ramm 86] B. Ramm, W. Semmler, M. Laniado
"Einführung in die MR-Tomographie"
Ferdinand Enke Verlag, Stuttgart, 1986

SIMULTANE REKONSTRUKTION VON SPINDICHTE UND RELAXATION IM ZEITBEREICH - EIN VERALLGEMEINERTES INVERSES PROBLEM IN DER KERNSPINTOMOGRAPHIE

Andreas R. Brenner, Walter Ameling

Rogowski-Institut für Elektrotechnik, RWTH Aachen

Einleitung

Neben der Röntgentomographie (CT), dem Ultraschall und der Positronemissionstomographie (PET) steht heute dem Mediziner mit der Kernspintomographie ein weiteres wichtiges bildgebendes Diagnoseverfahren zur Verfügung, das im Vergleich mit den anderen genannten den Vorteil einer multiparametrischen Aussage bietet. Diese Parameter sind im konkreten: Spindichte, Spin-Spin-Relaxation T2, Spin-Gitter-Relaxation T1, Fluss und Diffusion bis hin zu spektroskopischen Daten.

Ein weit gestecktes Ziel der nichtinvasiven Diagnostik wird nun nicht nur eine Identifikation einer pathologischen Veränderung, sondern auch deren Charakterisierung sein. Umfassender Ansatz könnte eine Klassifikation in einem hochdimensionalen Merkmalsraum sein, wobei als Merkmale sowohl obige punktbezogene physikalische Parameter als auch strukturbeschreibende Information - wie z.B. Textur - dienen können.

Aufgrund des messtechnischen Aufwandes und der jeweiligen Experimentdauer werden bis heute jedoch zumeist nur die Parameter Spindichte und die Relaxationszeiten T1 und T2 ermittelt. Anfängliche Hoffnungen wurden bald getrübt, da gewebebezogene Cluster im Merkmalsraum nicht eindeutig separiert werden konnten. Eine Bewertung und Analyse zeigt drei mögliche Gründe auf:

- biologisches Gewebe kann in diesen Parametern von Natur aus stark heterogen sein.
- systematische Fehler durch Experimenteinflüsse wie z.B. Teilvolumeneffekte wegen zu großer Voxelvolumina, lokale Magnetfeldinhomogenitäten usw.
- Streuungen aufgrund ungenügend angepasster Modellierung und Analyse der Relaxationsprozesse.

Im folgenden werden wir die herkömmlichen Methoden zur Bestimmung von Spindichte und Relaxation, verschiedene Modellierungen der Relaxationsprozesse und einen gänzlich neuen Modellierungs- und Auswertungsansatz vorstellen.

Konventionelle Rekonstruktion von Spindichte und Relaxation T2

So wie in anderen bildgebenden Verfahren z.B. der Abschwächungs- bzw. der Reflexionskoeffizient grundlegender Parameter der Darstellung ist, so ist dies in der Kernspintomographie das zeitliche Verhalten der Probenmagnetisierung.

Das in der Detektorspule empfangene Signal besteht aus einer Überlagerung gedämpfter Schwingungen. Die Ortskodierung des jeweiligen Voxels ist in Frequenz und Phase enthalten. Die Amplitude ist der Spindichte und die Dämpfung der Relaxation zugeordnet.

Aus Gründen der Einfachheit beschränken wir uns im folgenden auf das eindimensionale Fourier-Imaging einschließlich der Bestimmung der Relaxationszeit T2. Für das einfachste Experiment lautet ohne Berücksichtigung der Relaxationszeit T2 der Zusammenhang zwischen Signal s(t) und Spindichte ρ(x) wie folgt:

$$s(t) = \int_x \rho(x)\, e^{-j\omega x t} dx$$

(a: Experimentparameter)

Dies ist für ein abgetastetes Signal in Bild 1 zu sehen. Die Spindichte berechnet sich daraus direkt über die inverse Fouriertransformation.

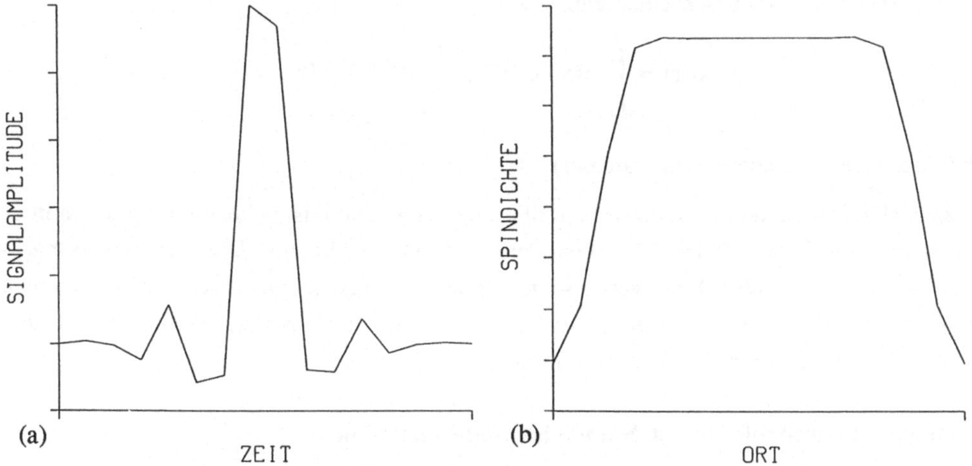

<u>Bild 1:</u> (a) Realteil des Signals und (b) zugehöriges Spektrum

In der Praxis zeigen die mit diesem Experiment gewonnenen Bilder eine deutliche Kontrastierung verschiedener Gewebe - gerade auch in Abhängigkeit des Zeitintervalls zwischen Probenanregung und Signalaufnahme. Dies verweist auf eine gewebeabhängige Relaxation T2 - dieser Parameter ist also zumindest pathologisch sensitiv. Um das Gewebe bzw. die pathologische Anomalie zu spezifizieren, ist darüber hinaus eine Quantifikation der Relaxation vonnöten. Eine Bestimmung der Relaxation T2 gelingt mit Hilfe einer sog. Echosequenz (Bild 2a). Hier wird das dephasierte Signal periodisch rephasiert, so daß jetzt die Abnahme des Signals aufgrund der Relaxation deutlich wird. <u>Nach</u> der Transformation der einzelnen Echos (Bild 2b) kann dann für jeden Ortspunkt separat eine Relaxationsanalyse durchgeführt werden.

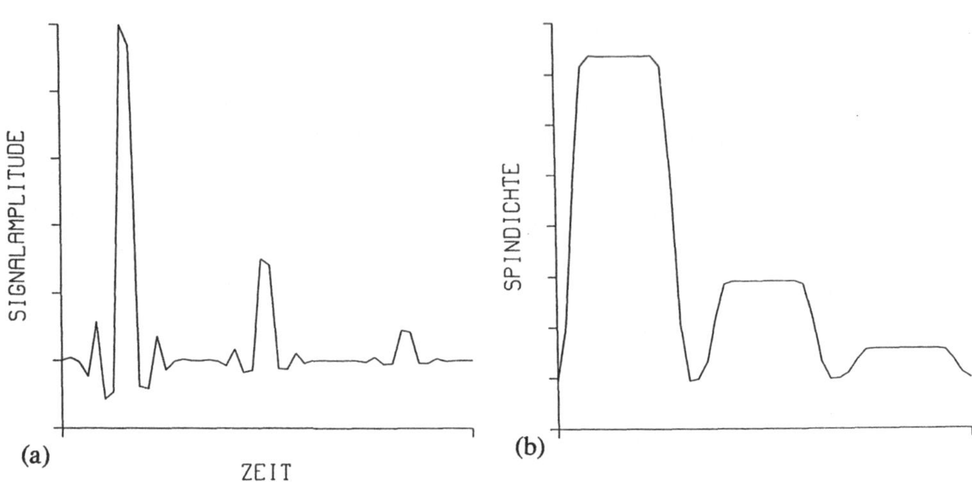

<u>Bild 2:</u> (a) Realteil einer Echosequenz und (b) zugehörige Spektren

Das l-te Echo lässt sich beschreiben wie:

$$s_l(t) = \int_x \rho(x)\ e^{-jaxt}\ e^{-b(2\tau l+t)/T2(x)} dx$$

(2τ: Echodauer; b: Experimentparameter)

Es zeigt sich jedoch, daß auch diese Modellierung noch nicht ausreichend ist. So treten in der Praxis manchmal mehrfache T2-Relaxationen pro Ortspunkt auf. Die Relaxationsanalyse multipler T2-Zeiten über 8-64 verrauschten Echos ist jedoch ein äußerst schlecht konditioniertes Problem [Brenner 90a], welches mit zu den anfangs erwähnten schlecht separierbaren Clustern im Merkmalsraum führt.

Simultane Rekonstruktion von Spindichte und Relaxation

Wir versuchen die Estimation multipler T2-Zeiten durch einen gänzlich neuen Modellierungs- und Estimationsansatz zu verbessern. Zum einen werden in der Relaxations-Modellierung multiple T2-Zeiten bis hin zu quasi-kontinuierlichen Verteilungen berücksichtigt. Das Signal wird dann modelliert wie:

$$s_l(t) = \int_x \int_{T2} \rho(x,T2)\ e^{-jaxt}\ e^{-b(2\tau l+t)/T2}\ dT2\ dx$$

Weiterhin wird die herkömmliche Methode - zuerst die Spindichte und <u>danach</u> die Relaxation zu bestimmen - verworfen, da dies nur für eine, gegenüber der Relaxationszeit kleine, Echodauer gültig ist. Das heißt, Spindichte und Relaxation werden <u>simultan</u> in einem Schritt rekonstruiert. Bei der Diskretisierung von $\rho(x,T2)$ sind nun zwei verschiedene Ansätze möglich: Die Zerlegung von $\rho(x,T2)$ in beliebige rect-Funktionen in der Ort-Relaxation-Ebene führt auf ein nichtlineares Problem, das mit Hilfe eines apodisierten AR-Modells gelöst werden kann [Penner 90]. Diese Modellierung bietet den Vorteil, daß eng benachbarte multiple T2-Zeiten aufgelöst werden können, sofern sie sich geringfügig in ihrem jeweiligen Ort unterscheiden. Nachteile dieses Verfahrens sind jedoch noch Stabilisierungsprobleme (wie z.B. Auftreten von negativen T2-Zeiten und Spindichten) und die Tatsache, daß nur alle Datenpunkte eines Echos oder nur ein Datenpunkt pro Echo ausgewertet werden können.

So haben wir uns für einen weiteren Modellierungsansatz entschlossen: die Spindichte $\rho(x,T2)$ auf einem äquidistanten Gitter zu rekonstruieren. Dies ist nun ein lineares, inverses Problem - verallgemeinert in dem Sinne, daß bei der Rekonstruktion eine weitere mathematische Dimension hinzugefügt worden ist. Von Vorteil ist die mögliche Inkorporation von a-priori Wissen, welches, wie im folgenden gezeigt wird, wesentlich zur Stabilisierung beiträgt. A-priori Wissen ist z.B. der beschränkte Wertebereich von Ort und Relaxation (T2 > 0) und die Positivität der Spindichte. Darüber hinaus werden jetzt alle zur Verfügung stehenden Datenpunkte einbezogen.

Ergebnisse

Zur Veranschaulichung haben wir das Modell in Bild 3a gewählt und die zugehörige unverrauschte Echosequenz aus Bild 2a.

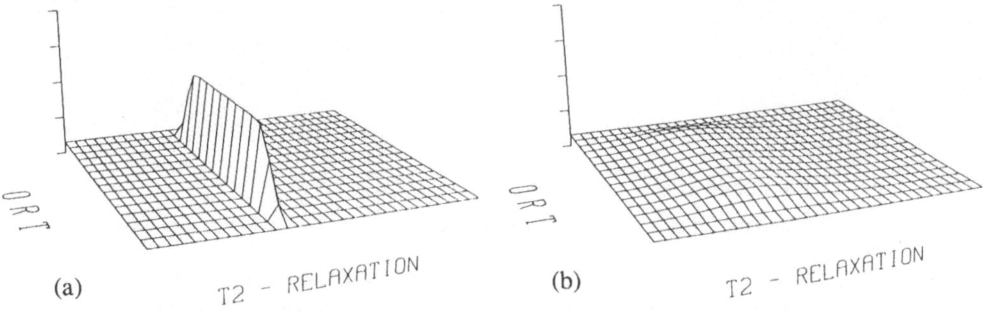

<u>Bild 3:</u> (a) Simulationsmodell und (b) Rekonstruktion ohne Randbedingung

Man sieht in Bild 3b die Rekonstruktion ohne Randbedingung, in Bild 3c und Bild 3d die Auswirkung der Forderung, daß der Imaginärteil bzw. der Imaginärteil und der Realteil der Spindichte positiv sein soll.

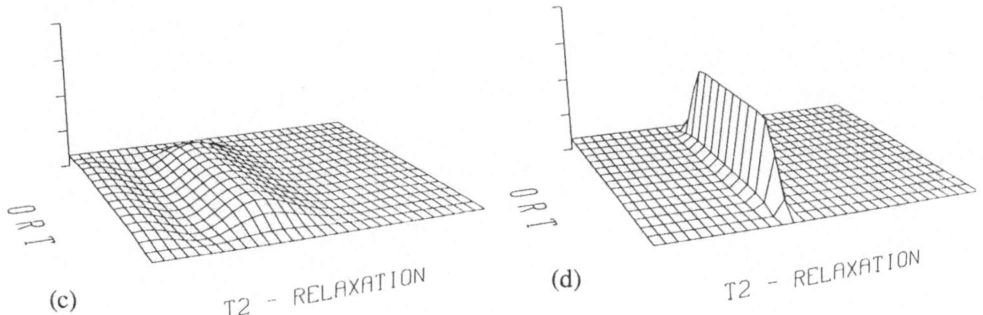

<u>Bild 3:</u> (c) Positivität des Imaginärteils und (d) Positivität des Real- und Imaginärteils

46

Deutlich sichtbar ist die schrittweise Verbesserung der Rekonstruktion unter Benutzung von a-priori Wissen. Für die Folge in Bild 4(a)-(d) wurde die Echosequenz verrauscht (SNR = 30dB).

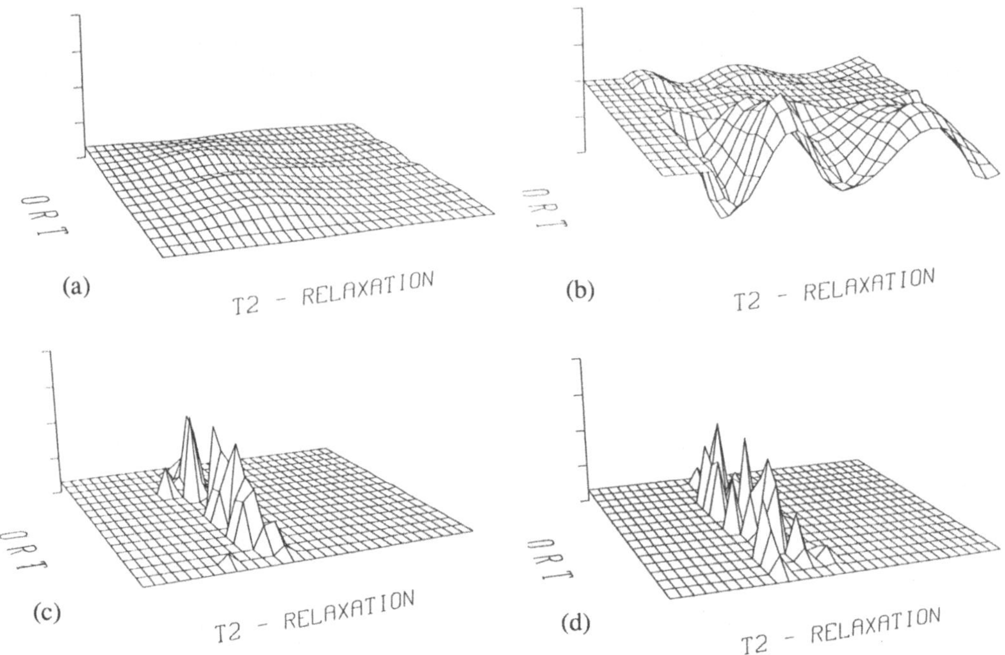

Bild 4: (a)-(c) wie Rekonstruktion im unverrauschten Fall
(d) Rekonstruktion mit der Standardmethode

Auch hier die gleiche Verbesserung, wobei im Vergleich zwischen Bild 4c und Bild 4d schon die Überlegenheit der Simultanrekonstruktion gegenüber der Standardrekonstruktion deutlich wird. Dieser Vorteil bei der Rekonstruktion von kurzen T2-Zeiten [Brenner 90b] wird im folgenden noch deutlicher.

Wir wählen ein komplexeres Modell (Bild 5) mit jeweils 3 T2-Zeiten pro Ortspunkt und rekonstruieren aus der zugehörigen verrauschten Sequenz (32 Echos à 32 Punkte) Spindichte und Relaxation.

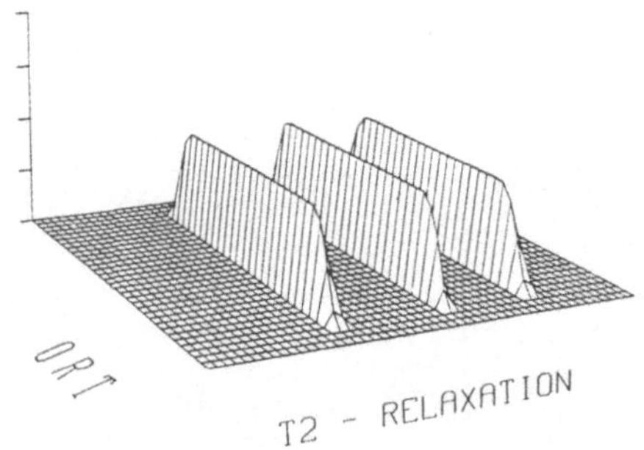

Bild 5: Simulationsmodell

Bild 6a zeigt die über die Ortsrichtung summierte Spindichte für den idealen, unverrauschten Fall.

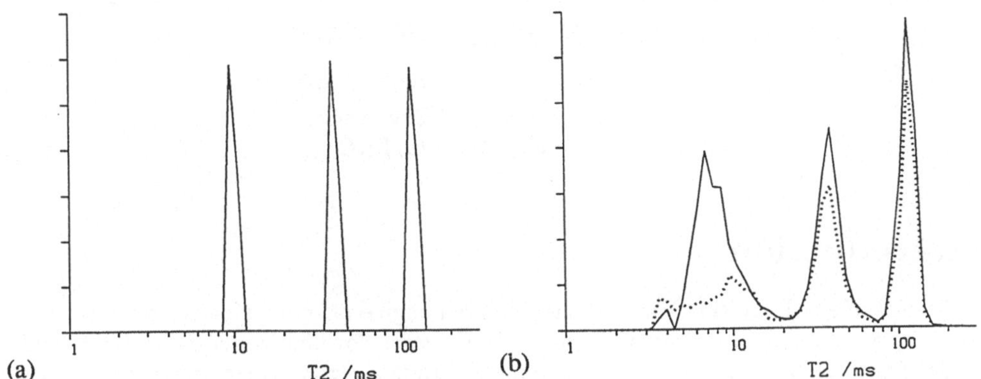

Bild 6: (a) summierte Spindichte für unverrauschte Daten und (b) für verrauschte Daten: ····· Standardrekonstruktion bzw. ——— Simultanrekonstruktion

In Bild 6b ist zu sehen, daß bei Anwesenheit von multiplen T2-Zeiten die Standardrekonstruktion bei kurzen T2-Zeiten fast völlig versagt. Hier ist der Vorteil unserer Simultanrekonstruktion offensichtlich.

Für eine Anwendung auf realen zweidimensionalen Daten ist jedoch noch eine Komplexitätsreduktion des Rekonstruktionsalgorithmus zwingend notwendig. Dies könnte z.B. mit Hilfe einer geeigneten Vorkonditionierung gelingen. Weitere Schritte können der Einbezug der χ^2-Statistik sein bzw. eine geeignete Synthese von beiden hier aufgezeigten Simultanrekonstruktionen.

Literatur

[Brenner 90a]   A.R. Brenner, E.A. Penner, R. Gebhardt, W. Ameling
"Lower Error Bounds for the Estimation of Relaxation Parameters"
in: "Tissue Characterization in MR Imaging",
Springer-Verlag 1990

[Brenner 90b]   A.R. Brenner, W. Ameling
"Improved Estimation of Short T2 Relaxation in MR Imaging"
European Congress of NMR in Medicine and Biology
Strasbourg (France) 1990

[Penner 90]   E.A. Penner, W. Ameling
"Auswertung von MR-Signalen im Zeitbereich mittels 'Linear Prediction' (LP)"
in: "Modellgestützte Signalverarbeitung", ASST '90
Informatik Fachberichte, Springer-Verlag 1990

PARAMETRIC DETECTORS FOR KNOCK IN SPARK IGNITION ENGINES [1]

Thomas M. Bossmeyer and Johann F. Böhme
Department of Electrical Engineering
Ruhr University Bochum, FRG

1 Introduction

The efficiency of spark ignition engines, the favoured engine of today's passenger cars, can be improved by an increase of its compression ratio. However, for high compression ratio engines the angle of ignition for minimum fuel consumption lies in a region where *knock* occurs. Knock is an abnormal combustion causing rapid rise of temperature and pressure. The so-called knock limit, i. e. the point where knock begins, varies with speed, load, fuel, age etc. To protect against frequent knock and resulting damage, the spark advance is chosen not optimum in the sense of efficiency. Knock detection and control enable safe operation at the actual knock limit. The performance of detectors in use, e. g. [1], seems to be nonoptimum, mainly due to the poor signal to noise ratio (SNR) of the structural vibrations signal that has to be used in practice. At the cost of increased complexity Härle and Böhme [5,4] developed a more sensitive *parametric* detector. We present an alternative formulation which seems to be more flexible and robust with respect to hardware constraints like fixed-point arithmetic. Experimental results are given for both versions of the parametric detector and for improved conventional detectors. In addition, we show results of a new nonparametric detector.

2 Signal Model

The parametric detector is based on a model for the structural vibrations signal consisting of P damped sinusoids in coloured noise [4]. Especially during knocking cycles the gas in the combustion chamber is activated to acoustical oscillations [6] with frequencies that depend on the gas temperature. Due to the adiabatic expansion of the gas, the temperature decreases with increasing crank angle α. The resulting frequency shift is described by a well-defined function $a(\alpha)$. Noise of valves, bearings etc. is represented by an additive stochastic process $Z(t)$ that is uncorrelated with the signal [4]:

$$X(t) = u(t - t_0) \sum_{p=1}^{P} A_p e^{-d_p(t-t_0)} \cos\left(2\pi f_p a(st) + \phi_p\right) + Z(t), \tag{1}$$

where $u(t)$ is the unit step function, t_0 the time instant where knock occurs, and s the number of revolutions per time interval. The amplitudes, damping factors, phases, and frequencies at reference angle α_0 are A_p, d_p, ϕ_p, and f_p, respectively.

3 Detection Scheme

In general, the energy of the resonances is higher for knocking cycles than for non-knocking ones and may be used as a significant indicator for knock [4]. Fig. 1 shows spectral estimates

---

[1]Supported by Volkswagen AG, Wolfsburg, FRG.

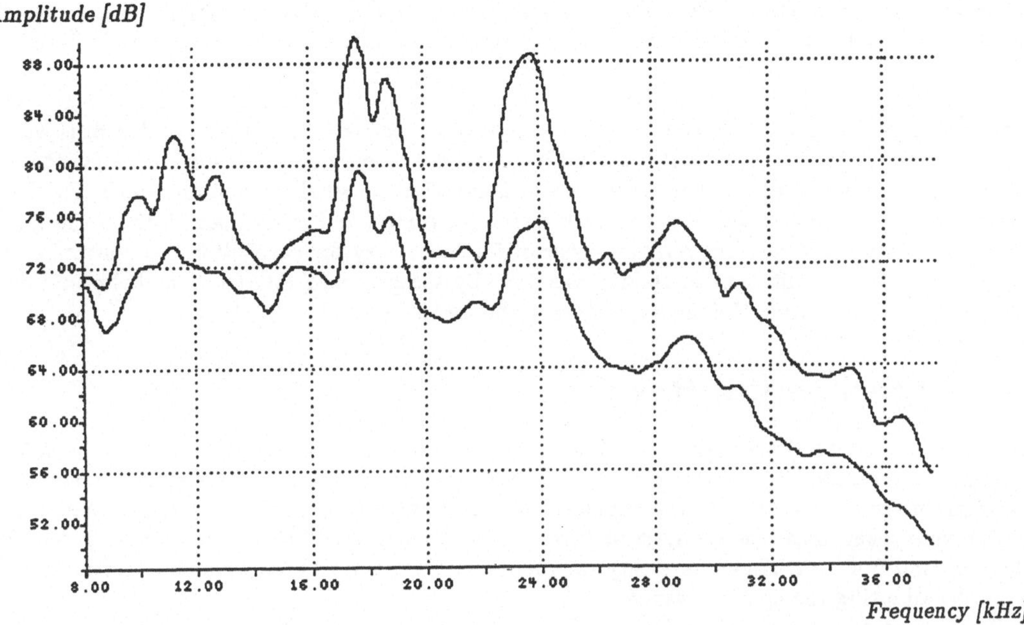

Figure 1: Spectral estimates for knocking (upper curve) and non-knocking cycles (lower curve).

of knocking and non-knocking cycles of the engine under test (see section 5) based on averaged periodograms of the structural vibrations signal. The corresponding resonance frequencies are $f_1 = 11.1\,\mathrm{kHz}$, $f_2 = 17.2\,\mathrm{kHz}$, $f_3 = 22.9\,\mathrm{kHz}$, and $f_4 = 27.9\,\mathrm{kHz}$. In addition to these resonances, narrowband noise components can be found. Note that a time axis transformation with reference angle $\alpha_0 = 0°$ and a Hanning window has been used.

The detection scheme is as follows, see [4] for details. After nonequidistant sampling to compensate for the frequency shift, data is windowed by a weighting function to improve the SNR. The energies of the resonances are estimated by the periodogram. A weighted average of them is compared to a threshold which is computed using statistical properties of the Fourier transform. All elements of the detector are adaptive to handle differing points of operation.

4   Implementation

A 16 bit fixed-point digital signal processor (DSP) was chosen as processing element for its flexibility and real time capability. Estimation of resonance energies can be done by computing the periodogram or digital filtering and summing up squared samples. The Fourier transform can be regarded as a special kind of filter where the separation of pass band and stop band depends on length and shape of the window used. Digital filters may achieve worse filtering effects but with reduced computational effort.

We have chosen wave digital filters (WDF) because of their good properties, e. g. low sensitivity to coefficient variation [2]. Lossless lattice WDFs [3] are a subclass consisting of all-pass sections. There are some advantages of this approach. First, filtering seems to be less sensitive with respect to fixed-point arithmetic than computing the FFT. Second, a filter bank offers the possibility of parallelization and sequential processing instead of the block processing of the Fourier transform. Third, WDFs can be easily implemented as ASICs with reduced coefficient wordlength. Fourth, the number of operations required for filtering increases linearly with the record length instead of progressively.

The filter bank consists of one bandpass for each resonance frequency. The number P of resonances may be varied between 1 and 8 — typical values are 3 or 4. Pass band widths were chosen in the range from 2 to 3 kHz taking into account frequency shifts due to variations of speed or load. Elliptic filters were preferred because of their small transition width. Further design goals were attenuation less than 1 dB in the pass band and more than 25 dB in the stop band. To satisfy these requirements an order of 6 is necessary for each filter. Computation of the coefficients and limitation to 16 bits was done by the program *FALCON* at Lehrstuhl für Nachrichtentechnik, Ruhr University, following the formulae in [3].

5 Experimental Results

We performed simulations with a 4 cylinder, 1.3 l engine running on a test bed. In-cylinder pressure was measured by a piezoelectric pressure sensor, structural vibrations by a piezoelectric acceleration sensor mounted on the engine's surface between cylinders 2 and 3. The presented results were taken from the analysis of three selected records of 275 cycles each recorded at 3000 rpm and full load. Knock intensity ranging from no knock to heavy knock conditions was varied by adapting the spark advance.

The parametric detector based on the Fourier transform was implemented on a fixed-point DSP (PD-FX) and on a floating-point DSP (PD-FL), the one based on WDFs on a fixed-point DSP (PD-WDF). For reference purposes, two so-called energy detectors (ED1 and ED2) were examined. They are similar to conventional detectors that estimate the energy in an appropriate frequency band, however, we made use of a time axis transformation and ED2 was tuned to the second resonance frequency instead of the lowest one. In addition, results are given for a new nonparametric detector (ND) with fixed-point arithmetic.

Experimental Results						
Detector	PD-FL	PD-FX	PD-WDF	ND	ED1	ED2	Condition
Probability of detection [%]	89.5	68.4	78.9	84.2	36.8	63.2	No Knock and Light Knock
Probability of false alarm [%]	5.5	5.5	5.5	6.6	10.2	10.2	
Probability of detection [%]	76.9	64.6	72.3	78.5	27.7	52.3	Light Knock and Heavy Knock
Probability of false alarm [%]	2.4	4.8	5.2	7.1	6.2	7.1	
Probability of detection [%]	84.5	79.3	60.3	87.9	41.4	55.2	Heavy Knock and No Knock
Probability of false alarm [%]	1.4	3.7	5.1	4.1	7.4	4.6	

Table 1: Experimental results of various detectors for knock

Table 1 shows computed probabilities of detection and of false alarm, i. e., a wrong decision on knock, based on the analysis of the structural vibrations signal. The reference was constructed by visual inspection of the cylinder pressure because of the lack of a commonly accepted objective measure for knock. In cases of doubt the decision was rather "knock" than "no knock". In consideration of differing false alarm probabilities, the floating-point parametric detector PD-FL outperforms any other detector while ED1 and ED2 are the worst ones at any knock intensity. The results for ED2 prove the usefulness of analyzing higher order resonances as indicated for another engine in [4]. PD-FX, PD-WDF, and ND perform similar with little advantage for the nonparametric detector. A ranking between these detectors depends heavily on the ratio of costs of false alarms to costs of undetected knocking cycles. Our experiments have shown that there exists no combination of resonance frequencies that is optimum for all detectors. In any case however, best results were achieved by examining 3 or 4 frequencies.

6 Conclusions

We have shown experimental results indicating the advantage of parametric detectors with respect to conventional ones. The improvement depends on hardware characteristics but is even considerable for cheap fixed-point DSPs. At the moment real-time operation is achieved for one cylinder but will be possible for more after some modification. A decision between equivalently performing FFT and WDF based detectors can be made depending on the actual hardware structure. A nonparametric detector that is expected to be more robust and less complex achieves similar results than the parametric one and will be investigated further.

7 Acknowledgements

The authors wish to thank Prof. A. Fettweis and T. Leickel of Lehrstuhl für Nachrichtentechnik, Ruhr University, for valuable discussions and access to the filter design program. U. Spaeth is thanked for performing part of the simulations.

References

[1] H. Decker and H. Gruber. *Knock Control of Gasoline Engines — A Comparison of Solutions and Tendencies, with Special Reference to Future European Emission Legislation.* Technical Report 850298, Society of Automotive Engineers, 1985.

[2] A. Fettweis. Wave digital filters: theory and practice. *Proceedings of the IEEE*, 74(2), February 1986.

[3] L. Gazsi. Explicit formulas for lattice wave digital filters. *IEEE Transactions on Circuits and Systems*, CAS-32(1), January 1985.

[4] N. Härle. *Analyse, Modellbildung und Detektion von Klopfsignalen im Körperschall von Ottomotoren. Fortschritt-Berichte VDI 11, Nr. 113,* VDI-Verlag Düsseldorf, 1988.

[5] N. Härle and J. F. Böhme. Detection of knocking for spark ignition engines based on structural vibrations. In *Proceedings of IEEE International Conference on Acoustics, Speech, and Signal Processing*, IEEE, 1987.

[6] R. Hickling, A. Feldmair, F. H. K. Chen, and J. S. Morel. Cavity resonances in engine combustion chambers and some applications. *Journal of the Acoustical Society of America*, 73(4), April 1983.

Kontextabhängige Segmentmodelle für fließende Sprache

Hans Kalveram

Institut für Allgemeine Nachrichtentechnik,
Universität Hannover, Appelstr. 9A, D-3000 Hannover 1

1 Einführung

Sprachsignale erfordern eine sehr differenzierte stochastische Modellbildung, die insbesondere die Variationen der momentanen spektralen Leistungsdichte einbeziehen muß. Hidden-Markov-Modelle leisten dies, indem von den beobachtbaren Signaleigenschaften eines Analysefensters angenommen wird, daß sie von einer verdeckten, dem Beobachter nicht zugänglichen Markov-Zustandsfolge abhängen. In den geschätzten Modellparametern spiegeln sich akustisch-phonetische Strukturen von Sprachsignalen wider [4]. In der Spracherkennung haben sich Hidden-Markov-Modelle gerade aus diesem Grunde bewährt, denn es braucht bei ihnen nur wenig Wissen über die akustisch-phonetische Struktur der Sprache explizit eingebracht zu werden.

Zunächst werden in den Abschnitten 2 und 3 die bisher in Spracherkennungssystemen eingesetzten Techniken der Segmentmodellierung in dem hier benötigten Formalismus dargestellt. In Abschnitt 4 wird ein neuer Ansatz zur Darstellung der Kontextabhängigkeit der Segmentmodelle vorgeschlagen, dessen Eigenschaften in den Abschnitten 5 und 6 analysiert werden. Abschließend wird auf erste Experimente mit diesen Segmentmodellen eingegangen.

2 Einfache Segmentmodelle

In Systemen zur Erkennung fließender Sprachäußerungen werden Segmentmodelle, die gewöhnlich Phoneme repräsentieren, zu einem Hidden-Markov Modell für die Sprachäußerung verkettet [2]. Ein typisches Segmentmodell ist das Links-Rechts-Modell [10], bei dem sich die Zustände so anordnen lassen, daß sie in ihrer zeitlichen Abfolge nur von links nach rechts durchlaufen werden können (Bild 1).

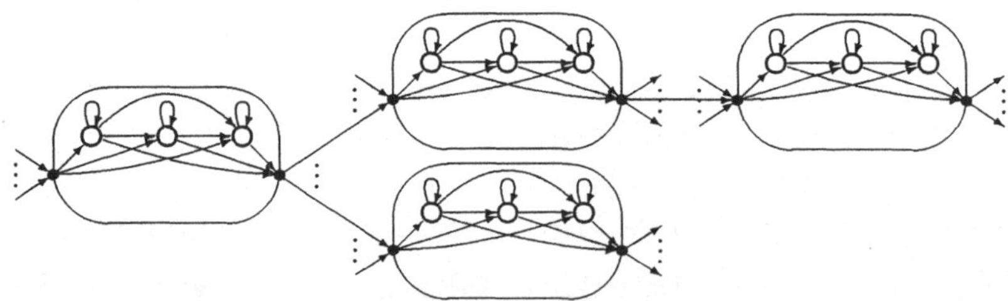

Bild 1: Zustandsdiagramm für Links-Rechts-Segmentmodelle mit je drei Zuständen

Ein Zustand der Markovkette soll hier durch zwei Zufallvariablen (S_t, U_t) charakterisiert werden, wobei S_t den Typ des Segments zum Zeitpunkt t und U_t den momentanen Zustand innerhalb dieses Segmentmodells darstellt. Das Sprachsignal wird durch eine Folge von Merkmalsvektoren y_t, $t = 1, 2, \ldots$ repräsentiert. Es wird angenommen, daß y_t einer zustandsabhängigen Wahrscheinlichkeitsdichte $p(y_t | s_t, u_t)$ gehorcht. Eine Segmentgrenze sei durch das Ereignis $S_{t-1} \neq S_t$ beschrieben.[1] Die Zustandsübergänge innerhalb eines Segments werden durch die Übergangswahrscheinlichkeiten $P(S_t = s_{t-1}, u_t | s_{t-1}, u_{t-1})$[2] gesteuert, die bei Links-Rechts-Segmentmodellen für $u_t < u_{t-1}$ Null sind.

Der einfachste Weg, die Segmentmodelle zu verketten, besteht darin, für die segmentübergreifenden Zustandsübergänge, also für $s_t \neq s_{t-1}$,

$$P(s_t, u_t | s_{t-1}, u_{t-1}) = P(S_t \neq s_{t-1} | s_{t-1}, u_{t-1}) \, P(s_t | s_{t-1}, S_t \neq s_{t-1}) \, P(u_t | S_{t-1} \neq s_t, s_t) \qquad (1)$$

anzunehmen, was der in Bild 1 dargestellten Zerlegung eines solchen Zustandsübergangs in drei Teilschritte entspricht. Dabei ergibt sich die Wahrscheinlichkeit des Verlassens des Segments

$$P(S_t \neq s_{t-1} | s_{t-1}, u_{t-1}) = 1 - \sum\nolimits_{u_t} P(S_t = s_{t-1}, u_t | s_{t-1}, u_{t-1}) \qquad (2)$$

aus den Übergangswahrscheinlichkeiten innerhalb des Segments vom Typ s_{t-1}, während die Anfangsverteilung $P(u_t | S_{t-1} \neq s_t, s_t)$ hiervon unabhängig festgelegt werden kann. $P(s_t | s_{t-1}, S_t \neq s_{t-1})$ gibt die Wahrscheinlichkeit des Folgesegments s_t unter der Bedingung an, daß das Segment s_{t-1} beendet wird; bei der Spracherkennung wird an dieser Stelle zusätzliches Wissen über das zu erkennende Vokabular und die Syntax eingebracht.

3 Tripel-Segmentmodelle

Ein besonderes Problem der Modellbildung stellt die Kontextabhängigkeit der akustischen Realisierung eines Phonems und damit auch der Sprachsegmente in fließender Sprache dar. Man berücksichtigt sie in Spracherkennungssystemen, indem für jedes Phonem in jedem Kontext, also für ein Phonem-Tripel ("triphone"), jeweils ein spezielles Segmentmodell angesetzt wird [11, 3, 7]. Der linke Kontext, also der Typ des vorhergehenden Segments, soll mit S_t^- bezeichnet werden, der rechte mit S_t^+. Bei einem Segmentwechsel gilt offenbar $S_{t-1} = S_t^-$ und $S_{t-1}^+ = S_t$. Tripel-Segmentmodelle ergeben sich in derselben Weise wie zuvor, indem anstelle des Segmenttyps S_t nun das Tripel $S_t^{\text{Tri}} = (S_t^-, S_t, S_t^+)$ verwendet wird. Auf diese Weise wird allerdings die Zahl der benötigten Segmentmodelle drastisch erhöht. Die Darstellung der Kontextabhängigkeit geschieht insbesondere dadurch, daß für jeden Kontext des Segments $S_t = s_t$ eine spezifische Wahrscheinlichkeitsdichte $p(y_t | s_t^{\text{Tri}}, u_t) = p(y_t | s_t^-, s_t, s_t^+, u_t)$ für die Beobachtung y_t angesetzt wird. Ebenso werden auch die Zustandsübergangswahrscheinlichkeiten und die Anfangsverteilungen für jedes Tripel spezifisch angenommen.

Die große Anzahl der Modellparameter legt es nahe, vereinfachte Varianten dieses Ansatzes zu untersuchen, z.B. nur den linken oder rechten Kontext zu verwenden oder die einzelnen Zustände u_t je nach Position im Links-Rechts-Segmentmodell unterschiedlich zu behandeln, so daß der Segmentanfang vom linken und das Segmentende vom rechten Kontext abhängt. Als sehr günstig wird die Methode beschrieben, bei ähnlichen Kontexten eines Segments ein gemeinsames Segmentmodell zu verwenden [7, 5]. Wird beim Training ein einfacheres Modell nach dem Verfahren der „deleted interpolated estimation" [1] einbezogen, um dem Problem des geringen Datenmaterials gerecht zu werden, so arbeitet diese Modellierung des Kontextes trotz der großen Anzahl von Modellparametern sehr wirksam. Es wird berichtet, das die Fehlerrate, bezogen auf Phoneme wie auch auf Wörter, deutlich gesenkt, z.T. sogar halbiert werden konnte [3, 7]. Dies bedeutet, daß erst durch kontextabhängige Segmentmodelle Fehlerraten in einer Größenordnung zu erreichen sind, wie sie mit noch aufwendigeren, direkt auf den Wörtern als Segmenten aufbauenden Erkennungssystemen erreichbar sind [7].

---

[1] Dies bedeutet zwar, daß eine Aufeinanderfolge gleicher Segmente ausgeschlossen werden muß, vereinfacht aber die Darstellung erheblich.

[2] Mit der Kurzschreibweise s_{t-1} in $P(.|.)$ ist das Ereignis $S_{t-1} = s_{t-1}$ gemeint.

4 Allgemeine Verkettung von Segmentmodellen

In dieser Untersuchung wird eine allgemeinere Struktur der Zustandsübergänge zugrundegelegt. Der Kernpunkt unseres Ansatzes ist eine in Bild 2a) dargestellte Verkettung der Segmentmodelle, die auf die Eigenschaft (1) verzichtet. Allgemeinere Wahrscheinlichkeiten für

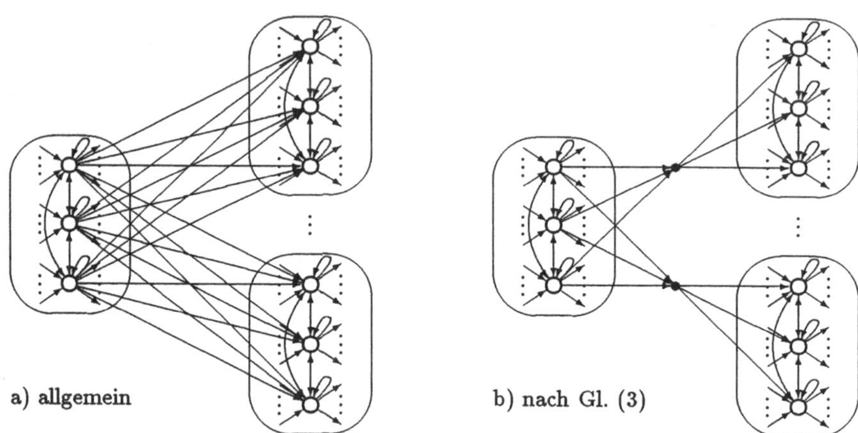

Bild 2: Zustandsdiagramme bei allgemeinerer Verkettung der Segmentmodelle

segmentübergreifende Zustandsübergänge bewirken eine kontextabhängige Festlegung der bei der Verkettung der Segmentmodelle verwendeten Anfangs- und Endzustände. Damit wird die Kontextabhängigkeit der Segmente eines Typs hier nicht, wie in Abschnitt 3, durch eine Vielzahl verschiedener Segmentmodelle erreicht, sondern wird in einem einzigen Modell über erlernte Zustandsübergänge implizit berücksichtigt. Dies erfordert allerdings eine ausreichende Anzahl von Zuständen des Segmentmodells und einen Verzicht auf die Links-Rechts-Struktur, damit die Vielfalt der zeitlichen Struktur des Segments repräsentiert werden kann.

Werden die segmentübergreifenden Zustandsübergänge als voneinander unabhängige Modellparameter behandelt, so hängt ihre Anzahl offenbar beinahe quadratisch von der Summe der Zustandsanzahlen der Segmentmodelle ab. Einen günstigen Kompromiß zwischen (1) und dem völligen Verzicht auf Restriktionen stellt die Annahme

$$P(s_t, u_t | s_{t-1}, u_{t-1}) = P(s_t | s_{t-1}, u_{t-1})\, P(u_t | s_{t-1}, s_t) \tag{3}$$

für $s_t \neq s_{t-1}$ dar. Wie in Bild 2b) dargestellt, hängt bei dieser Modellstruktur [6] die Wahrscheinlichkeit, in einem Zustand eines Segmentmodells zu beginnen, nicht vom vorangehenden Zustand ab, sondern nur vom Typ des vorangehenden Segments, so daß der Wechsel von s_{t-1} nach s_t den gesamten Einfluß der Vergangenheit auf die zukünftige Entwicklung des Modells beinhaltet.

5 Berechnung der Abhängigkeiten der Segmente

Bei der Verkettung von Segmentmodellen nach (3) erscheinen die Übergangswahrscheinlichkeiten der Segmente nicht, wie in (1), explizit als Modellparameter; es stellt sich daher die Notwendigkeit, sie zu berechnen. Der Typ des n-ten Segments in einer Realisierung von $S_1, S_2, \ldots$ ist selbst wieder eine Zufallsvariable, die als $\overline{S}_n$ bezeichnet werden soll. Mit (3) ergibt sich für die

Wahrscheinlichkeit eines neuen Segments $\overline{S}_{n+1} = \overline{s}_{n+1}$ bei gegebenen n Vorgängersegmenten (wobei das Segment $\overline{s}_n$ zum Zeitpunkt $t = \tau$ beginnen soll)

$$
\begin{aligned}
P(\overline{s}_{n+1}|\overline{s}_1,\ldots,\overline{s}_n) &= \sum_{d=1}^{\infty} P(S_{\tau+1}=\overline{s}_n,\ldots,S_{\tau+d-1}=\overline{s}_n,S_{\tau+d}=\overline{s}_{n+1}|\ldots,S_{\tau-1}=\overline{s}_{n-1},S_\tau=\overline{s}_n) \\
&= \sum_{d=1}^{\infty}\sum_{u_\tau}\cdots\sum_{u_{\tau+d-1}} P(u_\tau|S_{\tau-1}=\overline{s}_{n-1},S_\tau=\overline{s}_n) \\
&\qquad \Big(\prod_{t=\tau+1}^{\tau+d-1} P(S_t=\overline{s}_n,u_t|S_{t-1}=\overline{s}_n,u_{t-1})\Big)P(S_{\tau+d}=\overline{s}_{n+1}|S_{\tau+d-1}=\overline{s}_n,u_{\tau+d-1}) \\
&= P(\overline{s}_{n+1}|\overline{s}_{n-1},\overline{s}_n), \qquad\qquad (4)
\end{aligned}
$$

also eine Markovkette zweiter Ordnung für die Folge der $\overline{S}_n$.

Um diese Wahrscheinlichkeit durch die Modellparameter ausdrücken zu können, werden die folgenden Matrixschreibweisen benötigt. Es sei $\boldsymbol{P}_{s_t}$ die Matrix der Übergangswahrscheinlichkeiten innerhalb eines Segmentmodells, also mit den Elementen $[P(s_t,u_t|S_{t-1}=s_t,u_{t-1})]_{u_{t-1},u_t}$. $\boldsymbol{B}_{s_t}(y_t)$ sei die Diagonalmatrix mit den Einträgen $[p(y_t|s_t,u_t)]_{u_t}$, $a_{s_{t-1}}(s_t)$ sei der Spaltenvektor mit den Elementen $[P(s_t|s_{t-1},u_{t-1})]_{u_{t-1}}$ und $\gamma_{s_t}(s_{t-1})$ sei der Zeilenvektor mit den Elementen $[P(u_t|s_{t-1},s_t)]_{u_t}$. Mit diesen Schreibweisen und der Summenformel für eine geometrische Reihe von Matrizen wird (4) zu

$$
P(\overline{s}_{n+1}|\overline{s}_{n-1},\overline{s}_n) = \gamma_{\overline{s}_n}(\overline{s}_{n-1})\Big(\sum_{d=1}^{\infty}\boldsymbol{P}_{\overline{s}_n}^{d-1}\Big)a_{\overline{s}_n}(\overline{s}_{n+1}) = \gamma_{\overline{s}_n}(\overline{s}_{n-1})(\boldsymbol{I}-\boldsymbol{P}_{\overline{s}_n})^{-1}a_{\overline{s}_n}(\overline{s}_{n+1}), \qquad (5)
$$

wobei $\boldsymbol{I}$ die Einheitsmatrix ist.

Wird nun die Wahrscheinlichkeitsdichte der Beobachtung y_t in die Betrachtung des bei τ beginnenden Segments vom Typ $s_\tau = \overline{s}_n$ einbezogen, so repräsentieren Links- und Rechtskontext $s_\tau^- = \overline{s}_{n-1}$ und $s_\tau^+ = \overline{s}_{n+1}$ die gesamte Abhängigkeit des Segments von der Umgebung. Für ein Segment der Länge d ergibt sich bei gegebenem Kontext

$$
P(d,y_\tau,\ldots,y_{\tau+d-1}|S_{\tau-1}=s_\tau^-,s_\tau,s_\tau^+) = \frac{\gamma_{s_\tau}(s_\tau^-)\boldsymbol{B}_{s_\tau}(y_\tau)\big(\prod_{t=\tau+1}^{\tau+d-1}\boldsymbol{P}_{s_\tau}\boldsymbol{B}_{s_\tau}(y_t)\big)a_{s_\tau}(s_\tau^+)}{\gamma_{s_\tau}(s_\tau^-)(\boldsymbol{I}-\boldsymbol{P}_{s_\tau})^{-1}a_{s_\tau}(s_\tau^+)}. \qquad (6)
$$

Im Spezialfall (1), der im Zusammenhang der Segmentlängenmodellierung bereits in [9] behandelt wurde, gilt nach (2) $a_{s_{t-1}}(s_t) = (\boldsymbol{I}-\boldsymbol{P}_{s_{t-1}})\mathbf{1}P(s_t|s_{t-1},S_t\neq s_{t-1})$, wobei $\mathbf{1}$ ein Spaltenvektor ist, dessen Elemente alle gleich 1 sind. Ferner ist $\gamma_{s_t}(s_{t-1})$ nicht von s_{t-1} abhängig, so daß γ_{s_t} für den Zeilenvektor mit den Elementen $[P(u_t|S_{t-1}\neq s_t,s_t)]_{u_t}$ geschrieben werden soll. Damit reduziert sich das implizite Modell (5) für die $\overline{S}_n$ auf eine Markovkette erster Ordnung mit den vorgegebenen Segment-Übergangswahrscheinlichkeiten $P(\overline{s}_{n+1}|\overline{s}_n) = P(S_t=\overline{s}_{n+1}|S_{t-1}=\overline{s}_n,S_t\neq\overline{s}_n)$ und (6) wird zu

$$
P(d,y_\tau,\ldots,y_{\tau+d-1}|S_{\tau-1}\neq s_\tau,s_\tau) = \gamma_{s_\tau}\boldsymbol{B}_{s_\tau}(y_\tau)\Big(\prod_{t=\tau+1}^{\tau+d-1}\boldsymbol{P}_{s_\tau}\boldsymbol{B}_{s_\tau}(y_t)\Big)(\boldsymbol{I}-\boldsymbol{P}_{s_\tau})\mathbf{1}, \qquad (7)
$$

wodurch die Kontextabhängigkeit der Segmente entfällt.

6 Darstellung als Tripel-Segmentmodell

Da bei den hier eingeführten Modellen ein Segment nach (6) genau vom Links- und Rechtskontext abhängig ist, stellt sich die Frage, ob es auch eine äquivalente Darstellung als kontextabhängiges Segmentmodell nach Abschnitt 3 gibt. Eine solche Betrachtungsweise ermöglicht einen einfacheren Vergleich mit den bisher in der Spracherkennung verwendeten Modellen. Darüberhinaus zeigt sie, wie die hier vorgeschlagenen Segmentmodelle, trotz der impliziten Modellierung der Aufeinanderfolge der Segmente nach (5), mit zusätzlichem Wissen über Vokabular und Syntax verknüpft werden können.

Es sei $d_{s_t}(s_t^+)$ der aus den Elementen $[P(s_t^+|s_t,u_t)]_{u_t}$ gebildete Spaltenvektor

$$d_{s_t}(s_t^+) = (\boldsymbol{I} - \boldsymbol{P}_{s_t})^{-1}a_{s_t}(s_t^+) \tag{8}$$

und $\boldsymbol{D}_{s_t}(s_t^+) = \mathrm{Diag}(d_{s_t}(s_t^+))$ die daraus gebildete Diagonalmatrix. Hiermit ergibt sich der Zeilenvektor der Anfangswahrscheinlichkeiten $[P(u_t|S_{t-1}^{\mathrm{Tri}} \neq s_t^{\mathrm{Tri}}, s_t^{\mathrm{Tri}})]_{u_t} = [P(u_t|S_{t-1}=s_t^-, s_t, s_t^+)]_{u_t}$ als

$$\gamma'_{s_t^{\mathrm{Tri}}} = \gamma_{s_t}(s_t^-)\boldsymbol{D}_{s_t}(s_t^+)/\gamma_{s_t}(s_t^-)d_{s_t}(s_t^+), \tag{9}$$

und die Matrix der Übergangswahrscheinlichkeiten $[P(s_t,u_t|S_{t-1}=s_t,u_{t-1},S_{t-1}^+=s_t^+))]_{u_{t-1},u_t}$, falls $\boldsymbol{D}_{s_t}(s_t^+)$ invertierbar ist, aus

$$\boldsymbol{P}'_{s_t^{\mathrm{Tri}}} = \boldsymbol{D}_{s_t}^{-1}(s_t^+)\boldsymbol{P}_{s_t}\boldsymbol{D}_{s_t}(s_t^+), \tag{10}$$

andernfalls wird eine der Lösungen $\boldsymbol{P}'_{s_t^{\mathrm{Tri}}}$ von $\boldsymbol{D}_{s_t}(s_t^+)\boldsymbol{P}'_{s_t^{\mathrm{Tri}}} = \boldsymbol{P}_{s_t}\boldsymbol{D}_{s_t}(s_t^+)$ verwendet. Mit diesen Größen kann die Segmentwahrscheinlichkeit (6) als

$$P(d,y_\tau,\ldots,y_{\tau+d-1}|S_{\tau-1}^{\mathrm{Tri}} \neq s_\tau^{\mathrm{Tri}}, s_\tau^{\mathrm{Tri}}) = \gamma'_{s_\tau^{\mathrm{Tri}}}\boldsymbol{B}_{s_\tau}(y_\tau)\Big(\prod_{t=\tau+1}^{\tau+d-1} \boldsymbol{P}'_{s_\tau^{\mathrm{Tri}}}\boldsymbol{B}_{s_\tau}(y_t)\Big)(\boldsymbol{I} - \boldsymbol{P}'_{s_\tau^{\mathrm{Tri}}})\mathbf{1} \tag{11}$$

geschrieben werden. Ein Vergleich mit (7) macht deutlich, daß dieses Modell als Tripel-abhängiges Segmentmodell angesehen werden kann. Es besitzt die spezielle Eigenschaft, daß hier für die einzelnen Zustände aller Segmentmodelle mit gleichem s_τ, unabhängig vom Kontext s_τ^- und s_τ^+, in $\boldsymbol{B}_{s_\tau}(y_t)$ dieselben Beobachtungswahrscheinlichkeiten angenommen werden. Der Einfluß des Kontextes beschränkt sich damit allein auf die Übergangswahrscheinlichkeiten in $\boldsymbol{P}'_{s_t^{\mathrm{Tri}}}$ und die Anfangswahrscheinlichkeiten in $\gamma'_{s_t^{\mathrm{Tri}}}$, wobei auch deren Parameter sich nicht frei einstellen können, sondern entsprechend (9) und (10) verkoppelt sind. So ist z.B. nach (10) die Wahrscheinlichkeit für das Verbleiben in einem Zustand ebenfalls nur von s_t abhängig.

7 Experimente mit orthographisch orientierten Segmenten

In unseren experimentellen Untersuchungen werden keine Phoneme zugrundegelegt, sondern direkt der orthographische Text der Äußerung. Bei diesem Ansatz wird vorausgesetzt, daß einem Buchstaben eines Textes, oder einem aus dem Text abgeleiteten Symbol, jeweils ein Segment eines Sprachsignals zugeordnet werden kann. Offenbar sind diese Segmente sehr stark vom Kontext abhängig, und stellen damit besonders hohe Anforderungen an die Leistungsfähigkeit der Segmentmodellierung.

In den Experimenten wurde das Sprachsignal durch cepstrale Koeffizienten dargestellt, die Modellierung erfolgte durch multivariate Gaußverteilungen mit bis zu 4 Mischungskomponenten auf der Basis von insgesamt etwa 200 Zuständen. Die Modellbildung erfolgt so, daß nur in der Startphase die Vorgabe eines manuell segmentierten Signalabschnitts benötigt wird, und beim weiteren Training an zusätzlichem Sprachmaterial hierauf verzichtet werden kann. Auf der Grundlage eines Hidden-Markov-Modells ist es möglich, einen gegebenen orthographischen Text automatisch dem zugehörigen Sprachsignal zeitlich zuzuordnen. Eine Anpassung des Modells an Sprachäußerungen eines fremden Sprechers ist ebenfalls automatisch durchführbar. Mit diesen Modellen wurden Erkennungsexperimente für Buchstaben durchgeführt, in denen mit den besten Modellen 63% der Buchstaben korrekt erkannt wurden. Besonders bemerkenswert ist die erfolgreiche Erkennung von Symbolen, die sich im Sprachsignal nur indirekt darstellen, wie zum Beispiel Doppelkonsonanten. Dies kann als ein Beleg für die wirksame Anpassung der verwendeten Segmentmodelle an den Kontext angesehen werden. Die bisher in dieser Untersuchung erzielten Ergebnisse zeigen, daß geeignet strukturierte Hidden-Markov-Modelle in der Lage sind, die Mehrdeutigkeiten der Aussprache des orthographischen Textes weitgehend darzustellen.

8 Zusammenfassung

Der neue Ansatz zur kontextabhängigen Modellierung von Sprachsegmenten zeichnet sich dadurch aus, daß die Kontextabhängigkeit nicht durch eine Vervielfachung einfacher Modellkomponenten erreicht wird, sondern sich in einem allgemeiner angesetzten Segmentmodell durch erlernte Modellparameter implizit niederschlägt. Es werden erheblich weniger Zustände bzw. Modellparameter benötigt, so daß die Modelle leichter erlernbar sind.

Indem die vorgeschlagene Modellstruktur äquivalent als ein spezielles Tripel-Segmentmodell dargestellt wird, werden nicht nur die Unterschiede zwischen den Ansätzen verdeutlicht, sondern wird auch gezeigt, daß die implizite Kontextabhängigkeit mit vorgegebenen Segmentübergangswahrscheinlichkeiten kombinierbar ist. Die zusätzlichen Freiheitsgrade der Modellbildung könnten sich damit zu einer Alternative zu den bisher in Spracherkennungssystemen verwendeten Methoden der kontextabhängigen Segmentmodellierung entwickeln.

Literatur

[1] L. R. Bahl, F. Jelineck, R.L. Mercer, "A Maximum Likelihood approach to continuous speech recognition", *IEEE Trans. Pattern Anal. and Machine Intell.* PAMI-5 (1983), 179–190.

[2] J. K. Baker, "The dragon system — an overview", *IEEE Trans. ASSP*, ASSP-23 (1975), 24-29.

[3] Y. L. Chow et al., „The role of word-dependent coarticulation effects in a phoneme-based speech recognition system." *Proc. ICASSP* Tokio, April 1986, 1593–1596.

[4] S. Ergezinger, H. Kalveram, P. Meissner, „Segmentation of Speech Signals based on Hidden Markov Models", *Signal Processing IV: Theories and Applications*, Hrsg. J. L. Lacoume et al., Elsevier Science Publishers B.V. (North-Holland), 1988, S. 555–558.

[5] M.-Y. Hwang, H.-W. Hon, K.-F. Lee, „Modeling between-word coarticulation in continuous speech recognition" *European Conf. on Speech Comm. and Technology*, Paris 1989, Band 1, 5–8.

[6] H. Kalveram, P. Meissner, „Mehrstufige Modelle für segmentierte Sprachsignale", Abschlußbericht, November 1989, gefördert im DFG-Schwerpunktprogramm „Digitale Signalverarbeitung".

[7] K.-F. Lee, „Automatic Speech Recognition, The Development of the SPHINX System" Kluwer Academic Publishers, Boston, 1989.

[8] K.-F. Lee, „Speaker-independent phone recognition using Hidden Markov Models" *IEEE Trans. ASSP*, ASSP-37 (1989), 1641–1648.

[9] P. Meissner, H. Kalveram, „Funktionen über Markovketten als stochastische Modelle für die Grobstruktur von Sprachsignalen", 5. Aachener *Kolloquium Math. Methoden in der Signalverarb.*, 1984, S. 304–307.

[10] L. R. Rabiner, „A Tutorial on Hidden Markov Models and selected applications in speech recognition" *Proc. of the IEEE* 77 (1989), 257–285.

[11] R. Schwartz, Y. Chow, O. Kimball, S. Roucos, M. Krasner, J. Makhoul, „Context-dependent modeling for akustic-phonetic recognition of continuous speech", *Proc. ICASSP* 1985, 1205–1208.

Diese Untersuchung wurde im Rahmen des Schwerpunktprogramms „Modelle und Strukturanalyse bei der Auswertung von Bild- und Sprachsignalen" durch die Deutsche Forschungsgemeinschaft gefördert.

ZUM PROBLEM EINER MODELLGESTÜTZTEN SIGNALVERARBEITUNG
FÜR ANTENNENKREISGRUPPEN

Chr. v. Winterfeld

Forschungsgesellschaft für Angewandte Naturwissenschaften
(FGAN)
Forschungsinstitut für Hochfrequenzphysik (FHP)
Neuenahrer Str. 20, D-5307 Wachtberg-Werthhoven

Einleitung:

Der Beitrag befaßt sich mit der Problematik der Modellierung
physikalischer Eigenschaften eines Sensors als Grundlage einer
fehlerarmen Richtungsbestimmung von Emittern aus ihrem
elektromagnetischen Interferenzfeld. Abb.1 zeigt die
Strukturelemente eines solchen Sensors, bestehend aus einem
Emitterszenario (SZ), einer Antennenkreisgruppe zur
Signalgewinnung (SG), einer an die Antennenmodellierung
angepaßten Signalvorverarbeitung (SVV) zur Elimination von
unerwünschten Antenneneigenschaften und einer an das
Emittermodell angepaßten Signalverarbeitung (SV).
Ein wesentliches Problem der modellgestützten
Signalverarbeitung in diesem Falle besteht in der Frage, ob die
Signalvorverarbeitung (SVV) dem physikalischen Antennenmodell
angepaßt werden kann.
Dises Problem läßt sich durch **Ergebnisse** von
Systemsimulationen illustrieren, wobei im einzelnen eine
hochfrequenztechnische **Kreisgruppenmodellierung** und eine darauf
aufbauende **Systemmodellierung** durchgeführt werden muß.

Kreisgruppenmodellierung:

Die Arbeiten befaßten sich mit den relevanten Eigenschaften
eines modular darstellbaren Antennenmodells, insbesondere mit

der *Antennenstruktur, Wellenausbreitung, -anregung, -verkopplung und -abstrahlung:*

Antennenstruktur: Das betrachtete Antennensystem ist konzentrisch kreisförmig um die z-Achse in einem radialen zylindrischen Parallelplattensystem angeordnet (Abb. 2). Es ist ein konzentrisches Kreisgruppensystem mit der Periodizität $2\pi/N$ in φ und einer Schalenstruktur in radialer ρ - Richtung. Die wesentlichen Antennenelemente sind konzentrische Ringe periodisch (in φ) angeordneter Streuaperturen und konzentrisch angeordnete Erreger für zylindrische Phasentypen.

Antennenwellentypen: Der elektromagnetische Zusammenhang der verschiedenen zylindrischen Antennenzonen wird durch die Ausbreitung zylindrischer radialer Hybridwellen beschrieben.

Antenneneinspeisung: Die Antenneneinspeisung wird durch einen Modenkoppler für zylindrische Wellen beschrieben. Es wird hier eine Streutransformation zwischen drei Medien angenommen.

Antennenverkopplung: Im vorliegenden Modell wird die Wellenverkopplung durch einen Streuvorgang an einer metallischen Trennfläche periodisch angeordneter N Aperturen hervorgerufen.

Antennnenabschluß: Der innerste Ring der Antenne bedeutet für die von außen einlaufenden Wellen einen Abschluß mit definiertem Transformationsverhalten.

Antennenfernfeld: Die Abstrahlung der Hybridwellen läßt sich in Approximation unter Verwendung einer vereinfachten Modellvorstellung - radialer Parallelplattenleiter in einem metallischen Zylinder - beschreiben.

HF-technische Modellierung der Gesamtantenne: Die elektromagnetische Modellierung der einzelnen Antennenzonen wird durch jeweils eine typische Streutransformation beschrieben. Diese Formulierung der Wellenausbreitung in den verschienen Zonen erlaubt es, das Verhalten der gesamten Antenne durch eine aus diesen einzelnen Zonen-Streutransformationen zusammengesetzte Antennenstreutransformation zu beschreiben. Deren Berechnung erfolgt mittels eines induktiven Prozesses /1/.

Systemmodellierung:

Komplementär zur Antennenberechnung wurden Arbeiten zur

Modellierung weiterer Komponenten eines Sensorsystems durchgeführt. Im Vordergrund steht dabei die Untersuchung des Verhaltens von Kreisgruppen in Systemen für Zielauflösung und Zielvermessung bei azimutaler Rundumsicht. Abb. 1 zeigt die Sensorkomponenten, die für die vorliegende Modellierung berücksichtigt und deren numerische Simulation im folgenden kurz beschrieben wird.

Die Struktur des betrachteten Sensors zerfällt in vier Teile (Abb. 1), die zu einem Gesamtmodell verbunden werden:

Die rechnerisch modellierten Szenarien (SZ) sind durch Felder gekennzeichnet, die von azimutal verteilten Punktquellen emittiert bzw. von Punktstreuzentren reflektiert werden. Es wird dabei angenommen, daß die Wellen sich im Szenario ungestört wie ebene Wellen ausbreiten. Die Modellierung der diese Felder abbildenden Antenne (SG) wurde in der besprochenen Weise durchgeführt.

Eine für Abbildung mit Kreisgruppen wesentliche Sensorkomponente ist durch Software realisiert, welche die elektromagnetische Beugung des einfallenden Feldes durch die Antenne rechnerisch eliminiert. Diese Beugung führt zu einer völligen Verzerrung des Antennensignalvektors, die durch eine antennenangepaßte Signalvorverarbeitung (SVV) eliminiert werden muß. Ein entsprechendes Rechnerprogramm (auf der Grundlage der FFT /2/ und eines Anpassungsverfahrens nach Hansen-Woodyard /3/) - in der derzeitigen Ausbaustufe auch für polarimetrische Antennen - wurde in das Sensormodell integriert.

Das Gesamtmodell wird schließlich komplettiert durch eine vierte (Software-) Komponente, welche die der jeweiligen Sensoranwendung entsprechende Signalverarbeitung beinhaltet (SV).

Die einzelnen Sensorkomponenten nach Abb. 1 werden durch FORTRAN-Programme in einem Großrechner simuliert.

Ergebnisse:

Zur Illustration zeigt Abb. 3 die Systemsimulation für den Fall einer exakten Anpassung von Antennenmodell (N=19) und SVV. Dargestellt ist das Ergebnis einer Richtungsanalyse von zwei

Emittern für den Fall linearer (Abbildung durch Diagramm - schwenkung) und nichtlinearer (Kovarianzmethode /4/) Signalverarbeitung.

Die beschriebene generischen Modellierung der Antennen - kreisgruppe geht über den üblichen Ansatz hinaus, indem sie physikalische Effekte wie elektromagnetische Antennenkopplung und Auftreten zylindrischer Harmonischer beeinhaltet.

Entsprechend sind die üblichen Verfahren der Signal - vorverarbeitung mit dieser Modellierung nur in Approximation vereinbar. Als Resultat kann eine Verschlechterung im Sensorverhalten nicht ausgeschlossen werden.

So zeigt Abb. 4 die der Abb. 3 entsprechenden Ergebnisse für das Beispiel einer Modellfehlanpassung infolge Auftretens höherer harmonischer Antennenwellentypen.

Diese Beispiele illustrieren deutlich die Notwendigkeit einer Erarbeitung neuartiger modifizierter Verfahren der modell - gestützten Signalvorverarbeitung (SVV) für Antennenkreisgruppen. Es ist offensichtlich, daß dieses nur im Zusammenhang mit der Entwicklung von Verfahren zum rechnergestützten Antennenentwurf geschehen kann.

Literatur:

/1/ Winterfeld, v. Chr.: Ein Konzept zur Berechnung
     konzentrischer Kreis - Antennengruppen. Kleinheubacher
     Berichte 1989.

/2/ Petri, U., de la Fuente P: Applying Superresolution to
     Circular Arrays. AP-S International Symposium 1987,
     Blacksburg VA.

/3/ Winterfeld, v. Chr.: Diagrammsynthese mit Kreisgruppen
     bei Berücksichtigung verformter Antennendiagramme.
     ITG-Workshop "Die Antenne ein systembestimmendes Element",
     Lindau 1988.

/4/ Marple, S., L.: Digital Spectral Analysis, Prentice-Hall,
     New Yersey, 1987.

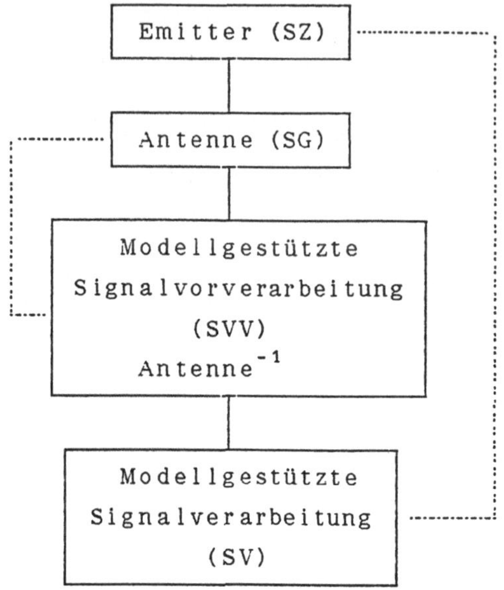

Abb. 1: Sensorstruktur

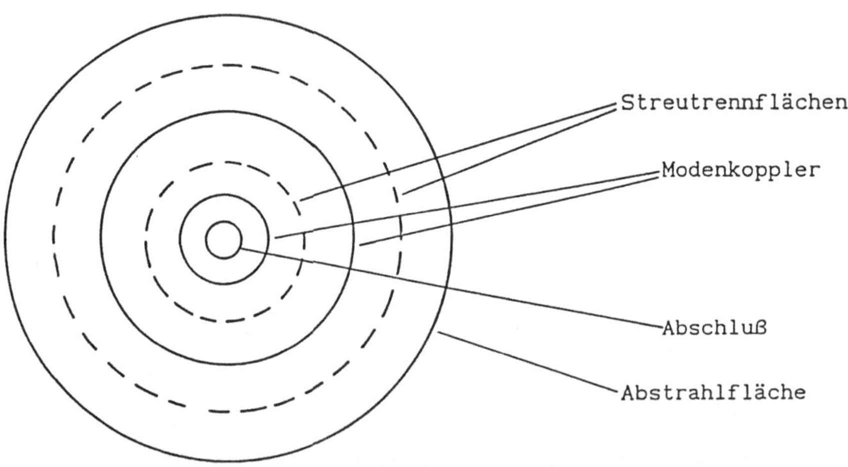

Abb. 2: Schalenstruktur der Antennenkreisgruppe

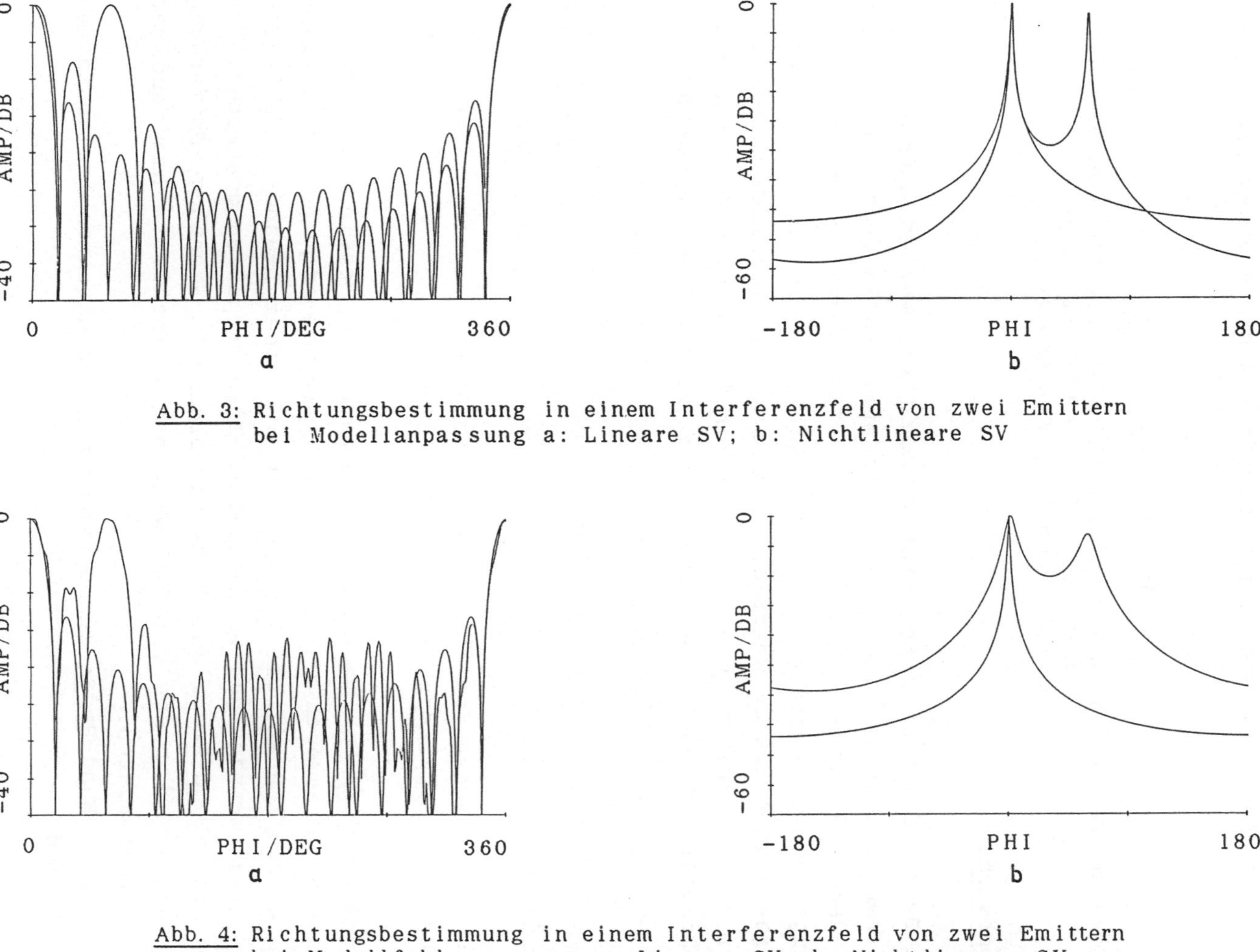

Abb. 3: Richtungsbestimmung in einem Interferenzfeld von zwei Emittern bei Modellanpassung a: Lineare SV; b: Nichtlineare SV

Abb. 4: Richtungsbestimmung in einem Interferenzfeld von zwei Emittern bei Modellfehlanpassung a: Lineare SV; b: Nichtlineare SV

UNTERSUCHUNG EINER MODELLGESTÜTZTEN SIGNALVERARBEITUNG
FÜR EIN BREITBANDIGES RADAR

Dieter Mehrholz

Forschungsgesellschaft für Angewandte Naturwissenschaften e.V.
Forschungsinstitut für Hochfrequenzphysik
D-5307 Wachtberg-Werthhoven

Übersicht

Am Beispiel einer ortsfesten Radaranlage werden Maßnahmen zur
Korrektur systematischer Fehler in breitbandig gewonnenen Radarmeßdaten diskutiert. Ziel ist es, eine Verbesserung der Abbil-
dungstreue zu erreichen. Mit der Anlage werden nichtkooperative
Objekte im erdnahen Weltraum vermessen. Die Meßdaten werden u.a.
für die Überprüfung von Verfahren zur Erzeugung von 1- und 2-di-
mensionalen Streuzentrenverteilungen (Radarbilder) verwendet.

1. Einleitung

Die wesentlichen Komponenten einer im experimentellen Einsatz befindlichen Großradaranlage der FGAN sind:

- Eine <u>34-m-Parabolantenne</u> in azimutaler Montierung, mit der
  hohe Drehgeschwindigkeiten und Beschleunigungen realisiert
  werden können. Die Antenne ist mit einem L-Band-Monopuls-Er-
  regerquartett und einem Ku-Band-Hornerreger ausgestattet.
- Ein <u>L-Band-Radar</u> zur Objektverfolgung in Richtung, Entfernung
  und Doppler sowie zur Gewinnung kohärenter schmalbandiger
  Signaturdaten.
- Ein <u>Ku-Band-Radar</u> zur Gewinnung von kohärenten breitbandigen
  Radardaten.

Die mit dieser Anlage gewonnenen Radardaten von Raumflugkörpern
werden zur Untersuchung von Verfahren zur Bahnberechnung, zur Bestimmung des Eigenbewegungsverhaltens, zur Ermittlung von Gestalt
und Abmessungen sowie zur Lebensdauer- und Massenschätzung verwendet. Im Falle des Absturzes von Risiko-Objekten aus dem erdnahen Weltraum werden Absturzzeit- und Absturzortsfenster bestimmt.

2. Prinzip der breitbandigen Radarsignalverarbeitung

Zur Gewinnung von breitbandigen Radardaten werden in jeder Radar-
pulsperiode zweimal je ein linear frequenzmodulierter (LFM) Impuls von einem digitalen Generator im Basisband bei 27.5 MHz mit
25 MHz Bandbreite und mit einer Pulsdauer von p_d = 256 µs erzeugt
(Abb. 1). Die LFM-Impulse werden in einer nachfolgenden Verviel-
facherstufe auf eine Signalbandbreite von B = 800 MHz (entsprechend einem Zeit-Bandbreite-Produkt von $B \cdot p_d$ > 200 000) gebracht
und in das Ku-Band gemischt. Der erste LFM-Impuls dient der Modulation des Sendesignals, der zweite wird zur Abmischung des Empfangssignals benötigt.

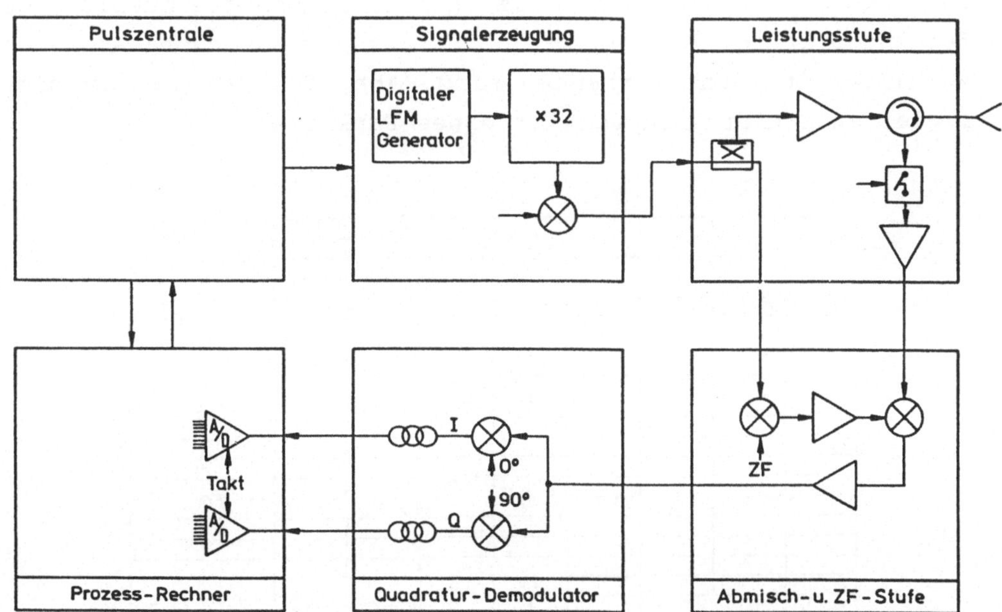

<u>Abb. 1</u>: Blockschaltbild der breitbandigen Radarsignalverarbeitung

Sende- und Empfangszweig sind über einen Zirkulator und einen
Sende/Empfangsschalter voneinander entkoppelt. Das Empfangssignal
wird vorverstärkt, mit dem um die ZF versetzten zweiten LFM-
Impuls abgemischt, gefiltert, verstärkt und einem Quadraturdemo-
dulator zur Gewinnung zweier orthogonaler Signalkomponenten (I
und Q) im Basisband zugeführt. Diese analogen Signalkomponenten
werden in je 1024 zeitäquidistante Stützstellen zerlegt, mit einer Auflösung von 8 Bit digitalisiert und abgespeichert.

Mit Hilfe einer diskreten Fourier-Transformation (FFT) kann dann aus dem Radarecho einer Pulsperiode die 1-dimensionale Streuzentrenverteilung (Entfernungsprofil) eines beobachteten Objektes berechnet werden. Die Auflösung δr (definiert als 3-dB-Breite der Punktzielantwort) in Entfernungsrichtung hängt bei ausreichendem S/N (Signal-zu-Rauschverhältnis) nur von der Signalbandbreite B und dem Fenster-Wichtungsfaktor w (z.B. $0.89 \leq w \leq 1.6$) ab. Die Auflösung ist insbesondere unabhängig von der Entfernung. Es gilt (mit c als Lichtgeschwindigkeit): $\delta r = w \cdot c/2 \cdot 1/B$.

Wegen der hohen relativen Bandbreite (800 MHz bei $f_o =$ 17 GHz Trägerfrequenz), die von realen Hochfrequenz-Bauelementen erzeugt und verarbeitet werden muß, haben die Radarmeßdaten systematische Phasen- und Amplitudenfehler. Sie beinträchtigen die Qualität der Entfernungsprofile, d.h. es werden Streuzentren vorgetäuscht, die in Wirklichkeit nicht vorhanden sind. Abb. 2 zeigt das an nicht korrigierten Entfernungsprofilen eines Punktzieles.

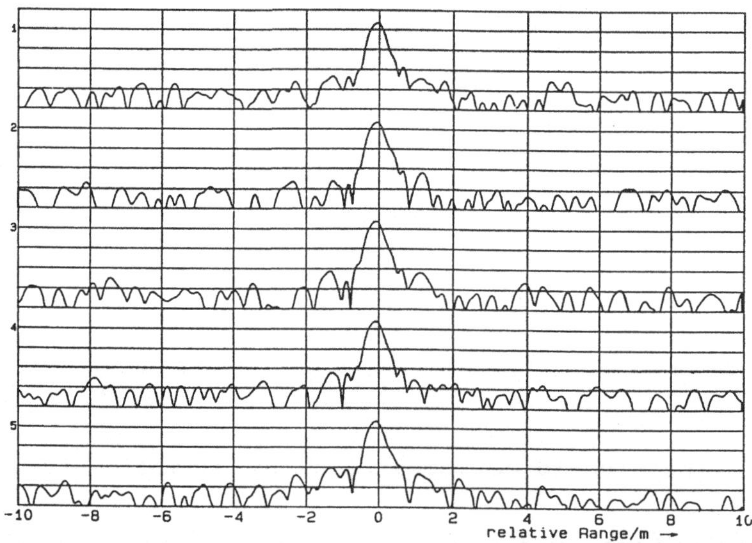

Abb. 2: Nicht korrigierte Entfernungsprofile eines Punktzieles

Als Punktziel wurde der kugelförmige Satellit COSMOS-1427 vermessen (Durchmesser ca. 2 m). Abb. 2 zeigt die aus Radardaten mit Hilfe einer FFT (Hamming-Fenster) berechneten Entfernungsprofile von fünf aufeinanderfolgenden Echos. Die Abszissen sind in m skaliert und geben die Zielausdehnung in Entfernungsrichtung an. Die

Ordinaten sind logarithmisch skaliert, der Rasterabstand beträgt
10 dB. Die Objektentfernung betrug ca. 686 km, die Radialgeschwindigkeit war 1.06 km/s. Das Haupt-zu-Nebenzipfelverhältnis
der dargestellten Entfernungsprofile beträgt nur ca. 15-20 dB,
die Entfernungsprofile sind unsymmetrisch. Bei einem idealen Ra-
darsystem würde man als Ergebnis der Vermessung einer Kugel die
sog. Punktzielantwort erwarten, d.h. die Fourier-Transformierte
eines gepulsten, monochromatischen Signals von konstanter Amplitude, welches mit einer Fensterfunktion gewichtet ist. Bei Verwendung eins Hamming-Fensters wäre das Haupt-zu-Nebenzipfelverhältnis 43.2 dB. Eine Kompensation aller systematischen Fehler
ist also notwendig und bei linearem Systemverhalten auch in der
Auswertephase noch möglich.

3. Verfahren zur Korrektur systematischer Fehler

Die komplexe Modulationsfunktion $\underline{a}(t)$ erzeugt LFM-Impulse der
Länge p_d mit der Modulationssteilheit $k = B/p_d$, die dann als pe-
riodisches Sendesignal $\underline{s}(t)$ mit der Periodendauer T und der Trägerfrequenz f_0 für $-\infty < n < +\infty$ abgestrahlt werden (Abb. 3).

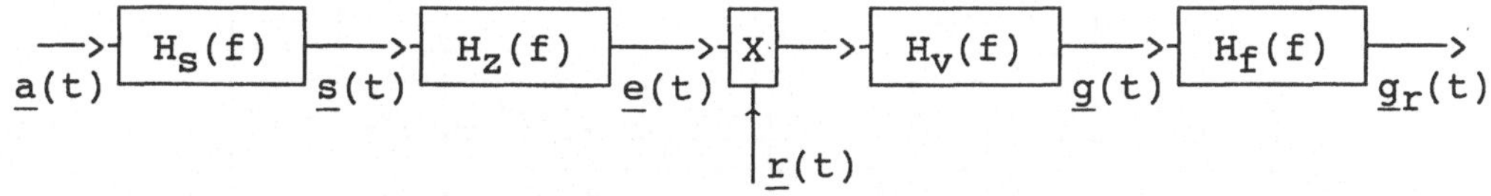

$$\underline{a}(t) \rightarrow \boxed{H_s(f)} \rightarrow \underline{s}(t) \rightarrow \boxed{H_z(f)} \rightarrow \underline{e}(t) \rightarrow \boxed{X} \rightarrow \boxed{H_v(f)} \rightarrow \underline{g}(t) \rightarrow \boxed{H_f(f)} \rightarrow \underline{g}_r(t)$$

$$\underline{r}(t)$$

$$\underline{a}(t) = \text{rect}(t/p_d) \cdot e^{-j2\pi k/2 t^2}$$

$$\underline{s}(t) = \sum_n a(t-nT) \cdot e^{-j2\pi f_0 t}$$

$$\underline{e}_n(t) = \sum_m c_s \sqrt{P_n} \cdot 1/R^2{}_{nm} \cdot \underline{j}_{nm} \cdot \underline{s}_n[t-l_{nm}(t)]$$

$$\underline{r}(t) = a(t-nT-l_m) \cdot e^{-j2\pi f_0 t}$$

Abb. 3: Modell der Signalverarbeitung

Das Empfangssignal $\underline{e}_n(t)$ der n-ten Sendeperiode ergibt sich als
Überlagerung der Echos von m Streuzentren mit den Reflexionskoef-
fizienten j_{nm} und den Entfernungen R_{nm}, deren Echos nach der
Laufzeit l_{nm} am Radar eintreffen. P_n ist die Sendeleistung der

n-ten Pulsperiode und c_s ist eine Systemkonstante. Nach Abmischung mit dem Referenzsignal $\underline{r}$(t) und Tiefpaß-Filterung steht, für den Fall eines realen Radars, das Signal $\underline{g}_r$(t) zur weiteren Auswertung zur Verfügung.

In Abb. 3 wurden die systematischen Phasen- und Amplitudenfehler des realen Radars in der Übertragungsfunktion H_f(f) zusammengefaßt. Zur Kompensation dieser Fehler muß dann $[H_f(f)]^{-1}$ berechnet werden. Eine heuristische Lösung des Problems bietet sich an. Durch regelmäßige Vermessung von Punktzielobjekten (sog. Radarkalibrationssatelliten) werden statistisch relevante Daten zur Beschreibung des Phasen- und Amplitudenganges des Signals $\underline{g}_r$(t) gewonnen. Nach Entfernung der rauschbedingten Anteile durch ein geeignetes Filterungsverfahren erhält man Funktionen zur Korrektur der systematischen Fehleranteile in den Signalphasen und -amplituden. Nach den bisherigen Untersuchungen sind diese Korrekturfunktionen auch über längere Zeiträume recht stabil. Sie lassen sich damit zur Kompensation systematischer Fehler in den breitbandigen Radarmeßdaten wirkungsvoll anwenden, wie in der folgenden Abbildung gezeigt werden soll.

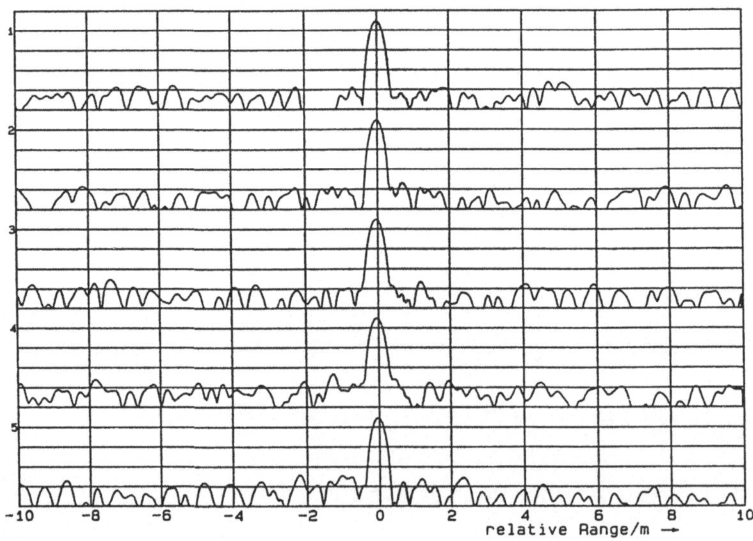

<u>Abb. 4</u>: Korrigierte Entfernungsprofile eines Punktzieles

Abb. 4 zeigt Entfernungsprofile des gleichen Objektes wie in Abb. 2, jetzt aber mit Korrektur der systematischen Phasen- und Ampli-

tudenfehler und des Doppler-Einflusses. Nun stimmt die 3-dB-Brei-
te der Punktzielantwort mit der theoretisch erwarteten (hier also
0.25 m) gut überein. Die Hauptkeule ist höher als im nicht korrigierten Fall, das Haupt-zu-Nebenzipfelverhältnis beträgt nun ca.
30 dB. In Abb. 5 sind die Korrekturfunktionen einschließlich ihrer Variationsbreiten dargestellt.

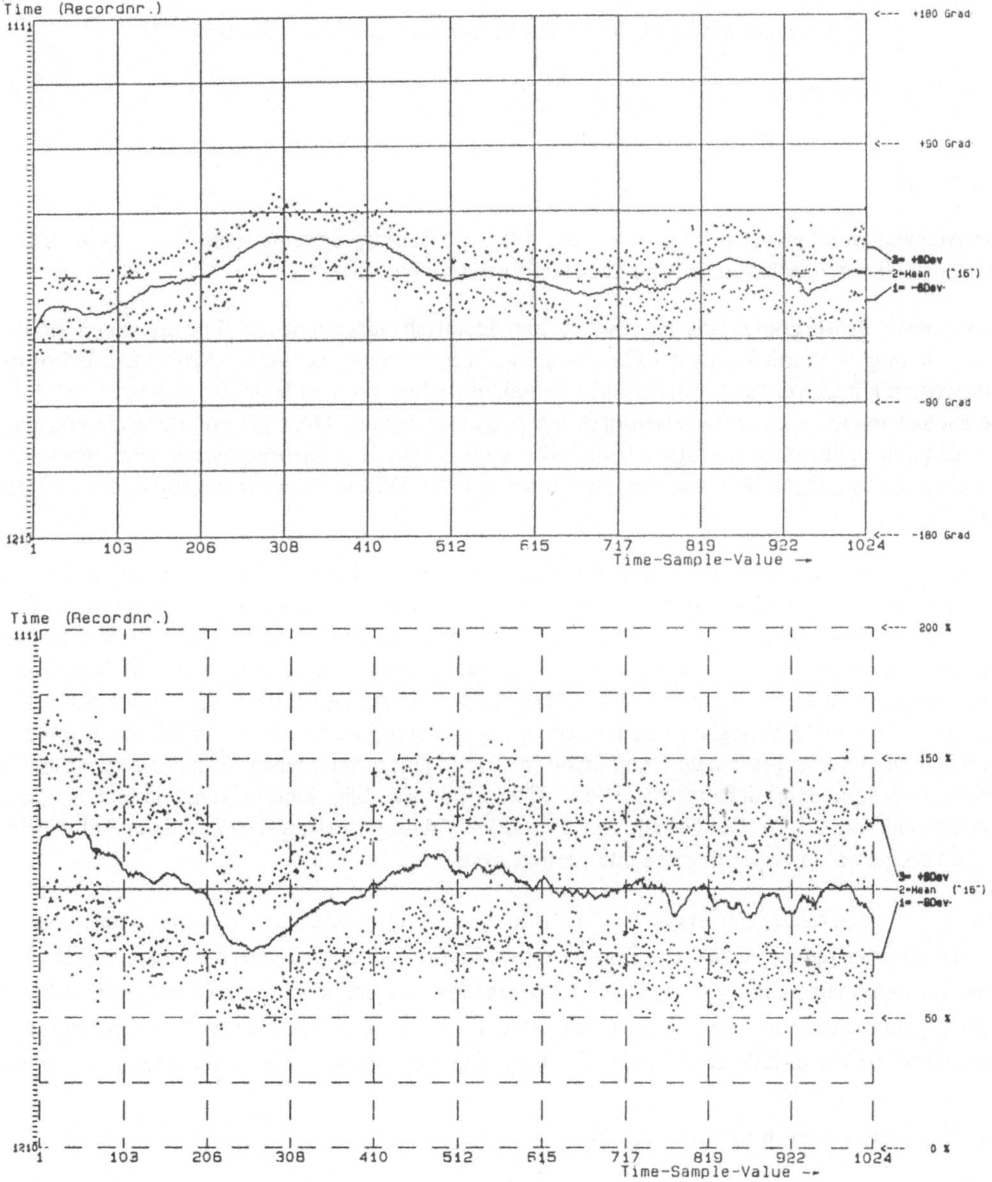

Abb. 5: Korrekturfunktion für Phasen- (oben) und Amplitudenfehler
(unten), gewonnen aus der Vermessung eines Punktzieles

Festzielunterdrückungsfilter für bewegte Sensorgruppen
- Auswirkungen suboptimaler Abtastung -

Joachim Ender

Richard Klemm

Forschungsinstitut für Funk und Mathematik, FGAN
Neuenahrer Str.20, D5307 Wachtberg-Werthhoven, Tel. 0228-852323

Einleitung

Die Aufgabe, von bewegten Plattformen aus mit einer Sensorgruppe bewegte Ziele vor dem feststehenden Hintergrund zu entdecken, führt zu folgendem Problem:

Eine lineare Sensorgruppe aus identischen und identisch ausgerichteten Einzelsensoren (Radar, Sonar) bewege sich mit konstanter Geschwindigkeit in Richtung der Array-Achse. Die Echos des unbewegten Hintergrundes überlagern sich aus allen Richtungen und bilden nach Bewertung durch die Richtcharakteristik der Einzelsensoren die Ausgangssignale. Abhängig von der Richtung ergeben sich unterschiedliche Radialgeschwindigkeiten und damit Dopplerfrequenzen. Die Abtastwerte aus einer Entfernungszelle bilden ein zweidimensionales Feld in Raum (Sensorposition) und Zeit (Impulsnummer).

Gesucht sind zweidimensionale Filter, die den Störhintergrund unterdrücken, um die Entdeckung bewegter Ziele zu ermöglichen. In [1] wurde folgendes gezeigt: das bewegte Sensorsystem kann durch ein zeitinvariantes lineares System mit vektorwertiger Übertragungsfunktion $\mathbf{H}(\omega)$ modelliert werden. Das Eingangssignal wird dabei durch die zunächst räumliche, dann durch die Plattformbewegung in den Zeitbereich transformierte Reflektivitätsverteilung gebildet; der Vektor der Sensorausgänge stellt in Abhängigkeit von der Zeit das Ausgangssignal dar. Wird der Störhintergrund als räumlich weiß vorausgesetzt, so formt $\mathbf{H}(\omega)$ in Kombination mit weißem Empfängerrauschen die spektrale Störleistungsdichtematrix $\mathbf{P}(\omega)$. Eine optimale Störunterdrückung geschieht durch Anwendung von $\mathbf{P}^{-1}(\omega)$. Die Gestalt von $\mathbf{P}^{-1}(\omega)$ kann dabei näherungsweise analytisch berechnet und im Frequenz- sowie Zeitbereich interpretiert werden.

Thema des vorliegenden Papiers ist die Auswirkung der "Abtaststrategie" in Raum (Sensorabstand, Einzelsensordiagramm, Anzahl der Sensoren) und Zeit (Pulsfolgefrequenz, Vorfilter) auf das Verhalten des optimalen Clutterfilters. Die Zusammenhänge werden klar, wenn von einer zweidimensionalen kontinuierlichen Abtastung ausgegangen wird und die Eigenschaften der Fouriertransformation von der Raum-Zeit-Ebene in die Richtungs-Doppler-Ebene konsequent ausgenutzt werden.

Räumliche und zeitliche Abtastungen

Wir rekapitulieren zunächst einige wohlbekannte Tatsachen der räumlichen, zeitlichen, und räumlich-zeitlichen Wellenfeldabtastungen. Gedacht wird dabei hauptsächlich an kohärentes Radar, aber die Übertragung auf andere Gebiete der Sensortechnik wie Sonar ist prinzipiell möglich.

Lineare Gruppenantenne (räumliche Abtastung): Die Wirkungsweise einer regelmäßigen linearen Gruppenantenne im Empfangsfall läßt sich beschreiben als die Entnahme von Proben des einfallenden Wellenfeldes an äquidistanten Stellen. Die Auswirkungen der "räumlichen Abtaststrategie" - z.B. einer Unterabtastung mit der Folge der Entstehung sekundärer Hauptkeulen *(grating lobes)*- sind allgemein bekannt.

Dopplerfilter (zeitliche Abtastung): Die erforderliche Abtastrate ist durch die Bandbreite bestimmt, bei Untersampeln tritt bekanntlich eine Rückfaltung in den Eindeutigkeitsbereich auf.

SAR (zeitliche Abtastung, als räumliche Abtastung interpretiert): Die von einem auf einer bewegten Plattform befindlichen Radar mit nur einem räumlichen Sensor erhaltenen Abtastwerte von Puls zu Puls lassen sich sowohl als Zeitsamples, aber wegen der Plattformbewegung auch als räumliche samples interpretieren. Die Fokussierung des hierduch entstehenden "synthetische Arrays" ermöglicht eine hochauflösende Abbildung der Bodenszene. Das Diagramm des synthetischen Arrays ergibt sich bei festmontierter Antenne ähnlich wie bei einer gewöhnlichen Gruppenantenne als Produkt des (Zweiwege-)Einzelelementdiagramms (der *realen Apertur*) mit dem Gruppenfaktor (des *synthetischen Arrays*). Eine Unterabtastung führt zu sekundären Hauptkeulen, die, wenn sie nicht durch Nullstellen des Einzelelementdiagramms kompensiert werden, zum Zurückfalten im Azimutbereich (Mehrfachbilder) in der SAR-Verarbeitung führen.

AMTI (Airborne MTI): Die Dopplerbandbreite der Cluttersignale wird durch Wellenlänge, Fluggeschwindigkeit und Keulenbreite der Antenne bestimmt. Bei einem Radar mit nur einem räumlichen Sensor können bewegte Ziele nur dann mit hoher Wahrscheinlichkeit entdeckt werden, wenn deren Dopplerfrequenz außerhalb des Clutterbandes fällt.

TASTE (Techniques for airborne slow target extraction): Die bei SAR und AMTI durch die Austauschbarkeit von Raum und Zeit bzw. Richtung und Doppler gegebenen Schwierigkeiten bei der Entdeckung und Ortung bewegter Ziele lassen sich vermeiden, wenn zusätzlich zur zeitlichen Abtastung Weilenfeldproben an räumlich unterschiedenen Orten entnommen werden. Am ältesten und bekanntesten ist dabei die DPCA-Technik (DPCA=Displaced Phase Center Antenna) [2]. Die zugrundeliegende Idee besteht darin, die Bewegung der Plattform dadurch zu kompensieren, daß das um einen Puls verzögerte Empfangssignal aus einem ersten räumlichen Kanal von dem Signal aus einem zweiten abgezogen wird. Liegen die beiden Phasenzentren in Flugrichtung um den Betrag des von Puls zu Puls zurückgelegten Weges auseinander, erhält man so ein einfach löschendes MTI. Prinzipiell ist diese Technik in der Lage, bei genügend hohem Signal-zu-Rausch-Verhältnis auch solche Bewegtziele zu entdecken, deren Dopplerfrequenz innerhalb des Clutterbandes liegt. Techniken, die dies ermöglichen, wurden von den Autoren unter dem Begriff "TASTE" zusammengefaßt [3].

Neben zweikanaligen DPCA-Verfahren, die eine Erweiterung der zeitlichen Filterung über die Ordnung 2 hinaus vorschlagen [4], wurden als Empfangssystem lineare Arrays in Flugrichtung betrachtet [5,6,7]. Die erhaltenen Echowerte bilden nun ein zweidimensionales Feld von Abtastwerten.

Die optimale Verarbeitung eines Echofeldes fester Ausdehnung in Raum und Zeit besteht in der Clutterfilterung durch die inverse raum-zeitliche Kovarianzmatrix mit anschließender Anwendung des auf die Signalform angepaßten Filters [7]. Bei der Anwendung zeitlich sequentieller Filterung kann unter bestimmten Bedingungen eine Umformung der Echowerte in eine eindimensionale Folge erreicht werden, so daß das optimale Filter eine einfache Form erhält [8]. In [1] wurde die analytische Form optimaler zeitsequentieller Filter für räumlich weißen Clutter im Frequenzbereich sowie im Zeitbereich ermittelt und Grenzen für die Bewegtzielendeckung angegeben. Eine Analyse des Einflusses hoher Bandbreite und seitlicher Abdrift findet sich in [9].

PROBLEME BEIM ENTWURF RÄUMLICH-ZEITLICHER KONFIGURATIONEN

Bei dem Design eines auf einer linearen Gruppe in Flugrichtung basierenden AMTI-Systems sind - neben praktischen Problemen, die zum Beispiel die einzuhaltende Genauigkeit betreffen - folgende Fragen zu berücksichtigen:

Anzahl der räumlichen Kanäle: Mit ihr steigt die erzielbare Empfindlichkeit gegenüber der Zielbewegung, aber auch der hardware- und Filteraufwand. *Sensorabstand*: Eine Erhöhung des Sensorabstands bringt eine größere reale Apertur mit sich, aber auch die Bildung räumlicher *grating lobes*. *Apertur der Einzelantenne:* sekundäre Hauptkeulen durch großen Sensorabstand können durch Bildung eines schmalen Einzelantennen-Diagrammes mit entsprechend großer Apertur unterdrückt werden, verengen aber auch das Blickfeld. Bei SAR ist die erzielbare Auflösung durch die halbe Einzelapertur limitiert. *Zeitliche Filterordnung:* Mit der Länge des Gedächtnisses wachsen die Zeitbasis sowie die auswertbare synthetische Apertur und damit ebenfalls die Empfindlichkeit gegenüber der Zielbewegung, aber auch der Filteraufwand. *Impulsabstand*: Eine geringere Pulsfolgefrequenz verringert bei gleichbleibender Zeitbasislänge den Aufwand für die zeitliche Filterung, senkt aber das Signal-zu-Rauschverhältnis (s/n) nach Integration und führt evtl. zur Überlappung im Dopplerbereich (*aliasing*) und damit zum Auftreten von Blindgeschwindigkeiten (AMTI) bzw. Mehrfachbildern (SAR). *Vorfilterung*: Eine zeitliche Vorfilterung (Tiefpaß, Vorsummierung)

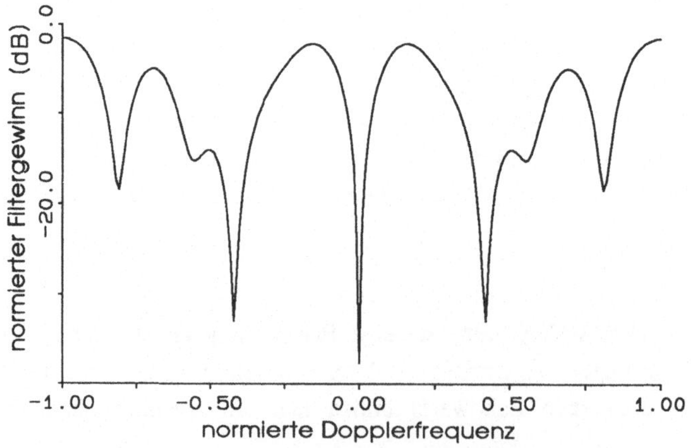

Figur 1: Filtergewinn über Zieldoppler

erniedrigt bei gleicher Zeitbasis ohne Verlust an s/n die Filterordnung und kann zeitliches *aliasing* vermeiden, führt aber zur Unterdrückung schnell bewegter Ziele mit hohen Dopplerfrequenzen.

Fig. 1 zeigt als Simulationsergebnis für eine gegebene Sensorkonfiguration den Filtergewinn bei variierendem Ziel-Doppler in Querabrichtung. Neben dem zu erwartenden Einbruch bei der Dopplerfrequenz Null erscheinen Einbrüche auch bei anderen Frequenzen. Handelt es sich hierbei um die Auswirkung realer *grating lobes* wegen zu großen Sensorabstands, oder um zeitliches *aliasing* durch zu geringe PRF? Wären die Einbußen durch Vergrößerung der Einzelaperturen oder etwa durch Bildung zeitlicher Vorfilterung zu vermeiden gewesen?

Eine Einsicht in die zugrundeliegenden Mechanismen bietet die Beleuchtung der Situation durch Anwendung der bekannten Eigenschaften der zweidimensionalen Fouriertransformation auf das räumlich-zeitliche Echofeld.

BESCHREIBUNG IN RAUM-ZEIT-KOORDINATEN

Wir gehen aus von einer linearen Gruppe gleichartiger Antennen mit einer festen Sendeantenne S und beliebig vielen Empfangsantennen E, deren Orte noch nicht genauer spezifiziert sind (Fig. 2). Für Phase und Amplitude des vom jeweiligen Empfänger gelieferten Signals ist in Fernfeldnäherung allein die Lage x des Mittelpunkts zwischen S und E maßgeblich. Zur Zeit t befindet sich der Sender in einem raumfesten Koordinatensystem an der x-Koordinate vt (v=Plattformgeschwindigkeit), das Phasenzentrum an der Stelle vt+x, d.h. in der (x,t)-Ebene ergeben sich auf den Linien vt+x=konst. ("Iso-Clutter-Linien") gleiche Signale.

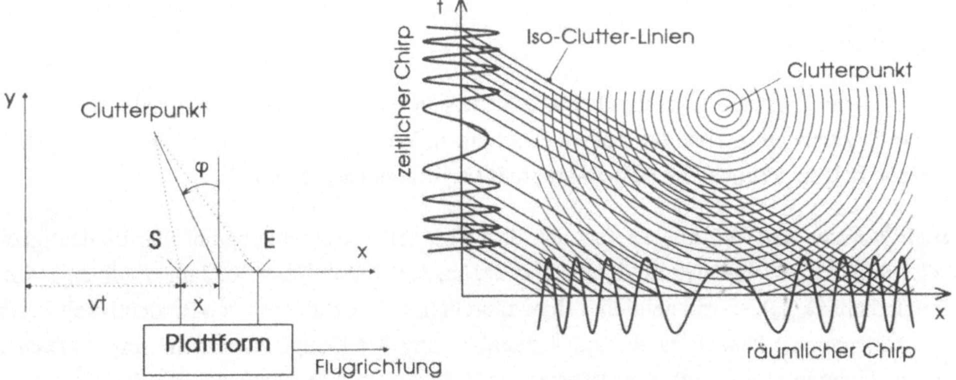

Figur 2: Geometrie   Figur 3: Räumliche und zeitliche Chirps

Ein einzelner Reflektor erzeugt gemäß Fig. 3 sowohl in t- als auch in x-Richtung einen "Chirp" $Ch(x,t)=A(x,t)\cdot\exp\{j\phi(x,t)\}$. Einer örtlichen Raumfrequenz $\Omega=\partial/\partial x\,\phi(x,t)$ entspricht dabei die momentane Dopplerfrequenz $\omega=\partial/\partial t\,\phi(x,t)=v\cdot\Omega$. Fassen wir die Raum- und Zeitkoordinaten zu der zweidimensionalen Größe $\xi=(x,t)$ zusammen, so läßt sich damit das Signal bis auf eine komplexe Konstante lokal durch die Exponentialfunktion $W^{(k)}(\xi)=\exp\{jk\cdot\xi\}$ beschreiben. Der Vektor $\mathbf{k}$ ist dabei gegeben durch $k=uk_0$ mit $\mathbf{k_0}=4\pi/\lambda\cdot(1,v)^t$ und $u=\sin\phi$ (Richtungssinus). Bewegtzielsignale zeichnen sich durch unterschiedlich verlaufende Phasenfronten aus.

Der gesamte Clutterhintergrund verursacht an jedem Raum-Zeit-Punkt ξ ein Gemisch solcher Exponentialterme $W^{(uk_0)}$ mit $u \in [-1,1]$. Die Einzelbeiträge sind durch die Zweiwege-Charakteristik $D(u)$ des Einzelsensors gewichtet.

Als einfachstes Modell läßt sich annehmen, daß die Clutterbeiträge aus verschiedenen Richtungen unabhängig normalverteilt sind, so daß als allgemeines Testproblem die Entdeckung eines vorgegebenen Bewegtzielsignals vor einem solchermaßen charakterisiertem Clutterhintergrund $C(\xi)$ formuliert werden kann. Die zugrundeliegenden Stichproben Z_v, $v=1,2...$ sind dabei an allgemeinen Raum-Zeit-Punkten ξ_v entnommen und zusätzlich durch additives unabhängiges Empfängerrauschen gestört: $Z_v = C(\xi_v)+N_v$, $v=1,2,..$ (Fig. 4).

BESCHREIBUNG IM FOURIERRAUM

Der dem (x,t)-Raum zugeordnete Fourierraum ist der (Ω,ω)-Raum, wobei Ω die Raum- und ω die Dopplerfrequenz bedeuten. Ausschlaggebend für die Wahl geeigneter Raum-Zeit-Punkte ξ_v, an denen die Abtastung vorgenommen werden soll, ist das Verhalten im (Ω,ω)-Raum.

Ein Exponentialterm $W^{(k)}$ im (x,t)-Raum wird in eine Deltafunktion an der Stelle k transformiert. Da sich der gesamte Clutterhintergrund als statistisch unabhängige Überlagerung solcher Terme mit $k=uk_0$ und der Gewichtung $D(u)$ modellieren läßt, ist die Leistungsdichte im (Ω,ω)-Bereich längs der Geraden $\omega=v\Omega$ konzentriert und durch $|D|^2(u)$ moduliert. Außerhalb des Bereiches $[-\Omega_{max},\Omega_{max}] \times [\omega_{max},\omega_{max}]$ mit $\Omega_{max}=4\pi/\lambda$, $\omega_{max}=v \cdot \Omega_{max}$, verschwindet die Leistungsdichte (Fig. 5).

KORRESPONDENZEN

Die so erhaltene spektrale Leistungsdichte bezieht sich auf kontinuierliche Signale in Raum und Zeit ohne Begrenzung in einer der beiden Richtungen. Wir wollen nun an zwei Beispielen studieren, welche Folgen Aktionen im (x,t)-Raum im (Ω,ω)-Raum nach sich ziehen.

Abtasten in Raum und Zeit mit Δx bzw. Δt führt zu einer Einschränkung auf den Eindeutigkeitsbereich $[-\Delta\Omega/2,\Delta\Omega/2] \times [-\Delta\omega/2,\Delta\omega/2]$ mit $\Delta\Omega=2\pi/\Delta x$, $\Delta\omega=2\pi/\Delta t$. Liegt $\Delta\omega/2$ unterhalb ω_{max} (bzw. $\Delta\Omega/2$ unterhalb Ω_{max}), so tritt zeitliches (bzw räumliches) Rückfalten in den Eindeutigkeitsbereich auf. Im ersteren Fall handelt es sich um Unterabtastung der Dopplerbandbreite, im letzteren um räumliche Unterabtastung mit Sensorabstand$>\lambda/2$ (Phasenzentrenabstand$>\lambda/4$). Im allgemeinen ergeben sich Nebendiagonalen erster oder höherer Ordnung (Fig. 6), die jedoch aufeinanderfallen, wenn $\Delta x=v\Delta t$ und damit $v\Delta\Omega=\Delta\omega$ erfüllt ist (DPCA-Fall!). *Begrenzung der Apertur* in x-Richtung auf L führt zu einer Faltung in Ω-Richtung mit $\sin(\Omega L/2)/(\Omega L/2)$, ebenso die Begrenzung auf einen Zeitausschnitt der Länge T zu einer Faltung in ω-Richtung mit $\sin(\omega T/2)/(\omega T/2)$.

Die Diskussion der Auswirkungen weiterer Aktionen (z.B. Untergruppenbildung) auf das zweidimensionale Spektrum und die Konsequenzen für das Filterverhalten bleiben aus Platzgründen dem Vortrag vorbehalten.

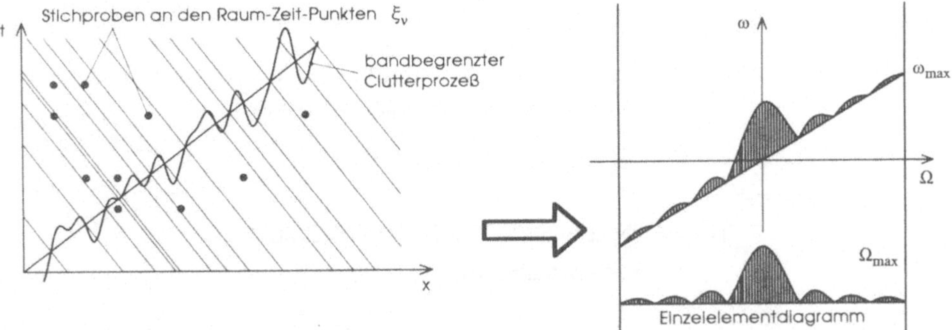

Figur 4: Clutterhintergrund in der (x,t)-Ebene

Figur 5: Clutterspektrum in der (Ω,ω)-Ebene

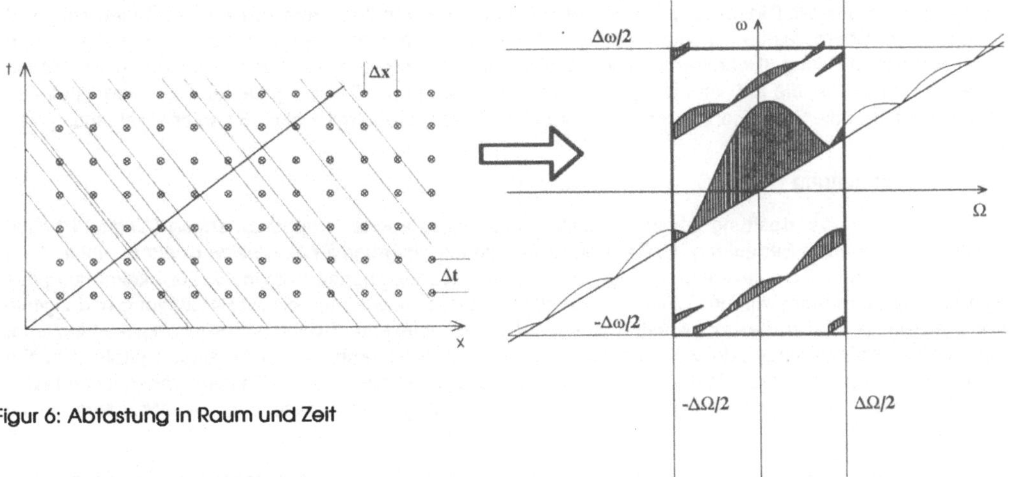

Figur 6: Abtastung in Raum und Zeit

[1] J.Ender, R.Klemm: Entdeckung langsam bewegter Ziele mit luftgetragenem Radar. 7. Radarsymposium der DGON, Ulm 1989, pp.161-186.

[2] M.Skolnik: Radar Handbook, McGraw-Hill (1970), pp.18-7

[3] J.Ender, R.Klemm: TASTE - techniques for airborne slow target extraction, Part I: fundamentals and limitations. In Vorbereitung.

[4] K.J.Hammerle: Cascaded MTI and coherent integration techniques with motion compensation. IEEE Intern. Radar Conf. Washington 1990, pp.164-169

[5] L.E.Brennan,J.D.Mallet,I.S.Reed:Adaptive arrays in airborne MTI radar. IEEE AP-24,No.5, Sept. 1976, pp.607-615

[6] G.A.Andrews:Radar antenna pattern design for platform motion compensation. IEEE Trans. AP, Vol. AP-26, No.4 1978, pp.566-571

[7] R.Klemm: Adaptive clutter suppression for airborne phased array radars. IEE proc., Vol 130, Pts F and H, No. 1, Febr. 1983, pp.125-132

[8] J.Ender, R.Klemm: Airborne MTI via digital filtering. IEE Proc. Part F, Febr.1989, pp.22-28

[9] R.Klemm, J.Ender: New aspects of airborne MTI. IEEE Intern. Radar Conf. Washington 1990, pp.335-340

Modellgestützte Analyse der A/D–Wandlung und Vorverarbeitung eines digitalen phasengesteuerten Arrays

A. Elterich, W. Stammler

TELEFUNKEN SYSTEMTECHNIK GmbH
Sedanstraße 10, 7900 Ulm

In diesem Papier wird ein Konzept zur aufwandsgünstigen Realisierung eines digitalen Phased Array Empfängers vorgestellt. Dieses Konzept beruht auf einer A/D–Wandlung zum frühestmöglichsten Zeitpunkt bei merklicher Überabtastung und sehr geringer Wortbreite, einer einfachen Quadratur–Demodulation und einer Richtstrahlbildung (Beamforming) im Basisband. Es werden theoretische und durch Simulation erzeugte Ergebnisse, die auf einer stochastischen Modellierung der Radarsignale beruhen, vorgestellt. Es wird gezeigt, daß die Störungen, verursacht durch die Quantisierung mit 1 bis 3 Bit, tolerierbar sind.

1.   Einleitung

In der Radarsignalverarbeitung gewinnen digitale phasengesteuerte Gruppenantennen ("Digital Phased Array") zunehmend an Bedeutung /1/. Der eigentliche Hinderungsgrund für eine weitverbreitete Anwendung liegt in der enormen Komplexität und in den daraus resultierenden hohen Kosten /2/. Zur Minimierung des Realisierungsaufwandes wird im folgenden vor allem untersucht, wie man die A/D–Wandlung und digitale Vorverarbeitung zum frühestmöglichsten Zeitpunkt ohne unakzeptabl hohe Verarbeitungsleistung oder extreme Signalverzerrungen durchführen kann. Zuerst wird die allgemeine Struktur eines digitalen Phased Array Empfängers vorgestellt, in Kap. 2 folgt das Konzept zur Minimierung des Realisierungsaufwandes. In Kap. 3 werden die Quantisierungseffekte bei extrem geringer Wortbreite des A/D–Wandlers genau untersucht.

Die Struktur eines 1–dimensionalen digitalen Phased Array Empfängers mit N Antennenelementen und einer Richtstrahlbildung im Basisband ist in Abb. 1 dargestellt. Die eigentlich benötigten Zeitverschiebungen für die Richtstrahlbildung sind durch Phasendrehungen ersetzt worden. Dies ist solange zulässig, wie sich die Einhüllende des Empfangssignals (Nutzsignal mit der Bandbreite B) über das Array nicht merklich ändert (Schmalbandarray). Dies führt zu folgender Forderung

$$(1) \qquad f_0/B \gg N$$

wobei mit f_0 die Trägerfrequenz bezeichnet ist.

2.   Konzept

Unsere Lösung läßt sich folgendermaßen charakterisieren:

—   A/D–Wandlung des ZF–Signals mit 1 bis 3 Bit, vorzugsweise mit 3 Quantisierungszuständen. Hierbei wird vorausgesetzt, daß das S/N–Verhältnis bei der A/D–Wandlung unter 10 dB liegt. Für viele Anwendungen in der Radartechnik bedeutet dies keine Einschränkung. Eine Konsequenz der geringe Wortbreite ist ein geringer Hardwareaufwand für die nachfolgende digitale Weiterverarbeitung. Bei dem oben angesprochenen S/N–Verhältnis bleiben die Störungen, hervorgerufen durch die Quantisierung, in tolerierbaren Grenzen (s. Kap. 3).

—   Merkliche Überabtastung (Abtastfrequenz f_{s1} = 10 B) Dies ist notwendig, um mit einem geringen Grad des Antialiasingfilters auszukommen und dadurch die Unterschiede im Frequenzgang der einzelnen Kanäle möglichst gering zu halten. Die Forderung nach identischer Nutzbandübertragungscharakteristik für alle Empfangskanäle wird in der Regel durch ein hohes Verhältnis von ZF–Frequenz fm zu Nutzbandbreite B befriedigt. Bei digitalen Empfängern führt dies zu sehr hohen Anforderungen an die Abtasthalteglieder bzw. Wandlerkomparatoren, weshalb eine Zwischenlösung mit geringer relativer

Bandbreite angestrebt wird. Ein zweiter Grund für eine merkliche Überabtastung ergibt sich aus der Notwendigkeit, die Oberwellen (insbesondere die 2te und 4te), hervorgerufen durch die Quantisierung bei der A/D–Wandlung, zu unterdrücken, da diese sonst zu Geisterzielen führen können.

— Passende Wahl des Faktors V2 für die Unterabtastung nach Quadraturdemodulation, des Verhältnisses von Abtastfrequenz f_{S1} und Zwischenfrequenz f_m. Dies führt zu folgenden Forderungen:

(2) $\quad V1 = f_{S1}/f_m = |\, n \,/\, (1 - i \cdot n)\,|$

$\quad\quad V2 = f_{S1}/f_{S2} = m \cdot n \quad\quad\quad\quad$ mit m = 1, 2, 3 ...; i = 0, 1, 2, 3, ...; n = rationale Zahl > 2.

Mit V1 = 4 (i = 0, n = 4) und m = 2 sind keine Multiplikationen bei der Demodulation nötig und der Filterungsprozeß kann bei einem FIR–Filter geraden Grades merklich vereinfacht werden. Wählt man V1 = 8 (i = 0, n = 8), so erhöht sich der Aufwand für die Quadratur–Demodulation und Filterung um ungefähr 50 %.

3. Quantisierungseffekte

3.1 Theoretisches Modell

Zuerst wird ein statistisches Modell erstellt, um die Quantisierungseffekte allgemein und nicht nur für 1 Bit wie in /3/ zu beschreiben. Das Modell, dargestellt in Abb. 2, setzt identische Signale s(k) = s(k*T) in allen Kanälen voraus. Identische Signale entstehen, wenn eine ebene Welle senkrecht auf das Array trifft. Für das Rauschen (überwiegend thermisches Rauschen) wurde eine Gaußverteilung gewählt. Das verrauschte Eingangssignal xi(k*T) kann als Repräsentant eines normalverteilten stochastischen Prozesses mit Erwartungswert s(k) und Varianz 1 (keine Beschränkung der Allgemeinheit) aufgefaßt werden. Die Quantisierung mit einer konstanten Stufenhöhe wird durch die Transformation mit der nichtlinearen Funktion $f(\eta) = \xi$ beschrieben. Der resultierende diskrete Prozeß läßt sich durch folgende Wahrscheinlichkeitsverteilung beschreiben:

$$(3) \qquad P\{m\} = \frac{1}{\sqrt{2\pi}} \int_{L_e}^{L_u} e^{-(u-s)^2/2} du.$$

Für die weitere Berechnung beschränken wir uns auf eine ungerade Anzahl von Quantisierungszuständen (Repräsentanten). Mit L = (M–1)/2 erhält man für die Integralgrenzen

$$(4) \qquad L_e = \begin{cases} (m-0.5)a & \text{for} \quad -L < m < L \\ -\infty & \text{for} \quad -L = m \end{cases}$$

$$L_u = \begin{cases} +\infty & \text{for} \quad L = m \\ (m+0.5)a & \text{for} \quad -L < m < L \end{cases}$$

wobei mit a die Quantisierungsstufenhöhe bezeichnet ist. Der Erwartungswert (linearen Mittelwert) ergibt sich nun wie folgt:

$$(5) \qquad y = \langle f(\eta) \rangle = a \cdot \sum_{m=-L}^{L} P\{m\} \cdot m.$$

Benützt man die integrale Darstellung von P(m) aus Gleichung (3) und entwickelt man den Integranten in eine Reihe nach s, so erhält man nach Ausführung des Integrals:

$$(6) \qquad y = 2 \cdot a \cdot \sum_{n=0}^{\infty} \frac{s^{2n+1}}{(2n+1)!} \cdot \sum_{m=0}^{L-1} p_\eta^{(2m)}(a \cdot m + a/2).$$

Durch Umschreiben in eine Potenzreihe mit der Variablen s

$$(7) \qquad y = c_1 \cdot s + c_3 \cdot s^3 + c_5 \cdot s^5 + \dots$$

sieht man, daß sich die nichtlinearen Verzerrungen, hervorgerufen durch die Quantisierung, für jedes beliebige Signal s(k) durch Auswertung von Gleichung (7) bestimmen lassen.

Zur Berechnung des S/N–Verlustes, hervorgerufen durch die Quantisierung, wird die Rauschleistung nach der Quantisierung benötigt. Dies läßt sich in einfacher Weise für verschwindendes Nutzssignal s ermitteln. Für eine ungerade Anzahl von Repräsentanten erhält man:

$$(8) \qquad < f^2(\eta) > \; = \; 2a^2 \sum_{m=1}^{L} P\{m\} \cdot m^2$$

Für starke Nutzsignale ergeben sich Abweichungen von obiger Beziehung, da dann das Rauschen am Quantisiererausgang von s abhängt. Nun muß eine passende Quantisierungsstufenhöhe a gewählt werden. Die Stufenhöhe a ergibt sich bei der linearen Optimalquantisierung (L2–Norm) aus folgender Formel

$$(9) \qquad dE/da = 0,$$

wobei E den Quantisierungsfehler beschreibt. Bei den interessierenden S/N–Verhältnissen (S/N < 0 dB) ist es vorteilhaft, die Stufenhöhe a nur auf das Rauschen zu optimieren. Wertet man Gleichung (9) unter dieser Nebenbedingung aus, so erhält man für eine ungerade Anzahl von Repräsentanten

$$(10) \qquad 2a^2 \sum_{m=1}^{L} P\{m\} \cdot m^2 \; = \; 2 \cdot a \sum_{m=0}^{L-1} p_\eta(a \cdot m + a/2).$$

Vergleicht man dieses Ergebnis mit Gleichung (6), so erkennt man, daß die Rauschleistung $<f^2(\eta)>$ bei verschwindendem Nutzsignal s gleich dem linearen Verzerrungsfaktor c1 ist. Das S/N–Verhältnis nach der Quantisierung ergibt sich entsprechend Gleichung (11).

$$(11) \qquad S/N \; = \; (c_1 * s)^2 / (c_1 * \sigma^2) \; = \; c_1 * (S/N)_{vor\ Quantisierung}$$

Der S/N–Verlust, hervorgerufen durch die Quantisierung, läßt sich also bei einem S/N < 0 dB alleine durch den linearen Verzerrungsfaktor c_1 beschreiben. Die obige Herleitungen lassen sich in ähnlicher Weise auch für den Fall einer geraden Anzahl M von Repräsentanten durchführen.

3.2 Numerische Ergebnisse

In Abb. 3 ist der S/N–Verlust nach Gleichung (11) als eine Funktion der Anzahl von Repräsentanten M dargestellt. Bei einer Vorzeichenquantisierung (M = 2) muß man mit einem S/N–Verlust von 1.96 dB und bei M = 3 mit 0.91 dB rechnen. Bei einer optimalen linearen Quantisierung mit 3 Bit (M = 8) oder mehr liegt der S/N–Verlust unter 0.2 dB (S/N vor der Quantisierung < 0 dB).

Die Signalverzerrungskurven y(s) sind für M = 3,8 und 256 in Abb. 4 dargestellt. Sie zeigen den Trend y(s) → s für bessere Auflösung, d.h. anwachsendes M.

Ein Auszug der Koeffizienten c_i und ein Beispiel für die in Abb. 2 auftretenden Zeitsignale kann /4/ entnommen werden.

Bei einem Phased Array können die nichtlinearen Terme in y(s) "Geisterziele" aus einer völlig anderen Raumrichtung, als sie das wirkliche Ziel besitzt, hervorrufen (s. Kap. 3.3). Die genaue Kenntnis der Amplituden von wahrem Ziel und Geisterziel ist also sehr wichtig für die Systemauslegung eines Radargerätes. In Abb. 5 ist dieses Verhältnis für M = 3 Repräsentanten als Funktion des S/N–Verhältnisses vor der Quantisierung dargestellt. Es ist wichtig festzuhalten, daß die Nebenlinien mit sinkendem S/N vor der Quantisierung überproportional abnehmen.

3.3 Auswirkungen der Quantisierungsfehler bei einem Phased Array

Die nichtlinearen Verzerrungen bei der A/D–Wandlung können zu Geisterzielen führen. Dies läßt sich folgendermaßen erklären: Liegt vor der A/D–Wandlung ein Sinussignal vor, so erhält man nach der A/D–Wandlung bei idealer linearer Quantisierung Spektralanteile bei ungeradzahligen Vielfachen dieser Signalfrequenz. Da zur Richtstrahlbildung Phasendrehungen eingesetzt werden, überlagern sich die Oberwellen bei einer anderen Raumrichtung als das Hauptsignal.. Die Raumrichtungen ergeben sich gemäß folgender Beziehung

$$(12) \qquad \alpha v = VZ * \arcsin(v * \sin(\alpha)),$$

wobei α die wirkliche Raumrichtung des Zieles ist, v der Vervielfachungsfaktor der Empfangsfrequenz und VZ die Werte $+1$ oder -1 annehmen kann. Das Vorzeichen VZ ergibt sich daraus, welches Seitenband des reellen Signals durch die Quadraturdemodulation und Tiefpaßfilterung herausgefiltert wird (Abb. 1). In Tabelle 1 sind für eine willkürlich gewählte Einfallsrichtung der Welle die aus Gleichung (12) resultierenen Raumrichtungen sowie die Signalfrequenzen für zwei Fälle (Zwischenfrequenz fm = Empfangsfrequenz = 100 MHz bzw. 50 MHz) exemplarisch dargestellt. Die beiden Frequenzangaben beziehen sich auf die (analoge) Oberwelle vor der A/D–Wandlung und auf die des digitalisierten und abgemischten Signals.

Nummer der Ober– welle	Konfiguration a			Konfiguration b		
	Raumrichtung in Grad	Frequenz analog	diskret	Raumrichtung in Grad	Frequenz analog	diskret
2	3.80	300 MHz → 0 MHz		3.80	150 MHz →	100 MHz
4	−51.01	500 MHz → 0 MHz		−51.01	250 MHz →	100 MHz
6	−30.77	700 MHz → 0 MHz		−30.77	350 MHz →	0 MHz
8	−11.49	900 MHz → 0 MHz		−11.49	450 MHz →	0 MHz

Tabelle 1   Raumrichtung und Frequenzlage der Geisterziele bei einem Ziel aus 40.13° (Mitte des 411–ten FFT–Kanals bei einer 512 Punkte FFT für die Richtstrahlbildung)
Empfangsfrequenz = Zwischenfrequenz fm, fs1 = 400 MHz
Konfiguration a.) fm = 100 MHz, Nutzband 80–120 MHz, pi/2–Quadraturdemodulation
Konfiguration b.) fm = 50 MHz, Nutzband 30–70 MHz, pi/4–Quadraturdemodulation

Aus Tabelle 1 kann man entnehmen, daß bei einer Empfangsfrequenz von 100 MHz und einer pi/2–Quadraturdemodulation sämtliche Oberwellen nach der Demodulation bei einer Frequenz von 0Hz zu liegen kommen und somit durch das anschliessende Tiefpaßfilter ungehindert durchgelassen werden. Für diesen Spezialfall sind also die in Abb. 5 angegebenen Nebenlinienabstände gleich dem Verhältnis von Haupt– zu Nebenkeule. Man kann aus den skizzierten Beispielen den Schluß ziehen, daß bei geschickter Wahl der Zwischen– und Abtastfrequenz (hier Konfiguration b) nur die höheren (4., 6., ...) Oberwelle ins Nutzband fallen und sich dadurch das Verhältnis von Haupt– zu maximaler Nebenkeule merklich verbessert.

In Abb. 6 sind die Ergebnisse der Richtstrahlbildung mittels FFT (512 Punkte, Hamming Antennenbelegung) und anschliessender kohärenter Mittelung in Zeitrichtung (Dopplerauswertung) bei einem Ziel aus der für Tabelle 1 gewählten Raumrichtung α = 40.13°, überlagertem gaußförmigem Rauschen, einer A/D–Wandlung mit 400 MHz bei einer Quantisierung mit 3 Repräsentanten und einer Tiefpaßfilterung (FIR–Filter der Länge 49) mit Abtastratenreduktion auf 50 MHz dargestellt. Bei Konfiguration a) und einem S/N von 0 dB erhält man nach kohärenter Mittelung über 10000 Zeitwerte neben dem gewünschten Ziel aus 40.13° noch Geisterziele aus 3.8° und −51°, wobei die Pegel sich mit den Werten von Tabelle 1 decken. Die Nebenkeule bei −40.13° kommt von dem durch das digitale Filter nicht völlig unterdrückten Spiegel des Hauptsignals. Um mit moderatem Rechenaufwand weitere Geisterziele aus dem Rauschen zu holen, wurde das S/N erhöht. Bricht man die Reihe in Gleichung (7) erst weit über s^{100} ab, so liefert sie bis zu einem S/N von 10 dB brauchbare Werte. Die Restterme der Reihe sind dann trotz s>1 vernachlässigbar, weil die Koeffizienten c_i stark abnehmen. In Abb. 6b (S/N = 6.5 dB, zeitliche Mittelung über 1000 Werte) erkennt man verglichen mit Abb. 6a zwei zusätzliche Geisterziele. Das eine liegt bei −30.8° (6te Oberwelle) hat einen Abstand zur Hauptkeule von ca. 46.5 dB und entspricht dem theoretischen Wert aus Abb. 5 bzw. Tabelle 1. Die Linie bei −3.8° kommt von dem nur unvollständig unterdrückten Spiegel der 2ten Oberwelle. Nebenkeulen, verursacht durch höhere Oberwellen als die 6te, haben nach Abb. 5 einen Haupt–zu Nebenkeulenabstand größer als 60 dB und werden deshalb in Abb. 6b vom Rauschen verdeckt. Das obige Beispiel läßt sich dahingehend verallgemeinern, daß bei pi/2–Demodulation stets Signalfrequenzen im Nutzband existieren, deren 2te Oberwelle vom Tiefpaß nicht unterdrückt wird. Das ungünstigste Verhältnis von Haupt– zu Nebenkeule ergibt sich also aus dem Nebenlinienabstand der 2ten Oberwelle nach Abb. 5a (Annahme: nur ein Ziel vorhanden).

Bei Konfiguration b) fällt z.B. die 2te und 4te Oberwelle in den Sperrbereich des Tiefpaßfilters (s. Tabelle 1), da das Nutzband von −20...20 MHz reicht. In Abb. 6c (S/N = 0 dB, zeitliche Mittelung über 10000 Werte) erkennt man deshalb neben der Hauptkeule und ihrem Spiegel nur noch andeutungsweise eine Linie bei −3.8°. Bei einem S/N von 6.5 dB (Abb. 6d, zeitliche Mittelung über 1000 Werte) sind Nebenkeulen bei −40.13° (Spiegel), −30.8° von der 6ten Oberwelle, −3.8° und 3.8° von der 2ten Oberwelle zu sehen. Der Abstand der Nebenkeule bei −3.8° zur Hauptkeule ergibt sich aus einer Nebenliniendämpfung der 2ten Oberwelle von 15.2 dB und einer Sperrdämpfung des Tiefpaßfilters von 36.8 dB bei 100 MHz zu insgesamt 52 dB. Der Haupt− zu Nebenkeulenabstand bei 3.8° ergibt sich aus dem Nebenlinienabstand von 15.2 dB und der Sperrdämpfung von 41.3 dB bei 200 MHz zu 56.5 dB. Die Simulationsergebnisse von Abb. 6d mit 53.7 dB bzw. 57.5 dB Abstand passen, wenn man den geringen Abstand zum Rauschen berücksichtigt, gut mit den theoretischen Werten gemäß Abb.5 und Tabelle 1 zusammen. Das obige Beispiel läßt sich dahingehend verallgemeinern, daß sich bei pi/4−Demodulation das ungünstigste Verhältnis von Haupt− zu Nebenkeule (HNMV) aus folgender Formel ergibt (Annahme: nur ein Ziel vorhanden)

$$(13) \qquad \text{HNMV} = \text{Min} \left\{ \begin{array}{c} \text{Nebenlinienabstand der 2ten Oberwelle + Sperrdämpfung} \\ \text{bzw.} \\ \text{Nebenlinienabstand der 4ten Oberwelle} \end{array} \right\}$$

da die 2te bzw. 4ten Oberwelle des digitalisierten und abgemischten Signals im Bereich von 40...140 MHz bzw. 0...100 MHz liegt. Bisher wurden die Verzerrungen für den Empfang eines einzigen Zieles (Sinusschwingung fester Frequenz) betrachtet. Hieraus erhält man eine Antwort auf die Frage: "Bis zu welcher Differenz der Empfangsleistungen läßt sich ein schwaches Ziel in Gegenwart eines starken Zieles noch sicher erkennen". Diese Frage läßt sich für die pi/4−Demodulation, die sich als günstig erwiesen hat, mit Gleichung (13), der Abb. 5 sowie der Filtercharakteristik des verwendeten digitalen Tiefpasses bis zu einem S/N von 10 dB (Abb. 5) eindeutig beantworten. Sind aber z.B. zwei gleichstarke Ziele mit unterschiedlichen Empfangsfrequenzen (f1 und f2) vorhanden, so ergeben sich durch die Quantisierung Signalanteile nicht nur bei den ungeradzahligen Vielfachen der Grundfrequenz, sondern auch bei den Mischfrequenzen.

$$(14) \qquad \text{fu} = \text{u1} * \text{f1} + \text{u2} * \text{f2} \qquad\qquad \text{u1} = ...-2,-1,0,1,2,...; \qquad \text{u2} = ...-2,-1,0,1,2,...; \qquad \text{u1} \neq \text{u2}$$

Die stärksten Signalanteile liegen bei 2*f1+f2, 2*f1−f2, 2*f2+f1 und 2*f2−f1. Der minimale Nebenlinienabstand bei zwei gleichstarken Zielen beträgt bei einer Quantisierung mit 3 Repräsentanten und einem S/N vor der Quantisierung von −3 dB für jedes der beiden Nutzsignale ungefähr 20 dB. Bei obiger Systemauslegung (pi/4−Demodulation) fallen diese Signalanteile in den Sperrbereich des Tiefpaßfilters und werden so um mindestens weitere 30 dB gedämpft.

4.   Zusammenfassung

Der enorme Realisierungsaufwand eines digitalen Phased Array läßt sich durch Minimierung der Wortbreite bei der A/D−Wandlung merklich erniedrigen. Unter der Voraussetzung eines kleinen S/N−Verhältnisses vor der A/D−Wandlung (S/N < 0 dB) beträgt der S/N−Verlust, hervorgerufen durch die Quantisierung mit 3 bzw. 8 Repräsentanten, nur ca. 1 dB bzw. 0.2 dB. Die nichtlinearen Verzerrungen sind weit kritischer, da sie zu Geisterzielen führen können. Durch die Wahl einer merklichen Überabtastung und anschliessender digitaler Tiefpaßfilterung können die von der Amplitude her größten nichtlinearen Verzerrungen aber entsprechend der Sperrdämpfung des Filters abgeschwächt werden. Es wurden analytische Beziehungen für die Amplituden der Geisterziele ermittelt und anhand rechnergestützter Simulationen verifiziert. Hierbei wurde die bisher gängige Analyse der Signalquantisierung (Quantisierung mit Stufenhöhe a liefert eine Rauschleistung von $a^2/12$) auf den Fall extrem geringer Wortbreiten bei einem kleinen S/N−Verhältnis erweitert. Es wurden Formeln zur Berechnung des S/N−Verlust und der nichtlinearen Verzerrungen, hervorgerufem durch die Quantisierung bei der A/D−Wandlung, angegeben. Ein wichtiges Ergebnis war, daß sich ein schwaches Ziel trotz der Quantisierung mit nur 3 Repräsentanten in Gegenwart von mehreren starken Zielen (Summe der S/N < 0 dB) bis zu einem Leistungsunterschied von ca. 50 dB erkennen läßt.

/1/   Barton P.: Digital beamforming for Radar, IEE Proceedings, Vol.127, Part F, Nr.4, August 1980, S. 266−277

/2/   Steyskal H.: Digital beamforming antennas − An introduction, Microwave Journal, Januar 1987, S. 107−124

/3/   Wong A.C.C.: Radar digital beamforming, Military Microwaves Conf. 1082, S. 287−294

/4/   Stammler W., Elterich A.: LOW COMPLEXITY A/D−CONVERSION AND PREPROCESSING FOR DIGITAL PHASED ARRAYS, EUSIPCO−90

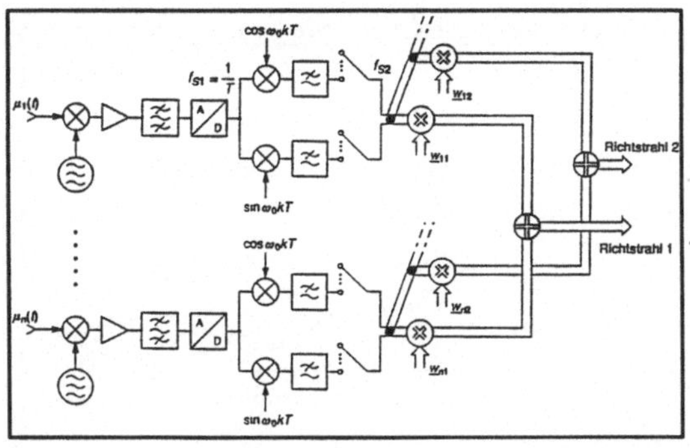

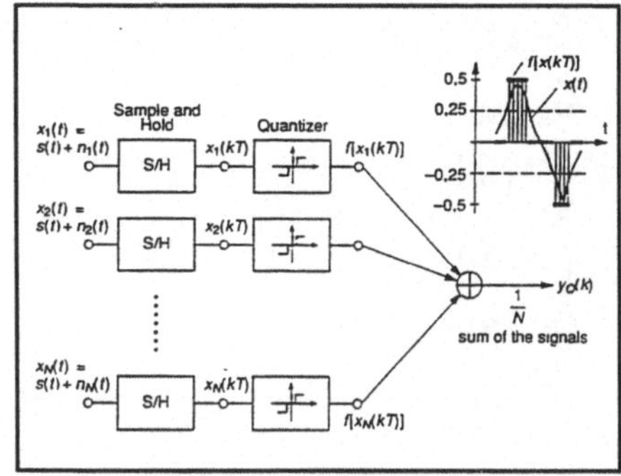

Abb. 1:
Struktur eines digitalen Phased Array

Abb. 2:
Statistisches Modell zur Beschreibung des
Quantisierungseffektes

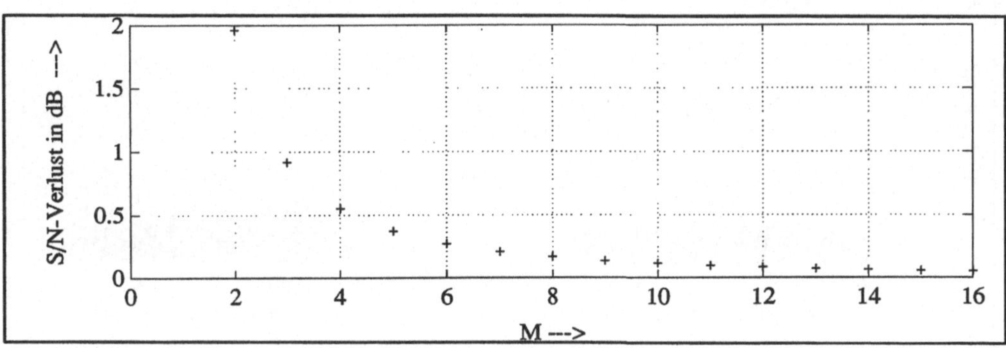

Abb. 3: S/N–Verlust, hervorgerufen durch die Quantisierung mit M Repräsentanten bei einem geringen S/N–Verhältnis vor der Quantisierung (S/N < 0 dB)

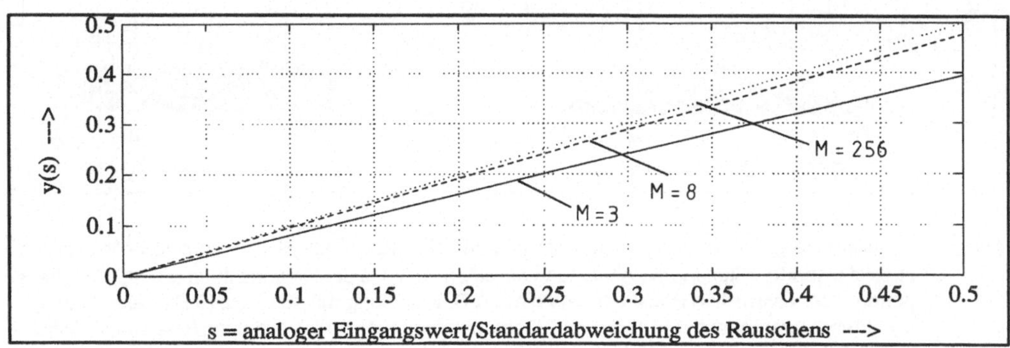

Abb. 4: Signalverzerrungen $y = c1^*s + c3^*s^3 + c5^*s^5 + \ldots$ hervorgerufen durch die Quantisierung mit M = 3,8 und 256 Repräsentanten

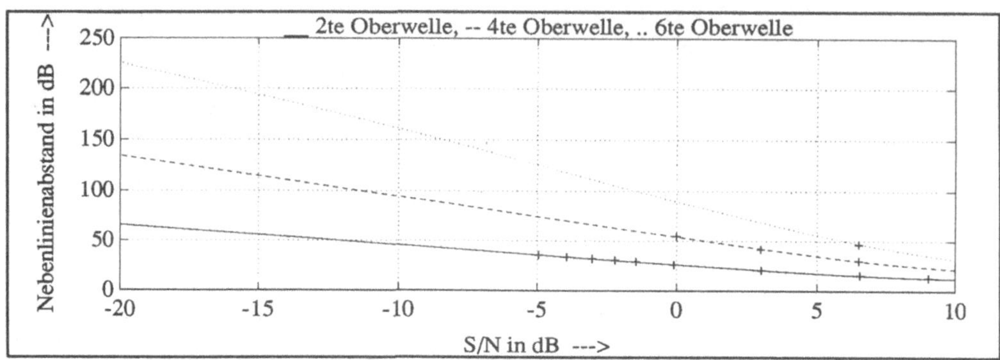

Abb. 5: Nebenlinienabstand (2te bis 6te Oberwelle) als Funktion des S/N unter der Annahme eines sinusförmigen Eingangssignals. Die Quantisierung erfolgt mit M = 3 Repräsentanten. Die mit + markierten Punkte stammen von einer numerischen Simulation.

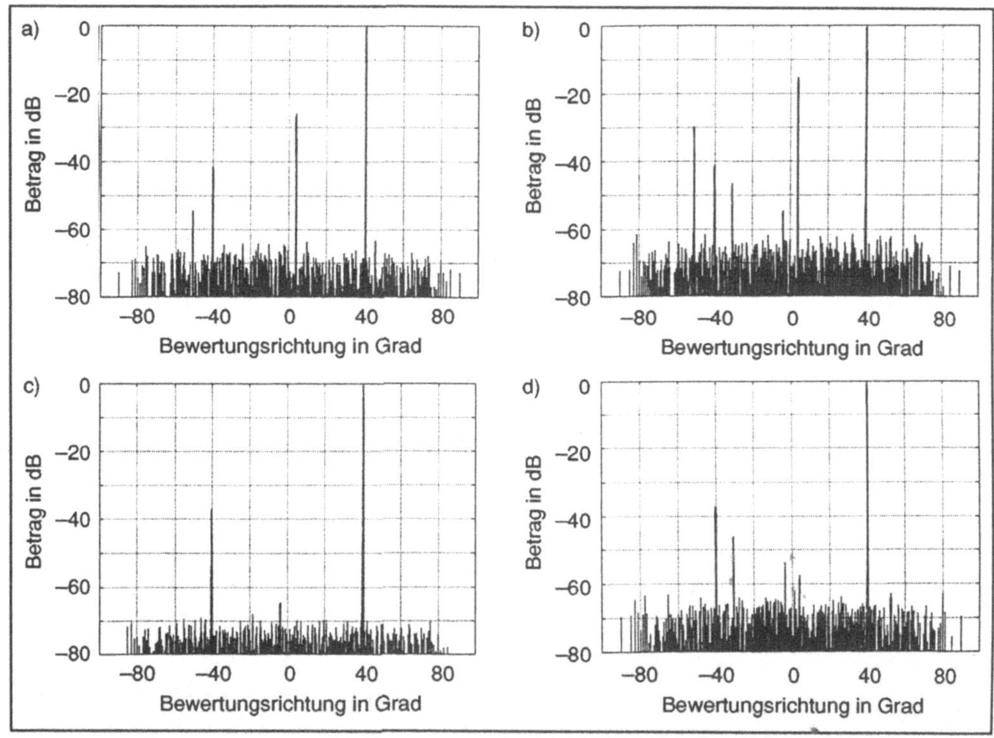

Abb. 6: Simulationsergebnisse der Richtstrahlbildung mittels 512 Punkte FFT (Hamming Belegung) und anschliessender Mittelung in Zeitrichtung bei einem Ziel aus der Raumrichtung α = 40.13°, überlagertem normalverteilten Rauschen und einer A/D–Wandlung mit 400 MHz (3 Repräsentanten).

a.) Empfangsfrequenz = 100 MHz (pi/2 Demodulation), S/N = 0 dB, Mittelung über 10000 Zeittakte

b.) Empfangsfrequenz = 100 MHz (pi/2 Demodulation), S/N = 6.5 dB, Mittelung über 1000 Zeittakte

c.) Empfangsfrequenz = 50 MHz (pi/4 Demodulation), S/N = 0 dB, Mittelung über 10000 Zeittakte

d.) Empfangsfrequenz = 50 MHz (pi/4 Demodulation), S/N = 6.5 dB, Mittelung über 1000 Zeittakte

Erfassung von Bewegungszuständen mit Hilfe der Echtzeit–Bildfolgenanalyse

Dietmar Ley, Klaus Hartmann
Zentrum für Sensorsysteme
Universität–GH–Siegen, Hölderlinstr. 3, D–5900 Siegen

KURZFASSUNG

Es wird ein Konzept zur modellhaften Beschreibung von berührungslos erfaßten Objektbewegungen vorgestellt. Basierend auf einer Bildfolgenanalyse wird unter Berücksichtigung des Modellwissens eine ständige Fortschreibung des Bewegungszustands eines Objekts durchgeführt. Der Bewegungszustand des Objekts wird aus der Orts–Zeit–Zuordnung der Bilddaten abgeleitet. Unter Berücksichtigung fertigungstechnischer Anwendungen wird das Konzept für die Informationsextraktion aus den Bilddaten erläutert. Die relevanten Parameter für die System–Echtzeit werden in Relation zur Prozeß–Echtzeit gesetzt. Im Zusammenhang mit der Bildfolgenanalyse wird das Mehrdeutigkeitsproblem und die Auswertung von Teilbildern behandelt.

I. EINFÜHRUNG

Die berührungslose Erfassung von dynamischen Vorgängen gewinnt in der Fertigungstechnik zunehmend an Bedeutung. Insbesondere mit der Verfügbarkeit von leistungsfähigen Systemkomponenten kann für entsprechende "Echtzeitproblemstellungen" die Bildverarbeitung eingesetzt werden. Viele Verfahren für die Bewegungsbestimmung sind bereits seit einiger Zeit bekannt und in der entsprechenden Literatur dokumentiert /1,2,5/.
Bei der anwendungsorientierten Implementierung geeigneter Verfahren müssen die Besonderheiten des jeweiligen Fertigungsprozeßes berücksichtigt werden. Neben der dabei auftretenden Vielzahl von zu beachtenden Randbedingungen können häufig auch Vereinfachungen durch die Berücksichtigung anderer Prozeßparameter erreicht werden. Beim Transport großer Werkstücke zwischen verschiedenen Bearbeitungsstationen kann in vielen Fällen z. B. die Problematik der projezierten Bewegung in der 2D–Bildebene vernachläßigt werden, sofern die Genauigkeitsanforderungen, Objektgröße und die Objektbewegungen in einer geeigneten Relation zueinander stehen.
Die für die Prozeßsteuerung notwendige komprimierte Beschreibung der Bildinformationen kann mit Hilfe einer Zustandsformulierung erreicht werden. Diese Zustandsbeschreibung läßt dann ein Höchstmaß an Freiheit bezüglich Interpretation, Verknüpfung mit anderen Daten und der zeitlichen Auswertung der Bildinformationen zu.

II. KONZEPT DER VERARBEITUNGSSTRUKTUR

In Bild 1 ist ein Fertigungsteil dargestellt, welches zwischen verschiedenen Bearbeitungsstationen transportiert wird. Dabei wird angenommen, daß das Objekt (Fertigungsteil) im wesentlichen eine translatorische Bewegung ausführt. Idealerweise würde sich das Objekt dann von rechts nach links durch das Szenenbild bewegen, wobei die Ausdehnung des Objekts in einer Orientierung auch größer als der darstellbare Szenenbereich sein darf. Die Hauptbewegungskomponente in Transportrichtung und die überlagerte rotatorische Bewegung können durch ein lineares Bewegungsmodell beschrieben werden. Nichtlineare Effekte treten durch sprunghafte Positionsänderungen des Objekts innerhalb der Szene auf. Für die weitere Betrachtung wird angenommen, daß die überlagerten Bewegungskomponenten nur eine langsame Merkmalsänderung bei der Projektion des Merkmals auf das 2D–Bild bewirken. Dadurch kann für die Merkmalsverfolgung in gewissen Grenzen der Einfluß von Projektionsfehlern vernachläßigt werden.

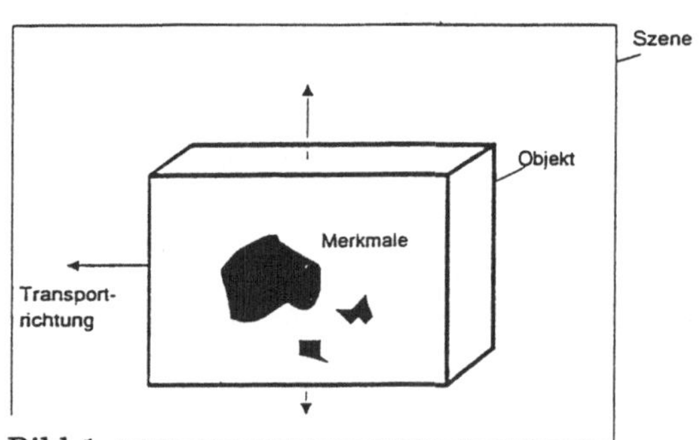

Bild 1:

Prinzipdarstellung eines Objektes mit signifikanten Merkmalen auf der relevanten Oberfläche.

Bewegungszustand

Der Bewegungszustand wird unter diesen vereinfachten Annahmen durch die Lage des Objekts in der 2D–Szene, die Geschwindigkeit in Transportrichtung, die Rotationsgeschwindigkeit und durch die Position des extrahierten Merkmals definiert. Die Ableitungen der Geschwindigkeiten werden ebenfalls für die Zustandsbeschreibung verwendet. Durch die Berücksichtigung einer Zustandsübergangskomponente für die Projektion des 3D–Raums in das 2D–Bild können die Auswirkungen abrupter Lageveränderungen auf die Merkmalsdarstellung kompensiert werden. Dadurch kann i. a. eine Merkmalsverfolgung durch eine längere Bildfolge erzielt werden.

Modellwissen

Als a priori Wissen können die maximal auftretenden Geschwindigkeits– und Beschleunigungswerte sowie das lineare Bewegungsmodell verwendet werden. Aufgrund des linearen Bewegungsmodells kann eine einfache Zustandsüberführung von $\underline{x}(k)$ nach $\underline{x}(k+1)$ durchgeführt werden, wobei $\underline{x}(k)$ der Zustandsvektor zum Zeitpunkt $T \cdot k$ und T die diskrete Zeit für die Zustandsextraktion ist. Die Bilddaten werden dabei als Beobachtung (Meßgröße) verwendet. Die Zustandskomponente x_{11} "Lage des Objekts" wird direkt aus den Bilddaten gewonnen (direkt beobachtbar). Die Beobachtung wird mit der auf dem Modellwissen basierenden Schätzung verglichen. Das Residuum wird dazu verwendet, die Plausibilitätsanalyse durchzuführen und somit das Mehrdeutigkeitsproblem bei der Merkmalsverfolgung zu lösen.

Weiterhin läßt sich mit der Vorhersage der Merkmalsposition eine Datenreduktion erreichen, da die wesentlichen Operationen auf eine Area of Interest (AOI) beschränkt werden können.

Fertigungsprozeß

Um einen dynamischen Prozeß zuverlässig zu kontrollieren, muß zunächst ein Sensorelement ausgewählt werden, mit dem die Objektbewegung hinreichend schnell (in Bezug auf die maximal möglichen Geschwindigkeiten und Beschleunigungen) erfaßt werden kann. Der Bewegungszustand repräsentiert jedoch nur dann den Prozeß, wenn weiterhin eine Auswerteeinheit zur Verfügung steht, welche die Sensordaten in "Echtzeit" (also bevor die nächsten Sensordaten anfallen) verarbeitet. Sind diese beiden Voraussetzungen erfüllt, beschreibt das Modell bei jedem Zugriff der nachgeschalteten Prozeßsteuerung den aktuellen Bewegungszustand des jeweiligen Objektes.

Die Echtzeitanforderungen für die Bildauswertung werden durch die Bewegungsparameter des zu beobachtenden Objektes festgelegt. Die Zustandsübergangszeit T entspricht nicht notwendigerweise dieser Echtzeitdefinition. Die Zykluszeit für die Aktualisierung des Zustandsvektors, wird durch die Echtzeitdefinition der nachgeschalteten Prozeßsteuerung/–regelung festgelegt.

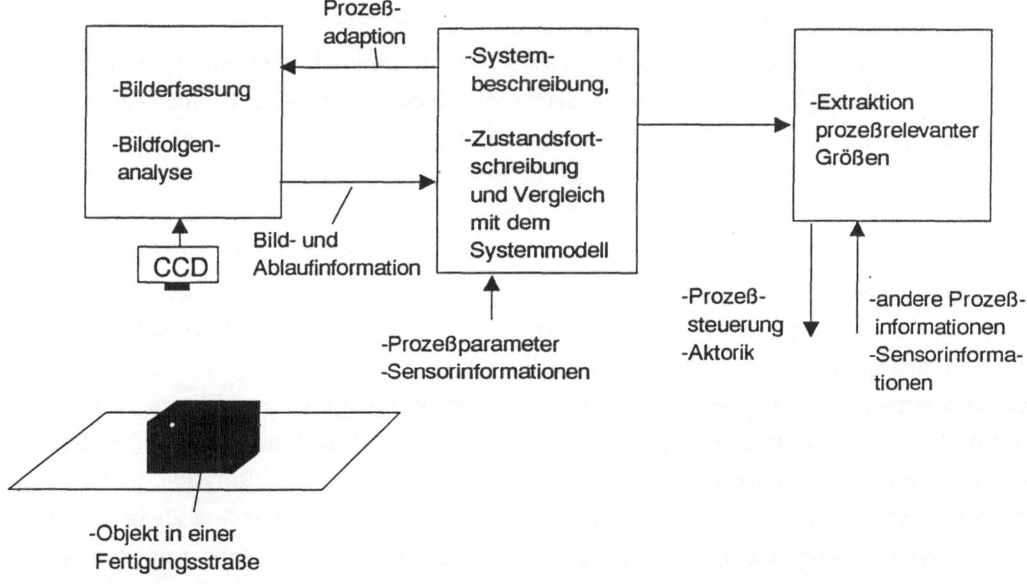

Bild 2:   Verarbeitungsstruktur für eine Anwendung in der Prozeßüberwachung.

Bei entsprechenden Vorgaben ermöglicht dies eine gewisse Flexibilität bei der Auswahl der Systemkomponenten und bietet die Möglichkeit, längere Bildfolgen oder mehrere Bildfolgen für die Informationsextraktion zu verwenden.

Wie in Bild 2 angedeutet ist, wird die Bildauswertung an neue Prozeßparameter adaptiert. Sowohl bei der Zustandsextraktion bzw. –fortschreibung wie bei der Zustandsinterpretation können weitere Informationen aus dem Fertigungsprozeß oder Daten von anderen Sensoren zusätzlich ausgewertet werden. Dadurch kann eine Verbesserung der Verarbeitung erreicht bzw. zusätzliches Wissen aufgebaut werden. Die Bildverarbeitung läßt sich entsprechend dem vor erläuterten Konzept leicht an die unterschiedlichen Gegebenheiten anpassen.

III. REALISIERUNG DES KONZEPTS

Das zuvor beschriebene Systemkonzept ist in einer realen Prozeßumgebung implementiert worden. Bei der Systemhardware handelt es sich um ein VME–Bus basiertes Bildverarbeitungssystem (BVS), das neben den Standardbaugruppen wie Sensorinterface, Bildspeicher und Arithmetisch–Logischer–Einheit (ALU) Spezialhardware zur Bearbeitung wichtiger Bildverarbeitungsoperationen in Videoechtzeit (gemäß CCIR–Norm) enthält. Die Ablaufsteuerung des Sensorsystems ist als Software–Algorithmus auf einem Steuerrechner implementiert, der an das BVS angekoppelt wird. Zur Beobachtung der Szene wird eine handelsübliche CCD–Kamera eingesetzt.

Der Algorithmus zur Bestimmung des Bewegungszustandes des Objektes ist wie folgt strukturiert: Zunächst wird die Lage des Objektes (Werkstückes) in der Kameraszene und damit der erste Parameter des Bewegungszustandes ermittelt. Dadurch wird eine Datenreduktion erreicht, die umgekehrt proportional zu dem vom Objekt ausgefüllten Bildbereich ist. Alle weiteren Operationen beziehen sich dann auf zum Objekt relative Koordinaten. Danach wird entweder ein neues Merkmal gesucht oder ein bereits bekanntes Merkmal wird im Rahmen der Merkmalsverfolgung erneut gesucht. Bei dem Merkmal handelt es sich entweder um ein künstlich auf der Objektoberfläche erzeugtes Muster oder um die von vorn herein vorhandene Oberflächenstruktur. Kriterien für die Auswahl des Merkmals sind dessen Abmessungen und /oder Textur. Weiterhin sind Anforderungen an die Eindeutigkeit der Merkmale bezüglich der Merkmalsverfolgung zu stellen.
Generell müssen bei der Auswahl des Merkmals diejenigen Strukturen verworfen werden, die bereits bei kleineren Objektbewegungen aus dem Kamerablickfeld zu verschwinden drohen, also in unmittelbarer Nähe einer Objektkante liegen. Da sich bei einer Rotation des Objektes die Merkmale in den Randbereichen der Objektoberfläche stärker verändern als in den mittleren Bereichen, wird das beim Start des Algorithmus zu erfassende Referenzmuster in der Mitte der Objektoberfläche gesucht (s. Bild 5). Mit der Verfolgung des Merkmals wird begonnen, sobald ein geeignetes Referenzmuster zur Verfügung steht.
Für eine erfolgversprechende Merkmalverfolgung durch eine Bildfolge ist ein in etwa gleichbleibendes Grauwertprofil der Bilddaten zu fordern. Der Merkmalsextraktion geht deshalb eine Grauwertanalyse voraus, um bei wechselnden Beleuchtungsverhältnissen in der realen Prozeßumgebung eine Vorverarbeitung der Bilddaten zur Erzeugung einer geeigneten Grauwertverteilung vornehmen zu können.

Das Originalbild einer Objektoberfläche ist in Bild 3 dargestellt, wobei der Bereich für eine Merkmalsextraktion eingezeichnet ist. Eine Vergrößerung dieses Bereichs ist ebenfall dargestellt. Aufbauend auf einer entsprechenden Grauwertanalyse wird eine Segmentierung durchgeführt. Das Ergebnis ist in analoger Weise in Bild 4 dargestellt.

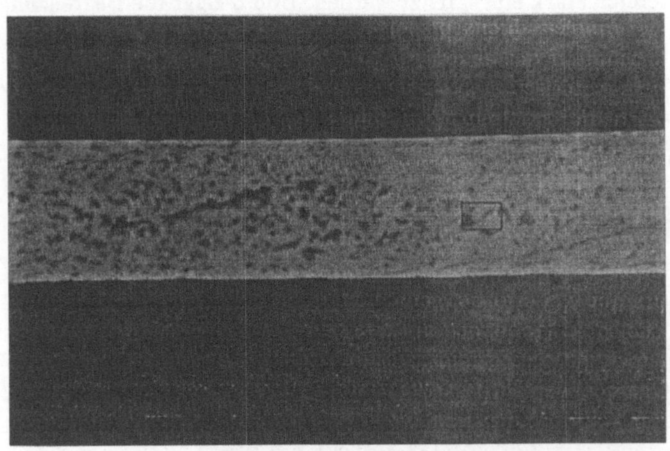

Bild 3:   Textur der auszuwertenden Objektoberfläche mit der Vergrößerung des extrahierten Merkmals.

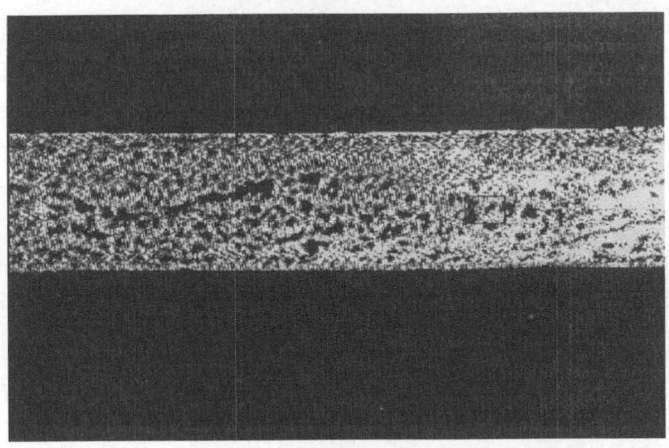

Bild 4:   Dartstellung nach der Segmentierung der relevanten Objektoberfläche.

Da sich in den Bilddaten nicht immer ein ausgezeichnetes Merkmal definieren läßt, wird der in Bild 4 vergrößert dargestellte Merkmalbereich als Referenzmuster einem Binärkorrelator zugeführt. Das Korrelationsmaximum wird dann im weiteren als Merkmal verwendet.

Aus der Positionsänderung des Korrelationsmaximums wird der Bewegungszustand ermittelt, wobei Geschwindigkeit und Beschleunigung nur dann bestimmt werden können, wenn der genaue zeitliche Abstand der Einzelbilder bekannt ist. Dieses Zeitintervall kann abhängig von der miteinander zu korrelierenden Datenmenge schwanken. Aufgrund des Modellwissens kann der zu untersuchende Bildbereich stark eingegrenzt werden. Bild 5 zeigt die Begrenzung des Objekts, welche durch die Lagebestimmung definiert wird. Auf der Objektoberfläche stellt der große Kasten den Suchbereich für die Merkmalsextraktion (Korrelationsbereich) da. Der kleine Kasten zeigt in der Mitte das zu verfolgende Merkmal als Maximum der Korrelation. Das Ergebnis nach fünf Bildern zeigt Bild 6.

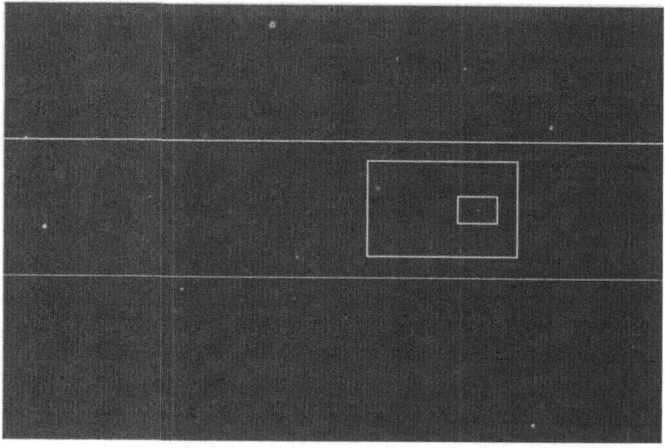

Bild 5: Position des Korrelationsbereichs, des Merkmalbereichs und des Korrelationsmaximum als neuse Merkmal relativ zu den Grenzen des Objekts in der 2D–Abbildung.

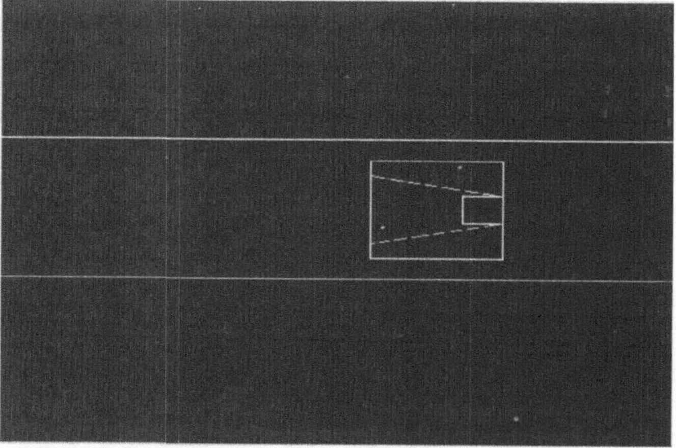

Bild 6: Position der relevanten Bereiche nach einer Bildfolge von 5 Bildern und Darstellung des Suchbereichs für die erwartete Position des Merkmals.

Im Vergleich zu Bild 5 kann die Positionsänderung des Korrelationsmaximums deutlich erkannt werden. Zusätzlich ist der aufgrund des Modellwissens ausgewählte Suchbereich eingezeichnet. Weitehin ist zu bemerken, daß der Bereich für die Merkmalsextraktion (großer Kasten) ebenfalls aufgrund des Modellwissens während der Bildfolgenanalyse verschoben wurde.

VI. ZUSAMMENFASSUNG UND AUSBLICK

Bei bisherigen Anwendungen im Bereich der industriellen Fertigung konnten mit dem Verfahren gute Ergebnisse erzielt werden. Neben der Leistungsfähigkeit des Ansatzes ist insbesondere die hohe Flexibilität der Verarbeitungsstruktur bei praktischen Anwendungen von großer Bedeutung. Die Echtzeitfähigkeit der Bilderfassung und —auswertung kann durch geeignete Kombination von Hardware— und Softwaremoduln flexibel an die jeweiligen Bedürfnisse adaptiert werden. Da die Echtzeit des Fertigungsprozeßes nicht notwendigerweise mit der Echtzeit für die Bewegungserfassung korrespondiert, ermöglicht die Zustandsbeschreibung eine hinreichende Trennung zwischen Bilderfassung bzw. Zustandsextraktion und der Interpretation und Auswertung der Zustandsinformationen für die Prozeßsteuerung.
Die Berücksichtigung weiterer Sensorinformationen bzw. anderer Prozeßinformationen für eine erweiterte Zustandsbeschreibung sind Gegenstand laufender Arbeiten. Der Übergang von einer deterministischen Systembeschreibung zu einer stochastischen Beschreibungsform sowie die 3D—Bildauswertung unter Berücksichtigung einer Multisensorkonfiguration sind geplante Arbeiten.

Danksagung

Die Autoren möchten sich bei den Kollegen für die zahlreichen Diskussionen und bei Herrn Uwe Weller für die Mithilfe bei der Implementierung des Softwarekonzepts bedanken. Dem Leiter des Zentrums für Sensorsysteme Herrn Prof. R. Schwarte sei für die Unterstützung und das große Interesse an dieser Arbeit gedankt.

Literatur

[1] Jähne, B. "Digitale Bildverarbeitung", Springer—Verlag Berlin Heidelberg 1989.
[2] Liedtke, C.E., Ender, M., "Wissensbasierte Bildverarbeitung", Buchreihe "Nachrichtentechnik", Bd. 19, Springer—Verlag Berlin 1989.
[3] Sanz, J.L.C., Editor, "Advances in Machine Vision", Springer—Verlag New York Inc. 1989.
[4] Sung, C.—K., "Extraktion von typischen und komplexen Vorgängen aus einer langen Bildfolge einer Verkehrsszene", 10. DAGM—Symposium Mustererkennung, Zürich, 9/1988, Informatik—Fachberichte 180, Springer—Verlag.
[5] Nagel, H.—H., "Image Sequences — Ten (octal) years — From Phenomenology towards a Theoretical Foundation", ICPR—1986, Paris, 1174—1185.

Modellbasierte Generierung von Pseudo-Bildblöcken zum Training vektorieller Quantisierer

Yonggang Du und Heimo Docter

Institut für Elektrische Nachrichtentechnik (IENT)
RWTH Aachen, D-5100 Aachen, Melatener Str. 23

Übersicht

Vorgestellt wird ein Verfahren zur Generierung von Pseudo-Bildblöcken als Realisationen eines sphärisch invarianten Prozesses. Direkte Anwendungen dieses Verfahrens finden sich in der statistischen Optimierung blockorientierter Bildcodierung, insbesondere in der adaptiven Vektorquantiserung. Mit diesem Verfahren lassen sich die Form der Verteilungsdichten und die Kovarianzmatrix der Komponenten eines Blocks voneinander unabhängig einstellen. Bedingt durch die sphärische Invarianz der Verbundverteilung werden damit auch die statistischen Abhängigkeiten höherer Ordnung zwischen den Komponenten festgelegt.

1. Einleitung

In der Vergangenheit hat die Vektorquantisierung (VQ) aufgrund ihrer effizienten Ausnutzung der Verbundverteilung benachbarter Abtastwerte eine breite Anwendung in der Bildcodierung gefunden. Der gegenüber der Skalarquantisierung (SQ) erzielbare Gewinn hängt jedoch sehr stark vom zugrundegelegten Codebuch ab, das den Kern eines Vektorquantisierers bildet. Ein effizienter Einsatz der VQ erfordert eine genaue Anpassung des Codebuches an die Statistik der zu codierenden Zufallsvektoren. Während sich bei der SQ fast immer eine optimale Quantisierungskennlinie aus der zugrundegelegten Verteilungsdichte bestimmen läßt, ist es bei der VQ praktisch nicht möglich, ein optimales Codebuch rechnerisch zu ermitteln. Vielmehr muß man in der Praxis den VQ mit Hilfe einer sogenannten Trainingssequenz trainieren, so daß im statistischen Mittel der Quantisierungsfehler minimiert wird /1/. Aus diesem Grund wird die erzielbare Güte eines VQs auch von der Wahl der Trainingssequenz mit beeinflußt. Theoretisch muß eine Trainingssequenz unendlich lang sein und muß alle statistischen Eigenschaften der später zu codierenden Signale repräsentieren können. Praktisch besteht die Trainingssequenz bisher meistens aus Bildblöcken, die aus den im Rechner gespeicherten Bildvorlagen realisiert werden; daher ist ihre Länge durch die Anzahl der abgespeicherten Bildvorlagen begrenzt. Dies führt dazu, daß der VQ zu stark für die speziellen Bildinhalte der Trainingssequenz optimiert wird, nicht aber für die ganze Statistik der später zu codierenden Bilddaten. Dieses Verhalten wird in der Literatur als Inside/Outside-Effekt bezeichnet.

Eine Möglichkeit, um das bisherige Handikap mit zu wenigen Realisationen in der Trainingssequenz zu überwinden, ist die Generierung von Pseudo-Bildblöcken mit einem Zufallsgenerator. Eine solche Generierung kann offensichtlich nur als realistisch bezeichnet werden, wenn die wichtigen statistischen Kenngrössen der Bilddaten mit einem statistischen Modell im Generator eingestellt werden können. In der vorliegenden Arbeit wird eine Methode aufgezeigt, mit der die oben genannte Forderung an die Pseudo-Bildblockerzeugung gut erfüllt werden kann. Wir beschränken uns auf die Erzeugung der *Struktur* eines Blocks; die Grundhelligkeit des Blocks wird außer Betracht gelassen. Diese Trennung entspricht vielen in der Praxis eingesetzten Codierungsalgorithmen, in denen nur die Wechselsignalanteile (Struktur) des Blocks vektoriell quantisiert werden; der Gleichanteil des Blocks wird wegen seiner schwachen Korrelation mit den Wechselanteilen isoliert behandelt, was mit Abb. 1 verdeutlicht werden soll.

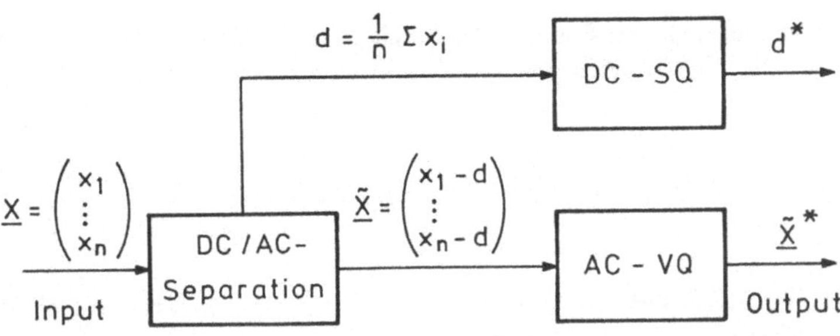

Abb. 1: Grundkonzept einer DC/AC-separierten VQ

2. Das statistische Modell

Die Generierung von Pseudo-Bildblöcken setzt eine passende statistische Modellierung der Bilddaten voraus. Die einfachste Modellannahme ist die bekannte Gauß-Verteilung. Die Gültigkeit dieser Annahme wird jedoch von vielen unabhängigen Untersuchungen widerlegt; Messungen zeigen, daß die Verteilungsdichte jedes Bildpunktes $\tilde{x}(i,j)$ eines mittelwertfreien AC-Blocks $\tilde{X}$ eine viel spitzere Verteilungsdichte besitzt. Davon abgesehen läßt sich mit einer Gauß-Modellierung der Wunsch, die Form der Verteilung zu variieren, nicht erfüllen. Ein wesentlich besseres Modell wird in /2/ vorgeschlagen. Dort wird gezeigt, daß die Wechselanteile von Bildblöcken in guter Näherung als Realisationen eines sphärisch invarianten Zufallsprozesses (SIRP) aufgefaßt werden können. Ein sphärisch invarianter Prozeß ist dadurch gekennzeichnet, daß der Verlauf seiner n-dimensionalen Verbunddichte

$$p_{\underline{\xi}}(\underline{x}) = \pi^{-n/2}|\mathbf{M}|^{-1/2}f_n(s) \qquad \text{mit} \qquad |\mathbf{M}| = det\,(\mathbf{M}) \tag{1}$$

durch eine Funktion $f_n(.)$ beschrieben wird, deren Variable eine nichtnegativ-definite quadratische Form

$$s = \underline{x}^T\,\mathbf{M}^{-1}\,\underline{x} \tag{2}$$

besitzt, die nur von der Kovarianzmatrix $\mathbf{M}$ des Prozesses abhängt. Der bekannte Gauß-prozeß ist ein Vertreter der SIRP-Familie. Wird in (2) s konstant gehalten, dann beschreibt (2) genau die Höhenlinien von $p_{\underline{\xi}}(\underline{x})$, deren Verlauf wegen der nichtnegativ-definiten Matrix $\mathbf{M}$ i.a. Ellipsoiden, im zweidimensionalen Fall Ellipsen sein müssen. Das heißt auch, daß man die Annahme eines SIRP-Prozesses verifizieren kann, indem man prüft, ob die gemessenen 2D-Verbunddichten tatsächlich elliptische Höhenlinien liefern. Zu diesem Zweck werden in Abb. 2 die Höhenlinien von 9 ge-

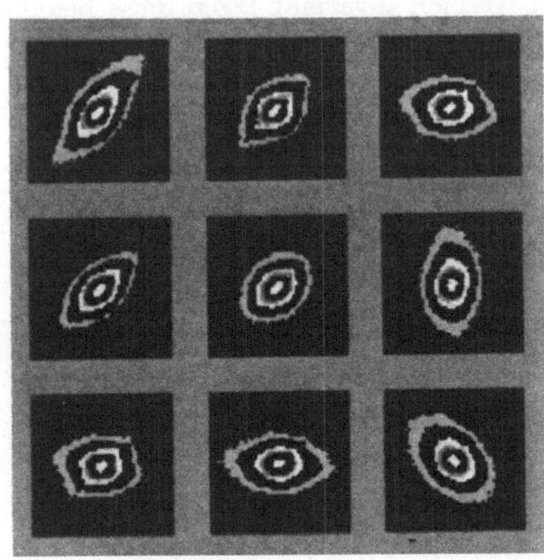

Abb. 2: Höhenlinien von 9, aus realen Bilddaten gemessenen 2D-Verbunddichten

messenen Verbunddichten dargestellt. Jede Verbunddichte in Abb. 2 bezieht sich auf ein festes Bildpunktpaar eines mittelwertbefreiten, realen Bildblocks der Dimension 8 × 8. Die ellipsenähnlichen Verläufe belegen, daß die Wechselanteile von Bildblöcken tatsächlich in guter Näherung als SIRP modelliert werden können.

Das Konzept zur Erzeugung von Pseudo-Bildblöcken als SIRP beruht auf den theoretischen Grundlagen aus /3/. In /3/ wird gezeigt, daß die Verbunddichte eines SIRPs immer dargestellt werden kann mit

$$p^{\text{SIRP}}(\underline{x}) = \int\limits_0^\infty p^{\text{Gauß}}(\underline{x},\, q)\, p_\sigma(q)\, dq \tag{3}.$$

Demnach ergibt sich eine SIRP-Verbunddichte $p^{\text{SIRP}}(\underline{x})$ mit der Kovarianzmatrix $\mathbf{M}$ stets aus einer gewichteten Mischung von Gaußprozessen

$$p^{\text{Gauß}}(\underline{x},\, q) = (2\pi)^{-n/2}\, q^{-n}\, |\mathbf{M}|^{-1/2} \exp\left(-\,\frac{\underline{x}^T \mathbf{M}^{-1}\, \underline{x}}{2\, q^2}\right), \tag{4}$$

die sich nur in ihrer Streuung unterscheiden. Die unterschiedlichen Streuungen werden durch eine mit q skalierte Kovarianzmatrix $\mathbf{M}^* = q^2\, \mathbf{M}$ berücksichtigt. Nach (3) wird der Verlauf einer speziellen SIRP-Verbunddichte ausschließlich durch die Gewichtsfunktion $p_\sigma(q)$ bestimmt, d.h., ein gesuchter SIRP-Prozeß läßt sich durch eine geeignete Dosierung bei der Mischung von Gaußprozessen unterschiedlicher Streuungen realisieren. In der Literatur wird $p_\sigma(q)$ Sigmadichte genannt. Für den speziellen Fall eines Gaußprozesses ist $p_\sigma(q)$ ein Dirac-Stoß in $q = 1$.

Gemäß der obigen Theorie spielt $p_\sigma(q)$ die zentrale Rolle bei der Erzeugung von SIRP-Prozessen. Die Frage lautet nun: wie läßt sich $p_\sigma(q)$ für einen gewünschten Prozeß bestimmen? Glücklicherweise bietet die sphärische Invarianz die Möglichkeit, $p_\sigma(q)$ aus der varianznormierten eindimensionalen Randverteilungsdichte des zugrundegelegten SIRP-Prozesses abzuleiten. Mit anderen Worten, ein SIRP-Prozeß ist der Theorie nach durch die eindimensionale Verteilungsdichte der Zufallsvariablen und die Kovarianzmatrix zwischen den Zufallsvariablen vollständig beschrieben. Wegen der sphärischen Invarianz legen diese beiden Kenngrössen automatisch auch die statistischen Abhängigkeiten höherer Ordnung fest.

Zur Modellierung der eindimensionalen Verteilungsdichte von Bilddaten wird in vielen Fällen die sogenannte verallgemeinerte Gaußfunktion

$$p_\xi(x) = \frac{\nu\, \alpha(\nu)}{2\sigma\Gamma(1/\nu)} \cdot \exp\left\{-\left[\alpha(\nu)\,|\frac{x}{\sigma}|\right]^\nu\right\} \qquad \text{mit} \qquad \alpha(\nu) = \sqrt{\frac{\Gamma(3/\nu)}{\Gamma(1/\nu)}} \tag{5}$$

eingesetzt. Obwohl sie nur die zwei Parameter ν und σ besitzt, deckt sie ein breites Spektrum der realen Bilddatenverteilungen ab. Mit dem Formparameter ν wird sie an die Form und mit dem Varianzparameter σ^2 an die Streuung der tatsächlichen Verteilungsdichte angepaßt. Diese beiden Parameter lassen sich entweder durch Kurvenanpassung oder mit der in /2/ abgeleiteten Maximum-Likelihood-Schätzungsformel bestimmen. In /2/ wird ferner gezeigt, daß für $0 \leq \nu \leq 2$ stets ein $p_\sigma(q)$ existiert. Mit Hilfe einer Mellintransformation läßt sich im Mellinbereich eine einfache Formel für $p_\sigma(q)$ aus seiner Beziehung zu $p_\xi(x)$ entwickeln. Danach läßt sich $p_\sigma(q)$ formal mit dem Integral

$$p_\sigma(q) = K\, \frac{1}{2\pi i} \int\limits_{C-i\infty}^{C+i\infty} (2\,\sqrt{\alpha(\nu)}\, q^2)^{-z}\, \frac{\Gamma(\frac{2z}{\nu})}{\Gamma(z)}\, dz \qquad \text{mit} \qquad K = \frac{\sqrt{\pi}\Gamma(3/\nu)}{[\Gamma(1/\nu)/2]^{3/2}}, \tag{6}$$

der inversen Mellintransformation darstellen. Dieses Integral kann dann mit den in /2/ entwickelten Potenzreihen numerisch berechnet werden. Damit läßt sich für jeden beliebigen

Formparameter $0 \leq \nu \leq 2$ immer die Sigmadichte bestimmen, die dann zur Prozeßgenerierung herangezogen werden kann.

Während bei der Erzeugung von Pseudo-Bildblöcken die Form ihrer Verteilungen über den Formparameter ν an die realen Bilddaten angepaßt werden kann, läßt sich die Struktur der Pseudo-Bildblöcke mit der Kovarianzmatrix **M** beeinflussen. Man hat die Möglichkeit, entweder eine gemessene oder eine modellierte Kovarianzmatrix einzusetzen. Es soll hier aber darauf hingewiesen werden, daß für natürliche Tiefpaßbildsignale die Kovarianzmatrix der mittelwertfreien AC-Blöcke nicht mehr shift-invariant ist. D.h., die Varianzen der Bildpunkte sind nicht mehr gleich groß und der Korrelationskoeffizient zwischen zwei Bildpunkten ist nicht mehr nur eine Funktion der relativen Verschiebung der beiden Punkte, sondern hängt von den absoluten Positionen der beiden Bildpunkte ab. Für eine genaue Erklärung dazu sei der Leser auf /4/ verwiesen. In /4/ werden auch Modellfunktionen zur Beschreibung dieses shift-varianten Kovarianzverhaltens der mittelwertbefreiten, realen Bildblöcke entwickelt, die geeignet sind, um die Richtung der Texturen der Blöcke zu beeinflussen.

3. Das Generatorkonzept

Zur Erzeugung eindimensionaler sphärisch invarianter Zufallsvariablen hat Brehm in /5/ ein elegantes Konzept vorgeschlagen, welches direkte Anwendung bei der Sprachsignalgenerierung findet. Bei der hier vorliegenden Aufgabestellung, Pseudo-Bildblöcke als Trainingssequenz für einen VQ zu erzeugen, müssen jedoch die fogenden Gesichtspunkte berücksichtigt werden, die eine Modifikation des eindimensionalen Konzepts erforderlich machen:
1.) Bei Brehm werden die Korrelationen zwischen den Abtastwerten durch ihre Autokorrelationsfunktion dargestellt, deren Existenz eine shift-invariante Kovarianzmatrix voraussetzt. Diese Voraussetzung ist nach /4/ bei Bilddaten verletzt. Deshalb muß unser Verfahren die Möglichkeit bieten, mit jeder beliebigen Kovarianzmatrix zu operieren.
2.) Bei Brehm müssen sich die Korrelationen zwischen den Abtastwerten zeitlich kontinuierlich fortsetzen. Dagegen sind die Korrelationen zwischen Komponenten, die aus disjunken Bildblöcken stammen, irrelevant für die Trainingssequenz einer gedächtnislosen VQ. Daher braucht man sich hier um die blockübergreifenden Korrelationen nicht zu kümmern.

Um die neuen Anforderungen zu erfüllen, wurde das folgende Generatorkonzept entwickelt:

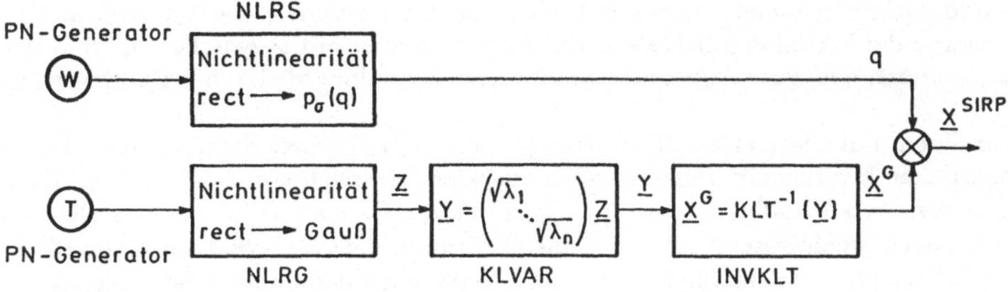

Abb. 3: Das Blockdiagramm des Pseudobildblock-Generators

Wie bei Brehm besteht unser Generator auch aus 2 Zweigen. Im oberen Zweig wird die Sigmadichte $p_\sigma(q)$ realisiert und im unteren ein n-dimensionaler Gaußprozeß mit der Kovarianzmatrix **M**. Um den eigentlichen als SIRP-angenommenen Pseudo-Bildblock $\underline{X}^{SIRP}$ zu erzeugen, wird die Darstellungsformel (3) ausgenutzt, d.h., es werden die Streuungen der im unteren Zweig erzeugten Gauß-Blöcke $\underline{X}^G$ durch Multiplikation mit der Zufallsvariablen q stochastisch gemacht, so daß ein n-dimensionaler Gauß-Mischprozeß entsteht. Da q gemäß $p_\sigma(q)$ verteilt ist, entspricht dieser Mischprozeß dann genau dem gewünschten SIRP-Prozeß $\underline{X}^{\text{SIRP}}$, der als Pseudo-Bildblock weiter verwendet werden kann. Die Generierung von q ist recht einfach; eine nichtlineare Abbildung NLRS wandelt eine aus einem PN-Generator stammende, gleichverteilte Zufallsvariable w in q um. Allerdings setzt NLRS eine Auswertung von $p_\sigma(q)$ voraus. Dafür wird zunächst der Formparameter ν durch eine Anpassung der Modellfunktion in (5) an die gemessenen eindimensionalen Verteilungsdichten der Bildpunkte bestimmt. Wird ν dann in (6) eingesetzt, läßt sich eine numerische Auswertung von $p_\sigma(q)$ mittels der in /2/ beschriebenen Potenzreiheentwicklungen durchführen.

Die Realisierung der Korrelationen zwischen den Bildpunkten innerhalb eines Blocks erfogt in mehreren Schritten im unteren Zweig. Zunächst werden n gaußverteilte, dekorrelierte Zufallsvariablen $\underline{Z} = (z_1, z_2, \ldots, z_n)$ mittels einer Nichtlinearität NLRG erzeugt, die eine Gleichverteilung in eine Gaußverteilung abbildet. Danach folgen die eigentlichen Operationen, die die Korrelationen in die Bildpunkte einpflanzen. Der Trick besteht darin, daß wir uns zunächst vorstellen, einen gaußverteilten Zufallsvektor $\underline{Y}$ in seinem dekorrelierten KLT-Bereich mit den KLT-Varianzen $\lambda_i, i = 1, \ldots, n$ erzeugt zu haben. Dies wird in KLVAR durch die Multiplikation der Komponenten z_i von $\underline{Z}$ mit $\sqrt{\lambda_i}$ realisiert, wobei die λ_i's den Eigenwerten von $\mathbf{M}$ entsprechen. Anschließend wird der KLT-Block $\underline{Y}$ aus dem KLT-Bereich in den Originalbereich rücktransformiert, was einen gaußverteilten Block $\underline{X}^{\text{Gauß}}$ mit der exakt vorgegebenen Kovarianzmatrix $\mathbf{M}$ ergibt. Die Matrix für die inverse KLT ergibt sich aus den Eigenvektoren von $\mathbf{M}$ /6/.

4. Ergebnisse

Mit dem oben geschilderten Generator wurden Pseudo-Bildblöcke mit vorgegebener Kovarianzmatrix und eindimensionaler varianznormierter Randdichte erzeugt. Um die Effekte der Kovarianzmatrix auf die Modellierung der Texturen der Blöcke zu veranschaulichen, wurden bei der Erzeugung Kovarianzmatrizen eingesetzt, die die statistische Orientierung der Texturen berücksichtigen. Solche Kovarianzmatrizen wurden aus realen 8×8-dimensionalen Bildblöcken gemessen, die aus einem Satz von 24 repräsentativen natürlichen Bildvorlagen realisiert wurden. Die Blöcke wurden dann nach ihrer Texturorientierung klassifiziert, und für jede Klasse wurde je eine Kovarianzmatix gemessen /4/. Es wird zwischen 0°-, 22°-, 45°- sowei Mischstrukturen unterschieden. Die Generierungsergebnisse sind in Abb. 4 dargestellt; in Abb. 5 sind zum Vergleich ein Teil der zur Messung der Kovarianzmatrix herangezogenen realen Bildblöcke abgebildet, wobei ihre Reihenfolge stochastisch gemacht wurde. In den vier Fällen wurde die Verteilungsdichte der Blockkomponenten mit ν zwischen 0,7 und 0,9 modelliert, wodurch eine gute Anpassung an die reale Verteilungsdichte der Bilddaten erreicht wird.

Für einen n-dimensionalen SIRP $\underline{X} = (x_1, x_2, \ldots, x_n)$ hängt die Verbunddichte wegen der sphärischen Invarianz im Polarkoordinatensystem nur noch von dem auf den Ellipsenradius $\sqrt{\lambda_i}$ normierten Radius $r = \sqrt{1/n \sum_{i=1}^{n} x_i^2/\lambda_i}$ ab. Da $x_i, i = 1, \ldots, n$, Zufallsvariablen sind, ist r auch stochastisch verteilt. Seine Verteilungsdichte — genannt Radiusdichte — wird in /5/ mit $p_{\sigma_n}(r)$ bezeichnet. Für einen festen Formparameter ν läßt sich $p_{\sigma_n}(r)$ mit den Potenzreihen in /2/ auswerten. Die Radiusdichte $p_{\sigma_n}(r)$ läßt sich aber auch aus den generierten Zufallsvektoren $\underline{X}^{\text{SIRP}}$ messen. Es ist nun interessant zu fragen, ob die gemäß der Modellfunktion gerechnete Radiusdichte mit der aus den generierten Daten gemessenen übereinstimmt. Dafür sind in Abb. 6 die beiden Radiusdichten für n=1, 2 sowie 64 halblogarithmisch aufgetragen, wobei die dicken Linien die gerechneten Radiusdichten repräsentieren. Eine perfekte Übereinstimmung läßt sich gut erkennen — ein Indiz dafür, daß unser Generator tatsächlich sphärisch invariante Prozesse erzeugt.

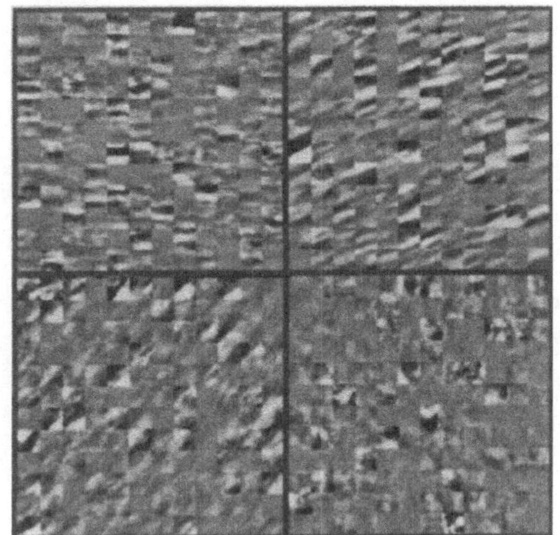

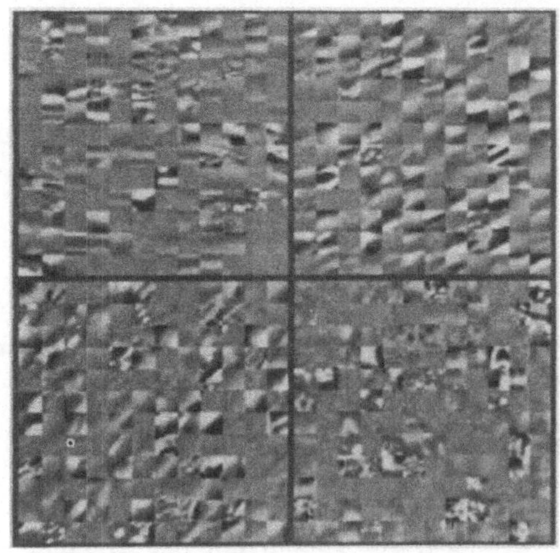

Abb. 4: Generierte Texturen für
4 Orientierungen

Abb. 5: Die entsprechenden Texturen
aus realen Bildvorlagen

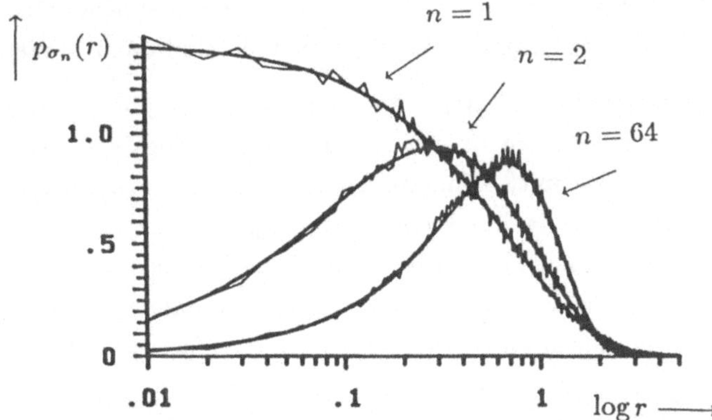

Abb. 6: Vergleich der gemessenen und der Modell-Radiusdichten $p_{\sigma_n}(r)$ für $\nu = 1,0$

Literaturverzeichnis

/1/ Linde, Y.; Buzo, A.; Gray, R.M.: An algorithm for vector quantizer design, IEEE Trans. Commun., vol. COM-28, S. 84-95, Jan. 1980.

/2/ DU, Y.: Ein sphärisch invariantes Verbunddichtemodell für Bildsignale, Zur Veröffentlichung in AEÜ angenommen.

/3/ Yao, K.: A Representation Theorem and Its Application to Spherically-Invariant Random Processes, IEEE Trans. Inform. Theory, vol. IT-19, 1973, S. 600-607.

/4/ Du, Y.; Fischer, P.: A New Covariance Matrix Model For Blockwise Image Coding, ITG-Fachbericht 107, VDE-Verlag, S. 49-54.

/5/ Brehm, H.; Stammler, W.: Description and generation of spherically invariant speech-model signals, Signal Processing, vol. 12, 1987, S. 119-141.

/6/ Pratt, W.K.: Digital Image Processing, John Wiley & Sons, New York, 1978.

Modellgesteuerte Generierung von Strukturprimitiven zur initialen Bildanalyse

Ebert A., Mauer E.

Forschungsinstitut für Informationsverarbeitung
und Mustererkennung (Ettlingen)

Einleitung

Eine grundlegende Teilaufgabe der Bildanalyse ist die Ermittlung von Strukturprimitiver
Das im folgenden hierfür vorgeschlagene Verfahren basiert auf der **Modell**vorstellung, da
sich ein Strukturprimitiv dadurch auszeichnet, daß dessen Elemente für ein geeignet ge
wähltes Attribut ähnliche Werte aufweisen. Dies bedeutet, daß für dieses Attribut bei be
liebigen Elementpaaren der Strukturprimitiven nur wenige unterschiedliche Attributwerte
paare vorkommen. Diese sind somit besonders häufig vorhanden und damit **auffällig**.

Das aus diesem **Auffälligkeitsmodell** abgeleitete Gesamtsystem ist in Abb. 1 dargestellt. E
setzt sich aus 4 Komponenten zusammen. In der **Merkmalberechnungskomponente** werde:
die Werte für das im nächsten Abschnitt definierte Auffälligkeitsmerkmal bestimmt. In de
Bewertungskomponente werden diese anhand von Bewertungsregeln in eine aufgabenspezi
fische Auffälligkeitsbewertung transformiert. Die **Entscheidunskomponente** legt, unter Be
rücksichtigung dieser Auffälligkeitsbewertung (d.h. der Ausgangsdaten und der Aufgaben
stellung) Auswahlregeln für die Selektion der Strukturprimitiven fest. Die **Auswahlkompo**

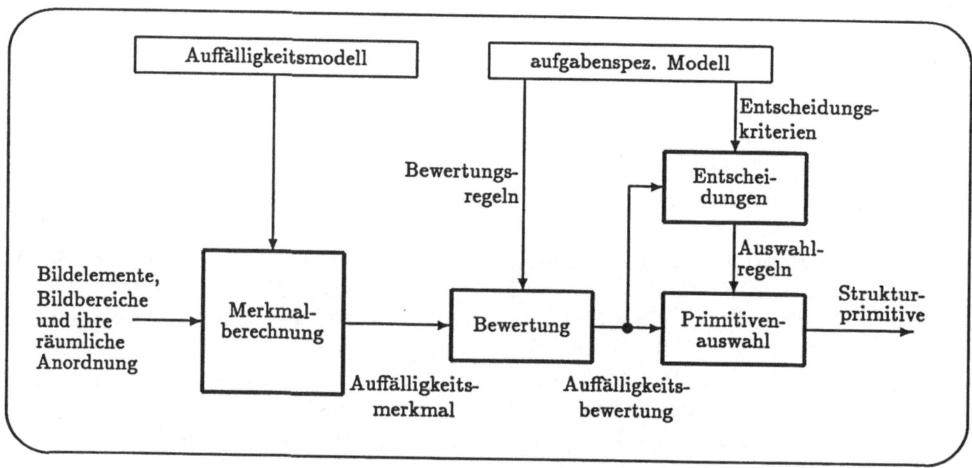

Abb. 1: Modellgesteuerte Generierung von Strukturprimitiven

nente ermittelt schließlich anhand dieser Kriterien und den Auffälligkeitsbewertungen die aufgabenspezifisch relevanten Strukturprimitiven.

Das Auffälligkeitsmerkmal

Die Leistungsfähigkeit obigen Verfahrens hängt in einem hohen Maße von der Güte des Auffälligkeitsmerkmales ab. Das verwendete Auffälligkeitsmerkmal (s.a. [2,3]) geht von der Annahme aus, daß eine Anordnung von Bildobjekten (z.B. Bildelemente, Strukturprimitive) umso auffälliger ist, je regelmäßiger diese ist. Dies bedeutet, daß sich die Eigenschaften und die zugehörigen Attributwerte von benachbarten Bildobjekten nicht mehr willkürlich, sondern gemäß vorgegebenen Gesetzmäßigkeiten verändern, sodaß sich für benachbarte Bildobjekte nur noch ganz spezielle Attributwertepaare ergeben.

Die Tatsache, daß bei den Elementpaaren der Strukturprimitiven einzelne Attributwertepaare häufiger als aufgrund ihrer Auftrittswahrscheinlichkeiten vorkommen, gibt Anlaß, als **Auffälligkeitsmerkmal** die "erwartungsnormierte" Häufigkeit zu wählen:

$$\text{Auffälligkeitsmerkmal} := \frac{\text{tatsächliche Häufigkeit}}{\text{erwartete Häufigkeit}} \tag{1}$$

Berechnung des Auffälligkeitsmerkmales

Die Ermittlung des Auffälligkeitsmerkmales gliedert sich in die vier in Abb. 2 dargestellten Teilschritte. Zuerst erfolgt, ausgehend von den Bildelementen (bzw. zuvor ermittelten

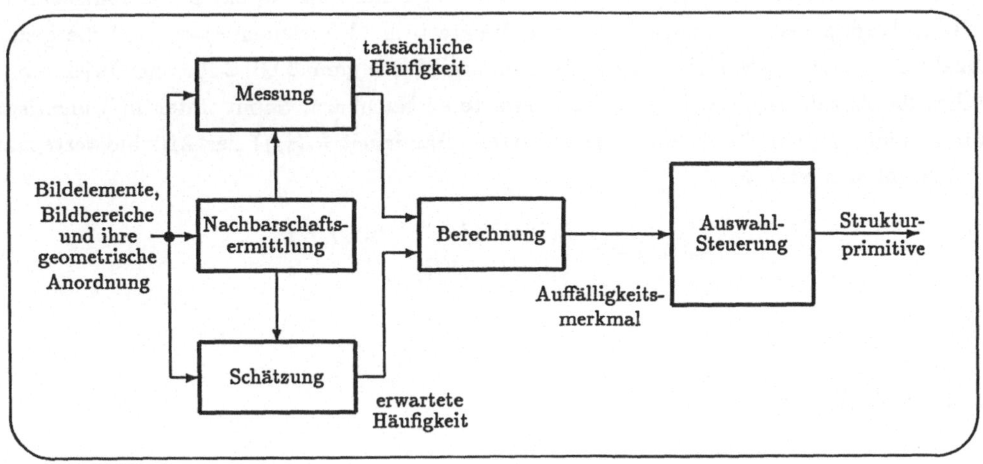

Abb. 2: Ermittlung des Auffälligkeitsmerkmales

Strukturprimitiven) und der Beschreibung ihrer geometrischen Anordnung, die Nachbarschaftsermittlung. Darauf aufbauend werden die tatsächlichen Häufigkeiten gemessen und die erwarteten Häufigkeiten anhand der ermittelten Nachbarschaftsrelationen (Gl. 3) geschätzt. Anschließend wird das Auffälligkeitsmerkmal berechnet (Def. 1).

Die Schätzung der **erwarteten Häufigkeiten** $h_e(i,j)$ eines Attributwertepaares (i,j) geht im verallgemeinerten Fall davon aus, daß eine Menge von Bildobjekten $\mathcal{O}$, ein diskretes Attribut M und die Nachbarschaftsrelation $\mathcal{U}$

$$\mathcal{U} = \begin{cases} \mathcal{O} & \to & \mathcal{P}(\mathcal{O}) \\ o_k & \to & O_k = \mathcal{U}(o_k) \in \mathcal{P}(\mathcal{O}) \end{cases}$$

welche einem Objekt $o_k \in \mathcal{O}$ ein Element O_k der Potenzmenge $\mathcal{P}(\mathcal{O})$ zuordnet, vorgegeben sind. Damit sind auch die Mengen $\mathcal{O}(i) := \{o_l \in \mathcal{O} | M(o_l) = i\}$, die Häufigkeiten $h(i) := \|\mathcal{O}(i)\|$ und die zugehörigen Wahrscheinlichkeiten $p(i) := h(i)/\|\mathcal{O}\|$ bekannt. Es wird weiter vorausgesetzt, daß die Anordnung der Bildobjekte $\mathcal{O}$ zufällig ist, und daß für alle Objekte $o_k \in \mathcal{O}$ die Auftrittswahrscheinlichkeit $p(j|o_k) = p(j)$ ist.

Erfolgt für jeden der $U := \|\mathcal{U}(o_k)\|$ Nachbarn eines Objektes $o_k \in \mathcal{O}(i)$ das Bernoulli-Experiment: *"Das benachbarte Bildobjekt besitzt das Attribut j"*, so ergibt sich die Anzahl $N(j, o_k)$ von Nachbarn, für die dieses Ereignis eintritt, zu:

$$N(j, o_k) = \sum_{u=1}^{U} u * \binom{U}{u} * p(j)^u * (1 - p(j))^{U-u} \tag{2}$$

Da dieses Experiment für alle Bildobjekte $o_k \in \mathcal{O}(i)$ durchzuführen ist, ergibt sich die erwartete Häufigkeit $h_e(i,j)$ zu:

$$h_e(i,j) = \begin{cases} \sum_{o_k \in \mathcal{O}(i)} N(j, o_k) & \textit{für } j \neq i \\ \frac{1}{2} * \sum_{o_k \in \mathcal{O}(i)} N(i, o_k) & \textit{für } j = i \end{cases} \tag{3}$$

Da bei einer matrixförmig angeordneten Bildvorlage und einer direkten Nachbarschaft $\mathcal{U}_d$ (z.B. zu Beginn der Bildanalyse) alle Bildobjekte (d.h. Bildelemente) $o_k \in \mathcal{O}$ die gleiche Anzahl $U = \|\mathcal{U}_d(o_k)\|$ von Nachbarn besitzen, ergibt sich gemäß Gl. 2 für alle Objekte $o_k \in \mathcal{O}$ dieselbe Anzahl $N(j) := N(j, o_k)$ von erwarteten Nachbarn. Somit treten $h(i)$ identische Summanden $N(j)$ in Gl. 3 auf. Die erwartete Häufigkeit $h_e(i,j)$ der Attributwertepaare (i,j) ergibt sich jetzt zu:

$$h_e(i,j) = \begin{cases} h(i) * N(j) & \textit{für } j \neq i \\ \frac{1}{2} * h(i) * N(i) & \textit{für } j = i \end{cases} \tag{4}$$

Grundauffälligkeit

Nach Messung der tatsächlichen Häufigkeiten $h(i,j)$ und der Schätzung der erwarteten Auftrittshäufigkeiten $h_e(i,j)$ kann gemäß Definition 1 das Auffälligkeitsmerkmal berechnet

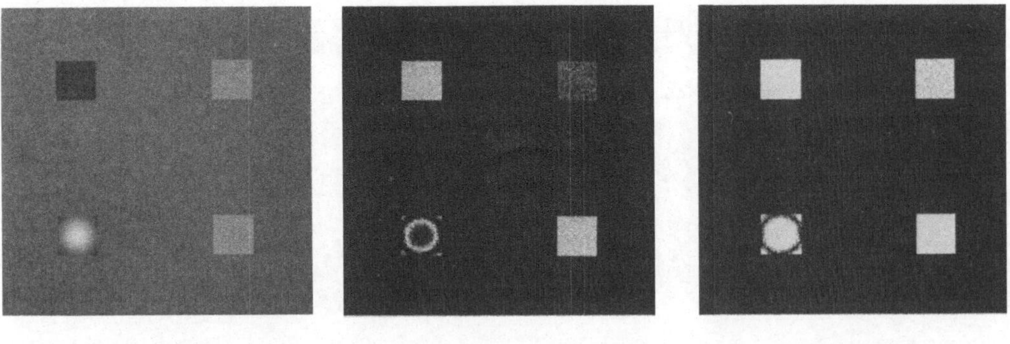

a   b   c

<u>Abb. 3:</u> Beispiel für das Auffälligkeitsmerkmal: a) Originalbild b) Bildpunktbezogene Auffälligkeitswerte c) Auffällige Bildpunkte (weiß)

werden. Hierbei ergibt sich für jedes auftretende Attributwertepaar ein Auffälligkeitswert

$$\mathcal{A}(i,j) := \frac{h(i,j)}{h_e(i,j)} \tag{5}$$

welcher im folgenden als Grundauffälligkeit für das Attributwertepaar (i,j) bezeichnet wird.

Die Nützlichkeit dieses Auffälligkeitsmerkmales ist beispielhaft in Abb. 3 veranschaulicht. Dabei zeigt Abb. 3a das ausgewählte Demonstrationsbild. Es enthält vier unterschiedliche Bildteile vor neutralem Hintergrund. Dabei ist der linke obere bzw. der rechte untere Bildteil einheitlich dunkler bzw. heller als der Hintergrund. Der rechte obere Bildteil enthält ein Raster, welches abwechselnd hellere und dunklere Intensitätswerte als der Hintergrund aufweist. Der linke untere Bildteil enthält einen kontinuierlichen Intensitätsabfall. Zusätzlich wurde die gesamte Bildvorlage durch einen unkorrelierten und gleichverteilten Störprozeß um bis zu 16 Intensitätsstufen (256 insgesamt) additiv verrauscht. In Abb. 3b sind die hierfür ermittelten "bildpunktbezogenen" Auffälligkeitswerte visualisiert, wobei helle Grautöne hohe Auffälligkeitswerte kennzeichnen. Die bildpunktbezogene Auffälligkeit ergibt sich hierbei als Maximum aller in der gewählten Umgebung auftretenden Grundauffälligkeiten. Ergänzend hierzu sind in Abb. 3c die **automatisch** ermittelten, bildpunktbezogen auffälligen Bildpunkte weiß dargestellt. Als auffällig erkannt wurden alle Bildpunkte des linken oberen und des rechten unteren Bildteiles sowie die weit überwiegende Zahl der Bildpunkte der beiden übrigen Bildteile. Ausgespart sind die Bildpunkte, deren Intensitätswerte auch im Hintergrund auftreten.

Die Auffälligkeitsbewertung

Bisher wurde die Vorgehensweise zur Ermittlung von **beliebigen** Strukturprimitiven diskutiert. Eine zentrale Rolle bei der Auswahl von **geeigneten** Strukturprimitiven spielt die

 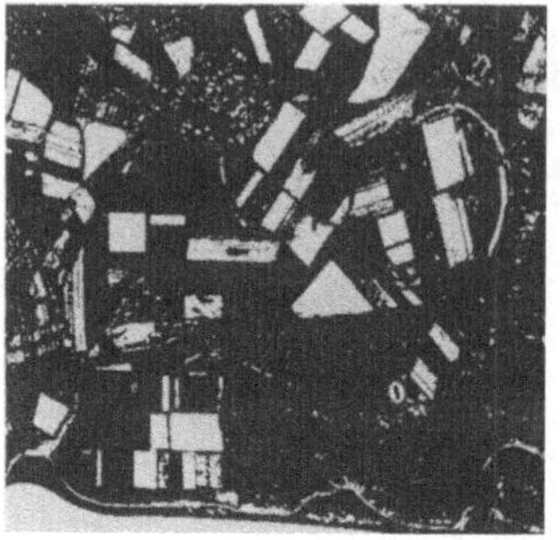 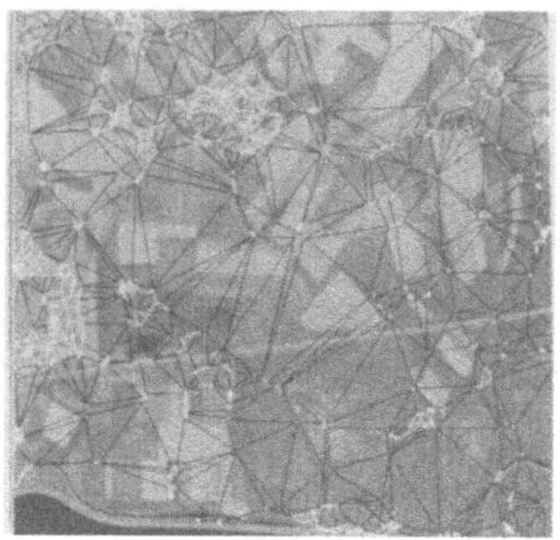

a   b   c

<u>Abb. 4:</u> Ergebnisse der umgebungsbezogenenen Auffälligkeitsanalyse: a) Original-
bild b) Strukturprimitive c) Gruppierung von Strukturprimitiven

aufgabenspezifische **Auffälligkeitsbewertung.** Aus der Vielzahl der Bewertungen (s. [1]) wird hier beispielhaft die "umgebungsbezogene" Auffälligkeitsbewertung betrachtet.

Bei ihrer Berechnung geht man davon aus, daß alle in der betrachteten Umgebung $\mathcal{U}(o_k)$ eines Bildobjektes $o_k \in \mathcal{O}$ generierbaren Bildobjektpaare eine hohe Grundauffälligkeit besitzen. Deshalb wird die umgebungsbezogene Auffälligkeitsbewertung

$$\mathcal{A}_U(o_k|\mathcal{A}) := \frac{1}{\|\mathcal{U}(o_k)\|} \sum_{o_l \in \mathcal{U}(o_k)} \mathcal{A}(M(o_k), M(o_l))$$

als Mittelwert der Grundauffälligkeiten aller möglichen Attributwertepaarungen der gewählten Umgebung definiert.

Ergebnisse hierfür sind in Abb. 4 dargestellt. Abb. 4a zeigt als Ausgangsbild eine Luftaufnahme mit den für diese Aufnahmen typischen Bildobjekten (Siedlungsgebiete, Straßen, landwirtschaftlich genutzte Flächen, Waldgebiete). Abb. 4b stellt die mit dem Eigenschaftsmodell "flächenhaft und einheitliche Intensität" **automatisch** ermittelten Strukturprimitiven weiß dar. Aufgefunden wurden insbesonders die hellen (z.B. die "Häuser" in den Siedlungsgebieten) und die dunklen Bildbereiche (z.B. der "kleine See" oberhalb der "Straße"). Hervorzuheben ist, daß diese Trennung unabhängig von den Kontrastverhältnissen erreicht wurde. Abb. 4c zeigt die mit der Modelleigenschaft "einheitliche Distanz" **automatisch** ermittelten Gruppen der "kleinflächigen" Strukturprimitiven aus Abb. 4b. Dabei sind die zusammengefaßten Strukturprimitiven durch weiße Kanten gekennzeichnet. Im wesentlichen wurden die "Häuser" repräsentierenden Strukturprimitiven zu neuen Einheiten, den "Siedlungsgebieten", zusammengefaßt.

Ausblick

In den vorangegangenen Abschnitten wurde ein Verfahren zur Generierung von Strukturprimitiven vorgestellt. Hierbei sind zwei prinzipielle Probleme zu berücksichtigen. Einerseits weisen als auffällig erkannte Attributwertepaare nicht nur in den dafür ursächlichen Strukturprimitiven, sondern in der gesamten Bildvorlage auf mögliche Strukturprimitive hin. Andererseits können einzelne Strukturprimitive so auffällig sein, daß weitere in der Bildvorlage vorhandene Strukturprimitive nicht mehr angezeigt werden.

Diese Probleme lassen sich durch eine der menschlichen Vorgehensweise vergleichbaren Auswertestrategie lösen. Ungeeignete Strukturprimitive können durch eine sich an die globale Analyse anschließende lokale Überprüfung eliminiert werden. Zur Ermittlung weiterer relevanter Strukturprimitiven wird nach Ausblendung der bisher aufgefundenen Strukturprimitiven die globale Auswertung wiederholt. Hierdurch ergibt sich eine Folge von globalen und lokalen Bildanalysen, welche endet, sobald die gesamte Bildvorlage abgearbeitet ist oder die gesuchten Bildobjekte aufgefunden wurden.

Zusammenfassung

Ein modellgesteuertes Verfahren zur Ermittlung von aufgabenspezifisch relevanten Strukturprimitiven wurde vorgestellt. Es basiert auf zwei Modellen, wobei das erste ein Kriterium (das **Auffälligkeitsmerkmal**) zur Ermittlung von beliebigen und das zweite ein Kriterium (die **Auffälligkeitsbewertung**) zur Auswahl von aufgabenspezifisch relevanten Strukturprimitiven festlegt.

Die vorgestellte Vorgehensweise weist wesentliche Vorteile auf. Zum einen ist diese unabhängig von den im Bild auftretenden Kontrastunterschieden und zum anderen kann sie einfach auf unterschiedliche Bilddaten und an veränderte Aufgabenstellungen adaptiert werden.

Literatur

[1] E. Mauer et al.: *"Automatische digitale SLAR-Bildauswertung"*; FIM-Bericht Nr. 193, Ettlingen, Dez. 87

[2] G. Winkler, K. Vattrodt: *"Maße für die Auffälligkeit in Bildern"*; DAGM-Symposium für Mustererkennung, Proceedings, Informatik Fachberichte Nr. 17, Springer-Verlag, Okt.78

[3] G. Geiser: *"Zur Auffälligkeit optischer Muster"*; Dissertation im Fachbereich Elektrotechnik Universität Karlsruhe 1973

Modelle

An Efficient Approach to Extrapolation and Spectral Analysis of Discrete Signals

*Roland Sottek**, *Klaus Illgner*, and *Til Aach*

Institut für Elektrische Nachrichtentechnik
Aachen University of Technology (RWTH), D–5100 Aachen, West Germany

R. Sottek* is also with **HEAD acoustics GmbH
Kaiserstr. 100, D-5120 Herzogenrath, West Germany

INTRODUCTION

The necessity for extrapolating a discrete signal $f(n)$, which is only known inside a limited segment $w(n)$ arises in a number of applications. For instance, spectral analysis of a windowed time signal $g(n) = w(n) \cdot f(n)$ requires removing the blurring influence of the window spectrum on the signal spectrum, corresponding to an extrapolation in the time domain. In segment oriented image processing, we deal with 2D-signals ('textures') which are given inside an arbitrarily shaped spatial window ('segment'). The Fourier spectrum of these signals could provide features for texture classification, segmentation, or even be exploited for segment oriented image coding [1]. Here, too, good results can only be expected if the effects of the window spectrum are eliminated.

Spectral estimation usually requires detecting the significant spectral lines of $f(n)$, and estimating their values (magnitude and phase). In [2], detection and estimation are coupled in an iterative procedure, which requires two Fourier transforms per step. Starting with an assumed spectrum which is considerably spread in the frequency domain, this spectrum is reduced appropriately by selecting only those parts in the Fourier domain where the magnitude exceeds an adaptive threshold. As an extension of [3], the authors term their algorithm 'adaptive extrapolation'. For the special case that the location of the frequency band is known, [4] describes a recursive extrapolation process. During each step, a new estimate of the unkown signal $f(t)$ is obtained by computing the difference signal between the estimate and the original signal inside the window $w(t)$. This error signal is filtered according to the known frequency band, and subsequently added to the old estimate, yielding an improved approximation. A one step solution is given for a 'well behaved' subclass of bandlimited signals. In [5], a one step solution for the iterative process of [3] is described, also on the assumption of a known frequency band. [1], [6] present an iterative approach similar to [2]. During each step, the spectral line (pair) with highest magnitude is selected. Its value is estimated in the time/spatial domain by a least squares approximation to the given signal segment. It also requires at least two FFT's per step.

We present an iterative extrapolation algorithm which has been inspired by [1], [2], [6]. However, our method requires only one FFT at the beginning and the termination of the iteration. Line detection and estimation are carried out *entirely* in the frequency domain, thus making the process extremely efficient.

THE EXTRAPOLATION ALGORITHM

Let $f(n)$ denote the signal to be extrapolated, and $w(n)$ the window function. Then, from $g(n) = f(n) \cdot w(n)$, $0 \leq n \leq N - 1$, we have in the Discrete Fourier domain

$$G(k) = \frac{1}{N} \sum_{l=0}^{N-1} F(l) \cdot W(k - l) = \frac{1}{N} F(k) * W(k), \ 0 \leq k \leq N - 1 \ . \tag{1}$$

It is desired to estimate $F(k) \bullet\!\!-\!\!\circ f(n)$ for $0 \leq n, k \leq N-1$. We consider here only real signals, so that the symmetries $F(k) = F^*(N-k)$ and $G(k) = G^*(N-k)$ can be exploited. Furthermore, we restrict ourselves to binary windows $w(n)$, that is, $w^2(n) = w(n)$.

Basically, we proceed as follows:

First, a spectral line pair $G(k_s)$, $G(N-k_s)$ at locations k_s and $N-k_s$ is selected. Then, the corresponding lines $F(k_s)$, $F(N-k_s)$ of the unknown $F(k)$ are estimated by

$$G(k_s) = \frac{1}{N}\Big(\hat{F}(k_s) \cdot W(0) + \hat{F}^*(k_s) \cdot W(2k_s)\Big)$$
$$G^*(k_s) = \frac{1}{N}\Big(\hat{F}^*(k_s) \cdot W^*(0) + \hat{F}(k_s) \cdot W^*(2k_s)\Big) \ , \tag{2}$$

where $\hat{F}(k_s)$ and $\hat{F}^*(k_s)$ are the line estimates. Solving these equations for $\hat{F}(k_s)$ yields

$$\hat{F}(k_s) = N \cdot (G(k_s)W(0) - G^*(k_s)W(2k_s))/(|W(0)|^2 - |W(2k_s)|^2) \tag{3}$$

where we used $W^*(0) = W(0)$. $F(k)$ is then estimated by

$$\hat{F}(k) = \hat{F}(k_s) \cdot \delta(k - k_s) + \hat{F}^*(k_s) \cdot \delta\big(k - (N - k_s)\big) \ . \tag{4}$$

In the time domain, we have for the extrapolated signal

$$\hat{F}(k) \bullet\!\!-\!\!\circ \hat{f}(n) = 2 \cdot Re\Big\{ \hat{F}(k_s) \cdot \exp\big\{j2\pi\frac{k_s}{N}n\big\}\Big\} \ . \tag{5}$$

To end this iteration step, we form an 'error spectrum' by the difference

$$G^{(1)}(k) = G(k) - \frac{1}{N}\Big(\hat{F}(k_s) \cdot W(k - k_s) + \hat{F}^*(k_s) \cdot W(k + k_s)\Big) = G(k) - \frac{1}{N}\cdot\hat{F}(k)*W(k) \ . \tag{6}$$

Note that, according to (2), $G^{(1)}(k_s) = G^{(1)}(N - k_s) = 0$. $G(k)$ is now replaced by $G^{(1)}(k)$, and the next iteration step is started by selection of another line pair.

Starting with equation (6), we will show that the estimation by equation (3) is optimal in the sense of minimal mean square error. Applying the inverse DFT to (6) yields

$$G^{(1)}(k) \bullet\!\!-\!\!\circ g^{(1)}(n) = g(n) - \hat{f}(n) \cdot w(n) = w(n)\big(f(n) - \hat{f}(n)\big) \ , \tag{7}$$

which is the difference signal between the given signal $f(n)$ and its estimate $\hat{f}(n)$ *inside the window* $w(n)$. Using Parseval's theorem, the energy E_g of $g^{(1)}(n)$, which is proportional to the mean square error (MSE) between $f(n)$ and its estimate inside $w(n)$, can be expressed by the sum of squared magnitudes E_G of $G^{(1)}(k)$ as

$$E_g = \sum_{n=0}^{N-1}\Big(g^{(1)}(n)\Big)^2 = \frac{1}{N}\sum_{k=0}^{N-1}|G^{(1)}(k)|^2 = \frac{1}{N}\cdot E_G \ . \tag{8}$$

We will now prove that, once a line pair is selected, the energy $(1/N)E_G$ of $G^{(1)}(k)$, and hence the mean square error, is minimized by estimating $F(k_s)$ and $F(N - k_s) = F^*(k_s)$ as given in (3). Our proof is an indirect one. Suppose another estimate $\tilde{F}(k_s)$ be given, which has not been estimated by (3). Generally, $\hat{F}(k_s)$ and $\tilde{F}(k_s)$ are related by $\tilde{F}(k_s) = \hat{F}(k_s) + a$, where a is complex. The spectrum (6) of the error signal must be replaced by

$$\tilde{G}^{(1)}(k) = G(k) - \frac{1}{N}\Big(\tilde{F}(k_s) \cdot W(k - k_s) + \tilde{F}^*(k_s) \cdot W(k + k_s)\Big) = G^{(1)}(k) - C(k) , \tag{9}$$

where $C(k) = (1/N)(aW(k-k_s)+a^*W(k+k_s))$. We obtain for the difference $\Delta_E(a)$ between the energy $\tilde{E}_G$ of $\tilde{G}^{(1)}(k)$ and E_G

$$\Delta_E(a) = \tilde{E}_G - E_G = \sum_{k=0}^{N-1} |C(k)|^2 - \sum_{k=0}^{N-1} \left(G^{(1)}(k)\right)^* C(k) - \sum_{k=0}^{N-1} G^{(1)}(k)C^*(k) \,. \tag{10}$$

As derived in the following, $\Delta_E(a)$ is always greater than or equal to zero. We rewrite (10) to

$$\Delta_E(a) = \sum_{k=0}^{N-1} |C(k)|^2 - \frac{2}{N}Re\left[a^* \sum_{k=0}^{N-1} G^{(1)}(k)W^*(k-k_s) + a\sum_{k=0}^{N-1} G^{(1)}(k)W^*(k+k_s)\right] \,. \tag{11}$$

Application of $\sum_k S_1(k) \cdot S_2^*(k) = N \cdot \sum_n s_1(n) \cdot s_2^*(n)$ (Parseval) yields

$$\begin{aligned}
\Delta_E(a) = \sum_{k=0}^{N-1} |C(k)|^2 &- 2Re\left[a^* \sum_{n=0}^{N-1} g^{(1)}(n)\left(w(n)\exp\left(j2\pi\frac{k_s}{N}n\right)\right)^* \right.\\
&\left. + a\sum_{n=0}^{N-1} g^{(1)}(n)\left(w(n)\exp\left(-j2\pi\frac{k_s}{N}n\right)\right)^*\right] \,.
\end{aligned} \tag{12}$$

Since $w(n)$ is a binary window, we have $w(n)g^{(1)}(n) = g^{(1)}(n)$, and (12) thus equals

$$\begin{aligned}
\Delta_E(a) &= \sum_{k=0}^{N-1} |C(k)|^2 - 2\left[a^* \sum_{n=0}^{N-1} g^{(1)}(n)\exp\left(-j2\pi\frac{k_s}{N}n\right) + a\sum_{n=0}^{N-1} g^{(1)}(n)\exp\left(j2\pi\frac{k_s}{N}n\right)\right]\\
&= \sum_{k=0}^{N-1} |C(k)|^2 - 2\left[a^*G^{(1)}(k_s) + aG^{(1)}(N-k_s)\right] \,.
\end{aligned} \tag{13}$$

With $G^{(1)}(k_s) = G^{(1)}(N-k_s) = 0$ from equations (2) and (6), what remains from (13) is

$$\Delta_E(a) = \frac{1}{N^2} \sum_{k=0}^{N-1} |aW(k-k_s) + a^*W(k+k_s)|^2 \,, \tag{14}$$

which is a positive expression for $a \neq 0$. We have thus shown that the MSE

$$\frac{1}{W(0)} \cdot \sum_{n=0}^{N-1} w(n)\left(f(n) - \hat{f}(n)\right)^2 \tag{15}$$

is minimal when $\hat{f}(n) \circ\!\!-\!\bullet \hat{F}(k)$ is estimated according to equation (3).

The recursive extrapolation is performed as follows:
Initialization: $\hat{F}^{(0)}(k) = 0$, $\hat{G}^{(0)}(k) = G(k)$.
i-th iteration step: Select a line pair $G^{(i-1)}(k_s^{(i)})$, $G^{(i-1)}(N - k_s^{(i)})$ of the spectrum $G^{(i-1)}(k)$. Estimate $\hat{F}(k_s^{(i)})$, $\hat{F}(N - k_s^{(i)})$ such that $G^{(i)}(k_s^{(i)}) = G^{(i)}(N - k_s^{(i)}) = 0$, that is (see eq. (2))

$$\begin{aligned}
G^{(i-1)}(k_s^{(i)}) &= \frac{1}{N}\left(\hat{F}(k_s^{(i)})W(0) + \hat{F}^*(k_s^{(i)})W(2k_s^{(i)})\right)\\
\left(G^{(i-1)}(k_s^{(i)})\right)^* &= \frac{1}{N}\left(\hat{F}^*(k_s^{(i)})W(0) + \hat{F}(k_s^{(i)})W^*(2k_s^{(i)})\right)
\end{aligned} \tag{16}$$

$$\Rightarrow \hat{F}(k_s^{(i)}) = N\left(G^{(i-1)}(k_s^{(i)})W(0) - \left(G^{(i-1)}(k_s^{(i)})\right)^*W(2k_s^{(i)})\right)\big/\left(|W(0)|^2 - |W(2k_s^{(i)})|^2\right)| \,.$$

Form the i-th estimate of $F(k)$ by the update $\hat{F}^{(i)}(k) = \hat{F}^{(i-1)}(k) + F_\Delta^{(i)}(k)$, with (see (4)) $F_\Delta^{(i)}(k) = \hat{F}(k_s^{(i)})\delta(k - k_s^{(i)}) + \hat{F}^*(k_s^{(i)})\delta(k - (N - k_s^{(i)}))$.
End this step by forming the new error spectrum $G^{(i)}(k) = G^{(i-1)}(k) - \frac{1}{N}F_\Delta^{(i)}(k) * W(k)$.
Start step $i + 1$ by selecting a new line pair of $G^{(i)}(k)$.

We have, however, so far not yet answered the question which line pair of $G^{(i-1)}(k)$ should be selected at the i-th step. Since our goal is to minimize the MSE (15) and hence $E_G^{(i)}$, we should select that pair whose optimal estimate according to (16) reduces $E_G^{(i)}$ as strongly as possible. The reduction of $E_G^{(i)}$, which can be achieved by an optimally estimated line pair $\hat{F}(k_s^{(i)})$, $\hat{F}(N - k_s^{(i)})$ is given by equation (14) as

$$\Delta_E\big(\hat{F}(k_s^{(i)})\big) = \frac{1}{N^2} \sum_{k=0}^{N-1} |\hat{F}(k_s^{(i)})W(k - k_s^{(i)}) + \hat{F}^*(k_s^{(i)})W(k + k_s^{(i)})|^2 \, , \qquad (17)$$

or, rewriting (17), by

$$\begin{aligned} \Delta_E &= \frac{1}{N^2}\hat{F}^*(k_s^{(i)}) \sum_{k=0}^{N-1} \Big[\hat{F}(k_s^{(i)}) \, |W(k + k_s^{(i)})|^2 + \hat{F}^*(k_s^{(i)})W(k + k_s^{(i)})W^*(k - k_s^{(i)}) \Big] \\ &+ \frac{1}{N^2}\hat{F}(k_s^{(i)}) \sum_{k=0}^{N-1} \Big[\hat{F}^*(k_s^{(i)}) \, |W(k - k_s^{(i)})|^2 + \hat{F}(k_s^{(i)})W(k - k_s^{(i)})W^*(k + k_s^{(i)}) \Big] \, . \end{aligned} \qquad (18)$$

Since for a binary window $w^2(n) = w(n)$, we have, using Parseval's formula

$$\begin{aligned} \sum_{k=0}^{N-1} |W(k + k_s^{(i)})|^2 &= \sum_{k=0}^{N-1} |W(k - k_s^{(i)})|^2 = \sum_{k=0}^{N-1} |W(k)|^2 = N \sum_{n=0}^{N-1} w(n) = N \cdot W(0) \\ \sum_{k=0}^{N-1} W(k + k_s^{(i)})W^*(k - k_s^{(i)}) &= N \sum_{n=0}^{N-1} w(n)\exp\big\{-j2\pi\frac{2k_s^{(i)}}{N}n\big\} = N \cdot W(2k_s^{(i)}) \, . \end{aligned} \qquad (19)$$

Combining (18),(19), and (16) leads to

$$\Delta_E = \hat{F}^*(k_s^{(i)}) \cdot G^{(i-1)}(k_s^{(i)}) + \hat{F}(k_s^{(i)}) \cdot \big(G^{(i-1)}(k_s^{(i)})\big)^* \, . \qquad (20)$$

Finally, using (16), the error energy reduction can be expressed depending on the error spectrum line $G^{(i-1)}(k_s^{(i)})$ as

$$\Delta_E = N \cdot \frac{2\,|G^{(i-1)}(k_s^{(i)})|^2\, W(0) - 2Re\Big\{ \big(G^{(i-1)}(k_s^{(i)})\big)^2 \cdot W^*(2k_s^{(i)})\Big\}}{|W(0)|^2 - |W(2k_s^{(i)})|^2} \, . \qquad (21)$$

The line pair which should be selected in the i-th iteration step is that one which maximizes (21). Thus, the previous considerations on optimally estimating a selected line pair, which lead to (14), also provide a *strategy for selecting the best line pair*, i.e. that pair whose estimate minimizes the mean square error.

The described iteration can be stopped, when the MSE between $g(n)$ and $w(n)\hat{f}(n)$ has fallen below a prespecified level, or when a new line pair results in only a small decrease of the MSE.

EXTENSIONS

The above considerations, which have been derived for the selection of a pair of spectral lines, apply similarly when only a single line, e.g. $G(0)$, is selected. On the other hand, the derivations can also be extended to consider more than one line pair during an iteration step. This is advantageous due to the following reason: Whenever a line pair at locations $k_s^{(i)}$, $N - k_s^{(i)}$ is estimated at the i-th step, we have for the new error spectrum $G^{(i)}(k_s^{(i)}) = G^{(i)}(N - k_s^{(i)}) = 0$. However, while the previous step $i - 1$ achieved $G^{(i-1)}(k_s^{(i-1)}) = G^{(i-1)}(N - k_s^{(i-1)}) = 0$, we generally have $G^{(i)}(k_s^{(i-1)}) = (G^{(i)}(N - k_s^{(i-1)}))^* \neq 0$, since the estimation formulas (3) and (16) guarantee only, that $G^{(i)}(k_s^{(i)}) = 0$ [1]. In order to keep the MSE, and hence the energy of $G^{(i)}(k)$, at the lowest possible level for that subset of line pairs which has already been selected, we have to ensure that $G^{(i)}(k)$ vanishes at the corresponding locations. To be more precise, we require that $\hat{F}^{(i)}(k)$ is estimated such that $G^{(i)}(k_s^{(j)}) = 0$, $j = 1, \ldots, i$. This implies that, besides estimating the newly selected pair $\hat{F}(k_s^{(i)})$, $\hat{F}(N - k_s^{(i)})$, the 'old' pairs $\hat{F}(k_s^{(j)})$, $\hat{F}(N - k_s^{(j)})$, $j = 1, \ldots, i-1$ have to be updated accordingly. Thus, equation (16) has to be replaced by the set of equations

$$G^{(i-1)}(k_s^{(j)}) = \frac{1}{N} \sum_{l=1}^{i} [\hat{F}(k_s^{(l)})W(k_s^{(j)} - k_s^{(l)}) + \hat{F}^*(k_s^{(l)})W(k_s^{(j)} + k_s^{(l)})], \quad j = 1, \ldots, i$$

$$(G^{(i-1)}(k_s^{(j)}))^* = \frac{1}{N} \sum_{l=1}^{i} [\hat{F}^*(k_s^{(l)})W^*(k_s^{(j)} - k_s^{(l)}) + \hat{F}(k_s^{(l)})W^*(k_s^{(j)} + k_s^{(l)})], \quad j = 1, \ldots, i \,.$$

$$(22)$$

This set of conjugate equation pairs for step i is formed from the 'old' set of the previous step $i - 1$ by adding one equation pair and the newly selected line pair $\hat{F}(k_s^{(i)})$, $\hat{F}(N - k_s^{(i)})$. Solving the set by a LU-decomposition is thus considerably simplified, because the previous LU-decomposition of step $i - 1$ can be used recursively. Note further, that $G^{(i-1)}(k_s^{(j)}) = 0$ for $j = 1, \ldots, i - 1$ from the previous steps. The update spectrum $F_\Delta^{(i)}(k)$ is now given by $F_\Delta^{(i)}(k) = \sum_{l=1}^{i} [\hat{F}(k_s^{(l)})\delta(k - k_s^{(l)}) + \hat{F}^*(k_s^{(l)})\delta(k - (N - k_s^{(l)}))]$. The new error spectrum $G^{(i)}(k)$ and estimate $\hat{F}^{(i)}(k)$ are formed as already described. The i-th line pair can be selected such that, *given the previously selected pairs*, the MSE becomes minimal. When the estimated spectrum contains at maximum as many lines as there are samples of $f(n)$ inside $w(n)$, it goes without saying that they are estimated such that the MSE vanishes. Since two lines are added during each step, the number i of necessary iterations for zero-MSE does not exceed half the number of known samples.

We finally point out that the above considerations for the onedimensional case can straightforwardly be extended to higher dimensional problems.

RESULTS

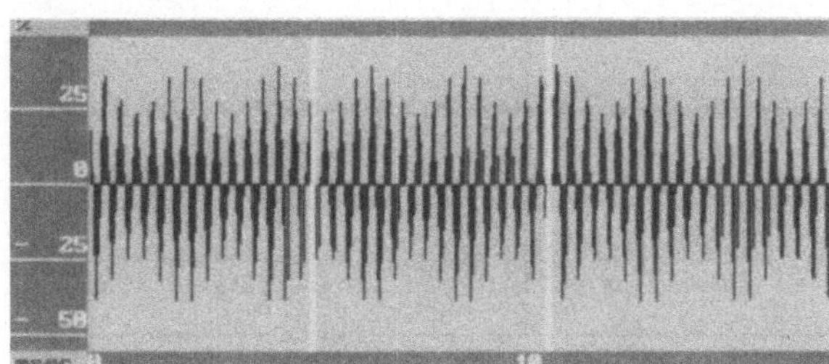

The algorithm has been applied to onedimensional problems as well as to twodimensional ones.

Fig. 1 a) shows the sampled AM-signal $f(t) = (1 + 0.25\cos(2\pi f_1 t)) \cdot \cos(2\pi f_0 t)$, where $f_1 = 468.25 Hz$, $f_0 = 2812.5 Hz$. The window $w(n)$ is indicated by two white bars. Fig. 1 b) depicts the spectrum $G(k)$, consisting of 1024 lines.

Fig. 1 a): Original signal $f(n)$ and windowed signal

---

[1] This implies that the same spectral line can be selected several times during the iterative process!

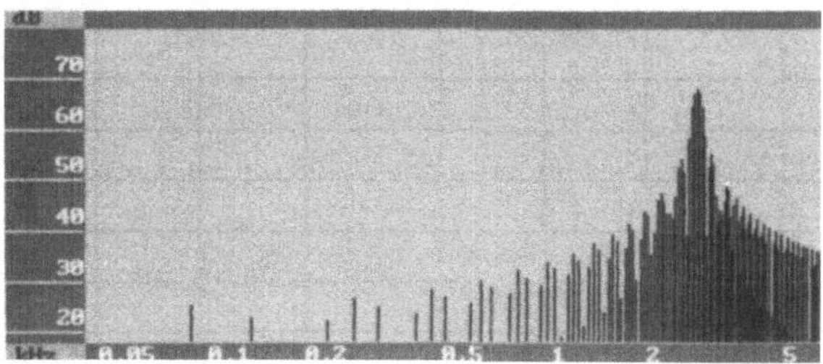

Fig. 1 b): FFT-spectrum of $f(n)$

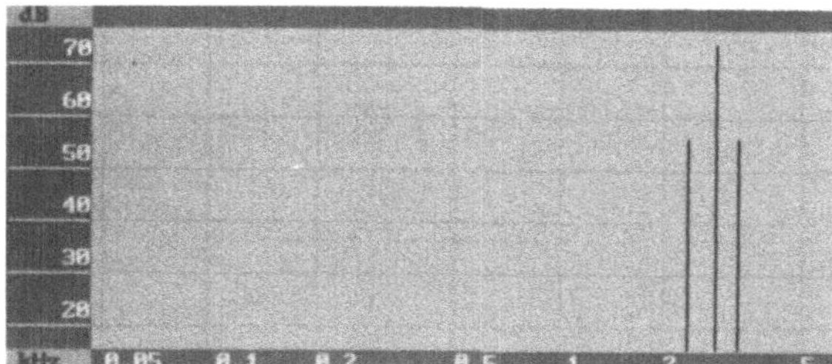

Fig. 1 c): Estimated spectrum $\hat{F}(k)$

The smearing influence of $w(n)\circ\!\!-\!\!\bullet\, W(k)$ is evident. Fig. 1 c) shows the estimated spectrum $\hat{F}(k)$, which, in this case, is identical to $F(k)$. It consists of the carrier and two sidebands.

In Figs. 2 a) and b), 2D-examples are depicted. The extrapolations are based on relatively few significant spectral lines. The original segments were obtained by a statistical model-based image segmentation procedure. The figures show, from top to bottom, respectively, the original segment as taken from the segmented image, the extrapolated texture 'carpet', and the segment reconstructed by multiplication of the texture carpet with the window function ('punching out'). The segment of Fig. 2 a) comprises 2775 pixels, and the reconstruction is based on only 100 spectral lines. The segment of Fig. 2 b) consists of 381 pixels, and its texture is reconstructed by 20 lines only. Visually, the original and reconstructed textures correspond well. If required, the MSE between original texture and reconstruction can be reduced further by adding more lines.

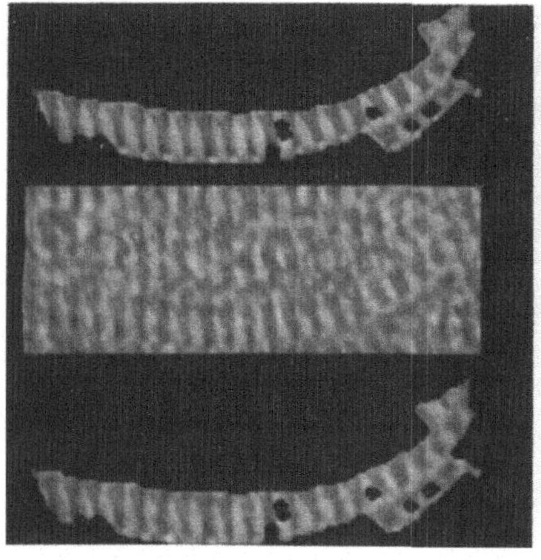

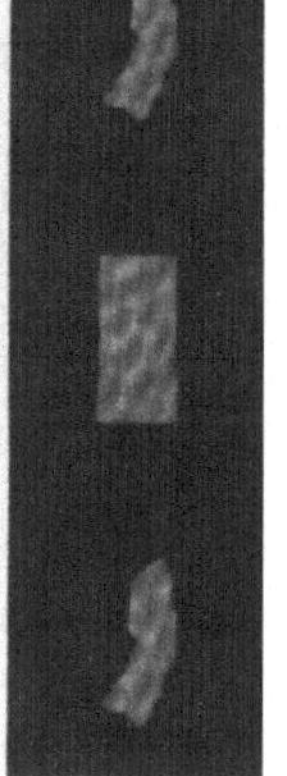

Fig. 2 a):   **Fig. 2 b:**

[1] U. Franke: *Regionenorientierte Bildbeschreibung: Algorithmen und Moeglichkeiten*, Fortschrittsberichte VDI Reihe 10 Nr. 101 (1989)

[2] A. Papoulis, C. Chamzas: *Detection of hidden periodicities by adaptive extrapolation*, IEEE Trans. on Acoustics, Speech, and Signal Processing, Vol. ASSP-27, No. 1, pp.4-12 (1979)

[3] A. Papoulis: *A New Algorithm in Spectral Analysis and Band-Limited Extrapolation*, IEEE Transactions on Circuits and Systems, Vol. CAS-22, No. 9, pp.735-742 (1975)

[4] J.A. Cadzow: *An extrapolation procedure for band-limited signals*, IEEE Trans. on Acoustics, Speech, and Signal Processing, Vol. ASSP-27, No. 5, pp.492-500 (1979)

[5] M.S. Sabri, W.S. Steenaart: *An Approach to Band-Limited Signal Extrapolation: The Extrapolation Matrix*, IEEE Transactions on Circuits and Systems, Vol. CAS-25, No. 2, pp.74-78 (1978)

[6] U. Franke: *Selective Deconvolution: A New Approach to Extrapolation and Spectral Analysis of Discrete Signals*, Proc. ICASSP'87, pp.1300-1303 (1987)

Ein erweitertes Modell der Bewegungswahrnehmung
zur Interpolation von Zwischenbildern

M. Botteck, H. Schröder

AG Schaltungen der Informationsverarbeitung
Universität Dortmund, Postfach 500500, 46 Dortmund 50

Interpolationstechniken zur Berechnung von Zwischenbildern haben in der Fernsehtechnik eine große Bedeutung. Anwendungsbeispiele sind etwa die Normkonversion, die Bildcodierung/-decodierung oder Scankonversionstechniken zur flimmerfreien Wiedergabe. Dabei bleiben auch in Zukunft neben bewegungskompensierenden Techniken lineare Interpolationsverfahren -aus Aufwandgründen oder für nicht kompensierbare Bewegungsabläufe- notwendig und sinnvoll.

1. Modell der Höhen-/Tiefentrennung

In diesem Beitrag wird ein Ansatz zur Entwicklung eines linearen Interpolationsverfahrens mit getrennter Verarbeitung ortsfrequenter Höhen- und Tiefenanteile vorgestellt, der in Teilen auf einem Modell der visuellen Wahrnehmung von Glenn /1/,/2/ beruht: Glenn beschreibt das visuelle Auflösungsvemögen durch ein 2-Kanal-Modell: mit einem Höhen-Kanal hoher räumlicher und schlechter zeitlicher und einem Tiefen-Kanal hoher zeitlicher und schlechter räumlicher Auflösung. Auf dieser Basis kommt er zu einem Vorschlag für ein Fernsehsystem erhöhter Auflösung gemäß Bild 1 mit verringerter Bildübertragungsrate und empfängerseitiger Wiederholung für die Höhenanteile, der auch experimentell erfolgreich demonstriert wurde.

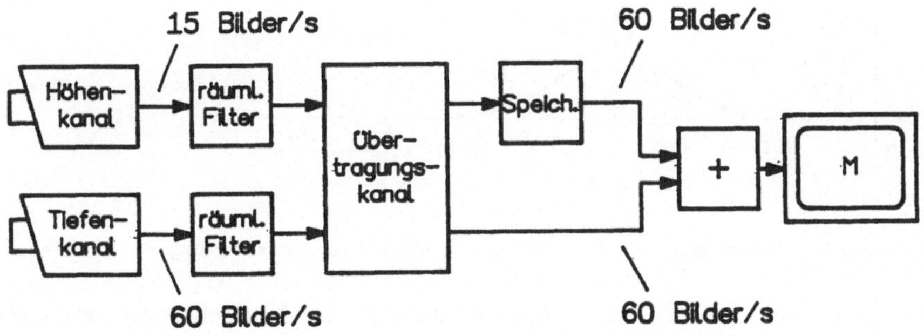

Bild 1: Vorschlag für ein Fernsehsystem erhöhter Auflösung nach Glenn /1/

Dieser Ansatz versagt jedoch, wenn das Auge einem bewegten Objekt folgt: es gelten dann näherungsweise die (härteren) statischen Wahrnehmungsbedingungen.
Im folgenden soll gezeigt werden, daß dieser Ansatz dennoch erfolgreich für ein Verfahren zur Zwischenbildinterpolation eingesetzt werden kann. Untersuchungen dazu wurden mit folgendem Simulationsmodell durchgeführt:

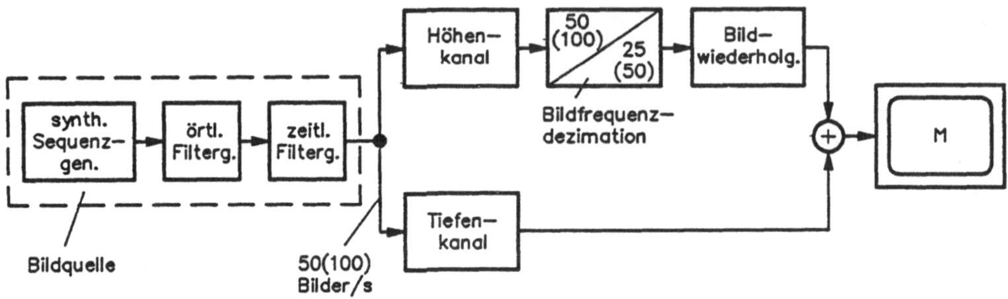

Bild 2: Simulationsmodell zur Untersuchung des Ansatzes von Glenn zur Zwischenbildinterpolation

Das Bildungsgesetz für die Ausgangssequenz lautet somit:

$$s_i(x,y,mT) \quad = s_h(x,y,mT) + s_t(x,y,mT)$$
$$s_i(x,y,(m+1)T) = s_h(x,y,mT) + s_t(x,y,(m+1)T)$$

nach der Zerlegung der zu interpolierenden Sequenz $s(x,y,mT) = s_t(x,y,mT) + s_h(x,y,mT)$ in
den Tiefenanteil $s_t(x,y,mT)$
und den Höhenanteil $s_h(x,y,mT)$.
Die erzeugten Sequenzen wurden einer örtlichen und zeitlichen Filterung unterzogen, um so die zeitliche Integrationseigenschaft und das räumliche Übertragungsverhalten von Fernsehkameras nachzubilden. Die Aufspaltung in Höhen- und Tiefenanteil erfolgte mit komplementären Filtern gem. Bild 3.

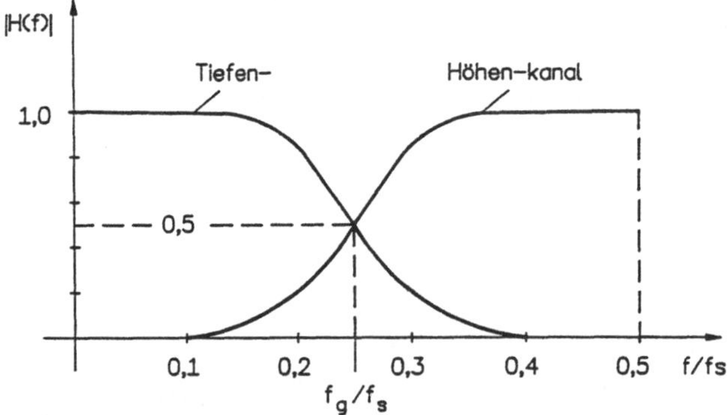

Bild 3: Komplementäre Filter zur ortsfrequenten Höhen-/Tiefentrennung.

Soll das Auge einem bewegten Objekt folgen - dies ist der kritische, zu überprüfende Teil des Glennschen Ansatzes - werden zweckmäßig kontrastreiche Objekte verwendet. Um wirklich die härtest möglichen Bedingungen zu untersuchen, wird eine synthetische vertikale Kante von links nach rechts bewegt und daran die Sichtbarkeit von Störungen durch Vergleich mit dem Original beobachtet.

Die Entstehung dieser Störungen läßt sich am örtlichen Kantenverlauf erläutern:

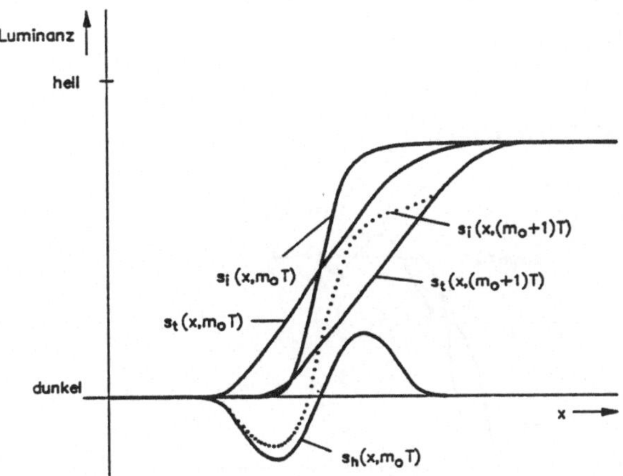

Bild 4: Örtlicher Kantenverlauf nach der Unterabtastung und Wiederholung der räumlichen Höhenanteile

Aus den beiden zeitlich aufeinanderfolgenden Tiefensignalen $s_t(x,m_0T)$ und $s_t(x,(m_0+1)T)$ und dem Höhensignal $s_h(x,m_0T)$ werden die korrigierten Signale $s_i(x,m_0T)=s(x,m_0T)$ und $s_i(x,(m_0+1)T)$ gebildet.
Man erkennt, daß
- die Steilheit gegenüber dem reinen Tiefensignal wesentlich verbessert
- der örtliche Kantenverlauf in jedem 2. Teilbild verformt
- und ebenso der Kantenschwerpunkt in jedem 2. Teilbild verschoben

ist.
Falls das Auge der Bewegung folgt, und somit näherungsweise die härteren statischen Wahrnehmungsbedingungen gelten, werden diese Störungen nur durch die laterale Hemmung, die im Kantenbereich auftretende Verformungen überdeckt, tolerierbar.

2. Abschätzung der Kantenverformung

Es ist daher sinnvoll. einen Parameter α_k einzuführen, der eine grobe Abschätzung und Bewertung der sichtbaren Verformungen im Kantenbereich liefern kann:
Dafür bietet es sich zunächst an, die Flächendifferenz zweier zeitlich aufeinanderfolgender Signale zu berechnen

$$s_\Delta(x_w,y_w) = \sum_{\Delta x}\sum_{\Delta y} s_i(x_w-\Delta x,\ y_w-\Delta y,\ (m+1)T) - s(x_w-\Delta x,\ y_w-\Delta y,\ mT)$$

wobei über den Kantenbereich summiert wird. Δx und Δy geben die Ablage zum Kantenwendepunkt (x_w,y_w) an, der eine grobe Abschätzung für die Positionierung der Kante durch den Gesichtssinn darstellt. Um das Nachführverhalten des Auges in etwa einzubeziehen, muß noch eine der beiden Kanten entsprechend der Bewegungsgeschwindigkeit örtlich verschoben werden:

$$s'_\Delta(x_w,y_w) = \sum_{\Delta x}\sum_{\Delta y} s_i(x_w-\Delta x-v_xT,\ y_w-\Delta y-v_yT,\ (m+1)T) - s(x_w-\Delta x,\ y_w-\Delta y,\ mT)$$

Nach einem Vergleich mit den bekannten Einschwingmasken für Bildsignale (K-Rating /3/) muß diese Flächendifferenz mit einer entsprechenden Funktion $\eta(\Delta x)\,\eta(\Delta y)$ gewichtet werden, um dem Kantenverdeckungseffekt Rechnung zu tragen (s. Bild 5).

$$\alpha_k = K \cdot s'_\Delta (x_w, y_w) \cdot \eta(\Delta x) \cdot \eta(\Delta y)$$

mit $\eta(\Delta x) = \eta(\Delta y)$

Der Faktor K<1 dient dabei zur Normierung.

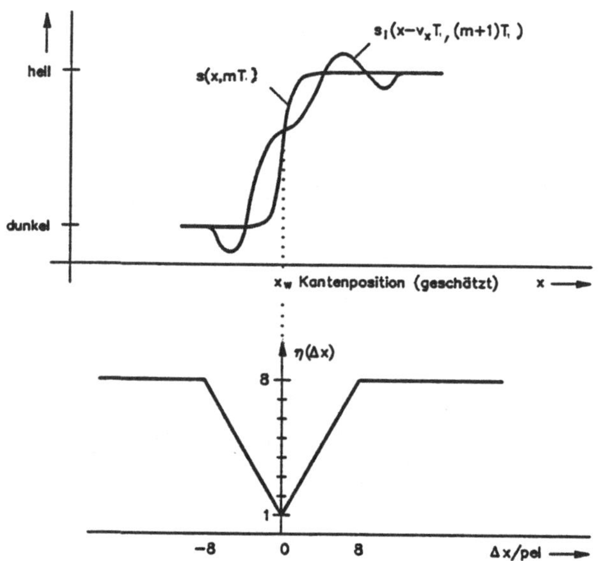

Bild 5: Gewichtungsfunktion $\eta(\Delta x)$ zur Berechnung von α_k

3. Sichtbarkeit von Störungen bei zeitlich unterabgetasteten Höhenanteilen

Aus der Betrachtung des örtlichen Kantenverlaufes (s. Bild 4) unter Einbeziehung der lateralen Hemmung läßt sich ableiten, da die Störungen auf den Kantenbereich beschränkt bleiben müssen, daß an die Impulsantwort der zur Bandaufspaltung verwendeten Filter wesentlich höhere Anforderungen zu stellen sind, als sie für Videosignale im allgemeinen durch die bekannten Einschwingmasken (z. B. K-Rating /3/) festgelegt werden:

Unbedingt erforderlich sind hier überschwing*freie* Filter, da sich durch den zeitlichen Versatz evtl. vorhandene Echos gegenseitig verstärken und störende Doppelkonturen erzeugen können.

Weiterhin ist ersichtlich, daß die Sichtbarkeit der Störungen abhängig ist

- von der örtlichen Ablage des Höhensignals zum Tiefensignal und damit von der Bewegungsgeschwindigkeit v
- vom Signalanteil im Höhenkanal und damit von der Integrationszeit T_{ap} der Bildsignalquelle und der Trennfrequenz der Aufspaltung in Höhen und Tiefen f_g/f_s.

- von der Wiederholfrequenz, mit der die Störung auftritt, also von der Bildfrequenz abhängt (s.a. /4/)

Zur Ermittlung der Sichtbarkeitsgrenzen dieser Störungen wurden daher umfangreiche subjektive Vergleiche zwischen den Originalsequenzen und dem in den Höhen unterabgetasteten Signal über einen weiten Bereich dieser Parameter vorgenommen.
Dargestellt werden sollen hier die Sichtbarkeitsgrenzen dieser Abweichungen im Kantenverlauf bei verschiedenen Objektgeschwindigkeiten:

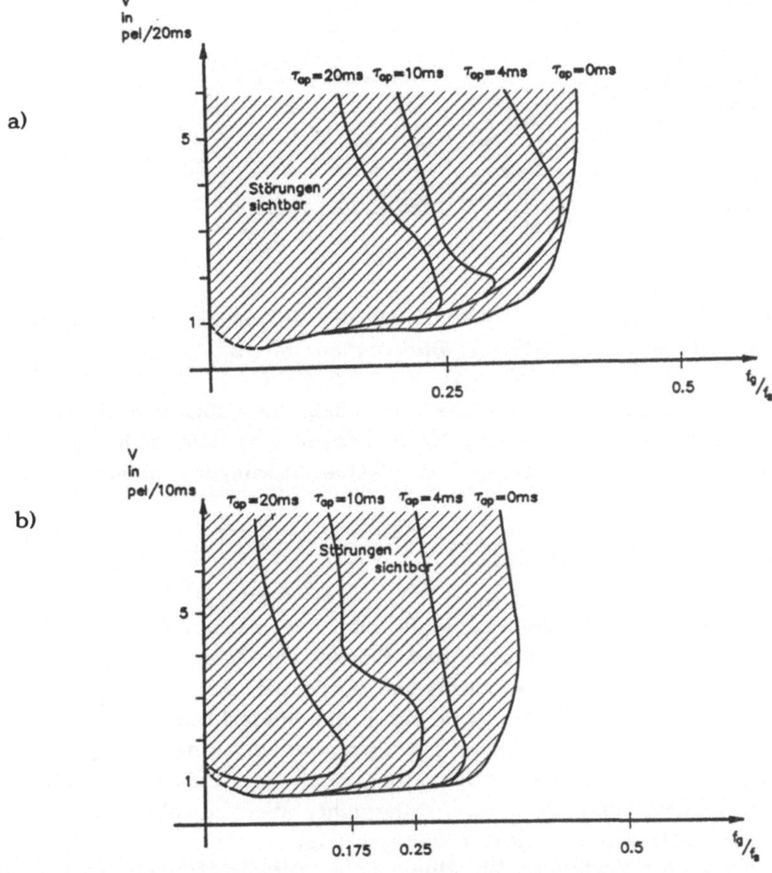

Bild 6: Sichtbarkeitsgrenzen der auftretenden Störungen bei einer zeitlichen Unterabtastung und Wiederholung ortsfrequenter Höhenanteile.
a) Bildfrequenz 50 Hz; b) Bildfrequenz 100 Hz

Ersichtlich ist, bedingt durch die zeitliche Integrationseigenschaft der Bildquelle, eine Proportionalität mit der Objektgeschwindigkeit nicht gegeben. Es ist jedoch möglich, eine Grenzfrequenz f_g/f_s zu finden, die eine subjektiv störungsfreie Wiedergabe über einen weiten Bereich von Geschwindigkeiten ermöglicht.
In Bild 7 ist α_k für verschiedene Geschwindigkeiten in Abhängigkeit von der Höhen-/Tiefengrenze beispielhaft für eine Integrationszeit der Bildquelle von T_{ap}=20 ms dargestellt.

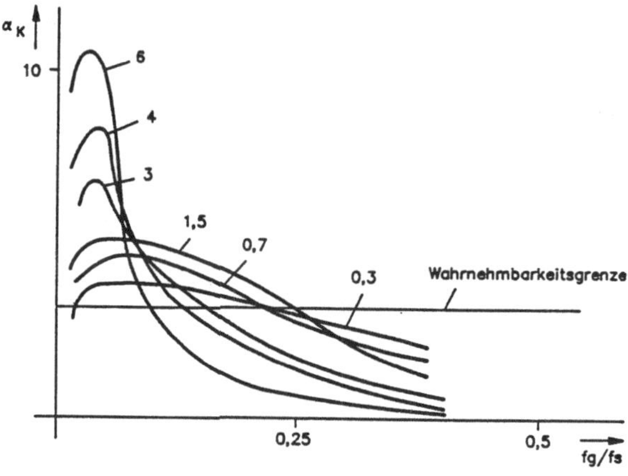

Bild 7: Kantenverformungsparameter α_k in Abhängigkeit der Höhen-/Tiefengrenze; Parameter ist v in pel/20ms bei T_{ap} = 20 ms; Bildfrequenz 50 Hz

In den vergleichenden Untersuchungen bestätigte sich, daß die subjektive Störwirkung der Verformungen mit zunehmendem α_k steigt. Nach diesen Tests läßt sich eine Wahrnehmbarkeitsgrenze für α_k festlegen, unterhalb der keine Störungen subjektiv festgestellt werden können.

4. Anwendungen zur flimmerfreien Wiedergabe

Heutzutage verbreitete Fernseh-Wiedergabestandards mit Zeilensprungabtastung weisen -neben anderen Defekten- vielfältige Flimmer- und Flackerstörungen wie z.B. Großflächenflimmern, Zeilenflackern und Zeilenwandern auf /4/. Bei der Einführung neuer HDTV-Standards, die mit besonderem Augenmerk auf große Bildschirme betrieben wird, muß der Reduktion dieser Störungen Rechnung getragen werden. Eine Wiedergabe mit 100 Hz im Zeilensprung stellt hier eine günstige Möglichkeit dar, da sie nur mit einer Verdopplung von Zeilenfrequenz und Datenrate einhergeht, aber sowohl das Großflächenflimmern als auch die 25Hz-Komponenten beseitigen kann.
Verschiedene bewegungsadaptive Verfahren für eine solche Aufwärtskonversion sind bereits bekannt (/5/) und greifen auf eine nur für ruhende Bildbereiche mögliche Wiederholung der Teilbilder im Sinne einer AB AB-Folge zurück. Dabei werden die Halbbilder aufgrund des geringen zeitlichen Abstands von 10 ms vom menschlichen Auge zum Vollbild mit der entsprechend höheren Auflösung integriert. In bewegten Bildbereichen dagegen wirkt sich die Verwürfelung der Bewegungsphasen schon ab sehr geringen Geschwindigkeiten v_a = 0.25 pel/20 ms stark störend aus. Dort muß auf einen Mode mit empfängerseitiger Wiederholung und/oder Mittelwertbildung umgesteuert werden, was zu Auflösungsverlusten bei gleichzeitig verringerter Detailflackerreduktion führt.
Die Anwendung eines Konzepts mit getrennter Höhen- und Tiefensignalverarbeitung führt zu dem folgenden Interpolationsprinzip:

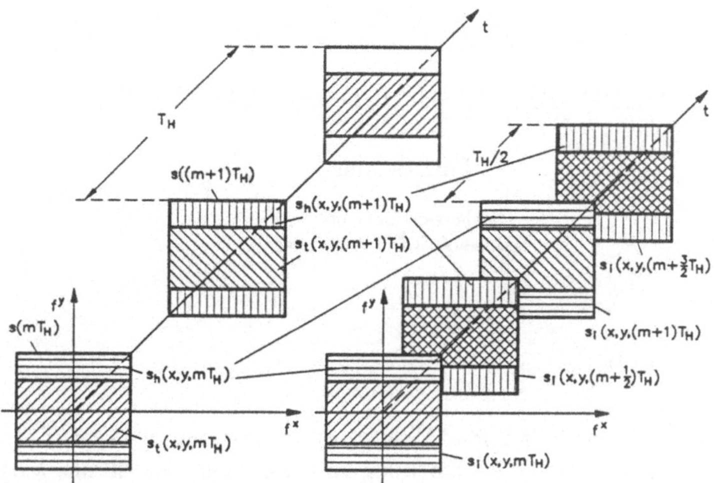

Bild 8: Prinzip der flimmerfreien Wiedergabe mit Höhen-/Tiefentrennung

Dabei wird die Position der die das Objekt bestimmenden Kanten in den zu interpolierenden Zwischenbildern durch eine zeitliche Mittelwertbildung bestimmt, wohingegen die für das Kantenflackern weitgehend verantwortlichen vertikalen Höhenanteile im Sinne einer ABAB-Folge behandelt werden. Dadurch ist es möglich, eine zeitliche Kompensation der Flackerkomponenten einerseits und einen Ausgleich des durch die zeitliche Mittelung entstandenen Schärfeverlustes andererseits zu erreichen.
In Simulationen und subjektiven Untersuchungen hat sich gezeigt, daß ein solches Verfahren
- für den Ruhemode eine vergleichbar gute Wiedergabequalität ermöglicht
- eine deutlich höhere Umsteuergeschwindigkeit bietet
- und für einfache Anwendungen eine bewegungsadaptive Umsteuerung sogar ganz erübrigt

5. Zusammenfassung

Mit den durchgeführten Untersuchungen konnte gezeigt werden, daß die Grundlage für einen Ansatz nach Glenn (/1/,/2/) mit getrennter Verarbeitung ortsfrequenter Höhen- und Tiefensignalanteile weniger aus einem 2-Kanal-Modell des visuellen Systems, als vielmehr dem Kantenverdeckungseffekt besteht. Dies liefert die Möglichkeit, die Wirksamkeit verschiedener Bildverarbeitungsverfahren, wie z. B. der Subbandcodierung oder von Verfahren zur Zwischenbildinterpolation neu einzuschätzen.
Besonders für Anwendungen zur Zwischenbildinterpolation läßt sich dieser Ansatz vorteilhaft einsetzen; sei es, um die mit bewegungsadaptiven Verfahren erreichbare Bildqualität zu erhöhen, oder aber, um für bewegungskompensierende Techniken einen hochwertigen Fall-Back-Mode bereitstellen zu können.

Literatur

/1/ Glenn, W.E. and K.G.: "HDTV-Compatible Transmission Sytem"; SMPTE Journal. March 1987
/2/ Glenn, W.E.: "High Definition Television Recording and Compatible Transmission with reduced Bandwidth"; ATSC Conference Report, Dec. 1984
/3/ Weaver, L.E.: "Television Measurement Techniques"; London Peregrinus Ltd.; 1971 IEEE Monograph Series No. 9
/4/ Schröder, H.: "On Line-Free and Flicker-Free Television Reproduction"; Special Issue on Spatio-temporal Signal Processing, Circuits, Systems and Signals; Vol. 3, No 2; 1984; Birkhäuser, Boston.
/5/ Jackson, R.N.; Annegarn, M.: "Compatible Systems for High Quality Television"; SMPTE Journal 92 (1983), No 7, S.719-723

Modelle für Bildsignale und zugeordnete Prädiktionsfilter

Fritz Boschen

Fachbereich Elektrotechnik
Universität-GH Wuppertal

Einleitung

Die DPCM-Technik (Differenz-Puls-Code-Modulation) ist seit langem bekannt und schon als klassisches Verfahren auch in der Bildverarbeitung zu bezeichnen. Sie ist eine Möglichkeit zur Redundanzreduktion von Nachrichten. Hierbei wird die Nachricht aus ihrer Vergangenheit mit linearen Methoden geschätzt, die Differenz zwischen Originalnachricht und Schätzwert gebildet und dieser Schätzfehler übertragen. Für die Vorhersage wird ein lineares Prädiktionsfilter synthetisiert. Das eigentliche Problem des Verfahrens besteht in der Analyse und Synthese dieses Prädiktionsfilters. Hierzu sind zahlreiche Arbeiten erschienen, wobei in den meisten Fällen die Dimensionierung des Filters heuristisch vollzogen wurde.

Die DPCM

Die vorliegende Arbeit untersucht die Bestimmung des linearen Prädiktionsfilters aus der Autokorrelationsfunktion eines Bildsignals oder eines entsprechenden Korrelationsmodells. Ausgangspunkt der Betrachtung ist der Schätzwert $\hat{S}(n\tau)$ als diskrete Faltung der Nachricht $S(n\tau)$ mit dem linearen und stabilen Vorhersagefilter $A(n\tau)$

$$\hat{S}(n\tau) = -\sum_{k=1}^{\infty} A(k\tau) S([n-k]\tau).$$ (1)

Der Vorhersagefehler oder auch Differenzwert $e(n\tau)$ ergibt sich als Differenz der Nachricht und des Schätzwerts zu

$$e(n\tau) = \sum_{k=0}^{\infty} A(k\tau) S([n-k]\tau),$$ (2)

mit $A(0) = 1$. Die Filterkoeffizienten $A(k\tau)$ werden nach dem LMS-Kriterium (Least Mean Square) bestimmt. Für den quadratischen Erwartungswert Q des Vorhersagefehlers $e(n\tau)$ folgt

$$Q = E\left\{\left[\sum_{k=0}^{\infty} A(k\tau) S([n-k]\tau)\right]^2\right\}.$$ (3)

Der quadratische Erwartungswert wird nun minimiert, und man erhält als Extremalbedingung die Gleichung

$$E\left\{\left[\sum_{k=0}^{\infty} A(k\tau) S([n-k]\tau)\right] S([n-i]\tau)\right\} = 0, \qquad i > 0.$$ (4)

Das Ausführen der Erwartungswertoperation ergibt das System der Normalgleichungen

$$\sum_{k=0}^{\infty} A(k\tau) R([i-k]\tau) = 0, \qquad i > 0,$$ (5)

wobei $R(i\tau)$ die Autokorrelation der diskreten Zeitwerte $S(n\tau)$ darstellt. Gleichung (5) ist in dieser Form eine diskrete Variante der Wiener-Hopfschen-Integralgleichung. Es soll nun gezeigt werden, daß diese Normalgleichungen vollständig durch die sogenannte Spektrale Faktorisierung gelöst werden können. Hier wird dazu ein mehr anschaulicher Weg eingeschlagen, dessen Vorteil auch in der Kürze der Darstellung liegt. Es wird eine Hilfsfunktion $\varphi(n\tau)$ eingeführt. Für den Funktionsverlauf dieser Hilfsfunktion gilt

$$\varphi(n\tau) = 0, \qquad n > 0. \tag{6}$$

Mit dieser Hilfsfunktion gilt Gleichung (5) für alle i

$$\varphi(i\tau) = \sum_{k=0}^{\infty} A(k\tau)R([i - k]\tau). \tag{7}$$

Diese Gleichung kann man, da sie für alle i definiert ist, ohne weiteres der z-Transformation unterwerfen und erhält so

$$\varphi(z) = a(z)r(z). \tag{8}$$

Das Leistungsdichtespektrum $r(z)$ ist ein selbstreziprokes, reelles Polynom in z und besitzt für jede Nullstelle innerhalb des Einheitskreises ein reziprokes Analogon außerhalb des Einheitskreises. Die Übertragungsfunktion des Prädiktionsfilters $a(z)$ ist wegen der Eingangsvoraussetzung nach Gleichung (1) außerhalb des abgeschlossenen Einheitskreises holomorph. Die Hilfsfunktion $\varphi(z)$ hingegen ist (nach Voraussetzung Gleichung (6)) holomorph innerhalb des abgeschlossenen Einheitskreises. Aus diesem Grunde führt man die Spektrale Faktorisierung des Leistungsdichtespektrums

$$r(z) = u(z)u(z^{-1}) \tag{9}$$

ein. Diese Beziehung wird eindeutig, wenn $u(z)$ alle Nullstellen innerhalb des Einheitskreises zugeteilt bekommt und die reziproken außerhalb des Einheitskreises $u(z^{-1})$ zugeordnet werden. Die Funktion $u(z)$ wird auch die Erzeugende Funktion genannt. Gleichung (9) setzt man in Gleichung (8) ein, und es ergibt sich

$$\varphi(z) = a(z)u(z)u(z^{-1}). \tag{10}$$

Diese Gleichung kann man durch analytischen Vergleich auflösen. Es bestehen die Identitäten

$$a(z) = \frac{1}{u(z)} \quad \text{und} \quad \varphi(z) = u(z^{-1}). \tag{11}$$

Die Spektrale Faktorisierung löst also eindeutig die Wiener-Hopf- Gleichung nach (5). Es bleibt die Frage zu klären, in welcher Weise sie zu bestimmen ist. In der Literatur sind einige Verfahren bekannt, die mit iterativen Techniken hochgenaue Ergebnisse erzielen. Für große Polynome sind sie jedoch ungeeignet, da der Rechenaufwand immens ist.

Die Spektrale Faktorisierung

Hier wird nun ein analytischer Weg beschritten, der in seinen ersten Ansätzen auf Wiener zurückgeht. Als erster Schritt wird die Gleichung (9) logarithmiert und man erhält das Cepstrum

$$\ln[r(z)] = \ln[u(z)] + \ln[u(z^{-1})]. \tag{12}$$

Die Funktion $u(z^{-1})$ ist innerhalb des abgeschlossenen Einheitskreises nach Voraussetzung eine holomorphe Funktion ohne Nullstellen und somit gilt diese Aussage auch für $\ln[u(z^{-1})]$. Der Realteil der Funktion ergibt sich zu

$$\mathrm{Re}\{\ln[u(z^{-1})]\} = \frac{1}{2}\ln[r(z)], \tag{13}$$

da das Leistungsdichtesprektrum $r(z)$ und somit auch das Cepstrum $\ln[r(z)]$ für $|z|=1$ reell ist. Man kann also $\ln[u(z^{-1})]$ innerhalb des Einheitskreises aus den Randwerten der Funktion auf dem Einheitskreis durch die Cauchysche Integralformel berechnen. Es ergibt sich somit

$$\ln\left[u\left(\xi e^{j\Phi}\right)\right] = \frac{1}{2\pi j}\oint_C \frac{\ln[u(z)]}{z - \xi e^{j\Phi}}dz, \tag{14}$$

mit $0 \leq \xi < 1$. Durch Integration auf dem Einheitskreis $|z|=1$ erhält

$$\ln\left[u\left(\xi e^{j\Phi}\right)\right] = \frac{1}{2\pi}\int_0^{2\pi}\frac{\ln\left[u\left(e^{j\Psi}\right)\right]}{e^{j\Psi} - \xi e^{j\Phi}}e^{j\Psi}d\Psi. \tag{15}$$

Für den konjugiert komplexen, reziproken Aufpunkt außerhalb des Einheitskreises ergibt sich als Integralwert 0, da der Integrand innerhalb des Einheitskreises holomorph ist. Es folgt also

$$0 = \frac{1}{2\pi}\int_0^{2\pi}\frac{\ln\left[u\left(e^{j\Psi}\right)\right]}{e^{j\Psi} - \xi^{-1}e^{j\Phi}}e^{j\Psi}d\Psi. \tag{16}$$

In der weiteren Entwicklung wird die Funktion $\ln[u(\xi e^{j\Phi})]$ durch die Integration der Randwerte ihres Realteils auf dem Einheitskreis berechnet. Dazu werden Gleichung (15) und (16) voneinander subtrahiert und in Real- und Imaginärteil zerlegt. Der Realteil der gesuchten Funktion ergibt sich damit zu

$$\mathrm{Re}\left\{\ln\left[u\left(\xi e^{j\Phi}\right)\right]\right\} = \frac{1}{2\pi}\int_0^{2\pi}\mathrm{Re}\left\{\ln\left[u\left(e^{j\Psi}\right)\right]\right\}\frac{1-\xi^2}{1+\xi^2-2\xi\cos(\Psi-\Phi)}d\Psi. \tag{17}$$

Den Imaginärteil erhält man analog, indem man Gleichung (15) und (16) addiert und wieder in Real- und Imaginärteil aufspaltet. Man bekommt

$$\mathrm{Im}\left\{\ln\left[u\left(\xi e^{j\Phi}\right)\right]\right\} = \frac{1}{2\pi}\int_0^{2\pi}\left[\mathrm{Im}\left\{\ln\left[u\left(e^{j\Psi}\right)\right]\right\} - \mathrm{Re}\left\{\ln\left[u\left(e^{j\Psi}\right)\right]\right\}\frac{2\xi\sin(\Psi-\Phi)}{1+\xi^2-2\xi\cos(\Psi-\Phi)}\right]d\Psi. \tag{18}$$

Gleichung (17) und (18) werden wieder zur kompletten Funktion $\ln[u(\xi e^{j\Phi})]$ zusammengesetzt und es ergibt sich

$$\begin{aligned}
\ln\left[u\left(\xi e^{j\Phi}\right)\right] = {} & \frac{1}{2\pi}\int_0^{2\pi}\mathrm{Re}\left\{\ln\left[u\left(e^{j\Psi}\right)\right]\right\}\frac{1-\xi^2}{1+\xi^2-2\xi\cos(\Psi-\Phi)}d\Psi \\
& + j\frac{1}{2\pi}\int_0^{2\pi}\mathrm{Im}\left\{\ln\left[u\left(e^{j\Psi}\right)\right]\right\}d\Psi \\
& - j\frac{1}{2\pi}\int_0^{2\pi}\mathrm{Re}\left\{\ln\left[u\left(e^{j\Psi}\right)\right]\right\}\frac{2\xi\sin(\Psi-\Phi)}{1+\xi^2-2\xi\cos(\Psi-\Phi)}d\Psi.
\end{aligned} \tag{19}$$

Diese Gleichung kann man noch weiter vereinfachen und zusammenfassen und erhält schließlich

$$\ln\left[u\left(\xi e^{j\Phi}\right)\right] = \frac{1}{2\pi}\int_0^{2\pi}\mathrm{Re}\left\{\ln\left[u\left(e^{j\Psi}\right)\right]\right\}\frac{1+\xi e^{-j(\Psi-\Phi)}}{1-\xi e^{-j(\Psi-\Phi)}}d\Psi + j\frac{1}{2\pi}\int_0^{2\pi}\mathrm{Im}\left\{\ln\left[u\left(e^{j\Psi}\right)\right]\right\}d\Psi. \quad (20)$$

Im rechten Integral wird der Imaginärteil von 0 bis 2π aufsummiert. Da der Integrand jedoch im Intervall $[-\pi, \pi]$ ungerade ist, ergibt die Integration 0 und es verbleibt

$$\ln\left[u\left(\xi e^{j\Phi}\right)\right] = \frac{1}{2\pi}\int_0^{2\pi}\mathrm{Re}\left\{\ln\left[u\left(e^{j\Psi}\right)\right]\right\}\frac{1+\xi e^{-j(\Psi-\Phi)}}{1-\xi e^{-j(\Psi-\Phi)}}d\Psi. \quad (21)$$

Man hat es nun geschafft, die gesuchte Funktion $\ln[u(\xi e^{j\Phi})]$ durch ihren bekannten Realteil auszudrücken, dieser Realteil wird allerdings noch mit einer zusätzlichen Funktion gefaltet. Die Faltung entspricht einer Multiplikation der entsprechenden Zeitfunktionen und diese Multiplikation wird im folgenden diskutiert.

Der Ausdruck $\mid \xi e^{-j(\Psi-\Phi)}\mid$ ist nach Voraussetzung kleiner 1. Damit läßt sich der rechte Multiplikator des Integranden in eine gleichmäßig konvergente Reihe entwickeln zu

$$\frac{1+\xi e^{-j(\Psi-\Phi)}}{1-\xi e^{-j(\Psi-\Phi)}} = \sum_{k=0}^{\infty}\left(\xi\frac{e^{j\Phi}}{e^{j\Psi}}\right)^k + \sum_{k=1}^{\infty}\left(\xi\frac{e^{j\Phi}}{e^{j\Psi}}\right)^k = 1 + 2\sum_{k=1}^{\infty}\left(\xi\frac{e^{j\Phi}}{e^{j\Psi}}\right)^k. \quad (22)$$

Gleichung (22) setzt man in Gleichung (21) ein und erhält das Resultat

$$\ln\left[u\left(\xi e^{j\Phi}\right)\right] = \frac{1}{2\pi}\int_0^{2\pi}\mathrm{Re}\left\{\ln\left[u\left(e^{j\Psi}\right)\right]\right\}\left(1 + 2\sum_{k=1}^{\infty}\left(\xi\frac{e^{j\Phi}}{e^{j\Psi}}\right)^k\right)d\Psi. \quad (23)$$

Man multipliziert nun aus und vertauscht die Reihenfolge von Integration und Summation. Dies ist zulässig, da die Summe gleichmäßig konvergent ist. Damit schreibt man

$$\ln\left[u\left(\xi e^{j\Phi}\right)\right] = \frac{1}{2\pi}\int_0^{2\pi}\mathrm{Re}\left\{\ln\left[u\left(e^{j\Psi}\right)\right]\right\}d\Psi + 2\sum_{k=1}^{\infty}\left[\frac{1}{2\pi}\int_0^{2\pi}\mathrm{Re}\left\{\ln\left[u\left(e^{j\Psi}\right)\right]\right\}e^{-jk\Psi}d\Psi\right]\xi^k e^{jk\Phi}. \quad (24)$$

Nun werden die anfänglichen Substitutionen für Aufpunkt- und Integrationsvariable zurückgenommen, der Summationsindex k nach $-k$ überführt und die Beziehung (13) eingesetzt. Damit lautet die Berechnung der logarithmierten Erzeugenden Funktion

$$\ln[u(z^{-1})] = \frac{1}{\pi j}\oint_C \ln[r(z_1)]z_1^{-1}dz_1 + \sum_{k=-\infty}^{-1}\left(\frac{1}{2\pi j}\oint_C z_1^{k-1}\ln[r(z_1)]dz_1\right)z^{-k}. \quad (25)$$

Für die Funktion $\ln[u(z)]$ folgt analog

$$\ln[u(z)] = \frac{1}{\pi j}\oint_C \ln[r(z_1)]z_1^{-1}dz_1 + \sum_{k=1}^{\infty}\left(\frac{1}{2\pi j}\oint_C z_1^{k-1}\ln[r(z_1)]dz_1\right)z^{-k}. \quad (26)$$

Die Interpretation der Gleichungen (25) und (26) ist gleich. Der Klammerausdruck auf der rechten Seite ist eine Rücktransformation des Cepstrums in den Zeitbereich. Die Rücktransformation des Zeitwertes an der Stelle $k\tau = 0$ wird im ersten Integral durchgeführt und mit $1/2$ multipliziert. Anschließend summiert man alle Werte für negative k (Gleichung 25) zu $\ln[u(z^{-1})]$ bzw. für positive k (Gleichung 26) zu $\ln[u(z)]$ auf. Damit liegen alle Berechnungsschritte für das optimale Prädiktionsfilter $A(k\tau)$ fest.

Das optimale Prädiktionsfilter

Die Berechnung beginnt mit den Autokorrelationen der Nachricht. In der bisherigen Herleitung wurde die Z-Transformation benutzt. Dies ist natürlich nicht zwingend notwendig. Stattdessen kann auch die Fourier-Transformation und als Näherung auch die Diskrete Fourier-Transformation benutzt werden. Der generelle Verlauf der Filtersynthese ist in folgenden Schritten darstellbar.

- Die Autorrelationen werden der Diskreten Fourier-Hintransformation unterzogen.

- Es wird das Cepstrum durch Logarithmieren der Spektralwerte berechnet.

- Das Cepstrum transformiert man in den Zeitbereich zurück.

- Man multipliziert die erhaltene Zeitfunktion mit dem zeitdiskreten Einheitssprung $\sigma(n\tau)$

$$\sigma(n\tau) = \begin{cases} 0 & : \quad n < 0 \\ 1/2 & : \quad n = 0 \\ 1 & : \quad n > 0 \end{cases} \tag{27}$$

- Das Ergebnis transformiert man wieder in den Spektralbereich.

- Durch die Umkehrung der Logarithmierung mit der Exponentialfunktion und anschließender spektraler Inversion (siehe Gleichung 11) ergibt sich die Übertragungsfunktion des optimalen Filters.

- Die Filterkoeffizienten erhält man durch erneute Rücktransformation.

Die ersten drei Unterpunkte werden zusammengefasst als Homomorphe Transformation bezeichnet. Man kann sie zweckmäßig auch als Operatorengleichung schreiben. Diese lautet

$$H = F^1(\ln(F)). \tag{28}$$

Bis auf die Inversion im vorletzten Rechenschritt handelt es sich bei den letzten drei Unterpunkten um die Homomorphe Rücktransformation H^{-1}. Ohne diese Inversion wäre nach H^{-1} die Erzeugende Funktion das Ergebnis der Berechnungen gewesen.

Zusammenfassung

Die oben dargestellte Berechnungsmethode des optimalen DPCM-Filters erlaubt es, auch sehr große Filter zu bestimmen. Sie wurde für Filter mit maximal 262144 Filterkoeffizienten auf einem Universalrechner implementiert. Ein weiterer Vorteil der Vorgehensweise über die Spektrale Faktorisierung ist die garantierte Stabilität, sowohl des nichtrekursiven Prädiktionsfilters $a(\omega)$, als auch des inversen Gegenstücks $1/a(\omega)$ zur Rekonstruktion des Signals. Die Genauigkeit des Verfahrens hängt in erster Linie von den Nullstellen des Leistungsdichtespektrums ab. Je näher die Nullstellen dem Einheitskreis kommen, umso ungenauer wird das Ergebnis. Der Grund ist hier in der Logaritmierung zu sehen. Bei allen bisherigen Berechnungen hat sich die Genauigkeit der Methode jedoch als zufriedenstellend herausgestellt.

Bisher wurden zwei bekannte Modellkorrelationen für Bilder untersucht und die entsprechenden Prädiktionsfilter berechnet. Das erste Modell war das sogenannte separierbare Laplace-Modell. Hier fällt die Korrelation sowohl in horinzontaler als auch in vertikaler Richtung mit einer Laplace-Funktion ab. Dieses Modell wurde vorgezogen, da es auch mit anderen Methoden analytisch berechenbar ist, das Filter daher schon als Planarfilter bekannt ist und somit auch die Rechenmethode einer Überprüfung unterzogen werden konnte. Das Ergebnis war identisch mit den bekannten Tatsachen. Das Filter besteht also nur aus den drei Filterkoeffizienten $A(\tau)$, $A(N\tau)$ und $A([N+1]\tau)$, wobei N die Zeilenlänge bedeutet.

Das zweite Modell ist das sogenannte isotrope Modell. Auch hier fällt die Korrelation mit einer Laplace-Funktion in beiden Richtungen ab. Der Unterschied zum ersten Modell liegt in der fehlenden Separierbarkeit der horizontalen von der vertikalen Richtung. Das berechnete Filter ist aber noch überschaubar. Es besteht aus den vier Filterkoeffizienten $A(\tau)$, $A(N\tau)$, $A([N+1]\tau)$ und $A([N-1]\tau)$. Dieses Ergebnis ist neu, also in der bekannten Literatur nicht gefunden worden.

Im weiteren Verlauf der Untersuchungen werden auch Filterberechnungen auf Korrelationsdaten von real existierenden Bildern angestrebt, wobei die Genauigkeit der Korrelationsschätzung bzw. der Schätzung des Leistungsdichtespektrums eine große Rolle spielt. Zielsetzung des ganzen Projekts ist die Synthese einfach strukturierter Prädiktionsfilter mit guter Approximation der zugeordneten Modelle auf reale Bildinhalte.

Literatur

Alan V. Oppenheim, Ronald W. Schafer *Digital Signal Processing*,
1987, Prentice Hall, London

Rolf Unbehauen *Systemtheorie*,
1980, R. Oldenbourg, München

Athanasios Papoulis *Probability, Random Variables and Stochastic Processes*,
1981, McGraw-Hill

Alan V. Oppenheim, Roland W. Schafer, Thomas G. Stockham
Nonlinear Filtering of Multiplied and Convolved Signals,
1968, Proceedings of the IEEE Vol. 56 No. 8 pp.1264-1291

VÁCLAV ČÍŽEK *Discrete Hilbert Transform*,
1970, IEEE Transactions on Audio and Electroacoustics, Vol. AU-18 NO. 4, pp. 340-343

Norbert Wiener *Collected Works with Commentaries*,
1981, Volume III, The MIT Press

Bestimmung der Modulations-Übertragungsfunktion optischer Systeme mittels Fresnel'scher Zonenplatten

Bernhard Molocher

Lehrstuhl für Nachrichtentechnik
Technische Universität München

Während in der Nachrichtentechnik eindimensionaler Signale ein System durch seinen Frequenzgang charakterisiert wird, gibt die Modulations-Übertragungsfunktion (MÜF oder MTF von modulation-transfer-function) den Übertragungsfaktor eines abbildenden oder abtastenden Systems in Abhängigkeit von der Ortsfrequenz (Linienpaare pro mm) an. Üblicherweise wird zur Bestimmung des Frequenzganges als Testsignal ein Wobbelsignal verwendet, d.h. ein Sinussignal mit konstant ansteigender Frequenz und konstanter Signalamplitude.

Es liegt deshalb nahe, zur Bestimmung der MÜF das zweidimensionale Pendant zum Wobbelgenerator, die sog Fresnel'sche Zonenplatte (oder kurz: Zonenplatte) als Objektvorlage zu verwenden.

Eigenschaften der Fresnel'schen Zonenplatte

Der Verlauf einer idealen Zonenplatte ist mathematisch gegeben durch:

$$A = (1 + \cos(\pi k r^2 + \varphi_0))/2 \qquad \text{mit } r^2 = x^2 + y^2 \qquad (1)$$

Gleichung (1) beschreibt eine rotationssymmetrische Funktion mit sinusförmigem Profil in radialer Richtung. Die lokale Ortsfrequenz einer Zonenplatte ergibt sich durch Ableitung der quadratischen Phase im Argument des Kosinus in radialer Richtung :

$$f_r = (2\pi k) \cdot r \qquad \text{mit } f_r^2 = f_x^2 + f_y^2 \qquad (2)$$

So wie beim Wobbelgenerator die Frequenz mit der Zeit ansteigt, steigt auch die Ortsfrequenz der Zonenplatte linear mit dem Abstand zum Zentrum an. Wegen dieses direkten Ort - Ortsfrequenz - Zusammenhangs kann die MÜF eines optischen Systems durch Abbildung einer Zonenplatte als Funktion des Ortes ermittelt werden. Man erhält sehr schnell einen globalen qualitativen Eindruck über den Verlauf der MÜF als Hüllfläche über dem Abbild der Zonenplatte. Anhand eines Zeilenschnittes durch ein abgetastetes und digital abgespeichertes Abbild der Zonenplatte kommt man zu recht genauen quantitativen Ergebnissen. Man erhält unmittelbar die eindimensionale MÜF(f_x) als Hüllkurve. Wenn sowohl der Verlauf der Zonenplatte als auch die Daten des abtastenden Sensors bekannt sind, ist die Bestimmung des Übertragungsverhaltens bis weit in unterabgetastete Bereiche möglich. Natürlicherweise sind dabei hohe Anforderungen an die Qualität der Zonenplatten zu stellen: So darf auch bei höheren Ortsfrequenzen kein Abfall der Modulation auftreten. Die Zonenplatte sollte im Profil eine strenge Sinusförmigkeit aufweisen, um Fehlmessungen durch höhere Ortsfrequenzanteile zu vermeiden, und trotzdem gut durchmoduliert sein (möglichst weiß bis schwarz statt hellgrau bis dunkelgrau).

Herstellung der Fresnel'schen Zonenplatten

Grundsätzlich gibt es zur Herstellung einer Zonenplatte verschiedene Möglichkeiten: So liegt es zum Beispiel nahe, sie auf einem Computer zu berechnen und von einem hochauflösenden Bildschirm abzufotografieren oder mit einem Printer auszugeben. Mit diesem Verfahren erhält man leider selbst mit den besten heute zur Verfügung stehenden Mitteln unbefriedigende Testmuster. Die so erhaltenen Zonenplatten beinhalten bereits die Übertragungseigenschaften einer ganzen Kette von Systemen: Abtastung (im Speicher), Bildschirm und Fotoobjektiv bzw. Printer;

Deshalb wurde die kohärent-optische on-axis Überlagerung zweier Kugelwellen mit unterschiedlichem Radius auf einer Photoplatte als Verfahren zur Herstellung einer nahezu idealen Zonenplatte gewählt. Die Phase einer Kugelwelle enspricht innerhalb des Bereiches der Photoplatte in guter Näherung der geforderten quadratischen Phase des Rotationsparaboloids in Gleichung (1). Die Zonenplatte entsteht auf diese Weise direkt ohne Durchlaufen eines optischen Systems.

Auf eine Vervielfältigung mittels eines Vergrößerers wurde verzichtet, um nicht dessen Übertragungseigenschaften mit aufzuzeichnen, und statt dessen ausschließlich Originale verwendet. Es konnten Photomaterialien und Entwicklungsparameter gefunden werden, mit denen sich bei hoher Amplitude der Modulation ein sehr sauberes sinusförmiges Profil der Zonenplatte erreichen läßt. Auch ein Abfall der Modulation zu höheren Frequenzen ist praktisch nicht feststellbar.

Bild 1: kohärent-optisch erzeugte Fresnel'sche Zonenplatte (mit den Übertragungseigenschaften der Repro-Systeme für diese Tagungsveröffentlichung)

Anwendungsbeispiele

-Bestimmung der MÜF von Objektiven

Die MÜF von Objektiven ist im allgemeinen ortsabhängig, d.h. in der Mitte des Bildfeldes normalerweise besser als am Rand. Dieser Eigenschaft kann daurch Rechnung getragen werden, daß kleinere Zonenplatten an verschiedenen Orten des Bildfeldes positioniert werden.

Aufgrund des Vorwissens über den Signalverlauf braucht nicht einmal das Abtasttheorem erfüllt sein. Es gelingt beispielsweise, unter Verwendung eines CCD-Sensors mit einem Sensorelement-Abstand von 34μm die MÜF eines Objektives bis zu Ortsfrequenzen von 250 Linienpaaren pro mm auszumessen, obwohl aufgrund des Abtasttheorems eigentlich nur Ortsfrequenzen bis ca. 15 Linienpaaren pro mm aufgelöst werden können [Lenz 90]. Durch die Unterabtastung werden hohe Ortsfrequenzen auf niedrige Ortsfrequenzen heruntergemischt und ergeben so periodisch fortgesetzte Ringsysteme (weitere Zonenplatten). Die Ortsfrequenzachse kann auch ohne Kenntnis des Abbildungsmaßstabs skaliert werden, da die Periodenlänge gerade der Abtastfrequenz entspricht.

Eine qualitative Bewertung der MÜF ist durch bloßen Augenschein des Monitorbildes möglich, ohne daß besondere Anforderungen an das Auflösungsvermögen des Monitors oder an die elektrische Bandbreite der Video-Übertragungskette gestellt werden. Die genaue Bestimmung der MÜF erfolgt dann wieder mittels Zeilenschnitt.

Auf diese Weise können auch die bandbegrenzenden Eigenschaften von optischen Tiefpaßfiltern, wie z.B. doppelt brechenden Quarzgläsern ermittelt werden.

-Vermessung von CCD-Sensoren

Hierzu sind genaue Kenntnisse über den Abbildungsmaßstab und den Verlauf der Zonenplatte (Faktor k, Gleichung (1)), sowie ein gutes Objektiv nötig. Anhand der durch Unterabtastung entstehenden Aliasingstrukturen können die Abstände der Sensorelemente in x- und y-Richtung ermittelt werden. Auch die Größe der Sensorelemente kann aufgrund von Nulldurchgängen in der Hüllfläche bestimmt werden.

-Bestimmung der MÜF von abtastenden und digitalisierenden Farbkopierern

Durch einfaches Kopieren einer Zonenplatte erkennt man sofort, ob das Gerät beispielsweise richtig focussiert ist und ob die Versprechungen der Prospekte bezüglich der Auflösung des Systems ernstzunehmen sind.

Literaturhinweis:

LENZ, R.K., 1990: Messung der Übertragungseigenschaften einer hochauflösenden CCD-Farbkamera mit Flächensensor, vorauss. *Proc. 12.DAGM Symposium Mustererkennung 1990*, Aalen, Sept. 24 - 26

MODELS OF NONSTATIONARY SIGNALS
USING HAAR EXPANSIONS

Janusz Sawicki

Instytut Elektroniki i Telekomunikacji
Politechnika Poznańska, Poznań (Poland)

The aim of the paper is to present the properties of an A.R. model
with time varying coefficients and its use in signal identification procedures. The actual coefficient values are approximated by
linear combinations of basis time functions – in our case Haar
functions.

Introduction

The nonstationary signal is assumed to be a solution of a time-varying A.R. filter driven by a stationary white noise. It is supposed also that the parameters of the model are "slowly" varying so
that they can be approximated by a series of the above mentioned
basis functions. Such models were already used e.g. by Y.Grenier
[1] and R.Charbonnier [2]. In some cases, if abrupt changes of the
signal parameters are expected, it seems useful to apply special
"rectangular" basis functions in the approximations of the equations coefficients. The use of Haar functions in the approximating
series is discussed in the paper.

Signal modeling

The signal resulting from the difference equation

$$x(n) + \sum_{i=1}^{p} a_i(n)\, x(n-i) = e(n) \qquad (1)$$

where $e(n)$ – denotes a stationary white noise,
$\quad\quad\;\; a_i(n)$ – $(i=1,\ldots,p)$ – a time-varying parameter of the
$\quad\quad\quad$ equation,
is assumed to be the model of the identified nonstationary process.
It is assumed also, similarly as for instance in [2], that the variation of the coefficients can be approximated by the use of the
following series

$$\sum_{j=0}^{m} a_{i\,j}\, f_j(n) \qquad (2)$$

where $f_j(n) - (j=0,\ldots,m)$ - the basis function of the expansion. Replacing the coefficients in Equ.1 with the above mentioned expansions, we obtain

$$x(n) + \sum_{i=1}^{p} \underline{X}(n-i)^T \underline{a}_i = e(n) \qquad (3)$$

where $\underline{X}(n-i)^T = [x(n-i)\ f_0(n-i)\ \ldots\ x(n-i)\ f_m(n-i)]$,
$\underline{a}^T = [a_{io}\ \ldots\ a_{im}]$.
The identification of the process means now the estimation of $p(m+1)$ values of coefficients a_{ij} (in Equ.2). The estimates of a_{ij} result from the given sequence of q samples of $x(n)$. According to the least-square method the estimates of a_{ij} can be obtained as solutions of the well known Yule-Walker equation (used e.g. in [3])

$$\underline{A}\ \underline{\alpha} = -\ \underline{x} \qquad (4)$$

where $\underline{x} = \sum_{n=1}^{q} [\underline{X}(n-1)^T\ \ldots\ \underline{X}(n-p)^T]^T\ x(n),$

$$\underline{A} = \sum_{n=1}^{q} [\underline{X}(n-1)^T\ \ldots\ \underline{X}(n-p)^T]^T$$
$$[\underline{X}(n-1)^T\ \ldots\ \underline{X}(n-p)^T]\ ,$$

$\underline{\alpha}^T = [a_{io}\ \ldots\ a_{pm}]$.

Different algorithms of estimation of the parameters are presented in the same paper.

The Choice of the Basis Functions

The use of a proper basis in the above introduced expansion (Equ.2) seems to be a very important factor of the estimation procedure, deciding about the accuracy and about the upper limit of the subscript j. In [2] the harmonic functions as well as the Legendre polynomials were used but a specific case of process (sine wave with continuously varying frequency) was considered. In the case when abrupt changes (jumps) of the process parameters and of the discrete functions $a_i(n)$ are possible, better results can be expected if certain two- or three value orthogonal functions were be applied in the series.
In the examples given below the identification procedures using Haar [4] and harmonic functions are compared. The cases of frequency-keyed deterministic processes and of random processes with varying power spectral densities are analyzed.

Simulation Results

— Identification of a Deterministic Process

A sequence of q samples of a sine-wave, changing its frequency
at n = q/4 and n = q/2 (the frequency was multiplied by factors
1, 0.7 and 1.3 respectively) was assumed to be the identified process. The model was generated by an order 2 difference equation
(p=2) and an order 3 basis was used for the approximation of the
coefficients i.e. each of the coefficients $a_1(n)$ and $a_2(n)$ was
represented by a sum of the first three harmonic or first three
Haar functions. The vector $\underline{x}$ and matrix $\underline{A}$ from Equ.4 were calculated for q=512, for Haar and harmonic basis.
The results were compared in both cases according to the criterion

$$Q = 10\ \log \frac{\sum_{n=1}^{q} (x(n))^2}{\sum_{n=1}^{q} (e_r(n))^2} \qquad (5)$$

where $x(n)$ — are elements of the identified sequence,
           $e_r(n)$ — is the residual which can be determined by in-
verse filtering of $x(n)$.

It has been shown, that the process is identified more effective-
ly if the Haar expansion of the time-varying coefficients is used.
The coefficient Q equalled about 46.12 dB for the Haar approximation and about 35.68 for the harmonic one. The original process
and its model are shown in Figs.1 and 2.

— Identification of a Random Process

A random process generated by the difference equation

$$x(n) = 0.95\ x(n-1) - a(n)\ x(n-2) + z(n)$$

where $z(n)$ — denotes a zero-mean sequence of random numbers,
           $a(n)$ — a coefficient changing its value at n=q/4 and
           n=q/2 (taking values 0.3, 0.9 and 0.1 respectively),

was identified using a similar model as in the deterministic case.
The quality of identification was determined using again the criterion from Equ.5. It has been shown that the value taken by Q
was about 5 dB for both expansions (Haar and harmonic). This
fact can be explained if we take into consideration that the real
power spectral density does not change abruptly because of the
"inertia" of the generating formula.

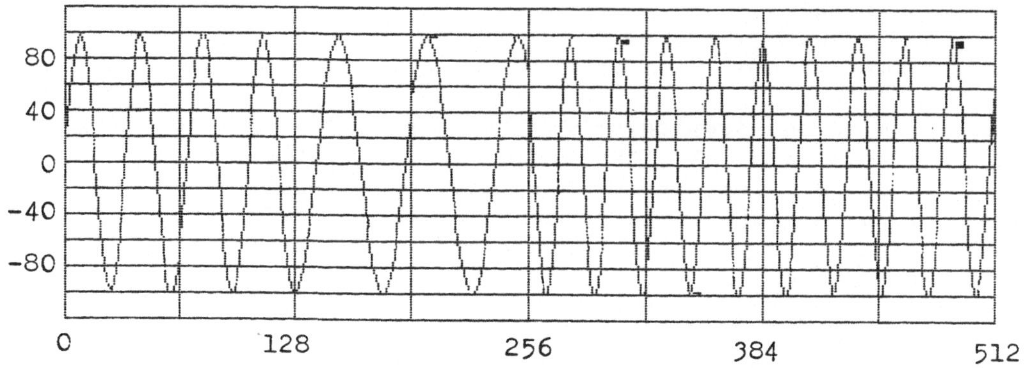

Fig.1 - The identified process

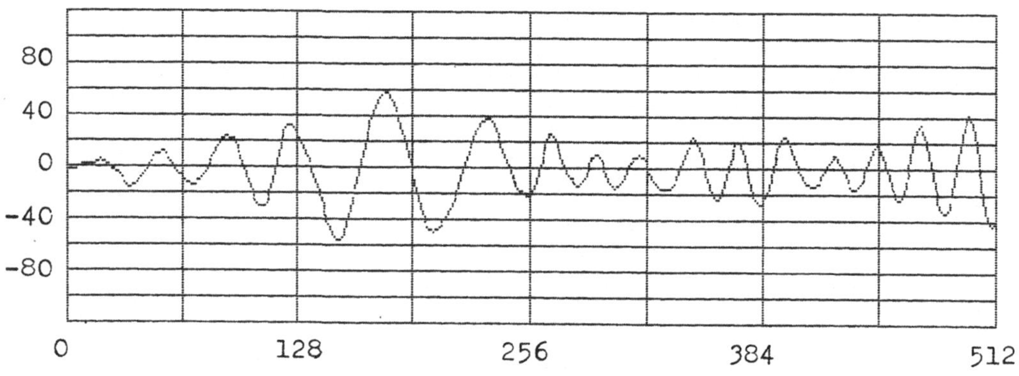

Fig.2 - The model of the process

Conclusions

A specific method of identification of nonstationary signals is
presented in the paper. It has been shown that in some cases, particularly if the coefficients of the modeling difference equation
are "keyed", a series consisting of Haar functions can be used as
their approximation. The method is especially suitable if deterministic signals are to be identified.

References

1. Grenier Y., Time dependent ARMA modeling of non-stationary
   signals, IEEE Trans. ASSP vol.31 no 4 pp 899-911, Aug.1983
2. Charbonnier L. et al., Identification Methods for Non-stationary Signals, Signal Processing III - Theories and Applications,
   I.T.Young et al.(eds.), Elsevier science Publishers B.V.(North
   Holland), EURASIP 1986
3. Sawicki j., Models of Signals and Algorithms of Signal Synthesis (report - in Polish), Technical University of Poznan, 1989
4. Sz.-Nagy B., Introduction to Real Functions and Orthogonal Expansions, Akademiai Kiado, Budapest 1964

Komplexe No-Sequenzen mit guten Auto- und Kreuzkorrelationseigenschaften

M. Antweiler und L. Bömer

Institut für Elektrische Nachrichtentechnik, RWTH Aachen, 5100 Aachen

1 Einleitung

Für asynchrone Codemultiplexverfahren wird eine Familie zeitdiskreter Sequenzen benötigt, deren Kreuzkorrelationsfunktionen niedrige Werte aufweisen sollen, um das Nebensprechen zwischen den einzelnen Kanälen so möglich wie gering zu halten. Weiterhin wird an die Autokorrelationsfunktionen der Sequenzen die Forderung gestellt, ein nahezu impulsförmiges Verhalten aufzuweisen, um die Synchronisierung auf das Empfangssignal zu erleichtern. Diese Forderung wird dahingehend abgeschwächt, daß die Nebenwerte der Autokorrelationsfunktion möglichst klein sein sollen.

In der Vergangenheit beschränkte sich die Synthese im wesentlichen auf Familien von binären Sequenzen, während Ansätze zur Konstruktion komplexer Sequenzen weit weniger bekannt sind. In diesem Beitrag werden nun Sequenzen mit komplexwertigen Elementen vorgestellt, die auf dem von No und Kumar entwickelten Verfahren für binäre Sequenzen beruhen [1]. Die Erweiterung dieses Verfahrens ermöglicht die Konstruktion p-phasiger Sequenzen, wobei p eine Primzahl ist.

Im wesentlichen beruht das hier vorgestellte Verfahren auf der Erweiterung der *Trace*-Funktion auf den Galoiskörper $GK(p^n)$. Die Sequenzelemente werden als das Ergebnis zweier aufeinanderfolgender *Trace*-Operationen dargestellt, wobei das Ergebnis der ersten *Trace*-Operation im Galoiskörper $GK(p^{n/p})$ liegen. Diese Elemente werden mit unterschiedlichen Exponenten potenziert, wodurch sich verschiedene Familien erzeugen lassen.

Die periodischen Auto- und Kreuzkorrelationsfunktionen können als Summen über die p-ten Einheitswurzeln dargestellt werden, wobei das Ergebnis dieser Summation direkt proportional zur Anzahl der Lösungen einer Gleichung x. ten Grades über dem Galoiskörper $GK(p^n)$ ist. Es wird gezeigt, daß die periodischen Auto- und Kreuzkorrelationsfunktionen nur ganz bestimmte Werte annehmem können, für die sich eine obere Schranke angeben läßt.

Aus kryptographischen Gründen werden Sequenzen mit hoher Rekursionstiefe für die Codemultiplextechnik bevorzugt. Die Rekursionstiefe ist hierbei die Anzahl R der Sequenzelemente, die für eine Darstellung des Elementes s_{t+R} als Linearkombination der Elemente $(s_t, s_{t+1}, \ldots, s_{t+R-1})$ notwendig ist. Ist diese lineare Rekursionsgleichung bekannt, so läßt sich mit Schieberegistern, Addierern und Multiplizierern ein linear rückgekoppeltes Schieberegister aufbauen, das diese Sequenz erzeugt. Die hier vorgestellten Sequenzen besitzen eine Rekursionstiefe, die von dem Exponenten, mit denen die Ergebnisse der ersten *Trace*-Operation potenziert werden, abhängen. Diese Potenzierung kann als eine Nichtlinearität im Generierungsschema der Sequenzen gedeutet werden, was naturgemäß die Rekursionstiefe vergrößert. Generell lassen sich mit dem hier vorgestellten Verfahren Sequenzen mit hoher Rekursionstiefe realisieren, ohne daß der Aufwand für die Erzeugung bei bekanntem Erzeugungsalgorithmus im gleichen Ausmaß ansteigt. Bei einer praktischen Implementierung der Sequenzen kann durch den Einsatz eines ROM der Nichtlinearität im Erzeugungsalgorithmus Rechnung getragen werden.

2 Konstruktion komplexer No-Sequenzen

Die komplexen Elemente $a_i(t)$ der i-ten Sequenz lassen sich als

$$a_i(t) = \exp\left(\frac{j2\pi}{p} s_i(t)\right) \, , \, p \text{ Primzahl} \tag{1}$$

darstellen, wobei sich die Phasenwerte als Ergebnis zweier $Trace$-Operationen darstellen lassen:

$$s_i(t) = \text{tr}_1^M\{[\text{tr}_M^N(\alpha^{pt}) + \gamma_i \alpha^{Tt}]^r\}, 0 \leq t \leq L = p^M - 1. \tag{2}$$

Für die einzelnen Parameter gilt:

- α ist ein primitives Element des GK(p^N),

- $M = N/p$,

- $T = (p^N - 1)/(p^M - 1)$, so daß α^T ein primitives Element des GK(p^M) ist,

- $1 \leq r \leq p^M - 1$ und ggT$(r, p^M - 1) = 1$,

- $\gamma_i \in$ GK(p^M).

Die $Trace$-Funktion bildet die Elemente des Galoiskörpers GK(p^N) auf die Elemente des Teilkörpers GK(p^M), ($M|N$), durch folgende Abbildungsvorschrift linear ab:

$$\text{tr}_M^N(\alpha) = \sum_{i=0}^{N/M-1} \alpha^{p^{Mi}}. \tag{3}$$

Die verschiedenen Sequenzen einer Familie werden durch Variation von γ_i erzeugt; der Parameter r ist für jedes Mitglied dieser Familie gleich. Da die Anzahl der verschiedenen Elemente des GF(p^M) gleich p^M ist, können p^M verschiedene Sequenzen einer Familie erzeugt werden.

Verschiedene Sequenzfamilien lassen sich durch verschiedene primitive Elemente α und verschiedene r erzeugen. In einem Galoiskörper GK(p^N) gibt es $\Phi(p^N - 1)$ primitive Elemente, wobei jeweils N Elemente zueinander konjugiert sind. (Mit $\Phi(X)$ wird die Eulersche Funktion bezeichnet; sie gibt die Anzahl der zu X teilerfremden Zahlen an). Da die $Trace$-Funktion zweier zueinander konjugierter Elemente das gleiche Resultat liefert, beschränkt sich die Anzahl der sinnvollen Werte für α auf $\Phi(p^N - 1)/N$. Weiterhin lassen sich durch Variation des Parameters r weitere Sequenzfamilien erzeugen. Die Anzahl der Parameter r, die zu $p^M - 1$ teilerfremd sind, ist $\Phi(p^M - 1)$. Aber auch hier gilt eine Einschränkung: die $Trace$-Funktion liefert nur dann verschiedene Ergebnisse für $r_1 \neq r_2$, falls die Darstellung von r_1 zur Basis p keine zyklisch verschobene Variante der Darstellung von r_2 ist. Deswegen muß $\Phi(p^M - 1)$ durch M dividiert werden. Die Anzahl der verschiedenen Sequenzfamilien ergibt sich aus dem Produkt der Anzahl der möglichen Werte für α und r zu

$$A = \frac{\Phi(p^N - 1)}{N} \cdot \frac{\Phi(p^M - 1)}{M}. \tag{4}$$

3 Korrelationsfunktionen komplexer No-Sequenzen

Die periodische Kreuzkorrelationsfunktion zwischen $s(t)$ und $g(t)$ wird als Korrelation zwischen $s(t)$ und der periodisch wiederholten Sequenz $g(t)$ definiert:

$$\tilde{\varphi}_{sg}(\tau) = \sum_{t=0}^{L-1} s^*(t) \cdot g(t+\tau), \tag{5}$$

wobei $t + \tau$ modulo der Sequenzlänge L reduziert wird. Die periodische Autokorrelationsfunktion ist dadurch definiert, indem $g(.)$ durch $s(.)$ in obiger Definitionsgleichung ersetzt wird. Setzt man die Definitionsgleichungen (1) und (2) für die Elemente der No-Sequenzen aus **einer** Familie, d.h. α und r konstant, ein, so ergibt sich unter Ausnutzung der Linearität der *Trace*-Funktion und der Beziehung

$$T^2 \equiv pT \bmod (p^N - 1) \tag{6}$$

nach einigen Umformungen [2]

$$\tilde{\varphi}_{s_i s_j}(\tau) = \sum_{t_2=0}^{T-1} \sum_{t_1=0}^{p^M-2} \exp\left(\frac{j2\pi}{p} \operatorname{tr}_1^M [\alpha^{prTt_1} \cdot f_1(t_2)] \right), \tag{7}$$

wobei die ursprüngliche Laufvariable t durch

$$t = T \cdot t_1 + t_2 \tag{8}$$

ersetzt wurde. Durch die Summation über t_1 werden alle Elemente des $\operatorname{GK}(p^M) \setminus \{0\}$ erfaßt, da α^{prT} ein primitives Element dieses Körpers ist. Der Wert der inneren Summe hängt somit nur noch von $f_1(t_2)$ ab, wobei $f_1(t_2)$ für den folgenden Ausdruck steht:

$$f_1(t_2) = [\operatorname{tr}_M^N(\alpha^{p(t_2+\tau)}) + \gamma_j \alpha^{T(t_2+\tau)}]^r - [\operatorname{tr}_M^N(\alpha^{pt_2}) + \gamma_i \alpha^{Tt_2}]^r. \tag{9}$$

Die innere Summe ergibt

$$\sum_{t_1=0}^{p^M-2} \exp\left(\frac{j2\pi}{p} \operatorname{tr}_1^M [\alpha^{prTt_1} \cdot f_1(t_2)] \right) = \begin{cases} -1, & \text{falls } f_1(t_2) \neq 0 \\ p^M - 1, & \text{falls } f_1(t_2) = 0 \end{cases}. \tag{10}$$

Nun sei z_1 die Anzahl der Werte $t_2 \in \{0, 1, \dots, T-1\}$, für die sich $f_1(t_2) = 0$ ergibt. Diese Werte ergeben jeweils eine Beitrag von $+(p^M - 1)$ zur Korrelationsfunktion. Die restlichen $T - z_1$ Werte von t_2, für die $f_1(t_2) \neq 0$ ist, ergibt sich ein Beitrag von jeweils -1. Damit folgt für den Korrelationswert an der Stelle τ der Ausdruck

$$\begin{aligned} \tilde{\varphi}_{s_i s_j}(\tau) &= z_1(p^M - 1) - (T - z_1) \\ &= z_1 p^M - T, \end{aligned} \tag{11}$$

wobei z_1 über die Definitionsgleichung von $f_1(t_2)$ von τ, γ_i und γ_j abhängt. An dieser Stelle ist schon gezeigt, daß die Korrelationsfunktionen nur Werte aus der Menge $\{-T, 1 \cdot p^M - T, 2 \cdot p^M - T, \dots\}$ annehmen kann. Um die Anzahl der Nullstellen von $f_1(t_2)$ zu bestimmen, erweitern wir den Definitionsbereich für t_2 auf $\{0, 1, \dots, p^N - 1\}$. Da für die Funktion $f_1(t_2)$ die Beziehung

$$f_1(t_2 + T) = \alpha^{prT} f_1(t_2) \tag{12}$$

gilt, wird durch die Erweiterung des Definitionsbereiches die Anzahl der Nullstellen um den Faktor $(p^N - 1)/T = p^M - 1$ vergrößert, d.h. für z_1 ergibt sich

$$z_1 = \frac{z_2}{p^M - 1}, \tag{13}$$

falls z_2 die Anzahl der Nullstellen der Funktion $f_1(t_2)$ mit dem erweiterten Definitionsbereich ist. Nun führen wir $f_2(t_2)$ ein mit

$$f_2(t_2) = \mathrm{tr}_M^N \left[\alpha^{pt_2}(\alpha^{p\tau} - 1) + \alpha^{Tt_2}(\gamma_j \alpha^{T\tau} - \gamma_i) \right], \tag{14}$$

und es gilt folgende Äquivalenzbeziehung:

$$f_1(t_2) = 0 \iff f_2(t_2) = 0. \tag{15}$$

Folgende Fälle werden unterschieden:

- $\tau = 0$:

    - $\gamma_i = \gamma_j$ bzw. $i = j$: $\tilde{\varphi}_{s_i s_i}(0) = p^N - 1$.
    - $\gamma_i \neq \gamma_j$ bzw. $i \neq j$: $z_2 = z_1 = 0$ und damit $\tilde{\varphi}_{s_i s_j}(0) = -T$.

- $\tau \neq 0$:

    - $\gamma_j \alpha^{T\tau} - \gamma_i = 0$: Für f_2 ergibt sich $f_2(t_2) = \mathrm{tr}_M^N(\delta \alpha^{pt_2})$ mit $\delta = \alpha^{p\tau} - 1 \neq 0$. Da p teilerfremd zu $p^M - 1$ ist und das Nullelement als Argument der *Trace*-Funktion nicht erscheint, ergibt sich $z_2 = p^{N-M} - 1$. Der Wert der Korrelationsfunktion $\tilde{\varphi}_{s_i s_j}(\tau)$ ist dann gleich -1.

    - $\gamma_j \alpha^{T\tau} - \gamma_i \neq 0$: Im Anhang wird gezeigt, daß

$$z_2 \leq p^{M(p-1)} + \frac{p^M - 1}{p^M}(p^M - 2)\sqrt{p^N} - 1. \tag{16}$$

Eine obere Schranke für die Nebenwerte der Autokorrelationsfunktion und sämtliche Werte der Kreuzkorrelationsfunktion ist durch folgende Formel gegeben, indem man die obere Schranke für z_2 aus (16) in (11) einsetzt:

$$\bigvee_{\{i,j,\tau\}\backslash\{i,j,\tau|i=j\wedge\tau=0\}} |\tilde{\varphi}_{s_i s_j}(\tau)| \leq \max\left\{T, (p^M - 2)\sqrt{p^N} - 1\right\}. \tag{17}$$

Ein weiterer Sonderfall liegt bei der Autokorrelationsfunktion der ersten Sequenz vor, d.h. $\gamma_0 = 0$: diese Sequenz ist eine komplexe GMW-Sequenz deren Autokorrelationsfunktion in den Nebenwerten nur den Wert -1 annimmt [4],[6].

Beispiel 1:

Wird $p = 3$, $N = 6$, $M = N/p = 2$ gesetzt, so lassen sich $p^M = 9$ Sequenzen der Länge $p^N - 1 = 728$ mit 3-phasigen Elementen erzeugen. Der Wert der Kreuzkorrelationsfunktion an der Stelle $\tau = 0$ ist dann gleich $-T = -(p^N - 1)/(p^M - 1) = -91$. Eine obere Schranke für die Nebenwerte ergibt sich mit (17) zu 188. Die tatsächlichen Werte der Kreuzkorrelationsfunktion liegen bei 44, 17, -1,- 10, -37, -91. Dies läßt sich darauf zurückführen, daß der tatsächlich größte Wert für z_2 nur halb so groß ist wie in (16) angegeben.

4 Rekursionstiefe komplexer No-Sequenzen

Als Rekursionstiefe R einer Sequenz bezeichnet man die kleinstmögliche Anzahl linear rückge-
koppelter Schieberegister, die zur Erzeugung dieser Sequenz notwendig sind, d.h. die Sequenzelemente erfüllen die Gleichung

$$s(t + R) = \sum_{i=0}^{R-1} c(i) \cdot s(t + i). \tag{18}$$

Für die Bestimmung der Rekursionstiefe werden im wesentlichen Key's Theorem [5] und die
Ergebnisse aus [6] herangezogen. Besondere Schwierigkeiten ergeben sich für $\gamma_i \neq 0$ und $r \neq 1$
in (2), während sich für die anderen Fälle direkt Lösungen angeben lassen. Schreibt man den
Exponenten r in der Form

$$r = \sum_{i=0}^{w} r_i p^{e_i} \text{ mit } 1 \leq r_i < p,\ 0 \leq e_i < M, \tag{19}$$

so läßt sich die innere Sequenz $u_i(t) = \left[\mathrm{tr}_M^N(\alpha^{pt}) + \gamma_i \alpha^{Tt} \right]^r$ aus (2) mit Hilfe des *Polynomischen
Satzes* [7] als

$$u_i(t) = \sum_{\sum_{j=0}^{p} {}_1 l_j = r_1} \sum_{\sum_{j=0}^{p} {}_2 l_j = r_2} \cdots \sum_{\sum_{j=0}^{p} {}_w l_j = r_w} \prod_{k=1}^{w} \binom{r_k}{{}_k l_0, {}_k l_1, \ldots, {}_k l_p} \alpha^{t(p \cdot c(1) + T \cdot d(1))} \cdot \gamma_i^{d(1)} \tag{20}$$

mit

$$c(1) = \sum_{k=0}^{p-1} p^{Mk} \sum_{j=1}^{w} {}_j l_k p^{e_j} \text{ und } d(1) = \sum_{j=1}^{w} {}_j l_p p^{e_j} \tag{21}$$

schreiben. Man bestimmt nun die Anzahl der verschiedenen Exponenten von α, die gleich der
Rekursionstiefe der inneren Sequenz ist. Nimmt man an, daß alle Exponenten verschieden sind,
so erhält man eine obere Grenze für die Rekursionstiefe. Es gibt nun $\binom{p+r_i}{r_i}$ Möglichkeiten, um
r_i als Summe $\sum_{j=0}^{p} {}_i l_j$ darzustellen, und als obere Schranke für die Rekursionstiefe ergibt sich
$R^{(u)} \leq \prod_{i=1}^{w} \binom{p+r_i}{r_i}$. Die Rekursionstiefe der Sequenz nach (2) ist dann höchsten gleich dem
N-fachen dieses Wertes. Die Ergebnisse sind in folgender Tabelle zusammengefaßt:

	Charakterisierung	lineare Rekursionstiefe
$\gamma_i = 0,\ r = 1$	m-Sequenz	$R = M$
$\gamma_i = 0,\ r \neq 1$	GMW-Sequenz	$R = N \prod_{i=1}^{w} \binom{p+r_i-1}{r_i}$
$\gamma_i \neq 0,\ r = 1$	Summe zweier m-Sequenzen mit $R_1 = M$ und $R_2 = N$	$R = M + N$
$\gamma_i \neq 0,\ r \neq 1$	allgemeine No-Sequenz	$R \leq N \prod_{i=1}^{w} \binom{p+r_i}{r_i}$

Tabelle 1: Eigenschaften und Rekursionstiefe komplexer NO-Sequenzen.

Beispiel 2:

Die Rekursionstiefen der No-Sequenzen nach Beispiel 1 sind in Tabelle 2 zusammengefaßt. Zum
Vergleich: die obere Grenze aus Tabelle 1 für den Fall $\gamma \neq 0$ und $r = 5 \neq 1$ beträgt 80.

	$\gamma=0$	$\gamma=1$	$\gamma=\alpha^T$	$\gamma=\alpha^{2T}$	$\gamma=\alpha^{3T}$	$\gamma=\alpha^{4T}$	$\gamma=\alpha^{5T}$	$\gamma=\alpha^{6T}$	$\gamma=\alpha^{7T}$
$r=1$	6	8	8	8	8	8	8	8	8
$r=5$	36	68	74	74	74	74	74	74	74

Tabelle 2: Rekursionstiefen für $p=3$ und $N=6$ für verschiedene Werte von r.

Anhang

Die folgenden Verweise beziehen sich auf das Buch *Finite Fields* von Lidl und Niederreiter [3]. Unter der Voraussetzung $\gamma_j \alpha^{T\tau} - \gamma_i \neq 0$ ist die Anzahl der Wurzeln von

$$f_3(x) = \operatorname{tr}_M^N(\delta x^{T-p} + 1) \text{ mit } \delta = \frac{\alpha^{p\tau} - 1}{\gamma_j \alpha^{T\tau} - \gamma_i} \tag{22}$$

gleich der Anzahl der Wurzeln von $f_2(t_2)$ minus 1, da 0 eine Wurzel von $f_3(x)$, aber keine von $f_2(t_2)$ ist. Mit Satz 6.61 (S. 316) erhalten wir für die Anzahl der Lösungen von (22)

$$z_3 = p^{M(p-1)} + p^{-M} \sum_{\chi \neq \chi_0} \sum_{\gamma \in \mathrm{GK}(p^N)} \chi^{(p)}(\delta \gamma^{T-p} + 1), \tag{23}$$

wobei χ ein additiver Charakter über dem $\mathrm{GK}(p^M)$ ist und $\chi^{(p)}$ ein auf den Oberkörper $\mathrm{GK}((p^M)^p) = \mathrm{GK}(p^N)$ erweiterter Charakter ist. Die innerste Summe aus (23) läßt sich mit Satz 5.32 (S. 218) zu

$$\sum_{\gamma \in \mathrm{GK}(p^N)} \chi^{(p)}(\delta \gamma^{T-p} + 1) \leq (d-1)\sqrt{p^N} \text{ mit } d = \mathrm{ggT}(T-p, p^N - 1). \tag{24}$$

abschätzen. Da d gleich $p^M - 1$ ist, kann die Ungleichung (16) für die Anzahl der Nullstellen $z_2 = z_3 - 1$ angegeben werden.

Literatur

[1] J.-S. No und V. Kumar, "A new family of binary pseudorandom sequences having optimal periodic correlation properties and large linear span," *IEEE Trans. Inform. Theory*, vol. 35, pp. 371 – 379, 1989.

[2] E. Schnorpfeil, "Erzeugung und Optimierung geeigneter Codes zur Multiplexübertragung," Diplomarbeit am Institut für Elektrische Nachrichtentechnik, RWTH Aachen, 1990.

[3] R. Lidl und H. Niederreiter, *Finite Fields*. Addison-Wesley, 1983.

[4] M. Antweiler und L. Bömer, "Complex sequences over GF(p^m) with a two-level autocorrelation function," in *IEEE Symposium on IT 90, San Diego*, p. 75, 1990.

[5] E.L. Key, "An analysis of the structure and complexity of nonlinear binary sequence generators," *IEEE Trans. Inform. Theory*, vol. 22, pp. 732 – 736, 1976.

[6] M. Antweiler und L. Bömer, "Complex sequences over GF(p^m) with a two-level autocorrelation function and a large linear span," zur Veröffentlichung in *IEEE Trans. Inform. Theory* vorgeschlagen.

[7] I.N. Bronstein und K.A. Semendjajew, *Taschenbuch der Mathematik*. Thun, Frankfurt/Main: Verlag Harri Deutsch, 1981.

NONSTANDARD ANALYSIS-METHODEN IN ANWENDUNG AUF EIN
EIGENWERTPROBLEM DER PLL THEORIE

Wolfram Luther

Lehrstuhl I für Mathematik der RWTH Aachen

Ein Phase-Locked Loop (PLL) ist ein Regelsystem, das einen Oszillator
und ein vorgegebenes Signal in Frequenz und Phase synchronisieren
soll. Verläßt bei dem Nachregelungsvorgang der Phasenfehler das
Ausgangsintervall $[0,2\pi]$, so spricht man von "Cycle-Slipping". In
einigen Anwendungen zur Informationsübertragung (Messungen der
Dopplerfrequenz), bei denen es auf eine genaue Phasenverfolgung
ankommt, ist Cycle-Slipping schädlich und bedarf einer Häufig-
keitsanalyse. Unter Berücksichtigung eines geeignet normierten weißen
Rauschens $n(t)$ und eines Frequenzsprunges Ω_0 am Eingang erhält man
für den Phasenfehlerprozeß $\phi(t)$ bei einem PLL erster Ordnung die
Differentialgleichung $\dot\phi(t)=\Omega_0-K(Ag(\phi)+n(t))$ mit den Loop-Konstanten
K,A und der periodischen Phasendetektorcharakteristik $g(\phi)$. Die
zugehörige Übergangswahrscheinlichkeitsdichtefunktion $y(\phi,t)$ genügt
der Fokker-Planck Differentialgleichung, die nach Abseparation der
Zeit folgende Form hat [FL]

$$py'' + \frac{d}{dx}\{(g(x)-\omega)y\} = -\frac{\lambda}{4}y \tag{1}$$

mit der Phase x, den Randbedingungen der Periodizität der Funktion
y und ihrer Ableitung, dem Eigenwert $\lambda \geq 0$, dem Parameter p, der für
die reziproke Signal-Rausch Relation 1/SNR steht und dem normierten
Frequenzsprung ω. Ihrer Diskussion ist eine Vielzahl von Arbeiten
gewidmet, von denen wir stellvertretend nur [V], [FL], [M], [BL], [O]
nennen wollen. (Für die Terminologie siehe [L]). Dabei stehen die
Berechnung der Eigenwerte, ihre Vielfachheit, die Ermittlung der
Eigenvektoren und ihre Asymptotik im Vordergrund. Die Methoden reichen
von Matrixverfahren über Kettenbruchentwicklungen bis hin zu
asymptotischen Reihenentwicklungen. Die auftretenden Verzweigungen
können in der Parameterebene $(\lambda, 1/p)$ anschaulich sichtbar gemacht
werden.

Für die Mathieusche- und Hillsche Gleichung [S],

$$z'' + \left(\frac{\lambda}{4p} + \frac{G'}{2p} - \left(\frac{G}{2p} \right)^2 \right) z = 0, \quad G = g - \omega \tag{2}$$

die eine wichtige Rolle zur Beschreibung erzwungener Schwingungen, eindimensionaler Wellenfortpflanzungsprobleme in periodischen Medien und der Bewegung eines Massenpunktes im periodischen Kraftfeld spielen, finden sich Bilder in der Literatur. In sie kann (1) mit Hilfe der Transformation ($M = 1/2$)

$$z(x) = y(x) \exp\left(\frac{M}{p} \int_0^x (g(t) - \omega) dt \right)$$

überführt werden. Entscheidend ist, daß die Bereiche $\lambda \to \infty$ und $p \to 0$ getrennt diskutiert werden. Setzt man $M = 1$, so geht (1) in $pz'' - Gz' + z\lambda/4 = 0$ (3) über. Wir wollen in der Folge den Übergang $p \to 0$ studieren, der in der Vergangenheit nur in Spezialfällen Beachtung gefunden hat [I].

1. Ein Zugang mit Nonstandard Analysis

Wie in [M] und eindrucksvoll in [O] beschrieben, treten für kleine Werte dieses Parameters, also für große SNR erhebliche numerische Probleme auf bei der Bestimmung der Eigenwerte und Eigenfunktionen zu Randbedingungen betreffend die Minimalperiode $\mathcal{P}$ oder deren ganzzahlige Vielfache, die einen Zugang über Intervallarithmetik erforderlich machen. Insbesondere die Existenz des kleinsten Eigenwerts zu 4π-periodischen Lösungen im Falle $g = \sin, \omega = 0$, der die Cycle-Slip Häufigkeit beschreibt, ist in [O] bewiesen und der Wert verifiziert eingeschlossen. In der Thèse von Callot [C] ist nun gezeigt, daß sich Methoden der Nonstandard Analysis ingenieurgerecht formuliert gerade auf Differentialgleichungen (1) mit einem infinitesimalem Parameter p mit Erfolg anwenden lassen und zu allgemeineren Existenzsätzen des periodischen Eigenwertproblems mit einer guten Lokalisierung der Eigenwerte führen. Ein typischer Satz lautet folgendermaßen:

Betrachtet sei die Dgl $pz'' - f(x)z' + h(x,\lambda)z = 0$ mit einem unendlich kleinen Parameter p und $\mathcal{P}$-periodischen C^∞-Funktionen f, h, die endliche erste Ableitung haben. f besitze nur zwei verschiedene Nullstellen pro Periode, und zwar in 0 und θ mit $f'(0) \gg 0$, $f'(\theta) \ll 0$, $0 \ll \theta \ll \mathcal{P}$. Ferner seien $h \gg 0$, $\frac{\partial h}{\partial \lambda} \neq 0$ und die Standardanteile $k_1 := {}^\circ(h(0,\lambda)/f'(0))$, $k_2 := {}^\circ(-h(\theta,\lambda)/f'(\theta))$ nicht gleichzeitig endliche ganze Zahlen. Sind dann k_1 oder k_2 natürliche Zahlen für ein λ_0, so gibt es zwei verschiedene Eigenwerte $\lambda_1 \cong \lambda_0$, $\lambda_2 \cong \lambda_0$ mit einer $\mathcal{P}$-periodischen und einer $2\mathcal{P}$-periodischen Lösung. Gilt zusätzlich $\int_0^{\mathcal{P}} f(x)dx = 0$, so liegen zwischen λ_1 und λ_2 Eigenwerte mit $q \cdot \mathcal{P}$-periodischen Lösungen ($q > 2$). Zum Beweis [C] betrachten wir der Einfachheit halber (3), substituieren $u := z/z'$, beachten die zwei Nullstellen (Verzeigungspunkte) von G pro Periode $\mathcal{P} = 2\pi$ und diskutieren die zugehörige Riccati-Dgl $pu' = -Gu + (\lambda/4)u^2 + p$ auf Existenz periodischer Lösungen (vgl. [GH]). Die durch die verkürzte Gleichung $p = 0$ definierten "langsamen" Kurven $\mathcal{K}$ und das Vektorfeld (u,x) geben nun Auskunft über periodische Lösungen in Abhängigkeit von $\lambda/(\pm 4 \cdot G'(x_k))$, $k = 1,2$ (4), wobei $G(x_k) = 0$ gilt. Nur wenn letztere Größe ganzzahlig ist, existiert eine Trajektorie, die ein Stück im Hof des anziehenden wie des abstoßenden Teils der Kurven $\mathcal{K}$ verläuft, was die Existenz periodischer Lösungen von (1) zur Folge hat. In diesem Fall betrachtet man die Bewegung der Floquetschen Parameter r_1, r_2 mit $z_i(x + \mathcal{P}) = r_i z_i(x)$ in der komplexen Ebene von 0 und ∞ her über die positiv reelle Achse und die Peripherie eines Kreises vom Radius $\sqrt{r_1 r_2}$ auf die negativ reelle Achse nach -0 und $-\infty$ und wieder denselben Weg zurück. Dabei wird von einem der r_i notwendigerweise der Punkt $(1,0)$ und $(-1,0)$ durchlaufen. Gilt nun $\int_0^{\mathcal{P}} f(x)dx = 0$, so handelt es sich um den Einheitskreis, was die Existenz der $q \cdot \mathcal{P}$-periodischen Lösungen erklärt. In der Formulierung in [C, S.81,87] ist nun aber gerade der Fall $g = \sin$ ausgeschlossen bzw. auszuschließen wegen Interferenz $G'(x_1) = -G'(x_2)$.

Dieser und der Fall mehrfacher Eigenwerte kann mit den Methoden aus [C] behandelt werden. Im Falle der Interferenz des Problems (3) mit $k_1 = k_2$ erfolgt die Bewegung der Konstanten r_1, r_2 von $(1,0)$ über den Einheitskreis nach $(-1,0)$ und die negativ reelle Achse nach $-0, -\infty$, zurück über $(-1,0)$ nach $(1,0)$ und so fort.

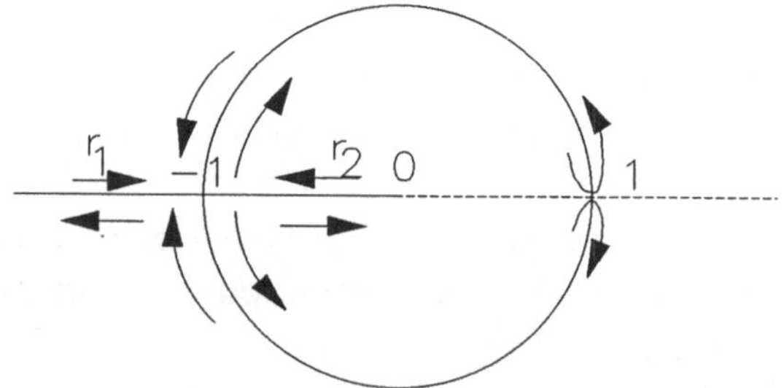

Zum Beweis modifiziert man die Funktion h durch Addition einer nur in $0, \mathcal{P}$ verschwindenden periodischen C^{∞}-Funktion $\pm \delta \tilde{h}$ und löst so die Interferenz auf. Ein Nullstellen-Vergleichssatz gibt das Ergebnis. Weiter zeigt man nun unter Berufung auf [H], daß genau für $G(x) = \sum_{n=0}^{\infty} (a_{2n+1} \sin(2n+1)x - b_{2n+1} \cos(2n+1)x)/(2n+1)$ $\lambda_0 = 0$ einfach, und alle anderen Eigenwerte $\lambda_k \sim 4k \cdot G'(x_1)$, $\lambda_k < \operatorname{Max} G^2/p$, $p \to 0$, doppelt sind. Damit werden Aussagen aus [FL, S. 158] berichtigt. Zusätzlich können die Entwicklungssätze nach den Eigenfunktionen aus dieser Arbeit unter Benutzung von [K] zu gleichmäßiger Konvergenz verschärft werden. Mit den Methoden aus [C] und [O] für $G = \sin$ lassen sich weiter infinitesimale Bereiche um λ_k verifiziert angeben, deren Intervallgrenzen die Eigenwerte für die 4π-periodischen Lösungen bilden und die die Eigenwerte für alle subharmonischen Funktionen enthalten.

2. Ein Algorithmus

Für den wichtigsten Fall $g = \sin$, $\omega = 0$, geben wir die dreigliedrigen Rekursionsformeln für die Koeffizienten der $2\pi m$-periodischen Fourierreihen und formulieren einen Algorithmus:

Gegeben sei das Eigenwertproblem $pz'' + (z \cdot \sin x)' = -\lambda z/4$ mit

$$z(x) = \sum_{k=0}^{\infty} \begin{Bmatrix} A_k \cos kx/m \\ B_k \sin kx/m \end{Bmatrix}, \quad m = 1, 2, 3, \dots.$$

Einsetzen in die Dgl ergibt die folgenden Rekursionsformeln:

$m = 1$:

$$x_k = (-1)^k A_k \quad (x_k = (-1)^k B_k), \quad k = 1, 2, \dots, x_0 = 0,$$

$$x_{k+2} = \{2p(k+1) - \lambda/(2k+2)\} x_{k+1} + x_k, \quad k = 0, 1, 2, \dots \tag{5}$$

$m = 2$:

$$x_k = (-1)^k A_{2k+1} \quad (x_k = (-1)^k B_{2k+1}), A_0 = 0, x_1 = (-\lambda - 1 + p)x_0 \tag{6}$$

$$(x_1 = (-\lambda + 1 + p)x_0), x_{k+2} = \{p(2k+3) - \lambda/(2k+3)\} x_{k+1} + x_k, \quad k = 0, 1, 2, \dots.$$

$m = 4$:

$$x_k = (-1)^k A_{4k+1}, y_k = (-1)^k A_{4k+3}, A_0 = 0,$$

$$(x_k = (-1)^k B_{4k+1}, y_k = (-1)^k B_{4k+3}), \quad k = 0, 1, 2, \dots,$$

$$x_1 = \{p/2 - 2\lambda\}x_0 - y_0, \quad y_1 = \{3p/2 - 2\lambda/3\}y_0 - x_0,$$

$$(x_1 = \{p/2 - 2\lambda\}x_0 + y_0, \quad y_1 = \{3p/2 - 2\lambda/3\}y_0 + x_0),$$

$$x_{k+1} = \{p(4k+1)/2 - 2\lambda/(4k+1)\}x_k + x_{k-1}, \tag{7}$$

$$y_{k+1} = \{p(4k+3)/2 - 2\lambda/(4k+3)\}y_k + y_{k-1}, \quad k = 1, 2, \ldots.$$

Für $m = 4$ und auch allgemein sind die dreigliedrigen Rekursionen für die Koeffizienten der Fourierreihen höchstens einfach verkettet und können auf die gleiche Weise behandelt werden. Wie in [O] gezeigt, wertet man die Rekursionsformeln bis zu dem Index k aus, für den der $\{\}$-Ausdruck den Wert 2 erstmalig übertrifft (Stoppbedingung). Gilt dann $x_{k+1} > x_k > 0$ ($x_{k+1} < x_k < 0$), so ist die Folge $\{x_k\}$ positiv (negativ) monoton, und man hat beim Auftreten beider Fälle ein Einschlußintervall für den gesuchten Eigenwert gefunden.

2.1. Algorithmus:

1) Bestimme den doppelten Eigenwert λ_0 eventuell verifiziert mit der in [O] vorgeschlagenen Methode und die zugehörigen 2π-periodischen Eigenfunktionen unter Benutzung der Rekursionsformel (5) mit $m = 1$. Eine Näherung für den k-ten Eigenwert liefert die Formel (4).

2) Berechne die beiden rechts und links von λ_0 liegenden Eigenwerte λ_1, λ_2 und die dazu gehörigen 4π-periodischen Fouriersinus- bzw. Cosinusreihen, ebenfalls eventuell verifiziert (vgl. (6)).

3) Ermittele mit einem Schieß- oder Bisektionsverfahren in hoher Genauigkeit die dazwischen liegenden Eigenwerte λ_m zu den $2m\pi$-periodischen Eigenfunktionen.

4) Ausgehend von einem Startintervall λ_u, λ_o um λ_m und Anfangswerten $x_0(=1)$, y_0 starte man ein Bisektionsverfahren, das unter Modifikation von y_0, das heißt mit einem Suchprozeß nach rechts und links Näherungseigenwerte $\lambda_{um}, \lambda_{om}$ zum gemeinsamen Eigenwert λ_m der beiden linear gekoppelten dreigliedrigen Rekursionen (7) im jeweils halbierten Intervall findet. Dabei muß das Ausgangsintervall immer so halbiert werden, daß es λ_m enthält, da die Folgen der λ_{um} und λ_{om} im allgemeinen keine Intervallschachtelung bilden, sondern gleichsinnig gerichtet sein können.

2.2. Numerisches Beispiel ($g = \sin$, $\omega = 0$, $p = 0.05$):

$\lambda_0 = 3.895809783...$: erster doppelter Eigenwert mit je einer reinen 2π-periodischen Sinus- und Cosinuslösung.

$\lambda_{1,2} = 3.895809308...;3.895810259...$: zwei 4π-periodische Sinuslösungen.

$\lambda_m = 3.895810120...$, $x_0 = 1$, $y_0 = 2.960666635...$; $\lambda_m = 3.895809447...$, $x_0 = 1$, $y_0 = 2.960667336...$; je eine 8π-periodische Sinuslösung.

Meinem Kollegen J. L. Callot danke ich für viele hilfreiche Anregungen und Diskussionen in seiner Vorlesung über Nonstandard Analysis.

[BL] Beaufils, P., Luther, W.: Boucle à verrouillage de phase. Aachen 1985

[C] Callot, J. L.: Bifurcations du portrait de phase pour les équations différentielles linéaires du second ordre ayant pour type l'équation d'Hermite. Thèse. IRMA Strasbourg, 1981

[FL] La Frieda, J. R., Lindsey, W. C.: Transient Analysis of Phase-Locked Tracking Systems in the Presence of Noise. IEEE Trans. Inform. Theory IT-19, 1973, 155-165

[GH] Guan, K-Y., Gunson, J., Hassan, H. S.: On Periodic Solutions of the Periodic Riccati Equation. Results in Math. 14, 1988, 309-317

[H] Hochstadt, H.: A Direct and Inverse Problem for a Hill's Equation with Double Eigenvalues. J. Math. Anal. Appl. 66, 1978, 507-513

[I] Ince, E. L.: The Mathieu equation with numerically large parameters. J. London Math. Soc. 2, 1927, 46-50

[K] Kaufmann, F.: Derived Birkhoff-Series associated with $N(y) = \lambda P(y)$. Results in Math. 15, 1989, 255-290

[L] Luther, W.: Zur Bestimmung der Fangfrequenz und der Frequenzen Pull-in und Pull-out des APLL zweiter Ordnung. ASST 84, 340-343

[M] Meyr, H.: Überlegungen und Berechnungen zur Cycleslip-Rate des PLL 1. Ordnung. Private Mitteilung 1985

[O] Ohsmann, M.: Verified Inclusion for Eigenvalues of Certain Difference and Differential Equations. Computing Suppl. 6, 1988, 79-88

[S] Strutt, M. J. O.: Lamésche- Mathieusche- und verwandte Funktionen in Physik und Technik. Berlin 1932, Chelsea, New York 1967

[V] Viterbi, A. J.: Phase-Locked Loop Dynamics in the Presence of Noise by Fokker-Planck Techniques. Proc. IEEE 51, 1963, 1737-1753

Untersuchungen an nichtlinearen Differenzengleichungen
als Mechanismen zur Erzeugung von $\frac{1}{f}$-Fluktuationen

K.Anton, B.Weber und D.Wolf

Institut für Angewandte Physik
der Johann Wolfgang Goethe-Universität
D-6000 Frankfurt am Main 11, Robert-Mayer-Straße 2–4

In einer Vielzahl von physikalischen Systemen treten gaußverteilte Fluktuationen auf, deren Leistungsdichtespektrum proportional zu $\frac{1}{f}$, zum Inversen der Frequenz verläuft. Bisherige Untersuchungen lassen vermuten, daß diese Art von Rauschen nur durch nichtlineare Mechanismen erzeugt werden kann. Ein derartiger Mechanismus wird durch die nichtlineare eindimensionale Navier–Stokes–Gleichung

$$\frac{\partial n}{\partial t} - \frac{\partial^2 n}{\partial x^2} + n\frac{\partial n}{\partial x} = \mathcal{F}(x,t)$$

beschrieben. Sie gibt die Dichte $n(x,t)$ bewegter Objekte auf einem Verkehrsweg an, für die $\frac{1}{f}$-Rauschen beobachtet wurde. In der Differentialgleichung ist $\mathcal{F}(x,t)$ eine äußere Anregungsfunktion, die in der Regel als weißes Rauschen angenommen wird. Eine ausführliche Herleitung der Differentialgleichung findet sich in [1-3]. Lösungen dieser Gleichung können nur numerisch gefunden werden.

Die Differentialgleichung kann als Evolutionsgleichung einer eindimensionalen räumlichen Dichteverteilungsfunktion aufgefaßt werden. Zur numerischen Lösung in Rechnersimulationen wird die zeitliche Entwicklung der räumlich diskretisierten Ortsfunktion über eine endliche Strecke beobachtet und durch einen Satz von Differenzengleichungen

$$\frac{(n_{i,j+1} - n_{i,j})}{\Delta t} - \frac{(n_{i+1,j} - 2n_{i,j} + n_{i-1,j})}{\Delta x^2} + \frac{n_{i,j}(n_{i+1,j} - n_{i-1,j})}{2\Delta x} = \mathcal{F}(i,j)$$

$$i = 0,1,\ldots,k \quad ; \quad j = 0,1,\ldots$$

beschrieben. Zur Vermeidung von Randeffekten werden die Endpunkte der Strecke zu einem Ring verbunden. Durch Verfeinerung der örtlichen und zeitlichen Diskretisierungen kann die Differentialgleichung beliebig angenähert werden.

Das Verhalten verschiedener Anfangsverteilungen $n(i,0)$ der Dichte und verschiedener Anregungsfunktionen $\mathcal{F}(i,j)$ wurde mit Hilfe eines Simulationsprogrammes studiert, das auch Dichteverteilungsfunktion, Leistungsdichtespektrum und Autokorrelationsfunktion der Lösung liefert.

In Voruntersuchungen hat sich gezeigt, daß die Lösungen der Differenzengleichung in hohem Maße von der Anfangsverteilung $n(i,0)$, von der Anregungsfunktion $\mathcal{F}(i,j)$ und von der gewählten räumlichen Intervallbreite Δx abhängen. Die immense Anzahl von Parametern läßt sehr viele verschiedene Lösungsfunktionen zu.

Exemplarisch wurden bisher drei verschiedene Szenarien untersucht, deren Lösungen verschiedene Leistungsdichtespektren aufweisen. Als Anregungsfunktion $\mathcal{F}(i,j)$ der Differenzengleichung wurde in allen drei Fällen weißes gaußsches Rauschen gewählt. In den ersten beiden Szenarien, die sich nur durch die Anfangsverteilung unterscheiden, erstreckt sich die Anregungsfunktion $\mathcal{F}(i,j)$ über den gesamten Ortsbereich x, während sie im dritten Szenario nur auf einem begrenzten kleinen x–Intervall wirksam ist. In diesem Fall findet man im Leistungsdichtespektrum einen ausgeprägten Übergang von der $\frac{1}{f^2}$– zur $\frac{1}{f}$–Charakteristik, wohingegen im ersten Fall nur ein durchgehend reiner $\frac{1}{f^2}$–Verlauf zu erkennen ist.

Im ersten Szenario wurde als Anfangsverteilung eine einer Konstanten überlagerte Gaußverteilung vorgegeben. Die Varianz der Anregungsfunktion $\mathcal{F}(i,j)$ wurde sehr klein gewählt, so daß negative Verteilungswerte während des Meßintervalls nicht auftraten. Die zeitliche Entwicklung der Anfangsverteilung ist in Bild 1 dargestellt. Die Anfangsverteilung ($t = 0$, glatter Kurvenverlauf) liegt symmetrisch zum Wert $x = 2500$. Mit zunehmender Zeit verschiebt sich das Maximum nach rechts. In Bild 2 ist exemplarisch ein Ausschnitt des Zeitsignals am Ort $x = 2500$ zu sehen. Die gestrichelten vertikalen Linien markieren die Zeitpunkte, zu denen die jeweiligen Kurven in Bild 1 gehören.

Bild 3 zeigt das aus mehreren Messungen gemittelte Leistungsdichtespektrum in doppeltlogarithmischer Darstellung. Zum Vergleich ist eine Gerade mit der Steigung -2 eingezeichnet. Man erkennt sehr deutlich, daß das Leistungsdichtespektrum der Lösung über den gesamten Meßbereich einem $\frac{1}{f^2}$–Gesetz folgt.

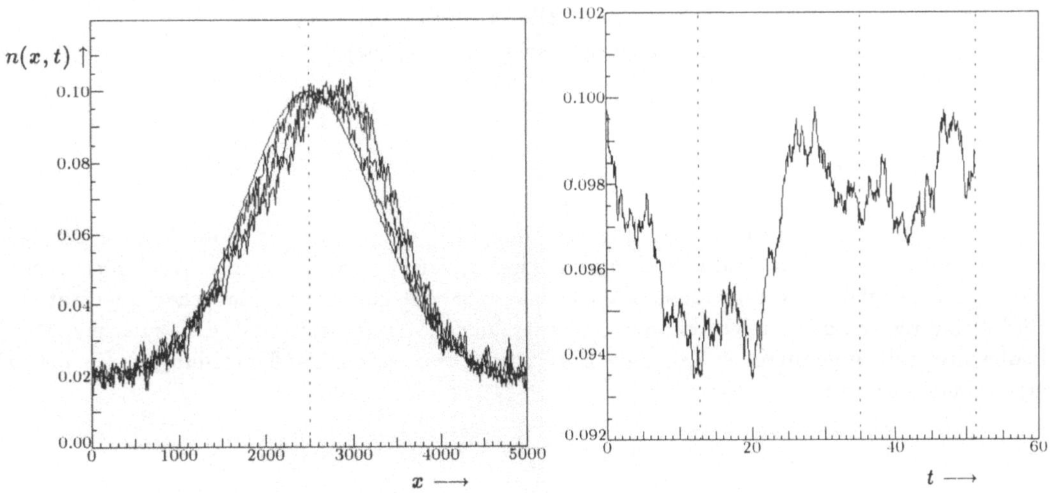

Bild 1

Zeitliche Entwicklung der Ortsverteilung

Bild 2

Zeitfunktion an $x = 2500$

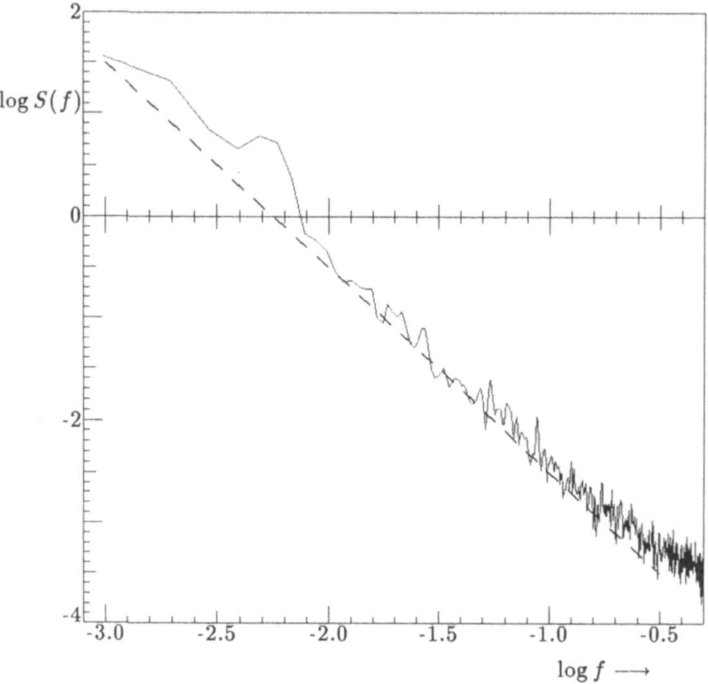

Bild 3
Leistungsdichtespektrum (log–log)
$x = 2500$

Im zweiten Szenario wurde als Anfangsverteilung (a) eine Konstante gewählt, zu der bei $x = 50$ und $x = 150$ eine Gaußverteilung mit kleiner Varianz addiert wurde. Auch hier wurde die Differenzengleichung über den vollen Ortsbereich mit gaußschem Rauschen angeregt. In Bild 4 sind die räumlichen Verteilungen für verschiedene Zeitpunkte (a, b, c, d) zu sehen. Man beobachtet mit zunehmender Zeit eine Dissipation der beiden Gaußverteilungen, für die in erster Linie der Term

$$\frac{(n_{i+1,j} - 2n_{i,j} + n_{i-1,j})}{\Delta x^2}$$

der Differenzengleichung verantwortlich ist. Bild 5 stellt die Zeitfunktion am Ort $x = 150$ und Bild 6 das Leistungsdichtespektrum dar. Auch hier wurde das Leistungsdichtespektrum wieder über mehrere Messungen gemittelt. Bild 6 läßt eine Tendenz zur Abflachung des Kurvenverlaufs im unteren Frequenzbereich erkennen. Zur Verdeutlichung wurde hier jeweils eine Gerade mit der Steigung -1 (gepunktet) bzw. -2 (gestrichelt) eingezeichnet.

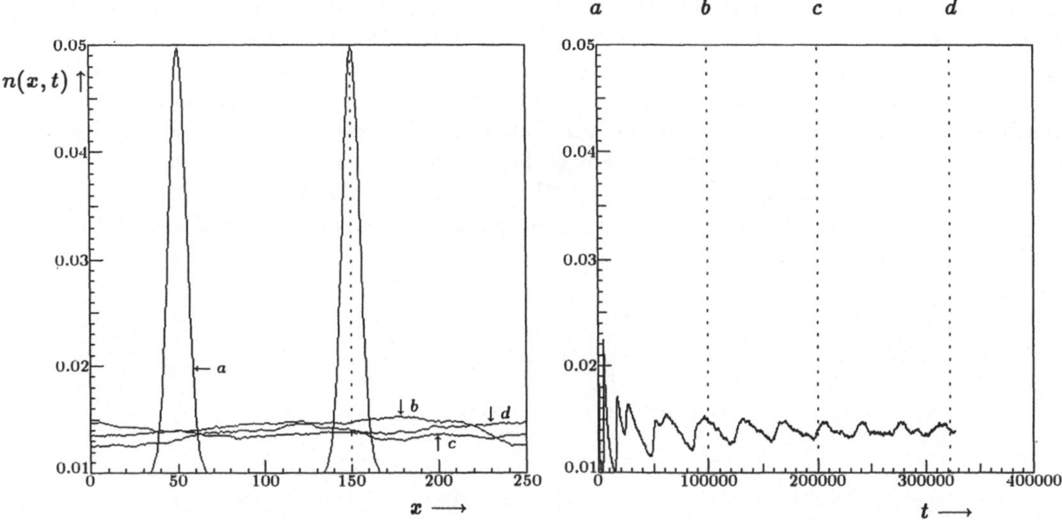

Bild 4
Zeitliche Entwicklung der Ortsverteilung

Bild 5
Zeitfunktion an $x = 150$

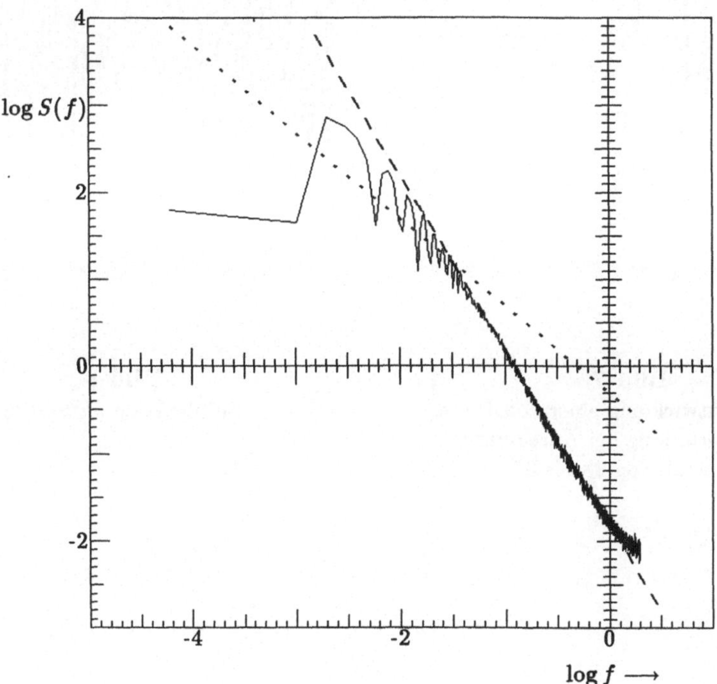

Bild 6
Leistungsdichtespektrum (log–log)
$x = 150$

Das dritte Szenario wird durch die Bilder 7 bis 9 veranschaulicht. Die Anfangsverteilung ist diesmal eine Konstante, doch im Unterschied zu den beiden ersten Szenarien wurde hier nur in einem kleinen Ortsbereich $33 \leq x \leq 37$ mit gaußschem Rauschen angeregt. Die räumlichen Verteilungen zu den Zeitpunkten a bis e (s. Bild 8) sind in Bild 7 wiedergegeben. Man kann deutlich die Ausbreitung der Störung mit zunehmender Zeit beobachten. Die Zeitfunktion am Ort $x = 35$ der Störung sowie das zugehörige Leistungsdichtespektrum sind in den Bildern 8 und 9 dargestellt. Das Spektrum in doppeltlogarithmischer Darstellung zeigt bei höheren Frequenzen noch einen $\frac{1}{f^2}$-Verlauf, der bei niedrigeren Frequenzen in einen ausgeprägten $\frac{1}{f}$-Verlauf übergeht.

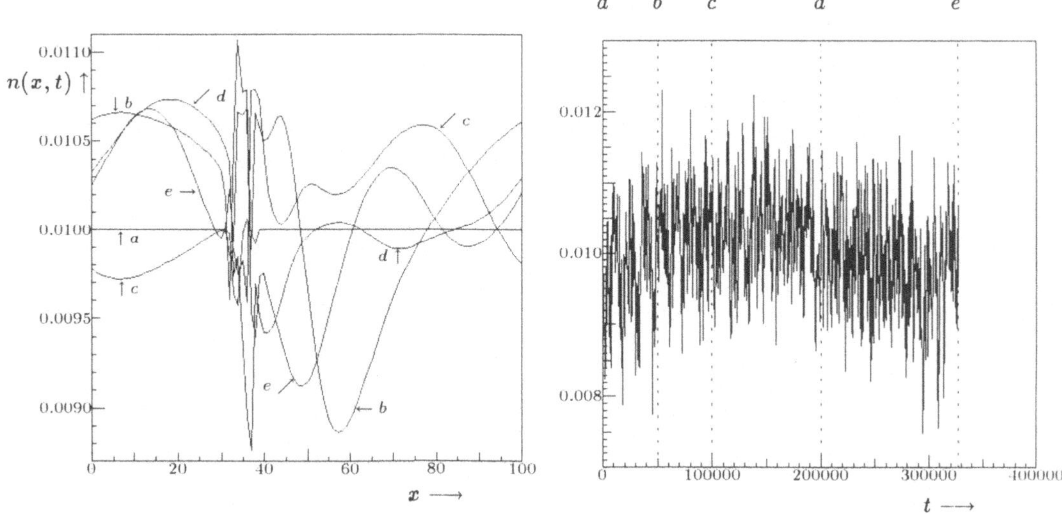

Bild 7
Zeitliche Entwicklung einer konstanten
Anfangsverteilung bei Anregung im
Intervall von 33 bis 37

Bild 8
Zeitfunktion an $x = 35$

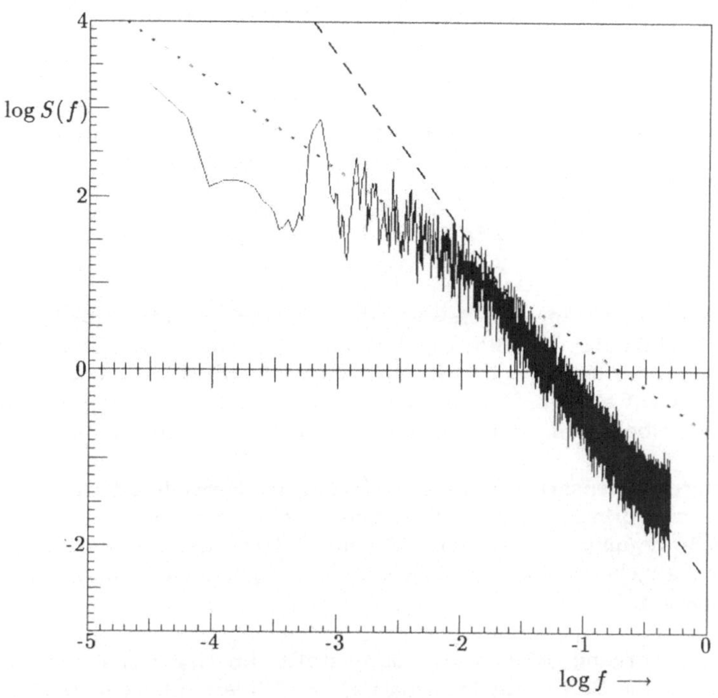

Bild 9
Leistungsdichtespektrum (log–log)
$x = 35$

Diese Ergebnisse zeigen, daß das Leistungsdichtespektrum des durch die Differenzengleichung beschriebenen Prozesses für bestimmte Anfangsverteilungen und Anregungsfunktionen im niedrigen Frequenzbereich proportional zu $\frac{1}{f}$ verläuft. Die theoretischen Betrachtungen zur $\frac{1}{f}$-Charakteristik der zugrundeliegenden Differentialgleichung befinden sich also in Übereinstimmung mit den numerisch erhaltenen Ergebnissen. Es ist zu erwarten, daß sich mit Vergrößerung der Meßzeit der $\frac{1}{f}$-Verlauf auch bei noch niedrigeren Frequenzen bestätigen läßt.

Literatur
[1] T. Musha, H. Higuchi: The $\frac{1}{f}$ fluctuation of a Traffic Current on an expressway; Jap. J. Appl. Physics 15 (1976), pp. 1271–1275
[2] T. Musha, H. Higuchi: Traffic current fluctuation and the Burgers equation; Jap. J. Appl. Physics 17 (1978), pp. 811–816
[3] P. Handel: Spectrum of Musha's turbulence model of highway traffic fluctuations; eingereicht bei Phys. Rev. Lett., Juli 1989

Line-Matching Technik für verbesserte Bewegungsschätzung in Fernsehbildern

Peihong Hou

Lehrstuhl für Nachrichtentechnik, Universität Dortmund
Otto-Hahn-Str. 4, D-4600 Dortmund 50

1. Einleitung

Für eine verbesserte Umsetzung von Bewegtbildern zwischen unterschiedlichen Fernseh-
normen und zur Erhöhung der Bildfolgefrequenz ist eine Zwischenbildinterpolation
notwendig. Hierbei ist die bewegungskompensative Technik von entscheidender Bedeutung im Hinblick auf eine für den menschlichen Gesichtssinn fehlerfreie Bewegungs-
darstellung unter Beibehaltung der gegebenen örtlichen Auflösung.

Um die bewegungskompensative Bildinterpolation in Fernsehbildern durchführen zu
können, benötigt man prinzipiell zwei Verarbeitungsschritte. Diese sind zum einen die
Generierung von Bewegungsinformation und zum anderen die Bildinterpolation auf der
Basis von Bildern gegebener bzw. reduzierter Bildfolgefrequenz und der zugehörigen
Bewegungsinformation.

In Bild 1 ist dieser Vorgang schematisch dargestellt. Im Gegensatz zur üblichen Vorgehensweise, bei der die Bewegungsinformation aus Bildern gleicher zeitlicher Abtastrate abzuleiten ist, werden hier zur Erzeugung "zuverlässigerer" Bewegungsinformation
Bilder mit erhöhter Bildfolgefrequenz betrachtet. Durch die zusätzlichen vorhandenen
Zwischenbilder stehen nun mehr Informationen über den genauen Bewegungsablauf in
der Bildsequenz zur Verfügung. Es eröffnet sich somit eine weitere Möglichkeit für
die Bewegungsschätzung.

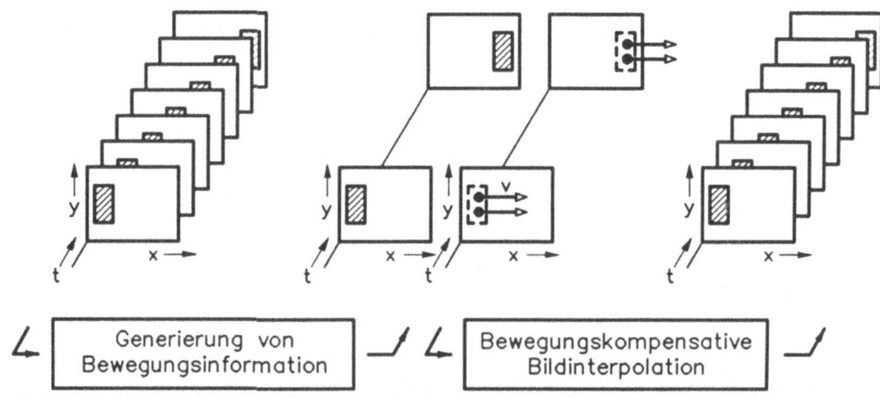

Bild 1: Bewegungskompensative Bildverarbeitung

2. Hierachisches Verfahren zur Bewegungsschätzung

Um die Bewegungen in Fernsehbildern genau zu beschreiben, sind Informationen sowohl
über die Art, die Größe und die Richtung einzelner Bewegungen als auch über die lokale
Verteilung unterschiedlicher Bewegungen im Bild notwendig. Zur Bestimmung dieser
globalen und lokalen Bewegungsinformation ist ein hierarchischer Prozeß mit globaler

Bewegungserkennung und anschließender lokaler Bewegungszuordnung geeignet (Bild 2).

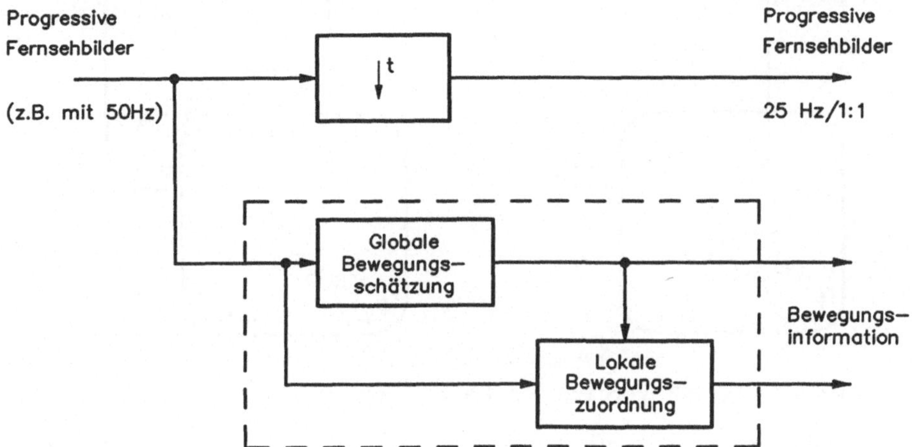

Bild 2: Hierachische Bewegungsschätzung

Die globale Bewegungserkennung hat das Ziel, sämtliche Bewegungen innerhalb eines Bildes zu detektieren. Hierbei wird das Bild als Ganzes oder aufgeteilt in große Blöcke betrachtet. Die Beschreibung kann in Form von Vektoren und Parametern erfolgen.

Mit Hilfe der globalen Bewegungsinformation soll die lokale Bewegungszuordnung in der Lage sein, eine exakte lokale Verteilung unterschiedlicher Bewegungen im Bild anzugeben, die einer Segmentierung des Bildes in Bereiche gleicher Bewegung entspricht.

Die so gewonnene Bewegungsinformation besteht aus zwei Teilen. Während die globale Information eine Aussage über die Bewegungen im Bild gibt, stellt die lokale Information eine Ortsbeschreibung unterschiedlicher Bewegungen dar.

3. Block-Matching bei der lokalen Bewegungsschätzung: Probleme und Einschränkungen

Durch die globale Bewegungsschätzung sind die im Bild vorhandenen Bewegungen bekannt. Diese Information ist für die anschließende lokale Bewegungszuordnung eine gute Orientierung.

Bei der lokalen Bewegungszuordnung wird üblicherweise die Block-Matching Methode verwendet. Unter der Annahme, daß der Bildinhalt sich lediglich örtlich von Bild zu Bild verschiebt und deshalb in den Folgebildern wieder zu finden ist, basiert die Block-Matching methode auf dem direkten Vergleich der lokalen Helligkeitssignale benachbarter Bilder. Die Bewegungszuordnung kann hier als ein Suchprozeß nach dem korrespodierenden Bildinhalt bezeichnet werden

Bild 3 verdeutlicht das Grundprinzip der Block-Matching Methode. Dabei sind die Bewegungen im Bild, die durch die globale Bewegungsschätzung bestimmt worden sind, mit den Vektoren $\vec{v}_1$, $\vec{v}_2$, ... gekennzeichnet. Die Aufgabe der lokalen Bewegungszuordnung besteht darin, mit Hilfe der Kandidatenvektoren $\vec{v}_1$, $\vec{v}_2$, ... die Verschiebung für jeweils einen zu betrachtenden lokalen Bildinhalt (Block) durch Feststellung des "ähnlichsten" Block im nachfolgenden Bild zu bestimmen. Hierbei ist ein Ähnlichkeitsgrad als Matching-Kriterium definiert, welches den mitteleren Fehlerwert in Form einer mittleren quadratischen oder mittleren absoluten Differenz angibt.

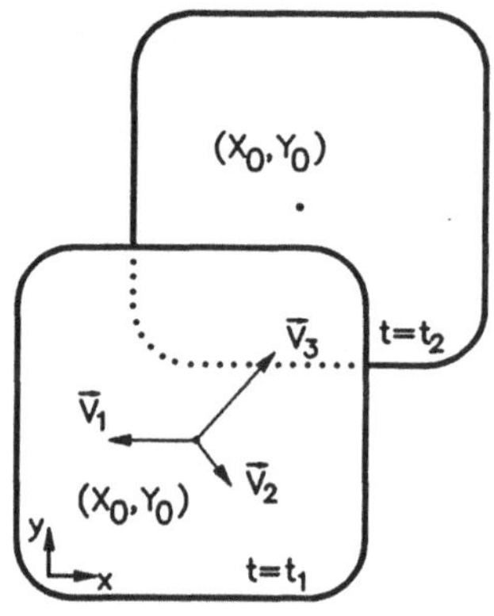
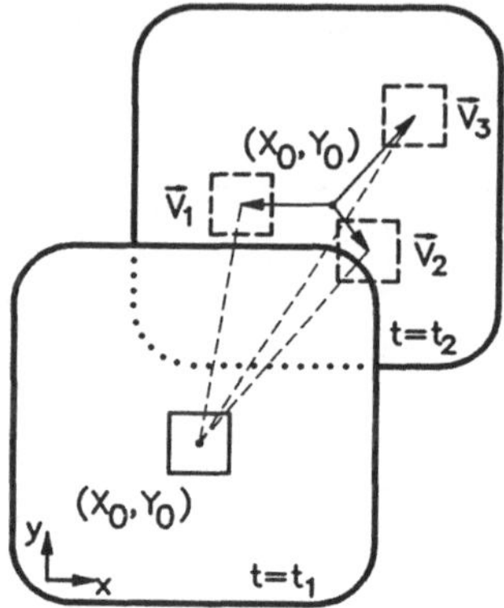

Bild 3: Block-Matching mit Vorgabe von Kandidatenvektoren

$$F = f[B_1(x_0, y_0) - B_2(x_0+D_{xi}, y_0+D_{yi})] \qquad\qquad i = 1, 2, \dots$$

mit: $D_{xi} = \vec{v}_i \cdot \vec{e}_x$, $D_{yi} = \vec{v}_i \cdot \vec{e}_y$ Vektorkomponenten ($\vec{e}_x$, $\vec{e}_y$: Einheitsvektorkomponenten)
x_0, y_0: Ortskoordinaten des Blocks; $\quad$ B_1, B_2: Bildblöcke

Durch diese "örtlich zu örtlich" Zuordnung des Bildinhaltes wird ein sogennantes "Vektorfeld" erzeugt, das jeweils die Verschiebung des einzelnen Bildpunktes von einem Bild zum nächsten darstellt.

Für eine korrekte lokale Bewegungszuordnung mittels Block-Matching sind bestimmte Randbedingungen vorausgesetzt. Probleme treten bei Verletzung dieser Bedingungen in folgenden Fällen auf:

1. Helligkeitsänderungen in Folgebildern aufgrund örtlich inhomogener oder zeitlich nicht kanstanter Beleuchtung
2. Unterschiedliche Verschiebungen des Bildinhaltes innerhalb eines Testblocks
3. Mehrdeutige Zuordnungscharaktristik des Bildinhaltes im Testblock

Umfangreiche Untersuchungen haben gezeigt, daß man zwar mit großem Aufwand die Zuordnungsfehler reduzieren kann; trotzdem ergeben sich an vielen Stellen immer noch unbefriedigende Ergebnisse.

4. Verbesserte lokale Bewegungsschätzung mittels Line-Matching

Angenommen sei nun, daß bei der Bildaufnahme eine erhöhte zeitliche Bildabtastung durchgeführt wird. Es liegt dann aufgrund der vorhandenen zusätzlichen Zwischenbilder im Zeitintervall von t_1 und t_2 mehr Information über den zeitlichen Signalverlauf vor, die zur Beschreibung des Bewegungsvorgangs verwendet werden kann.

Es ist zunächst interessant zu wissen, welcher Zusammenhang zwischen dem zeitlichen Signalverlauf $L_t = s(x_0, y_0, t_1+dt)$ und den örtlichen Signalverläufen $L_1 = s(x_0+dx, y_0+dy, t_1)$ bzw. $L_2 = s(x_0+D_{xi}+dx, y_0+D_{yi}+dy, t_2)$ bei Objektbewegung besteht. Es läßt sich feststellen, daß der zeitliche Signalverlauf, der durch Objektbewegung gebildet wird, genau den örtlichen Signalverläufen in Bewegungsrichtung entspricht. In Bild 4 ist dieser Zusammenhang bei Objektbewegung in Richtung $\vec{v}_1$ dargestellt.

$$L_t = L_1 = L_2$$

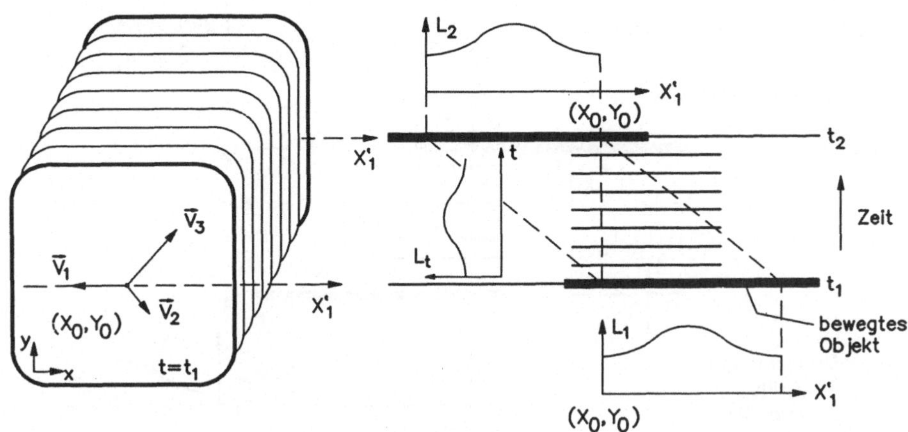

Bild 4: Line-Matching mit Vorgabe von Kandidatenvektoren (Test für Vektor $\vec{v}_1$)

mit:
$$0 \leq dx \leq |D_{xi}|; \quad 0 \leq dy \leq |D_{yi}| \quad \text{für } D_{xi}, D_{yi} < 0 \qquad i = 1, 2, \dots$$
$$-|D_{xi}| \leq dx \leq 0; \quad -|D_{yi}| \leq dy \leq 0 \quad \text{für } D_{xi}, D_{yi} > 0$$
$$0 \leq dt \leq t_2-t_1; \quad dt/(t_2-t_1) = \sqrt{(dx)^2+(dy)^2} \,/\, \sqrt{(D_{xi})^2+(D_{yi})^2}$$

Dies führt zu der Überlegung, daß der zeitliche Bildsignalverlauf im Intervall von t_1 bis t_2 durch den entsprechenden örtlichen Bildsignalverläufe, deren Länge und Richtung durch den Bewegungsvektor $\vec{v}_i$ festgelegt werden, beschrieben werden kann. Damit kann der Zuordnungsprozeß von "örtlich zu örtlich" in "örtlich zu zeitlich" umgewandelt werden. Man versucht jetzt für jeden Bildpunkt, dessen zeitlicher Signalverlauf (zeitliche Linie) vorhanden ist, mit Hilfe von Kandidatenvektoren, die durch die globale Bewegungsschätzung vorgegeben sind, den am besten passenden örtlichen Signalverlauf (örtliche Linie) zu finden. Dieser Vorgang wird im folgenden "Line-Matching" genannt.

$$F_1 = f\{L_1 - L_t\}; \qquad F_2 = f\{L_2 - L_t\}$$

Wenn diese "örtlich zu zeitlich" Zuordnung des Bildinhaltes vollständig erfolgt ist, ergibt sich ein "Vektorfeld", wobei hier der Vektor statt der Verschiebung des einzelnen Bildpunktes in Folgebildern jeweils den örtlichen Signalverlauf im Bild darstellt, der bei der bewegungskompensativen Zwischenbildinterpolation wiederum in zeitlichen Signalverlauf umgesetzt wird.

Bei Helligkeitsänderungen in Fernsehbildern können die beiden korrespondierenden örtlichen Signalverläufe (z. B. hier L_1 und L_2 in Bild 5) stark voneinander abweichen. In diesem Fall ist das "örtlich zu örtlich" Matching nicht mehr möglich. Es besteht hierbei offensichtlich auch Abweichung zwischen dem zeitlichen Signalverlauf und dem örtlichen Signalverlauf. Aber der entscheidende Unterschied zwischen dem "zeitlich zu örtlich" Matching und dem "örtlich zu örtlich" Matching besteht darin, daß bei Line-Matching der zeitliche Signalverlauf als Referenz dient, das mit dem entsprechenden örtlichen Signal möglichst genau angenähert werden soll. Daher ist eine geeignete Kompensation der vorhandenen Abweichung möglich. Allgemein ist diese Abweichung mit Hilfe eines Korrektursignals k darstellbar, welches genau die Helligkeitsänderung nachbildet. Das Line-Matching lautet dann:

$$F_1 = f\{L_1^* - L_t\}; \qquad F_2 = f\{L_2^* - L_t\}$$
$$\text{mit:} \quad L_1^* = L_1 - k_1; \quad L_2^* = L_2 - k_2$$

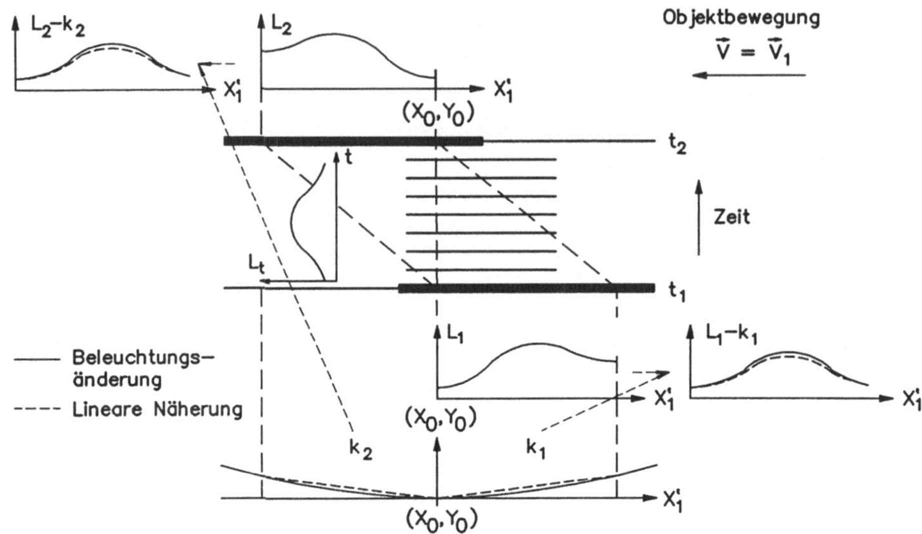

Bild 5: Line-Matching bei Helligkeitsänderungen

Untersuchungen haben gezeigt, daß Helligkeitsänderungen in Fernsehbildern zum großen Teil weiche Änderungsübergänge besitzen und deshalb durch lokale lineare Verläufe gut anzunähern sind. Damit kann das Korrektursignal relativ einfach generiert werden, indem zunächst die maximalen Helligkeitsabweichungen jeweils aus der Differenz der Signalwerte an den Endpunkten der örtlichen und zeitlichen Bildsignalverläufe festgestellt werden und anschließend ein linearer Verlauf bis zur Stelle der Null-Abweichung im Bildpunkt (x_0, y_0) gebildet wird.

$$k_1 = [s(x_0-D_{xi}, y_0-D_{yi}, t_1) - s(x_0, y_0, t_2)] \cdot \sqrt{(dx)^2+(dy)^2}/\sqrt{(D_{xi})^2+(D_{yi})^2} \qquad i = 1, 2, \ldots$$

$$k_2 = [s(x_0+D_{xi}, y_0+D_{yi}, t_2) - s(x_0, y_0, t_1)] \cdot \sqrt{(dx)^2+(dy)^2}/\sqrt{(D_{xi})^2+(D_{yi})^2}$$

Die entscheidenden Vorteile bei dieser Technik sind:

a) Bei starken Helligkeitsänderungen in Folgebildern ist im Gegensatz zu dem Block-Matching das Line-Matching durchführbar. Es ist durchaus möglich, durch ein Korrektursignal, das dem Modell der Helligkeitsänderung entspricht, eine Annäherung des örtlichen Signalverlaufs an den zeitlichen Signalverlauf zu erreichen. Ein lineares Korrektursignal kann die Übergänge der Helligkeitsänderungen in Fernsehbildern in vielen Fällen gut beschreiben.

b) Da eine genaue Nachbildung des zeitlichen Signalverlaufs zwischen den einzelnen Bildern für die bewegungskompensative Bildinterpolation entscheidend ist, können die auftretenden Helligkeitsänderungen im Bild auch bei der Generierung des Zwischenbildes durch ein lineares Modell berücksichtigt werden. Außerdem wirkt sich hier die mehrdeutige Zuordnung aufgrund der veränderten Bedeutung des "Vektorfeldes" für die Bildinterpolation nicht störend aus.

Mit der Line-Matching Technik wurden mehrere Simulationen für Eingangssignale mit 625 Z / 50 Hz / 1:1 durchgeführt (Bild 2). Nach der Bewegungsschätzung wurde anhand der durch zeitliche Unterabtastung vorliegenden Bilder mit einer Bildfolgefrequenz von 25 Hz und der gewonnenen Bewegungsinformation wieder 50 Hz-Bilder erzeugt.

In Bild 6 sind zwei interpolierte Bilder der Bildsequenzen "Kollegen" und "Kieler Hafen" dargestellt. Während sich in der Bildsequenz "Kollegen" überwiegende translatorische

Bewegungen mit vielen Schattenbereichen befinden, stellt die Bildsequenz "Kieler Hafen" die Zoom-Bewegung einer detailreicher Hafenszene dar. Zum Vergleich sind die Originalbilder angegeben.

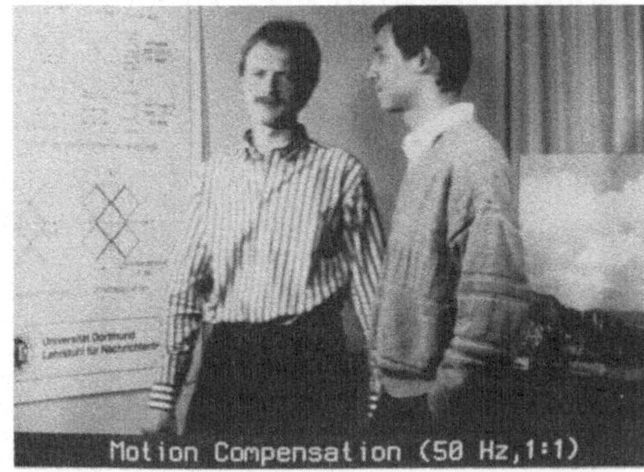

Bild 6: Simulationsergebnisse

5. Schlußbemerkung

Basierend auf einem neuen Modell für die Bewegungsschätzung wurde eine neue Line-Matching Technik vorgestellt. Es zeigt sich, daß die Line-Matching Technik Probleme der konventionellen Techniken bei der lokalen Bewegungsschätzung lösen kann. Durch Theorie und Rechnersimulationen wurde deutlich, daß die Line-Matching Technik für die Bewegungsschätzung in Fernsehbildern gut geeignet ist.

Der Autor möchte Herrn Prof. Dr.-Ing. B. Wendland danken für die Anregung und unterstützung dieser Arbeit, die mit Mitteln des Bundesministeriums für Forschung und Technologie im Rahmen eines Projektes an der Universität Dortmund durchgeführt wurde (Förderungskennzeichen: TK 0331 6).

Literatur:

[1]. P. Hou, U. Schmitz: "Verbesserte Bewegungsschätzung für Fernsehbilder", 14. Jahrestagung der FKTG in Kassel, 14. - 18. Mai 1990.

[2]. P. Hou: Patent-Nr. P 4004437.8, 1990.

[3]. G. A. Thomas: "Television motion measurement for DATV and other applications", BBC Research Department Report No. BBC RD 1987/11, 1987.

KOVARIANZGESTÜTZTE LINEARE INTERPOLATION UNTERABGETASTETER SIGNALE

Ferdinand Arp

Fachbereich Elektrotechnik
Universität-GH Wuppertal

Einleitung

Unterabtastung diskreter Signale ist eine häufig diskutierte Methode zur Datenreduktion und ökonomischen Signalverarbeitung. Dabei wird in aller Regel unterstellt, daß die ursprüngliche Signalfolge aus ihren Unterabtastwerten noch vollgültig repräsentiert wird. Für die Belange der Praxis ist zumeist hinreichend, wenn die Signalwerte mit einer Fehlerabweichung interpoliert werden, die für die beabsichtigte Auswertung tolerabel bleibt. Klassische Beispiele verschiedener Methoden sind die Polynominterpolation, die Spline-Interpolation und das Abtasttheorem für bandbegrenzte kontinuierliche Signalfunktionen. Bei Kenntnis der Kovarianz des Signals läßt sich ebenfalls ein Interpolationsalgorithmus entwickeln, dessen Eigenschaften hier dargestellt werden.

Ansatz und Lösung der optimalen Interpolation

Es sei die zeitdiskrete und im Abstand τ abgetastete Signalfolge $\{S_m\}$ mit $S_m = S(m\tau)$ gegeben, die als zumindest schwach stationär vorausgesetzt wird und deren Mittelwert $E\{S_m\} = 0$ sei. Durch äquidistantes Unterabtasten im Verhältnis $D : 1$, $D > 1$ und ganz, entsteht die Signalfolge $\{S_{mD}\}$, aus der die ursprüngliche Signalfolge $\{S_m\}$ durch lineare Interpolation geschätzt werden soll. Das Interpolationsfilter habe die zweiseitig infinite Koeffizientenfolge $\{B_k\}$ und das Spektrum

$$b(z) = \sum_{k=-\infty}^{\infty} B_k \, z^{-k} = \sum_{k=-\infty}^{\infty} \sum_{n=o}^{D-1} B_{kD+n} \, z^{-kD-n} \, , \quad D > 1 \, . \tag{1}$$

Lineare Filterung der Signalfolge $\{S_m\}$ mit dem Filter (1) ergibt das Signal

$$\hat{S}_m = \sum_{k=-\infty}^{\infty} B_k \, S_{m-k} \, . \tag{2}$$

Formal läßt sich diese Faltung auch schreiben

$$\hat{S}_{mD+n} = \sum_{k=-\infty}^{\infty} \sum_{l=0}^{D-1} B_{kD+l} \, S_{(m-k)D+n-l} \, , \quad 0 \le n \le D-1 \, . \tag{3}$$

Voraussetzungsgemäß steht nur die Unterabtastfolge $\{S_{mD}\}$ zur Verfügung, d. h. es wird in (3)

$$S_{(m-k)D+n-l} = 0 \, , \quad l \ne n \, . \tag{4}$$

Die lineare Interpolation aus den Stützwerten $\{S_{mD}\}$ ist somit gegeben zu

$$\hat{S}_{mD+n} = \sum_{k=-\infty}^{\infty} B_{kD+n}\, S_{(m-k)D} \ , \quad 0 \leq n \leq D-1 , \tag{5}$$

und beschreibt für den Parameter n die um n Abtastwerte zur Folge $\{S_{mD}\}$ verschobene und ebenfalls unterabgetastete Interpolationsfolge $\{\hat{S}_{mD+n}\}$. Spektrale Summation dieser Unterabtastfolge ergibt mit den Bezeichnungen der Spektren

$$b_{D,n}(z^D) = \sum_{k=-\infty}^{\infty} B_{kD+n}\, z^{-kD-n}, \quad 0 \leq n \leq D-1 , \tag{6}$$

und

$$s_{D,n}(z^D) = \sum_{m=-\infty}^{\infty} S_{mD+n}\, z^{-mD-n} \ , \quad 0 \leq n \leq D-1 , \tag{7}$$

die spektrale Multiplikation

$$\hat{s}_{D,n}(z^D) = b_{D,n}(z^D)\, s_{D,o}(z^D) \ , \quad 0 \leq n \leq D-1 . \tag{8}$$

Summation der Gl. (6) über alle Unterabtastfolgen $0 \leq n \leq D-1$ ergibt ersichtlich Gl. (1) des Interpolationsfilters.

Als übliches Kriterium für die beste Interpolation wird axiomatisch definiert, daß die mittlere quadratische Abweichung der interpolativen Schätzung $\{\hat{S}_{mD+n}\}$ von der ursprünglichen Signalfolge $\{S_{mD+n}\}$

$$R^{*}_{o,n} = E\{(S_{mD+n} - \sum_{k=-\infty}^{\infty} B_{kD+n}\, S_{(m-k)D})^2\} \ , \quad 0 \leq n \leq D-1 , \tag{9}$$

ein Minimum bezüglich Variation der Koeffizienten B_{kD+n} des Interpolationsfilters wird. Hieraus folgt die Bedingung für den im Mittel minimalen Interpolationsfehler zu

$$\frac{\partial R^{*}_{o,n}}{\partial B_{lD+n}} = -2\, E\{(S_{mD+n} - \sum_{k=-\infty}^{\infty} B_{kD+n}\, S_{(m-k)D})\, S_{(m-l)D}\} \Rightarrow 0 \ ,$$

$$l \ \text{ganz} , \quad 0 \leq n \leq D-1 . \tag{10}$$

Hieraus erhalten wir mit der Kovarianz

$$R_i = E\{S_k\, S_{k-i}\} \tag{11}$$

der Signalfolge $\{S_k\}$ das infinite System der Normalgleichungen

$$\sum_{k=-\infty}^{\infty} \underline{B}_{kD+n}\, R_{(l-k)D} = R_{lD+n} \ , \quad l \ \text{ganz}, \quad 0 \leq n \leq D-1 , \tag{12}$$

aus dem die optimalen Filterkoeffizienten $\underline{B}_{kD+n}$ ermittelt werden können.

Spektrale Summation dieser Normalgleichungen ergibt zusammen mit der Indexverschiebung $l \Rightarrow l-k$

$$\sum_{k=-\infty}^{\infty} \sum_{n=o}^{D-1} \underline{B}_{kD+n}\, z^{-kD-n} \sum_{l=-\infty}^{\infty} R_{lD}\, z^{-lD} = \sum_{l=-\infty}^{\infty} \sum_{n=o}^{D-1} R_{lD+n}\, z^{-lD-n} . \tag{13}$$

Mit Gl. (1) und den wegen der Symmetrie $R_{-i} = R_i$ selbstreziproken Kovarianzspektren

$$r(z) = \sum_{l=-\infty}^{\infty} R_l \, z^{-l} = \sum_{l=-\infty}^{\infty} \sum_{n=0}^{D-1} R_{lD+n} \, z^{-lD-n} \tag{14}$$

der Signalfolge $\{S_k\}$ sowie

$$r_D(z^D) = \sum_{l=-\infty}^{\infty} R_{lD} \, z^{-lD} \tag{15}$$

der "unterabgetasteten" Kovarianzfolge $\{R_{lD}\}$ läßt sich Gl. (13) nach dem Spektrum $b(z)$ Gl. (1) des optimalen Interpolationsfilters aufgelöst darstellen zu

$$\underline{b}(z) = r(z)/r_D(z^D) \; . \tag{16}$$

Existenz der Lösung

Das Ergebnis (16) des Interpolationsfilters ist stabil, wenn das selbstreziproke Spektrum $r_D(z^D)$ Gl. (15) die Voraussetzung der positiven Definitheit

$$r_D(z^D) > 0 \; , \; |z| = 1 \, , \tag{17}$$

erfüllt, d. h. auf dem Einheitskreis der z-Ebene nullstellenfrei ist. Unter dieser Voraussetzung ist die Lösung (16) außerdem eindeutig. Spektrale Faktorisierung ergibt

$$r_D(z^D) = V_o^{-1} \, v(z^D) \, v(z^{-D}). \tag{18}$$

Die Zerlegung erfolgt derart, daß die sogenannte Erzeugende Funktion

$$v(z^D) = \sum_{k=0}^{\infty} V_k \, z^{-kD} \tag{19}$$

eine ganze transzendente Funktion darstellt, die analytisch und nullstellenfrei für $|z| \geq 1$ ist. Die Funktion $v(z^{-D})$ stellt entsprechend eine ganze transzendente Funktion dar, die analytisch und nullstellenfrei für $|z| \leq 1$ ist. Die zur Erzeugenden Funktion $v(z^D)$ inverse Spektralfunktion

$$a(z^D) = V_o \, v^{-1}(z^D) = \sum_{k=0}^{\infty} A_k \, z^{-kD} \tag{20}$$

hat nur Singularitäten mit $|z^D| < 1$ und realisiert im Holomorphiegebiet $|z| \geq 1$ eine gleichmäßig konvergente Entwicklung. Der Übertragungsfaktor (20) entspricht daher dem eines kausalen und stabilen Rekursivfilters. Gl. (16) wird nun

$$\underline{b}(z) = V_o^{-1} \, a(z^D) \, r(z) \, a(z^{-D}). \tag{21}$$

Die Koeffizientenfolge $\{\underline{B}_k\}$ des Interpolationsfilters läßt sich direkt durch Ausmultiplizieren der Reihen in Gl. (21) bestimmen.

Die Kovarianz des Interpolationsfehlers der unterabgetasteten Interpolationsfolge

$$\Delta S_{mD+n} = S_{mD+n} - \hat{S}_{mD+n} \, , \quad 0 \leq n \leq D-1 \, , \tag{22}$$

ergibt mit Gl. (5) und (11)

$$R^*_{iD,n} = E\{\Delta S_{jD+n} \ \Delta S_{(j-i)D+n}\}$$

$$= R_{iD} - \sum_{k=-\infty}^{\infty} B_{kD+n} \ R_{(k-i)D+n} - \sum_{l=-\infty}^{\infty} B_{lD+n} \ R_{(l+i)D+n}$$

$$+ \sum_{k=-\infty}^{\infty} \sum_{l=-\infty}^{\infty} B_{kD+n} \ B_{lD+n} \ R_{(i-k+l)D} \ , \quad 0 \le n \le D-1 \ . \qquad (23)$$

Die Extremallösung ergibt mit den Normalgleichungen (12), in denen $i + l \Rightarrow l$ gesetzt wird, die Kovarianz des Interpolationsfehlers

$$\underline{R}^*_{iD,n} = R_{iD} - \sum_{k=-\infty}^{\infty} \underline{B}_{kD+n} \ R_{(k-i)D+n} \ , \quad 0 \le n \le D-1 \ . \qquad (24)$$

Dieser Ausdruck läßt sich mit den Normalgleichungen (12) wiederum erweitern zu

$$\underline{R}^*_{iD,n} = R_{iD} - \sum_{k=-\infty}^{\infty} \sum_{l=-\infty}^{\infty} \underline{B}_{kD+n} \ \underline{B}_{lD+n} \ R_{(i-k+l)D} \ , \quad 0 \le n \le D-1 \ , \qquad (25)$$

und spektral summieren zum Leistungsspektrum des Interpolationsfehlers (22)

$$\underline{r}^*_{D,n}(z^D) = \sum_{i=-\infty}^{\infty} \underline{R}^*_{iD,n} \ z^{-iD} \ , \quad 0 \le n \le D-1 \ . \qquad (26)$$

Bei Benutzen der Gl. (6) und (15) erhält man aus Gl. (25)

$$\underline{r}^*_{D,n}(z^D) = \left(1 - \underline{b}_{D,n}(z^D) \ \underline{b}_{D,n}(z^{-D})\right) r_D(z^D) \ , \ |z| = 1 \ , \quad 0 \le n \le D-1 \ . \qquad (27)$$

Bei fehlerfreier Interpolierbarkeit verschwindet das Leistungsspektrum des Interpolationsfehlers identisch. Das Interpolationsfilter muß für fehlerfreie Interpolierbarkeit entsprechend die Bedingung

$$|\underline{b}_{D,n}(z^D)| = 1 \ , \ |z| = 1 \ , \quad 0 \le n \le D-1 \ , \qquad (28)$$

erfüllen. Gl. (23) der allgemeinen Kovarianz des Interpolationsfehlers läßt sich ebenfalls mit den Normalgleichungen (12) erweitern. Es wird

$$R^*_{iD,n} = R_{iD} - \sum_{k=-\infty}^{\infty} \sum_{l=-\infty}^{\infty} B_{kD+n} \ \underline{B}_{lD+n} \ R_{(i-k+l)D}$$

$$- \sum_{k=-\infty}^{\infty} \sum_{l=-\infty}^{\infty} \underline{B}_{kD+n} \ B_{lD+n} \ R_{(i-k+l)D} + \sum_{k=-\infty}^{\infty} \sum_{l=-\infty}^{\infty} B_{kD+n} \ B_{lD+n} \ R_{(i-k+l)D} \ , \qquad (29)$$

$$0 \le n \le D-1 \ .$$

Weiter schreiben wir $R^*_{iD,n} = \underline{R}^*_{iD,n} + R^*_{iD,n} - \underline{R}^*_{iD,n}$ und setzen hierzu die Ergebnisse (25) und (29) ein. Es wird

$$R^*_{iD,n} = \underline{R}^*_{iD,n} + \sum_{k=-\infty}^{\infty} \sum_{l=-\infty}^{\infty} (B_{kD+n} - \underline{B}_{kD+n})(B_{lD+n} - \underline{B}_{lD+n}) \ R_{(i-k+l)D} \ , \qquad (30)$$

$$0 \le n \le D-1 \ .$$

Spektrale Summation dieses Ausdrucks ergibt das Leistungsspektrum des Interpolationsfehlers (22)

$$r_{D,n}^*(z^D) = \underline{r}_{D,n}^*(z^D) + \left(b_{D,n}(z^D) - \underline{b}_{D,n}(z^D)\right)\left(b_{D,n}(z^{-D}) - \underline{b}_{D,n}(z^{-D})\right) r_D(z^D) \ ,$$

$$|z| = 1, \quad 0 \leq n \leq D-1 \ . \tag{31}$$

Unter der Voraussetzung (17) des positiv definiten Leistungsspektrums der Unterabtastfolge $\{S_{mD}\}$ war die Lösung des optimalen Interpolationsfilters $\underline{b}(z)$ stabil. Für das Produkt der spektralen Differenzen in Gl. (31) gilt stets

$$\left(b_{D,n}(z^D) - \underline{b}_{D,n}(z^D)\right)\left(b_{D,n}(z^{-D}) - \underline{b}_{D,n}(z^{-D})\right) \geq 0 \ , \quad |z| = 1, \quad 0 \leq n \leq D-1 \ . \tag{32}$$

Mithin wird zum Leistungsspektrum $\underline{r}_{D,n}^*(z^D)$ der Optimallösung in Gl. (31) stets ein nichtnegatives Spektrum addiert. Dieser additive Anteil verschwindet, wenn $b_{D,n}(z^D) = \underline{b}_{D,n}(z^D)$ wird, d. h. die Optimallösung $\underline{b}_{D,n}(z^D)$ gewählt wird. Die spektrale Leistungsdichte $\underline{r}_{D,n}^*(z^D)$ realisiert somit stets ein Minimum, und der mittlere quadratische Interpolationsfehler wird ebenfalls minimal für das Optimalfilter $\underline{b}(z)$ Gl. (16).

Eigenschaften der Lösung

Die bisherige Darstellung zeigt, daß die Interpolation der stationären Signalfolge $\{S_m\}$ aus der Folge ihrer Unterabtastwerte $\{S_{mD}\}$ eine jeweils stationäre Unterabtastfolge der Interpolationswerte $\{\hat{S}_{mD+n}\}$, $0 \leq n \leq D-1$, erzeugt. Die gesamte Interpolationsfolge $\{\hat{S}_m\}$ ist somit zyklostationär über die Distanz von D Abtastwerten.

Die Kreuzkovarianz zwischen Unterabtastfolge $\{S_{mD}\}$ und Interpolationsfehler $\{\Delta S_{mD+n}\}$ ergibt

$$E\{S_{mD}\Delta S_{(m+l)D+n}\} = R_{lD+n} - \sum_{k=-\infty}^{\infty} B_{kD+n} R_{(l-k)D} \ , \quad 0 \leq n \leq D-1 \ . \tag{33}$$

Diese Kreuzkovarianz ist stets Null bei Wahl der Optimallösung $\{\underline{B}_{kD+n}\}$ auf Grund der Normalgleichungen (12). Damit sind die Unterabtastfolge $\{S_{mD}\}$ und die aus ihr erzeugten Interpolationsfehler $\{\Delta S_{mD+n}\}$ stets unkorreliert und nicht nur orthogonal.

Wegen der Selbstreziprozität der Kovarianzspektren $r(z)$ Gl. (14) und $r_D(z^D)$ Gl. (15) ist auch die Optimallösung (16) selbstreziprok, d. h. es gilt stets $\underline{b}(z) = \underline{b}(z^{-1})$. Hieraus folgt die Symmetrie

$$\underline{B}_k = \underline{B}_{-k} \tag{34}$$

der Koeffizientenfolge $\{\underline{B}_k\}$ des optimalen Interpolationsfilters. Speziell für $n = 0$ ergibt die Kovarianz (24) des Interpolationsfehlers

$$\underline{R}_{lD,o}^* = R_{lD} - \sum_{k=-\infty}^{\infty} \underline{B}_{kD} R_{(l-k)D} = 0 \tag{35}$$

auf Grund der Normalgleichungen (12). Dies besagt, daß die Unterabtastfolge $\{S_{kD}\}$ sich selbst fehlerfrei interpoliert. Aus Gl. (5) folgt hierzu mit

$$\hat{S}_{mD} = S_{mD} = \sum_{k=-\infty}^{\infty} \underline{B}_{kD} S_{(m-k)D} \tag{36}$$

für die Folge $\{\underline{B}_{kD}\}$ der Interpolationskoeffizienten

$$\underline{B}_{kD} = \begin{cases} 1 & , \ k = 0 \ . \\ 0 & , \ k \neq 0 \ . \end{cases} \tag{37}$$

Diese "Interpolationsbedingung" ist hinreichend. Sie ist unter der Voraussetzung eines positiv definiten Leistungsspektrums (17) ebenfalls notwendig wegen der Eindeutigkeit der Lösung (16).

Anwendungen

In der Praxis der diskreten Signalverarbeitung kann die Kovarianz $\{R_i\}$ des Signals $\{S_m\}$ nur selten direkt gemessen werden. Andererseits existieren häufig Modelle der Kovarianz $\{R_i\}$ eines diskreten Musterprozesses $\{S_m\}$ auf Grund stochastischer Modellvorstellungen der Signalerzeugung. Aus der Literatur bekannte Lösungen des optimalen Interpolationsfilters für Modellkovarianzen lassen sich mit der spektralen Lösung (16) bestätigen und verallgemeinern.

Das Spektrum (16) des optimalen Interpolationsfilters $\underline{b}(z)$ ist gleichmäßig konvergent für $|z| = 1$ unter der Voraussetzung der positiven Definitheit des Leistungsspektrums $r_D(z^D)$ Gl. (17). In diesem Fall haben die Koeffizienten $\underline{B}_k$ eine hinreichend schnell abklingende Amplitude für hinreichend große Indexwerte $|k| > M$. Die Interpolation (5) darf daher bei Tolerieren eines endlichen Abbruchfehlers auf die endliche Summe $|k| \leq M$ beschränkt werden. Kausalität des endlichen Filters wird erreicht, indem das Interpolationssignal $\{\hat{S}_{kD+n}\}$ um die Zeit $T = MD\tau$ zum Eingangssignal $\{S_{mD}\}$ verzögert wird.

Die dargestellte Algorithmik wird real angewandt auf eine Strategie zur irrelevanten Datenreduktion von digitalen Bildsignalen in Verbindung mit der klassischen DPCM-Technik. Der Bildinhalt wird vor der DPCM-Kodierung in visueller Relevanz mehrdimensional unscharfgefiltert. Von dieser unscharfgefilterten Version wird lediglich eine mehrdimensional unterabgetastete Folge DPCM-kodiert und übertragen. Nach Dekodierung wird das Unscharfsignal aus den Unterabtastwerten durch Interpolation rekonstruiert. Das Interpolationsfilter ist aus der Modellkorrelation des Bildinhalts und der angewandten Unscharffilterung nach den beschriebenen Algorithmen synthetisiert. In varianter Realisierung wird das Filter in kausale und rekursive Teilfilter separiert, denen das Signal blockweise sukzessiv zeitlich vorwärtslaufend und nachfolgend rückwärtslaufend zugeführt wird. Anschließend wird das dekodierte und interpolierte Unscharfsignal mit dem zum Unscharffilter gehörenden Inversfilter zur vollen Detailauflösung zurückgefiltert. Die Parameter der Methode sind derart zu wählen, daß die spektral akzentuierten Quantisierungs- und Interpolationsfehler visuell irrelevant bleiben.

Die angegebene Algorithmik gestattet ebenfalls, das bekannte Abtasttheorem für stationäre und exakt tiefpaßbegrenzte Signalfunktionen neu zu entwickeln und hinsichtlich der Konvergenz zu überprüfen. Vorausgesetzt wird, daß die Unterabtastfolge $\{S_{mD}\}$ kein überlappendes Leistungsspektrum besitzt, d. h. für die Grenzfrequenz $\omega_g \leq \pi/(D\tau)$ gilt. Mit Gl. (27) und (31) läßt sich unmittelbar überprüfen, ob die spektrale Leistungsdichte des Interpolationsfehlers und damit der Interpolationsfehler selbst tatsächlich verschwindet.

ITERATIVE METHODS IN IRREGULAR SAMPLING THEORY, NUMERICAL RESULTS

H.G.Feichtinger, K.Gröchenig and M.Herrmann (Wien)

ABSTRACT

This note deals with simple variants of iterative reconstruction methods, which have been discussed in detail in a series of papers by the authors from a theoretical point of view. It is the first report on the actual numerical behavior of these operators in a discrete implementation, giving also indications about their relative advantages over related methods described in the recent applied literature.

1. THE IRREGULAR SAMPLING PROBLEM.

The well-known Whittaker-Shannon-Kotelnikov sampling theorem is one of the corner stones of digital signal processing, as it provides the decisive link between the continuous, analog signal and the discrete sequence of its sampling values over a regular lattice, if it is only band-limited and the sampling rate is high enough (in comparison to the band-width of the signal). There are several excellent survey articles available describing its various versions and applications (see e.g. [Bu],[Je],). Despite its practical importance much less is known about efficient reconstruction methods for the *irregular sampling problem*, especially in more than one dimension. Exceptions are the paper by Sauer/Allebach [SA] (which does *not* give a complete mathematical proof) as well as a series of papers by F.Marvasti (cf. [Ma1-3]).   Based on a new real analysis approach the authors have established a rigorous mathematical approach to a more constructive way of obtaining the a band-limited function from its irregular sampling values by iterative methods. These algorithms have been described in [FG1-4],[Gr] from a functional analytic point of view, using Banach spaces of functions, convolutions, and non-orthogonal series expansions. This approach turned out to be very useful in order to establish a complete error analysis, i.e. in order to ensure that the usual errors (such as aliasing, jitter, or truncation errors). Given this background one may be confident that discrete implementations work well.

2. THE SETTING AND THE PROPOSED ALGORITHMS.

The setting and notations are the following ones. A discrete signal, i.e. a sequence f over $\mathbb{Z}$, which is known to be band-limited with spectrum in $\Omega \subseteq [-\pi,\pi]$ is only given for a well spread set of irregularly distributed points $(x_n)_{n=1}^{\infty}$ on $\mathbb{Z}$, and the task is to recover it from these values, given only the the sequence $(f(x_n)_{n=1}^{\infty})$ and the information that $\hat{f}(n) \equiv 0$ on $[-\pi,\pi]\backslash\Omega$. Since we work in the setting of a finite FFT we assume that f is also periodic (the theory can still be applied with mild modifications in this case). Thus we assume that only finitely many sampling coordinates xp(1) ... xp(l) are given, with not too large gaps, and that the DFT $\hat{f}$ of the given sequence f vanishes outside some finite interval.

In the papers [FG1-4] several version of the algorithm are presented. We shall describe them only in the form needed in this discussion or used in the papers [Wi],[Ma1-3] to which we make direct reference. In each case the operator controlling the iterative construction can be understood (this is the general idea of our theoretical approach) as an approximation to the reproducing convolution operator. We shall write FILT for the convolution kernel $\mathscr{F}^{-1}(\mathbf{1}_{\Omega})$, the inverse Fourier transform of the indicator function of Ω . One may think of FILT as a stretched sinc-function.

All the operators used have to build functions, given only the sampling values $(f(x_n)_{n=1}^{\infty})$. In [Ma2] several different such operators are described. The sampling sequence xp(1)...xp(l) will be considered to be fixed throughout this note. The symbol λ descibes a relaxation parameter.

1) The natural sampling operator (with regularization parameter ε ,cf.[Wi]) :

$$N_X f := \lambda \cdot \sum_{i=1}^{l} f(xp(i)) \cdot T_{xp(i)} \mathbf{1}_{[-\varepsilon,\varepsilon]} = \lambda \cdot \sum_{i=1}^{l} f(xp(i)) \cdot \mathbf{1}_{[xp(i)-\varepsilon,xp(i)+\varepsilon]}$$

It produces a sequence of step functions of *equal* width 2ε, around the sampling points, with amplitudes equal to the sampling values.

2) The so-called *sample and hold (with variable width) operator*, is given by

$$SH_X f := \sum_{i=1}^{l} f(xp(i) \cdot \mathbf{1}_{[xp(i),xp(i+1))}$$

3) The *Voronoi operator* (used also in [FG1] for the general discussion) is more symmetric, in the sense that it produces step functions which are constant over symmetric intervals around the sampling points:

$$V_X f := \sum_{i=1}^{l} f(xp(i) \cdot \mathbf{1}_{[(xp(i)+xp(i-1))/2,(xp(i)+xp(i+1))/2]}$$

4) The piecewise linear operator PL_Xf can be described without formulas by saying that it produces a piecewise linear interpolation of the sampling values.

5) Besides the above operators, which have been shown to lead to iterative reconstruction methods with a geometric decay of the error, at least if the maximal gap is smaller than a certain multiple of the Nyquist rate (one over the maximal frequency), which depends on the operator. In each case the actual reconstruction operator uses one of the above operators, combined with filtering. This filtering has of course strong smoothing effects, which actually allows to use also the following (*adaptive weights*) operator

$$AW_Xf := \sum_{i=1}^{l} f(x(i)) \cdot [xp(i+1) - xp(i-1)]/2 \cdot \delta_{xp(i)} \ .$$

where δ_z denotes the Dirac measure, concentrated at z . Because in this case the weight factors going with the sampling values depend adaptively on the distances of subsequent points we call the method using this operators the adaptive weight method (it corresponds to the D_Ψ^+-operator in [F1]).

6) A similar operator would be the so-called *frame operator* (cf. [DS]), associated with the sampling set $xp(1)...xp(l)$, given by

$$F_Xf := \lambda \cdot \sum_{i=1}^{l} f(x(i)) \cdot \delta_{xp(i)} \ .$$

which of course for small ε (and appropriate choice of λ) is close to the natural sampling operator.

In contrast to 1)-4) the last tow operators do *not* produce square integrable functions in the continuous model, and may be badly bounded in the discrete model. However, combined with low-pass filtering they are tame operators and turns out to be very simple, and 5) is also very efficient.

Calling any of the above operators A_X the actual iteration method can be shortly described by the recursive formula: $f_o := 0$,

$$f_{n+1} := x_n + P(A_X(f-f_n)) = PA_Xf + (P - PA_X)f_n, \qquad (**)$$

where $Pf := FILT * f = \mathscr{F}^{-1}(1_\Omega \cdot \mathscr{F}f)$ is the projection associated with Ω. This form is different in it's appearance from the recursion described in our previous work, but can be shown to describe the same sequence under the present circumstances (cf. [F4]).

3. THE IMPLEMENTATION.

We have set up our programs using the PC-version of MATLAB™. Since the algorithms make use of convolution we decided to work with sequences of length 2^n, for some not too large n. In order to be able to run the experiments described here within a short time we restricted our attention to the case n=7 , i.e. to sequences of length 128. We also have restricted our presentation to 1-D signals here. As we found in a first set of experiments the behavior of the algorithms in this case is quite characteristic for the general case, and calculation with sequences of length $1024 = 2^{10}$ behave in exactly the same way, but take more time. The general approach described in [FG1-4] also allows for the use of different filters (with some precaution and at the expense of a a slightly more involved algorithm). The choice of smooth filters (on the frequency side) is expected to allow better locality and smaller truncation error, if the sampling rate is high enough. In our first experiments, however, we used only the traditional sinc-filter, or equivalently, the indicator function of the spectrum as Fourier multiplier.

For our first comparison we applied different methods to the same function, together with a fixed irregular sampling set.

4. THE MAIN OBSERVATIONS.

Given the limitations of space we can only point out the most important observations. The experiments showed that under the given circumstances the *method of adpative weights* gave the best results and was delivering the fastest convergence as well as the widest range of application (i.e. allowed to go for larger frequencies in the spectrum than all the other methods). In case of extra knowledge (e.g. that the spectrum $\hat{f}$ is real), this extra knowledge could be built into the algorithm by setting the imaginary part of $\hat{f}_n$ to zero at each iteration, thereby improving the speed of convergence once more.

Somewhat surprising to us come the observation that the operator $PL_X f$ worked than the more simple-minded Voronoi operator, but both gave satisfactory results, at least if the sampling rate is high enough.It seems that the smearing effect of the convolution filter is already strong enough to fill in the gaps (especially of for the operators in 5) and 6) this must be the case), and that extra smoothing tends to produce too much overall smoothness, thereby slowing the approximation process down.

It came not surprising that the use of the Voronoi operator gave a much faster recovery algorithm than the sample and hold operator with variable width, and was competitive with the adaptive weight methods for high sampling rates.

Among the methods described above the natural sampling method and the Wiley's frame operator where most sensitive to irregularities, especially to smaller cluster of points, and it was easy to produce cases where additional sampling information (by forcing the use of a smaller *global* relaxation parameter) slowed down the reconstruction considerably.

5. CONCLUSIONS.

Our experiments indicate that the discrete algorithms suggested by the theory are in fact efficient methods to reconstruct band-limited functions from irregularly taken sampling values. In most cases the "method of adaptive weights" based on , i.e. the use of low-pass filtered versions of the signal, using adaptive weights factor in order to compensate for the irregularities, appeared to be the most efficient method. It had the best speed of convergence and allowed most freedom in the size of the spectrum. Under favorable conditions (= sufficient high sampling rate) all the algorithms which can be subsumed in our theory work well. The most remarkable observation was however the fact that Wiley's methods as well as the method described by Marvasti as the 'natural sampling' may drastically deteriorate if *more* sampling points are available in same parts of the signal (but not at others), because they force to choose the relaxation parameter small in order to guarantee convergence. This phenomenon did *not* show up for the operators 2) – 5). In fact, they show the expected better convergence in areas of higher density.

REFERENCES

[Bu]   P.L.Butzer: A survey of the Whittaker–Shannon sampling theorem and some of its extensions. J.Math.Res.Expositions 3 (1983), 185–212.

[F1]   H.G.Feichtinger: Discretization of convolutions and the generalized sampling principle. J.Approx.Theory, to appear, 1991.

[F2]   -----: The irregular sampling theorem – a survey from a mathematicians point of view. Talk held at MITRE corportation, Washington, January 1990.

[F3]   -----: Wiener amalgam spaces and some of their applications.
Proc.Conf.Function spaces, Ewardsville, IL, April 1990. Lecture Notes.

[F4]   -----: A real analysis approach to the irregular sampling
problem, in preparation.

[FG1]   H.G.FEICHTINGER and K.H. GROECHENIG, Multidimensional sampling of
band-limited functions in L^p-spaces. Proc. Conf. Oberwolfach, Feb.
1989, ISNM 90, Birkhäuser, 1989, 135-142.

[FG2]   ----: Iterative reconstruction of multivariate band-limited functions
from irregular sampling valuessubmitted.

[FG3]   -----: Irregular sampling theorems and series expansions of band-
limited functions (submitted).

[FG4]   ------: Error analysis in regular and irregular sampling theory,
submitted.

[Gr]   K.Gröchenig: A new approach to the irregular sampling theorem, Proc.
Conf., NATO Adv.Studies Sem., Il Ciocco, July 1989. Ed. J.Byrnes,
Kluwer, 1990.

[Je]   A.J.Jerri, The Shannon sampling theorem - its various extensions and
applications, a tutorial review. Proc. IEEE 65 (1977), 1565 - 1596.

[Ma1]   F.A.Marvasti, A unified approach to zero-crossings and non-uniform
sampling of single and multidimensional signals and systems. Oak Park,
IL, Nonuniform, P.O.Box 1505, Oak Park, IL 60304, 1987.

[Ma2]   F.A.Marvasti and M.Analoui: Reovery of signals from nonuniform samples
using iterative methods. Proc. IEEE, Int.Conf. Circuits and Systems
(CAS), Portland, OR, May 1989.

[Ma3]   F.A.Marvasti: An iterative method to compensate for the interpolation
distortion. Trans. IEEE ASSP 37/10 (1989), 1617-1621.

[SA]   K.D.Sauer and J.P.Allebach , Iterative reconstruction of band-limited
images from nonuniformly spaced samples. IEEE Trans. CAS-34/12 (1987).
(1988), 373-376.

[Wi]   R.G.Wiley: Recovery of bandlimited signals from unequally spaces
samples, IEEE Trans. COM 26/1 (1978), 135-137.

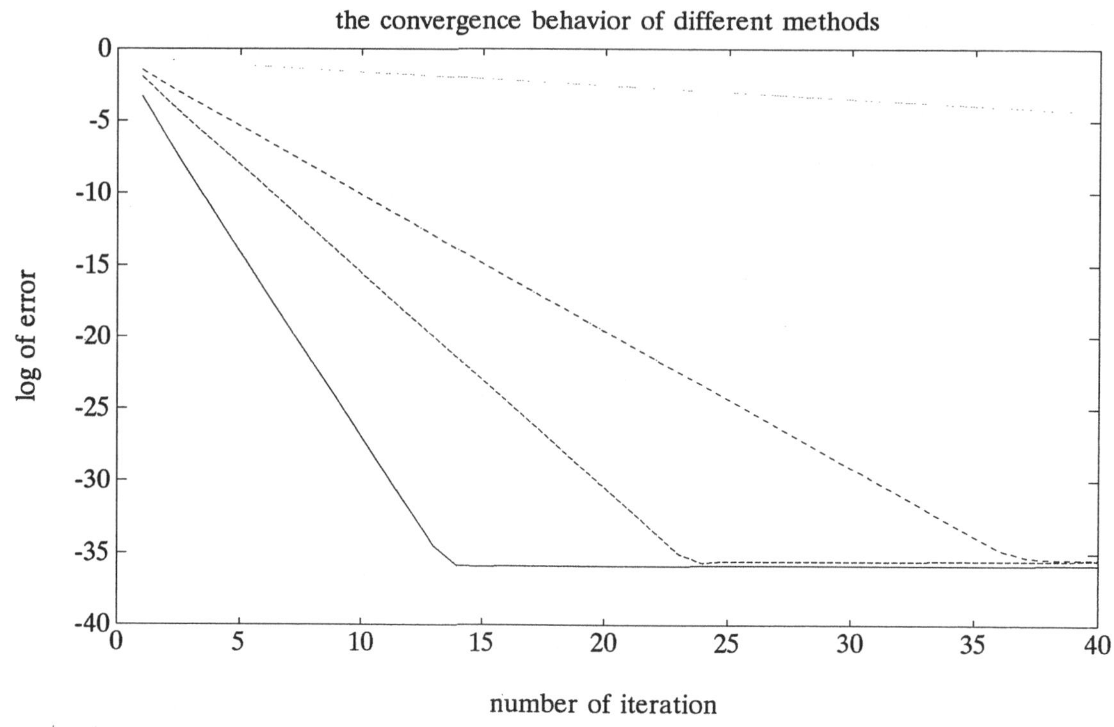

Figure 1.

Convergence behavior for different methods, the error being given in terms of the logarithmic ℓ^2-error against the number of iterations. The 'sample and hold method with variable width' was the slowest method, which did not even converge for slightly larger choices of the spectrum. Using the piecewise linear method it was possible to recover (for a fairly this small spectrum) the function completely within machine precision after 38 steps. Each step however was quite computational expensive and took more than 15 times the time of an adaptive weight step (probably because the function producing lookup-tables is fairly slow in MATLAB). The Voronoi method performed actually better in this situation, each step being about 8 times faster, and actually more efficient. The *best* and *fastest method* (per step), so overall by far the most efficient method was the adaptive weight method in combination with filtering (in all cases by means of FFT).

Author's address:

H.G.Feichtinger and M.Herrmann: Institut für Mathematik, Universität Wien, Strudlhofg. 4, A-1090 Wien, AUSTRIA.

K.Gröchenig: Dept.Math. U-9, Univ. of Connecticut, Storrs, CT 06269, USA.

Algorithmen

An Adaptive Channel Estimator for Frequency–Selective Fading Channels

Peter Hoeher

German Aerospace Research Establishment (DLR)
Institute for Communications Technology
D-8031 Oberpfaffenhofen, West-Germany
Tel. +49-8153-28-804, Fax +49-8153-28-243

Abstract

A channel estimator for extracting the discrete–time channel coefficients ("tap–gains") of a time–varying frequency–selective channel is investigated. A Kalman filter is integrated into a least mean squares (LMS) estimator such that a–priori knowledge about the statistics of the channel is taken into account. Assuming a state–space model of the channel is given, parameter settings and the stationary error variance of each single tap–gain are analytically derived for Rayleigh-fading channels. The performance curves of the modified algorithm are shown to be superior to that of the conventional LMS estimator, and are close to the theoretical lower bounds which are also investigated.

1 Introduction

We are concerned with data transmission through linear frequency–selective channels, see Fig. 1. It is well established that, given the noisy observations $\{z_k\}$, the ML estimates of the data sequence $\{I_k\}$ are computed by means of a Viterbi equalizer [1,2]. The Viterbi algorithm (and other probabalistic equalizers such as the symbol–by–symbol MAP estimator [1]) need the knowledge of the channel to compute its metrics. To estimate the discrete–time channel coefficients for an unknown static channel, or to track a time–varying channel, an adaptive channel estimator (CE) in parallel with the equalizer is needed. This paper gives a contribution to the improvement of existing algorithms for channel estimation and analysis thereof.

The least mean squares (LMS) algorithm is the most often used algorithm for channel estimation to support Viterbi–like equalizers [3], because it is robust and easy to implement. However, a static or slowly time–varying channel is assumed [3].

Recently, it was proved that channel estimators making use of a–priori knowledge of the channel will improve when the channel is time–varying [4]-[8]. In theory, best results will be obtained by a (minimum variance) Kalman estimator [7,8]. However, the results reported in [4]-[8] deteriorate significantly from the theoretical bounds, and the results where restricted to computer simulations.

Motivated by the simplicity of the LMS algorithm and by the performance of the Kalman algorithm, we investigate a LMS gradient estimator with integrated Kalman subfilters [9]. By using different, optional multi–dimensional filters and step sizes for estimating the tap–gains, a–priori knowledge about the statistics of the channel such as the Doppler power spectrum, the multipath intensity profile [1], and the SNR is taken into account. Hence, the processes underlying the tap–gains can be estimated more precisely at reasonable cost. In the limit for first order subfilters and equal step–sizes for all tap–gains the LMS estimator of [3] is achieved. In the special case of flat–fading we obtain the structure proposed in [10].

Assuming a state–space model of the channel is given, an iterative procedure is presented which allows the analytical derivation of the parameter settings of the estimator, and also the derivation of the mean square error of the estimate of *each* single tap–gain. Examples are given for typical selective Rayleigh–fading channels. In addition to [9] we compare the analytical results not only with the conventional LMS algorithm, but also with the theoretical lower bounds.

2 Channel Model

Let $\{f_k^{(l)}\}$, $0 \le l \le L$, denote the set of equivalent discrete–time channel coefficients of a linear time–varying frequency–selective channel with finite memory L at time k [1]. Let z_k denote an observation, and η_k denote zero mean white Gaussian measurement noise; then we have

$$z_k = \sum_{l=0}^{L} f_k^{(l)} I_{k-l} + \eta_k, \tag{1}$$

where $\{I_k\}$ is an i.i.d. symbol sequence and all variables are in complex notation [1]. We suppose a state–space description [11] where known system matrices exists for *each* of the tap-gains, see Fig. 2. The state equations in matrix form are (matrices are in bold face)

$$\begin{pmatrix} \mathbf{x}_{k+1}^{(0)} \\ \vdots \\ \mathbf{x}_{k+1}^{(L)} \end{pmatrix} = \begin{pmatrix} \mathbf{F}^{(0)} & & \\ & \ddots & \\ & & \mathbf{F}^{(L)} \end{pmatrix} \cdot \begin{pmatrix} \mathbf{x}_{k}^{(0)} \\ \vdots \\ \mathbf{x}_{k}^{(L)} \end{pmatrix} + \begin{pmatrix} \mathbf{G}^{(0)} & & \\ & \ddots & \\ & & \mathbf{G}^{(L)} \end{pmatrix} \cdot \begin{pmatrix} w_{k}^{(0)} \\ \vdots \\ w_{k}^{(L)} \end{pmatrix} \tag{2}$$

$$z_k = \left(I_k \mathbf{H}^{T\,(0)}, \dots, I_{k-l} \mathbf{H}^{T\,(L)} \right) \cdot \begin{pmatrix} \mathbf{x}_{k}^{(0)} \\ \vdots \\ \mathbf{x}_{k}^{(L)} \end{pmatrix} + \eta_k, \tag{3}$$

with output

$$f_k^{(l)} = \mathbf{H}^{T\,(l)} \cdot \mathbf{x}_k^{(l)}; \qquad 0 \le l \le L. \tag{4}$$

We assume independent tap–gains

$$E[\, f_k^{(l)} \cdot f_k^{(j)\,*} \,] := p^{(l)} \cdot \delta_{l,j}; \qquad 0 \le l,j \le L, \tag{5}$$

with the normalization $\sum_{l=0}^{L} p^{(l)} = 1$. Hence, the system matrix $\mathbf{F}$ and the input matrix $\mathbf{G}$ are diagonal. Modulation is included in the output description (3). In contrast to the flat channel, the system noise $\mathbf{w}_k = (w_k^{(0)}, \dots, w_k^{(L)})^T$ is no longer scalar. All $L+1$ processes $w_k^{(l)}$ are complex zero mean white Gaussian noise processes with variance

$$1/2E[\, w_k^{(l)} \cdot w_n^{*\,(j)} \,] := Q \cdot \delta_{l,j} \cdot \delta_{k,n}; \qquad 0 \le l \le L. \tag{6}$$

In the following we investigate sub–filters of first and second order. The model matrices for first order are:

$$\begin{aligned} \mathbf{F}^{(l)} &= F^{(l)} = e^{-\Omega T} := \alpha \\ \mathbf{G}^{(l)} &= \sqrt{p^{(l)}(1-\alpha^2)} \qquad (Q = 1/2) \\ \mathbf{H}^{(l)} &= 1; \qquad 0 \le l \le L, \end{aligned} \tag{7}$$

where $\Omega T := 2\pi f_g T$ is the normalized 3 dB bandwidth of each filter, and T is the symbol duration.

3 Channel Estimator

3.1 Algorithm

Recall that the stochastic LMS gradient algorithm is given by [3]

$$\hat{f}^{(l)}_{k+1|k} = \hat{f}^{(l)}_{k|k-1} + \Delta e_k \hat{I}^*_{k-l}; \qquad 0 \le l \le L, \tag{8}$$

where $\{\hat{f}^{(l)}_{k+1|k}\}$ is the set of predicted tap–gains,

$$e_k = z_k - \hat{z}_k = z_k - \sum_{l=0}^{L} \hat{f}^{(l)}_{k|k-1} \hat{I}_{k-l} \tag{9}$$

is the error signal, $\hat{I}_k$ is a tentative decision of I_k, and $\Delta \in R_+$ is the step size [3,1]. Note also that the Kalman channel estimator is given by [11]

$$\hat{\mathbf{x}}^{(l)}_{k+1|k} = \mathbf{F}^{(l)}\hat{\mathbf{x}}^{(l)}_{k|k-1} + \mathbf{K}_k(\overset{\vee}{f}{}^{(l)}_k - \hat{f}^{(l)}_{k|k-1}); \qquad 0 \le l \le L, \tag{10}$$

with output

$$\hat{f}^{(l)}_{k|k-1} = \mathbf{H}^{T\,(l)}\hat{\mathbf{x}}^{(l)}_{k|k-1}; \qquad 0 \le l \le L, \tag{11}$$

where $\mathbf{K}_k$ is the Kalman gain, and where $\overset{\vee}{f}{}^{(l)}_k$ denotes a noisy estimate of the l–th tap gain, which has to be provided by a separate unit [7]. To minimize receiver cost, we avoid an additional unit and simply combine (8) and (10) to get [9]

$$\hat{\mathbf{x}}^{(l)}_{k+1|k} = \mathbf{F}^{(l)}\hat{\mathbf{x}}^{(l)}_{k|k-1} + \mathbf{K}_k e_k \hat{I}^*_{k-l}; \qquad 0 \le l \le L, \tag{12}$$

with output (11). (12) is a LMS estimator with integrated Kalman subfilters as shown in Fig. 3.

By increasing the orders of the system–matrices $\mathbf{F}^{(l)}$ we are able to approximate the Doppler spectra of the $f^{(l)}_k$'s more precisely. The loop–bandwidth can be optimized to system noise (phase jitter) and measurement noise (channel noise) [4,6,10]. By substituting Δ with the "Kalman gain" matrix $\mathbf{K}^{(l)}_k$, we are able to insert a–priori knowledge about the multipath delay profile [1], and to speed–up acquisition.

3.2 Analysis

By rewriting the received sequence (1)

$$z_k = f^{(j)}_k I_{k-j} + \eta_k + \sum_{l=0,\ l \ne j}^{L} f^{(l)}_k I_{k-l} \tag{13}$$

and its estimate (9)

$$\hat{z}_k = \hat{f}^{(j)}_{k|k-1} \hat{I}_{k-j} + \sum_{l=0,\ l \ne j}^{L} \hat{f}^{(l)}_{k|k-1} \hat{I}_{k-l}, \tag{14}$$

we observe that the j-th subfilter is affected by the additive noise term

$$\eta^{(j)}_k := \eta_k + \sum_{l=0,\ l \ne j}^{L} (f^{(l)}_k - \hat{f}^{(l)}_{k|k-1}) I_{k-l}; \qquad 0 \le j, l \le L, \tag{15}$$

provided the decision $\hat{I}_k$ is correct. Hence, the estimate of $f_k^{(j)}$ is affected by the estimation error of the remaining L tap–gains, but in principle the problem is reduced to the flat case and can be solved according to the principles of Kalman filtering [11] as investigated in [10].

For i.i.d. phase–modulated signals ($E[I_k \cdot I_n^*] = \delta_{kn}$) and uncoupled subfilters, noise variance from (15) is

$$R^{(j)} \approx R + \sum_{l=0,\ l\neq j}^{L} \mathbf{H}^{T\,(l)} \Sigma_{k|k-1}^{(l)} \mathbf{H}^{(l)} \qquad \text{with } R := 1/2 E[|\eta_k|^2], \tag{16}$$

where $\Sigma_{k|k-1}$ is the error covariance matrix [11]:

$$E[\,|f_k^{(l)} - \hat{f}_{k|k-1}^{(l)}|^2\,] := 2\mathbf{H}^{T\,(l)} \Sigma_{k|k-1}^{(l)} \mathbf{H}^{(l)}. \tag{17}$$

The problem is that the error covariance is a function of the noise variance; increasing R increases $\Sigma_{k|k-1}$ and vice versa. Therefore, we proposed an iterative solution in [9]: compute

$$R^{(j)} \leftarrow R + \sum_{l=0,\ l\neq j}^{L} \mathbf{H}^{T\,(l)} \Sigma_{k|k-1}^{(l)} \mathbf{H}^{(l)}, \qquad \Sigma_{k|k-1}^{(j)} \leftarrow \Sigma_{k|k-1}^{(j)}(R^{(j)}); \quad 0 \le j \le L \tag{18}$$

iteratively until $R^{(j)}$ and $\Sigma_{k|k-1}^{(j)}$ are fixed values, denoted by $\tilde{R}^{(j)}$ and $\tilde{\Sigma}_{k|k-1}^{(j)}$. This iteration can be used to precompute stationary and non–stationary parameter sets in a nearly optimal way as long as $\mathbf{K}_k$ is small enough to ensure the filter effect. Also it provides a lot of flexibility when the filters are of different order or bandwidth. In all applications under investigation, the number of necessary iteration steps were on the order of 2-10.

3.3 Results

We will now give an example. For simplicity, we start with the 1.order model (7), and are interested in the stationary performance. By solving the stationary Riccati equation [11]

$$\Sigma_\infty^{(l)} := \Sigma_{k|k-1}^{(l)}|_{k\to\infty} = \alpha^2 \Sigma_\infty \left[1 - \Sigma_\infty(\Sigma_\infty + R^{(l)})^{-1}\right] + \frac{1}{2}p^{(l)}(1 - \alpha^2); \qquad 0 \le l \le L, \tag{19}$$

we obtain

$$\Sigma_\infty^{(l)} = -\frac{1}{2}\left(R^{(l)} - \frac{1}{2}p^{(l)}\right)\left(1 - \alpha^2\right) + \sqrt{\frac{1}{4}\left(R^{(l)} - \frac{1}{2}p^{(l)}\right)^2\left(1 - \alpha^2\right)^2 + \frac{1}{2}R^{(l)}p^{(l)}\left(1 - \alpha^2\right)}, \tag{20}$$

which is used as the starting value for the iteration, with $R^{(l)} = N_0/2\overline{E}_s$ in the beginning. After a few recursions we obtain $\tilde{\Sigma}_\infty^{(l)}$ and $\tilde{R}^{(l)}$, und hence the near optimum parameter set [11]

$$K_\infty^{(l)} = \frac{\alpha\tilde{\Sigma}_\infty^{(l)}}{\tilde{\Sigma}_\infty^{(l)} + \tilde{R}^{(l)}}; \qquad 0 \le l \le L. \tag{21}$$

The stationary error variance is shown in Fig. 4. The selected channel, characterized by the parameters $p^{(l)}$ given by the table in Fig. 7, corresponds to a bad urban channel of the pan–european mobile cellular system GSM. The parameter $\Omega T = 5 \cdot 10^{-3}$ corresponds to a vehicle speed of 258 km/h (in GSM symbol rate is $T^{-1} = 270\ kbit/s$ and carrier frequency is $f_0 = 900\ MHz$). The analytical curves were confirmed excellently by simulations. For convenience, in Fig. 4 we also plotted the mean square error obtained by a conventional LMS algorithm with an optimized Δ. Especially the estimates of the low–power coefficients degrade significantly (the values for $l = -1$, $l = 3$, and $l = 4$ merge into the same curve).

In Fig. 5 we show analytical lower bounds, which cannot be surpassed by linear estimators. These curves are obtained for the case that the $\hat{f}_k^{(l)}$ in (10) are delivered by a genie. Since the estimates are uncorrelated, this corresponds to the case in which the iteration (18) is stopped after the initial run. For the critical signal–to–noise ratios below 15 dB, the LMS/Kalman estimator is nearly optimal.

Fig. 6 and 7 show the corresponding curves for a second order channel model.

4   Summary and Conclusions

By modifying the order and the step–size of the LMS algorithm, it is possible to take a–priori knowledge about the Doppler power spectrum, multipath intensity profile, channel noise, and Doppler shift into account. Analytical results obtained by an iterative recursion are given for a terrestrial mobile channel with Rayleigh fading tap–gains of first and second order, and compared with the theoretical lower bounds. Extension to higher order filters, Rice fading channels, time–varying matrices, or multi–step predictors is straightforward.

The necessary a–priori knowledge can be derived from a training sequence or from the past, and can be used to select a precomputed parameter set. Bearing in mind the fact that a second order filter is good at most for the few stronger tap–gains, the increase in complexity compared to the LMS algorithm is reasonable. This is guided by the fact that the lower the order of the filter, the more robust the filter is in terms of sensitivity to misadjustment and implementation.

References

[1] J.G. Proakis, *Digital Communications.* New York: McGraw–Hill, 2nd edition, 1989

[2] S.U.H. Qureshi, "Adaptive equalization," *Proc. of the IEEE*, Vol. 73, No. 9, pp. 1349-1387, Sept. 1985

[3] F. Magee, J.G. Proakis, "Adaptive maximum–likelihood sequence estimation for digital signaling in the presence of intersymbol–interference," *IEEE Trans. Inform. Theory*, Vol. IT-19, No. 1, pp. 120-124, Jan. 1973

[4] A.P. Clark, S. Hariharan, "Adaptive channel estimator for an HF radio link," *IEEE Trans. on Comm.*, Vol. 37, No. 9, pp. 918-926, Sept. 1989

[5] A.P. Clark, F. McVerry, "Improved channel estimator for an HF radio link," *Signal Processing*, Vol. 5, pp. 241-255, May 1983

[6] S. McLaughlin, B. Mulgrew, C.F.N. Cowan, "Use of a–priori knowledge for HF channel estimation," *EUSIPCO'88*, Elsevier Science Publishers, North–Holland, pp. 371-374, 1988

[7] S. McLaughlin, B. Mulgrew, C.F.N. Cowan, "A performance study of the extended Kalman algorithm as a HF channel estimator," Proc. of the *IEE Int. Conf. on Radio Systems and Techniques*, pp. 335-338, Apr. 1988

[8] S. McLaughlin, B. Mulgrew, C.F.N. Cowan, "Performance comparison of least squares and least mean squares algorithms as HF channel estimators," Proc. of *ICASSP'87*, Dallas, Vol. 4, pp. 49.2.1-49.2.4, 1987

[9] P. Hoeher, "A channel estimator with application to frequency–selective fading channels," *EUSIPCO'90*, Elsevier Science Publishers, North–Holland, paper P.10-1, Sept. 1990

[10] R. Haeb, H. Meyr, "A systematic approach to carrier recovery and detection of digitally phase modulated signals on fading channels," *IEEE Trans. on Comm.*, Vol. COM-37, No. 7, pp. 748-754, July 1989

[11] B.D.O. Anderson, J.B. Moore, *Optimal Filtering.* Englewood Cliffs: Prentice–Hall, 1979

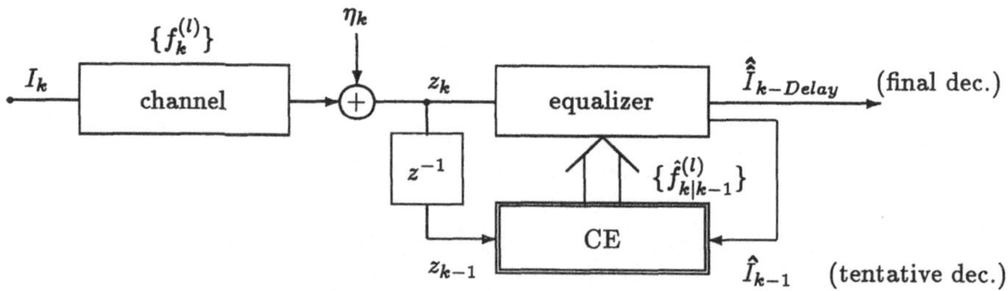

Figure 1: Transmission system including a decision–directed channel estimator (CE) with delay–free tentative decisions, supporting an equalizer with one–step predicted tap–gains.

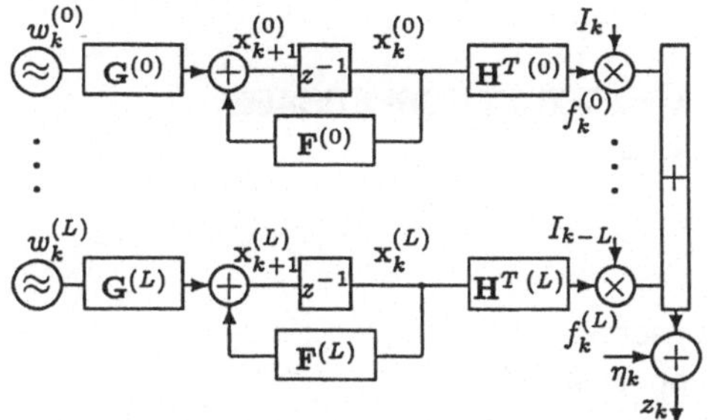

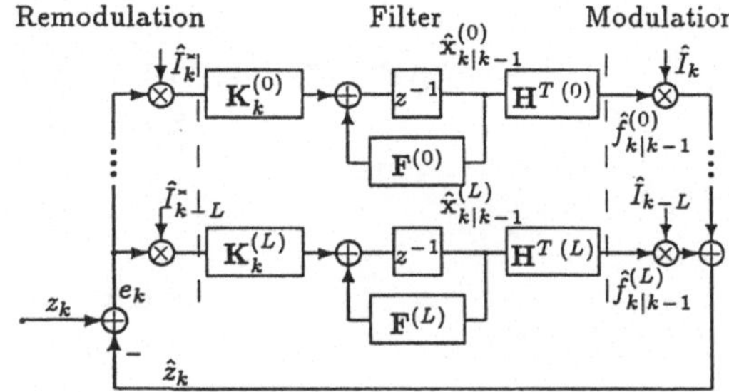

Figure 2: State–space description of the channel.

Figure 3: LMS/Kalman channel estimator.

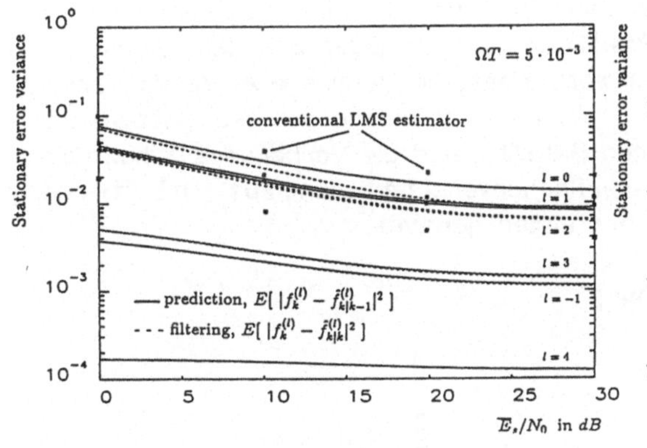

Figure 4: Stationary error variance for the LMS/
Kalman CE (1st order channel and subfilters).

Figure 5: Lower bounds
(1st order channel and subfilters).

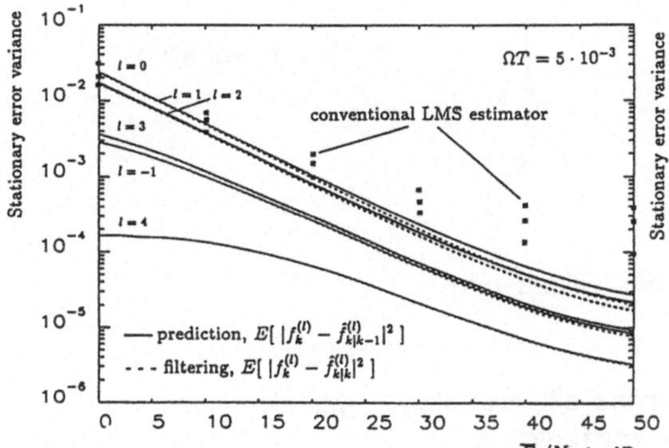

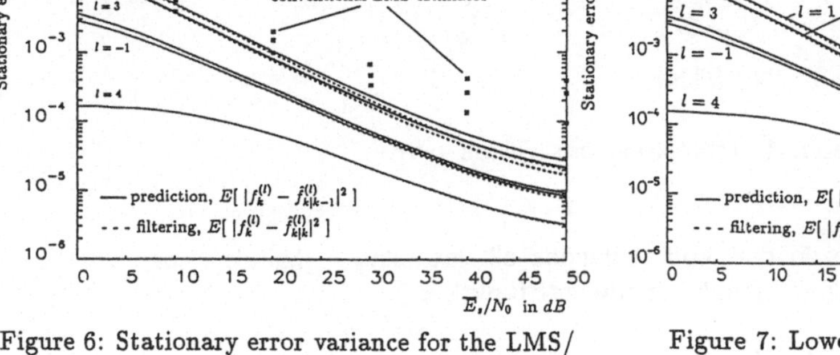

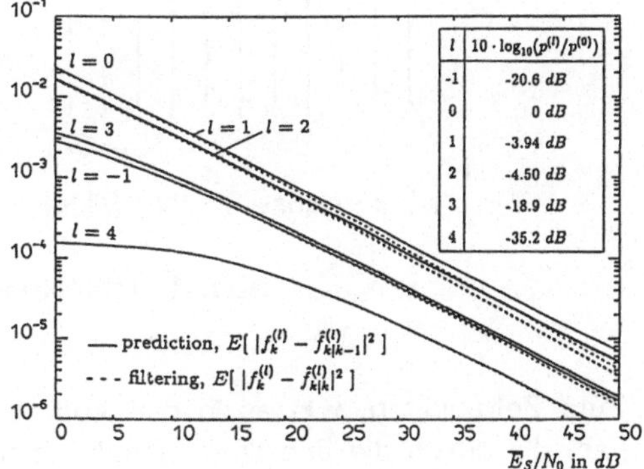

Figure 6: Stationary error variance for the LMS/
Kalman CE (2nd order channel and subfilters).

Figure 7: Lower bounds
(2nd order channel and subfilters).

Ein adaptiver Algorithmus zur m-Schrittvorhersage einer Bildsequenz

Ping He

Fachbereich Elektrotechnik
Universität-GH Wuppertal

1. Einleitung

In manchen Anwendungsgebieten stellt sich das Problem, Bilder einer digitalen Bildsequenz um m Zeitabstände voraus zu prädiktieren. Im vorliegenden Beitrag wird ein
adaptiver Algorithmus vom RLS-Typ (recursive least squares) zur Vorhersage einer
Bildsequenz beschrieben, der mit Hilfe der Systemschreibweise und Tensorrechnung
hergeleitet ist. Das dreidimensionale Prädiktionsfilter wird als linear angesetzt und mit
jedem neuen Bild adaptiert, so daß das Prädiktionsfilter zu jeder Zeit dem Signal angepaßt ist. Folglich ist das Prädiktionsfilter zeitvariant. Als denkbare Anwendungsbeispiele des Algorithmus werden an dieser Stelle die Vorhersage der Wolkenbewegung
aus den Aufnahmen eines meteorologischen Satellits, und die Vorhersage zukünftiger
Entwicklungstendenzen der Luft- und Wasserflächenverschmutzung aus den Luft- oder
Satellitenaufnahmen in regelmäßigen Zeitabständen genannt.

2. Ansatz und Herleitung der Filtergleichung

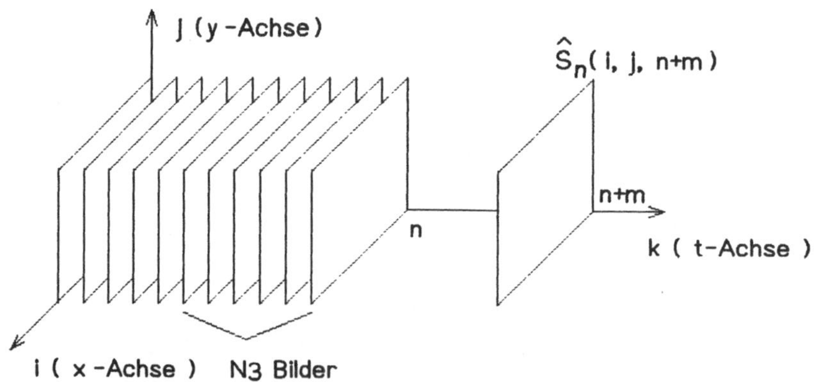

Abb. 1 Prädiktion des Bildes n+m

Zum Zeitpunkt n, wie es in der Abb. 1 dargestellt ist, sind n digitale Bilder verfügbar, die durch die dreidimensionale Grauwertefunktion

$$S(i, j, k) \qquad \text{mit } i, j = 1, 2, \dots , N \;\; \text{und} \;\; k = 1, 2, \dots , n$$

beschrieben werden. Es wird vereinbart, daß das dreidimensionale Bildsignal S(i, j, k)
außerhalb des Definitionsbereichs, d. h. für i, j < 1 und i, j > N und k < 1, zu Null
gesetzt wird.

Zur Vorhersage des Bildes zum Zeitpunkt n+m werden die letzten N3 Bilder der vorhandenen Bilddaten herangezogen, und zwar mit dem linearen Ansatz

$$\hat{S}_n(i,\,j,\,n+m) = \sum_{j_3=1}^{N3} \sum_{j_2=1}^{N2} \sum_{j_1=1}^{N1} S(\,i-j_1+L_x+1,\ j-j_2+L_y+1,\ n-j_3+1)W_n(j_1,j_2,j_3) \qquad (1)$$

$$\text{für } i,\ j = 1,\ 2,\ \ldots\ ,\ N.$$

Auf der linken Seite der Gleichung (1) stehen die Grauwerte des prädiktierten Bildes. $W_n(j_1,j_2,j_3)$ sind die Koeffizienten des dreidimensionalen Prädiktionsfilters. Innerhalb eines Bildes, wie die Abb. 2 zeigt, stellt der Querschnitt des Prädiktionsfil-

ters ein symmetrisches Bewertungsfenster mit der Breite N1 und Höhe N2 dar. N3 ist die Filterlänge in der Zeitrichtung. Ähnlich wie die Matrixschreibweise bei der eindimensionalen Signalverarbeitung hat die Systemschreibweise, die eine Verallgemeinerung der Tensorschreibweise darstellt, bei der mehrdimensionalen Signalverarbeitung die Vorteile, Ausdrücke und Gleichungen sehr kompakt darzustellen und wichtige Zusammenhänge sowie Filtermechanismen überschaubar zu machen. Zur Systemschreibweise und Tensorrechnung wird auf die Literaturstellen [1] – [2] verwiesen. Die Systemschreibweise der Gleichung (1) ist

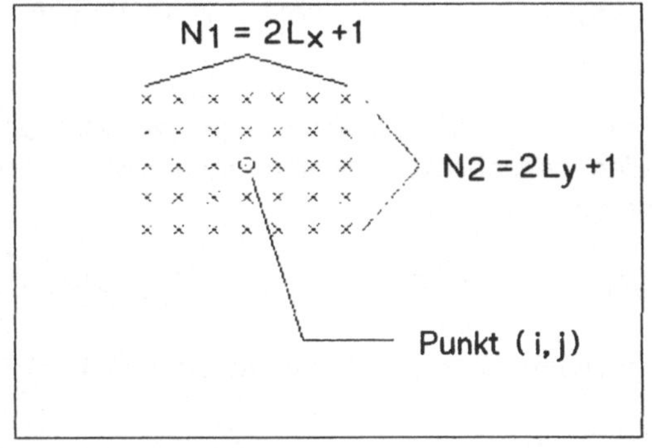

Abb. 2   Bewertungsfenster innerhalb eines Bildes

$$\left\{ \hat{S}(n+m|n)^{i\,j} \right\} = \left\{ S(n)^{i}_{j_1}{}^{j}_{j_2 j_3} \right\} * \left\{ W(n)^{j_1 j_2 j_3} \right\}. \qquad (2)$$

Der Operator * entspricht der Multiplikation von zwei Systemen mit der Verjüngung über die entsprechenden Indizes. Das zweifach kontravariante System zweiter Stufe

$$\left\{ \hat{S}(n+m|n)^{i\,j} \right\} \text{ mit } \hat{S}(n+m|n)^{i\,j} = \hat{S}_n(i,\,j,\,n+m)$$

stellt das prädiktierte Bild zum Zeitpunkt n+m dar. Das dreifach kontravariante System dritter Stufe

$$\left\{ W(n)^{j_1 j_2 j_3} \right\} \text{ mit } W(n)^{j_1 j_2 j_3} = W_n(j_1,\,j_2,\,j_3)$$

repräsentiert das dreidimensionale Prädiktionsfilter zum Zeitpunkt n. Das dreifach kovariante und zweifach kontravariante System fünfter Stufe

$$\left\{ S(n)^{i\,j}_{j_1 j_2 j_3} \right\} \quad \text{mit} \quad S(n)^{i\,j}_{j_1 j_2 j_3} = S(i-j_1+L_x+1,\ j-j_2+L_y+1,\ n-j_3+1)$$

wird aus den Bilddaten der letzten N3 Bilder zusammengesetzt.

Das Prädiktionsfilter zum Zeitpunkt n muß aus den verfügbaren Bilddaten bestimmt werden. Der Ansatz beruht auf der Unterstellung, daß die bisherige zeitliche Entwicklungstendenz der Bildsequenz auch für die Zukunft beibehalten wird, so daß ein Aufschluß über den zukünftigen Signalverlauf aus der Vergangenheit möglich ist. Diese Unterstellung wird mehr oder weniger in der Praxis erfüllt, da reale Bildsequenzen mehr oder weniger Korrelation und kurzzeitige Stationarität in der Zeitrichtung aufweisen. Zum Extrahieren der in den verfügbaren Bilddaten enthaltenen Information über die zeitliche Entwicklungstendenz werden die vorhandenen Bilder mit den Filterkoeffizienten zum Zeitpunkt n gemäß der Vorschrift (2) berechnet, nämlich

$$\left\{ \hat{S}(k|n)^{i\,j} \right\} = \left\{ S(k-m)^{i\,j}_{j_1 j_2 j_3} \right\} * \left\{ W(n)^{j_1 j_2 j_3} \right\} \tag{3}$$

$$\text{für } k = 1,\ 2,\ \ldots,\ n$$

und mit den Originalbildern verglichen. Die Differenzen zwischen den Originalbildern und den berechneten Bildern geben die Systeme für die Prädiktionsfehler an. Die Fehlersysteme sind

$$\left\{ e(k|n)^{i\,j} \right\} = \left\{ S(k)^{i\,j} \right\} - \left\{ \hat{S}(k|n)^{i\,j} \right\} \qquad \text{für } k = 1,\ 2,\ \ldots,\ n. \tag{4}$$

Der gewichtete, gesamte, quadratische Fehler ist ($\varepsilon(n)$ ist skalar)

$$\varepsilon(n) = \sum_{k=1}^{n} \lambda^{n-k} \left\{ e(k|n)^{i\,j} \right\}^{T} * \left\{ e(k|n)^{i\,j} \right\}. \tag{5}$$

Der Buchstabe T in der Gleichung (5) steht für die Transponierung eines Systems, d. h. Vertauschen der kontravarianten Indizes mit den kovarianten. Für reale Bildsequenzen kann man davon ausgehen, daß zeitlich weit zurückliegende Bilder zur Bestimmung des Prädiktionsfilters weniger beitragen. Der Skalarfaktor λ in der Gleichung (5), der im Intervall (0, 1] liegt, soll dem Rechnung tragen, und die Prädiktionsfehler unterschiedlich bewerten. Setzt man die Ausdrücke (4) und (3) in (5) ein, so erhält man eine explizit von den Filterkoeffizienten abhängige Darstellung für $\varepsilon(n)$

$$\varepsilon(n) = R(n) - 2 \left\{ T(n)^{j_1 j_2 j_3} \right\}^{T} * \left\{ W(n)^{j_1 j_2 j_3} \right\}$$

$$+ \left\{ W(n)^{i_1\,i_2\,i_3} \right\}^{T} * \left\{ U(n)^{i_1\,i_2\,i_3}_{j_1 j_2 j_3} \right\} * \left\{ W(n)^{j_1 j_2 j_3} \right\} \tag{6}$$

mit

$$R(n) = \sum_{k=1}^{n} \lambda^{n-k} \left\{ S(k)^{i\,j} \right\}^{T} * \left\{ S(k)^{i\,j} \right\},$$

$$\left\{ T(n)^{i_1\,i_2\,i_3} \right\} = \sum_{k=1}^{n} \lambda^{n-k} \left\{ S(k-m)^{i\,j}_{i_1\,i_2\,i_3} \right\}^{T} * \left\{ S(k)^{i\,j} \right\} \tag{7}$$

und

$$\left\{ U(n)\,{}^{i_1\,i_2\,i_3}_{j_1\,j_2\,j_3} \right\} = \sum_{k=1}^{n} \lambda^{n-k} \left\{ S(k-m)\,{}^{i\ \ j}_{i_1\,i_2\,i_3} \right\}^{T} * \left\{ S(k-m)\,{}^{i\ \ j}_{j_1\,j_2\,j_3} \right\}. \qquad (8)$$

Der Fehler $\varepsilon(n)$ wird als Beurteilungskriterium für die Prädiktionsgenauigkeit gewählt. $\varepsilon(n)$ ist eine konvexe Funktion der Filterkoeffizienten und besitzt ein Minimum. Die Koeffizienten des Prädiktionsfilters zum Zeitpunkt n sollen so bestimmt werden, daß der Fehler $\varepsilon(n)$ minimal wird. Der minimale Fehler wird unter der Bedingung

$$\frac{\partial \varepsilon(n)}{\partial \left\{ W(n)\,{}^{i_1\,i_2\,i_3} \right\}} = -2 \left\{ T(n)\,{}^{i_1\,i_2\,i_3} \right\}$$

$$+2 \left\{ U(n)\,{}^{i_1\,i_2\,i_3}_{j_1\,j_2\,j_3} \right\} * \left\{ W(n)\,{}^{j_1\,j_2\,j_3} \right\} = O \qquad (9)$$

erreicht. Daraus folgt unmittelbar die Filtergleichung

$$\left\{ U(n)\,{}^{i_1\,i_2\,i_3}_{j_1\,j_2\,j_3} \right\} * \left\{ W(n)\,{}^{j_1\,j_2\,j_3} \right\} = \left\{ T(n)\,{}^{i_1\,i_2\,i_3} \right\}. \qquad (10)$$

Im Grunde genommen stellt die Gleichung (10) ein lineares und algebraisches Gleichungssystem der Ordnung $N_1 N_2 N_3$ in der Systemschreibweise dar, dessen Lösung das optimale Prädiktionsfilter bezüglich eines minimalen Prädiktionsfehlers gemäß (5) liefert. Die Koeffizientensysteme der Filtergleichung (10), nämlich die U- und T-Systeme, lassen sich aus den n verfügbaren Bildern berechnen. Die Existenzbedingung der Lösung zur Filtergleichung (10) ist die Invertierbarkeit des U-Systems. Wird die Inverse des U-Systems berechnet, so lassen sich die Filterkoeffizienten durch die Gleichung (11) ausdrücken.

$$\left\{ W(n)\,{}^{i_1\,i_2\,i_3} \right\} = \left\{ U(n)\,{}^{i_1\,i_2\,i_3}_{j_1\,j_2\,j_3} \right\}^{-1} * \left\{ T(n)\,{}^{j_1\,j_2\,j_3} \right\} \qquad (11)$$

3. Eigenschaften der Filtergleichung und Existenz der Lösung

a). Das U-System ist für die Transponierung symmetrisch, d. h.

$$U(n)\,{}^{i_1\,i_2\,i_3}_{j_1\,j_2\,j_3} = U(n)\,{}^{j_1\,j_2\,j_3}_{i_1\,i_2\,i_3}$$

b). Die U- und T-Systeme sind zeitlich rekursiv. Es gelten nämlich

$$\left\{ U(n)\,{}^{i_1\,i_2\,i_3}_{j_1\,j_2\,j_3} \right\} = \lambda \left\{ U(n-1)\,{}^{i_1\,i_2\,i_3}_{j_1\,j_2\,j_3} \right\} + \left\{ F(n)\,{}^{i_1\,i_2\,i_3}_{j_1\,j_2\,j_3} \right\} \qquad (12)$$

mit

$$\left\{ F(n)\,{}^{i_1\,i_2\,i_3}_{j_1\,j_2\,j_3} \right\} = \left\{ S(n-m)\,{}^{i\ \ j}_{i_1\,i_2\,i_3} \right\}^{T} * \left\{ S(n-m)\,{}^{i\ \ j}_{j_1\,j_2\,j_3} \right\}$$

und

$$\left\{ T(n)^{\,i_1\,i_2\,i_3} \right\} = \lambda \left\{ T(n-1)^{\,i_1\,i_2\,i_3} \right\} + \left\{ G(n)^{\,i_1\,i_2\,i_3} \right\} \tag{13}$$

mit

$$\left\{ G(n)^{\,i_1\,i_2\,i_3} \right\} = \left\{ S(n-m)^{\;\;\;i\;\;\;j}_{\,i_1\,i_2\,i_3} \right\}^{T} * \left\{ S(n)^{\,i\,j} \right\}.$$

Die Gleichungen (12) und (13) geben die Adaptionsvorschriften für die Koeffizientensysteme der Filtergleichung (10) an. Das Lösen des Prädiktionsproblems einer Bildsequenz wird in folgenden Schritten vollzogen: Erstens werden die F- und G-Systeme berechnet. Zweitens werden die U- und T-Systeme aufgrund der Adaptionsvorschriften (12) und (13) aktualisiert. Drittens werden die Filterkoeffizienten zum Zeitpunkt n bestimmt. Viertens wird aufgrund der Gleichung (2) das Bild zum Zeitpunkt n+m (m-Schrittvorhersage) prädiktiert. Liegt das nächste Bild, d. h. das Bild n+1, vor, so wird der gleiche Vorgang zur Bestimmung des Prädiktionsfilters zum Zeitpunkt n+1 und zur Vorhersage des Bildes n+m+1 wiederholt. Auf diese Weise erfolgt die Vorhersage des neuen Bildes um m Zeitabstände mit modifiziertem Filter.

c). Die symmetrischen U-Systeme sind mindestens semipositiv definit, d. h. es gilt

$$\left\{ A^{\,i_1\,i_2\,i_3} \right\}^{T} * \left\{ U(n)^{\,i_1\,i_2\,i_3}_{\,j_1\,j_2\,j_3} \right\} * \left\{ A^{\,j_1\,j_2\,j_3} \right\} \geq 0 \qquad \text{für alle } n,$$

wobei das A-System beliebig ist. Ist das U-System zum Zeitpunkt n1 positiv definit, so sind es die U-Systeme für $n \geq n1$ auch. Man kann zeigen, daß die positive Definitheit des U-Systems die notwendige und hinreichende Bedingung für die Existenz der Lösung der Filtergleichung (10) ist. Daraus folgt, daß die Lösung der Filtergleichung (10) für $n \geq n1$ stets existiert, wenn das gleiche für den Zeitpunkt n1 gilt. Die Rechnersimulation mit realen Bildsequenzen zeigt, daß die positive Definitheit von U-Systemen nach N3 Adaptionsschritten eintritt.

d). Für $\lambda = 1$ und stationäre Signale entsprechen die Ausdrücke

$$\frac{1}{n \cdot N^2}\, U(n)^{\,i_1\,i_2\,i_3}_{\,j_1\,j_2\,j_3} \qquad \text{und} \qquad \frac{1}{n \cdot N^2}\, T(n)^{\,i_1\,i_2\,i_3}$$

der Schätzung von Korrelationswerten der Bildsequenz.

4. Methoden zum Lösen der Filtergleichung

Im Abschnitt zwei wurde die Filtergleichung (10) hergeleitet, deren Lösung die Koeffizienten des Prädiktionsfilters zum Zeitpunkt n liefert. Das Schlüsselproblem ist nun, die Filtergleichung (10) zu lösen. Der Ausdruck (11) deutet eine Methode zum Lösen der Filtergleichung auf, bei der man die Inverse vom U-System berechnet und diese mit dem T-System multipliziert. Diese Methode erweist sich aber als sehr rechenintensiv. In diesem Abschnitt wird eine andere effizientere Methode erläutert, bei der die Filtergleichung (10) durch Umwandlung des dreidimensionalen Filterproblems in ein eindimensionales in die Matrixgleichung

$$U(n)W(n) = T(n) \tag{14}$$

überführt wird. In der Gleichung (14) ist $U(n)$ eine quadratische Matrix der Ordnung $N_1N_2N_3$. $W(n)$ und $T(n)$ sind Spaltenvektoren der Ordnung $N_1N_2N_3$. Die Matrix $U(n)$ besteht aus den Komponenten des U-Systems. Der Vektor $W(n)$ bzw. $T(n)$ wird entsprechend aus den Komponenten des W- bzw. T-Systems gebildet

$$W(n) = (W(n)^{111} \ W(n)^{211} \ \dots \ W(n)^{N_111} \ W(n)^{121} \ \dots W(n)^{1N_2N_3} \ \dots W(n)^{N_1N_2N_3})^T$$

und

$$T(n) = (T(n)^{111} \ T(n)^{211} \ \dots \ T(n)^{N_111} \ T(n)^{121} \ \dots \ T(n)^{1N_2N_3} \ \dots \ T(n)^{N_1N_2N_3})^T.$$

Die Abbildungsvorschriften können in Worten wie folgt zusammengefaßt werden:

- Die kontravarianten Indizes werden dem Zeilenindex zugeordnet und die kovarianten Indizes dem Spaltenindex.
- Die Zeilen- und Spaltenindizes der Matrix $U(n)$ werden nach den Formeln

    $$\text{Zeilenindex} = i_1 - 1 + ((i_2 - 1) + (i_3 - 1)N_2)N_1$$

    $$\text{Spaltenindex} = j_1 - 1 + ((j_2 - 1) + (j_3 - 1)N_2)N_1$$

    berechnet.
- Der Operator $*$ geht in die Matrixmultiplikation über.

Die Adaptionsvorschriften (12) und (13) können somit auch in der Matrixschreibweise angegeben werden als

$$U(n) = \lambda U(n-1) + F(n) \qquad \text{und} \qquad T(n) = \lambda T(n-1) + G(n). \tag{15}$$

Ist das U-System positiv definit, so ist es die Matrix $U(n)$ auch. Man kann zeigen, daß die Lösungen der Gleichungen (10) und (14) das gleiche Prädiktionsfilter liefern. Aufgrund der positiven Definitheit der Matrix $U(n)$ kann z. B. der bekannte Choleskysche Algorithmus angewendet werden [4] - [5].

Der Autor bedankt sich beim Deutschen Wetterdienst für die Unterstützung.

Literatur

[1] R. C Wrede, " Introduction to Vector and Tensor Analysis ", New York: Dover Publication, Inc. , 1972.
[2] F. Ollendorff, " Die Welt der Vektoren ", Wien: Springer Verlag, 1950.
[3] S. T. Alexander, " Adaptive Signal Processing - Theory and Applications ", New York: Springer Verlag, 1986.
[4] J. Stoer, " Einführung in die numerische Mathematik I ", Springer Verlag, 1972.
[5] G. Jordan-Eugeln, F. Reutter, " Formelsammlung zur numerischen Mathematik mit Fortran IV-Programmen ", Mannheim: Bibliographisches Institut AG, 1976.

Stabile Stoßantwortschätzung mit dem CG-Verfahren

Martin Ohsmann

Lehrstuhl I für Mathematik
RWTH Aachen

Einleitung

Es wird das folgende Identifikationsproblem behandelt (Fig. 1): Aus Meßwerten $x_k = x(k\Delta t), y_k = y(k\Delta t)$ der Signale $x(t)$ und $y(t)$ soll eine diskretisierte Stoßantwort $h_k = h(k\Delta t)$ geschätzt werden. Ein- bzw. Ausgangssignal des zu identifizierenden Systems $h(t)$ stehen nicht direkt zur Verfügung, sondern stehen nur nach Faltung mit dem "Meßfilter" $f(t)$ zur Verfügung. Das Ausgangssignal wird zusätzlich durch gefiltertes Rauschen gestört.

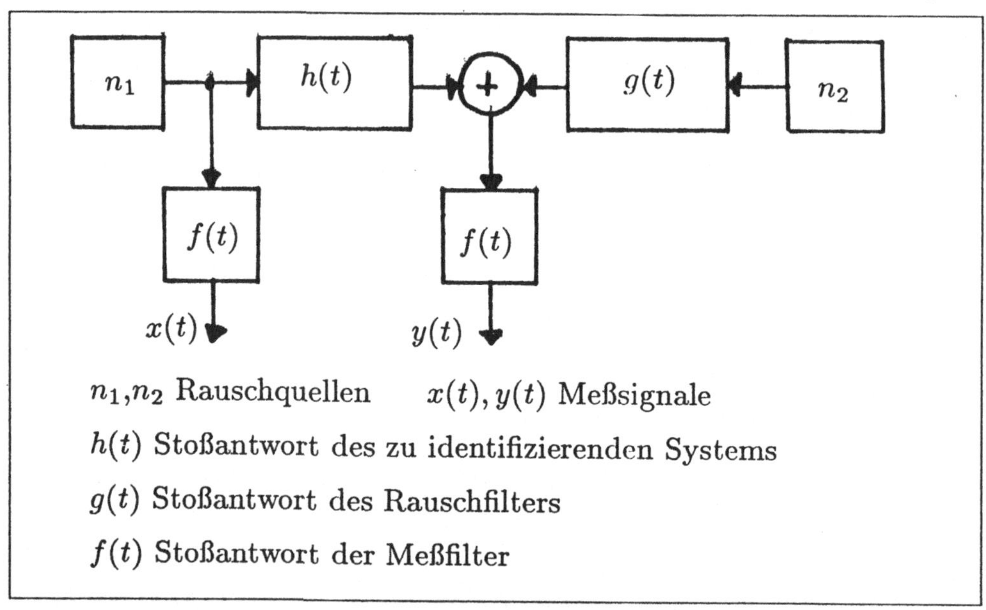

Fig. 1 Blockschaltbild

Das in [1] diskutierte Verfahren zur Durchflußmessung weist diese Struktur auf. Das dort auftauchende Problem ist schlecht gestellt. Im folgenden wird diskutiert, unter welchen Bedingungen das Stoßantwortschätzproblem nach Fig. 1 bzw. 2 schlecht gestellt ist. Zur Lösung des schlecht gestellten Problems wird das CG-Verfahren vorgestellt. Die Arbeitsweise des CG Verfahrens als Regularisierungsmethode wird diskutiert und an Ergebnissen demonstriert, weshalb es der klassischen LS Methode zur Stoßantwortschätzung bei schlecht gestellten Problemen in Genauigkeit und Geschwindigkeit weit überlegen ist. Das CG Verfahren kann zudem effektiv implementiert werden und eine Realisierung auf einem Mehrprozessorsystem ist denkbar.

LS Schätzung

Die klassische "Least-Squares" Methode führt die Stoßantwortschätzung auf das Lösen eines linearen Gleichungssystems (1) zurück. Um die Beschreibung etwas zu vereinfachen verschieben wir die Meßfilter f und das Rauschfilter g aus Fig. 1 in die Signalquellen und erhalten das äquivalente Blockschaltbild Fig. 2 mit den Autokorrelationsfunktionen $\varphi_{xx}(t) = \varphi_{ff}(t)$ sowie $\varphi_{nn}(t) = (\varphi_{gg} * \varphi_{ff})(t)$.

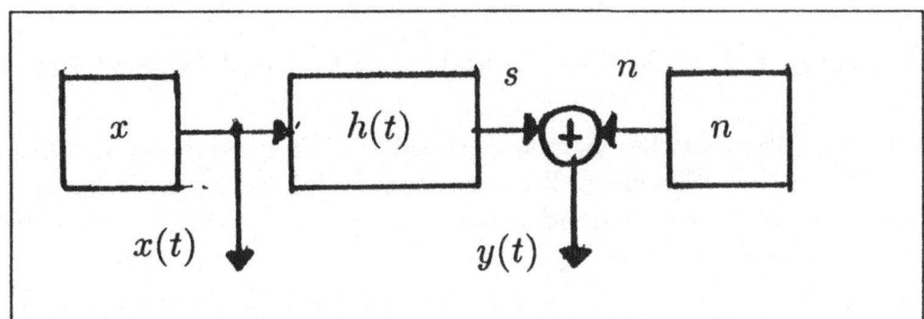

Fig. 2 Blockschaltbild

Die LS Schätzvorschrift für eine Schätzung von h der Ordnung N (N Abtastwerte von h) mit Mittelungsdauer M lautet nun:

$$.A\vec{h} = \vec{b_s} + \vec{b_n} \tag{1}$$

$$A = (a_{ij}) \quad a_{ij} = \frac{1}{M}\sum_{k=0}^{M} x_{k-i}x_{k-j} \quad \vec{h} = (h_j) \quad i,j \in \{1..N\}$$

$$\vec{b_s} = (b_{si}) \quad b_{si} = \frac{1}{M}\sum_{k=0}^{M} x_{k-i}s_k \quad \vec{b_n} = (b_{ni}) \quad b_{ni} = \frac{1}{M}\sum_{k=0}^{M} x_{k-i}n_k$$

(Typisch $N = 100$, $M = 1000$)

Die rechte Seite des Gleichungssystems enthält den Nutzanteil $\vec{b_s}$ und den Rauschanteil $\vec{b_n}$. Die Probleme, die bei der Stoßantwortschätzung durch Lösung von (1) entstehen können veranschaulichen wir, indem wir (1) in Eigenvektorzerlegung interpretieren [2]. Es seien also $\vec{x}_\nu$ die orthonormierten Eigenvektoren der (symmetrischen pos. definiten) Matrix A zu den Eigenwerten λ_ν. Dann erhalten wir:

$$\vec{h} = \sum_{\nu=1}^{N} \frac{1}{\lambda_k}(\vec{b_s} + \vec{b_n}, \vec{x}_k)\vec{x}_k = \sum_{\nu=1}^{N} \frac{1}{\lambda_k}(\vec{b_s}, \vec{x}_k)\vec{x}_k + \sum_{\nu=1}^{N} \frac{1}{\lambda_k}(\vec{b_n}, \vec{x}_k)\vec{x}_k = \vec{h_s} + \vec{h_n} \tag{2}$$

Mit $(\vec{u}, \vec{v})$ wird das Skalarprodukt bezeichnet. In [3] werden die asymptotischen Eigenschaften der Eigenwerte und Eigenvektoren von Töplitzmatrizen untersucht. Da der Erwartungswert von A eine Töplitzmatrix ist, können wir für großes M, d.h. lange Mittelungsdauer, die angegebenen Resultate verwenden. Die Komponenten der Vektoren $\vec{x}_k$ als Funktion von k haben damit sinus- bzw. cosinusförmiges Aussehen, und die Eigenwerte ergeben sich durch Abtastung der Fouriertransformierten von $\varphi_{xx}(t)$. Gleichung (2) kann damit anschaulich interpretiert werden: Die Terme $(\vec{b}_s, \vec{x}_k)$ können als Werte der Fouriertransformierten von φ_{xy} betrachtet werden. Die Werte λ_k sind entsprechend Werte der Fouriertransformierten von φ_{xx} und die Summation $\sum \alpha_k \vec{x}_k$ entspricht einer inversen Fouriertransformation. Gleichung (2) entspricht frequenzkontinuierlich die Vorschrift:

$$h(t) = \int_f \frac{1}{\lambda(f)} (\varphi_{xy}(\tau), exp(i2\pi f\tau)) exp(i2\pi ft) df \tag{3}$$

mit

$$(u(\tau), g(\tau)) = \int_f u(\tau)\bar{g}(\tau) dt \quad \text{und} \quad \lambda(f) = (\varphi_x x(t), exp(i2\pi ft)).$$

Diese Formulierung entspricht der Schätzvorschrift im Frequenzbereich; Gleichung (2) ist damit im wesentlichen als Gleichung im Frequenzbereich zu interpretieren. Diese Interpretation von (1) ist von entscheidender Bedeutung um den Einfluß des Störfilters $g(t)$ diskutieren zu können. Im weiteren gehen wir davon aus, daß die Mittelungszeit M und die Schätzordnung N so hoch sind, daß der entscheidende Schätzfehler in $\vec{h}$ allein durch $\vec{b}_n$ verursacht wird. Da $\vec{b}_n$ mittelwertfrei ist, ist der Schätzer erwartungstreu. Trotzdem kann ein LS-Schätzer sehr schlechte Ergebnisse liefern, wie im Beispiel von [1], wenn er eine sehr große Varianz hat.

Zur Erklärung klassifizieren wir die Terme in (2) wie folgt:

Ein Term k heißt instabil, wenn die Streuung von $(\vec{b}_n, \vec{x}_k)$ groß gegenüber $(\vec{b}_s, \vec{x}_k)$ ist, andernfalls heißt er stabil. Damit ist ein Term dann instabil, wenn er im Mittel schlecht geschätzt wird. Wir nennen den Term stark instabil, wenn er einen großen Schätzfehler in $\vec{h}$ verursacht.

Ein Term k heißt unwesentlich, wenn das Weglassen dieses Terms in der Summe zu keinem großen Schätzfehler in $\vec{h}$ führt, andernfalls heißt ein Term wesentlich. Wesentliche Terme sind damit diejenigen, die man bei der Schätzung unbedingt berücksichtigen muß.

Damit kann man die Schwierigkeit eines Schätzproblem einfach angeben. Sind alle Komponenten stabil, ist das Problem gutartig. Sind alle wesentlichen Komponenten stabil, aber einige Komponenten stark instabil, ist das Problem schlecht gestellt, und die klassische LS Schätzung liefert schlechte Resultate. Sind wesentliche Komponenten instabil, können sie nicht rekonstruiert werden, und das Problem ist sehr schlecht gestellt.

Für das Problem aus [1] ergibt sich, das es schlecht gestellt ist. Dies ergibt sich durch eine genaue statistische Analyse der in $\vec{b}_n$ enthaltenen Frequenzanteile, die durch das Störfilter $g(t)$ bedingt werden. Durch die Diskussion von (1) in der Frequenzbereichsform (2) ergibt sich, daß in diesem Fall alle unwesentlichen Komponenten stark instabil sind.

Dies erklärt die nicht zufriedenstellenden Resultate. Da das Problem nicht sehr schlecht gestellt ist, kann eine Regularisierung, welche die wesentlichen Komponenten identifiziert, eine Verbesserung bringen. Die klassischen Methoden der Tichonov Regularisierung oder einer Wienerfilterung erfordern jedoch eine hohe a-priori Kenntnis und hohen Rechenaufwand. Da sie sich nur an dem Operator A orientieren, gelingt es mit ihnen nicht, die wesentlichen Komponenten allein aus (1) zu rekonstruieren. Auch die abgeschnittene Singulärwertzerlegung [5] ermöglicht aus den gleichen Gründen keine gute Stoßantwortschätzung. Ein geeignetes Verfahren muß die Eigenschaften der rechten Seite von [1] mit berücksichtigen.

Analyse des CG Verfahrens

Im weiteren werden wir zeigen, daß das CG Verfahren eine Methode ist, die mit wesentlich weniger Rechenaufwand hervorragende Resultate liefert. Dies liegt daran, daß in den ersten Schritten des CG Verfahrens genau die wesentlichen stabilen Komponenten identifiziert werden. Das CG-Verfahren [4] zur Lösung von linearen Gleichungssystemen der Form

$$A\vec{h} = \vec{d} \tag{4}$$

bestimmt ausgehend von einer Startlösung $\vec{h}^0$ eine Folge von Näherungslösungen $\vec{h}^k$ von (4). Bei exakter Rechnung erhält man nach N Schritten die exakte Lösung $\vec{h}^N = \vec{h}$ des $N \times N$ Gleichungssystems (4) bzw. (1).

Wie bereits in [5] angedeutet, kann man das CG-Verfahren gut zur Lösung schlecht gestellter Probleme verwenden, wenn man weniger als N Schritte ausführt, und die so erhaltene Näherungslösung als Schätzwert der Lösung von (4) benutzt. Dieses Verhalten kann bei der hier zugrundeliegenden Problemstellung der Stoßantwortschätzung begründet und verstanden werden. Wir diskutieren dazu die für Operatorgleichungen in Banach Räumen verallgemeinerte Form des CG-Verfahrens [6]. Das CG-Verfahren arbeitet wie folgt: Durch A-Orthogonalisierung der Vektoren

$$\vec{d}, A\vec{d}, A^2\vec{d}, A^3\vec{d}, A^4\vec{d}, \ldots$$

entstehen die A-konjugierten Richtungen

$$\vec{p}_0, \vec{p}_1, \vec{p}_2, \vec{p}_3, \vec{p}_4, \ldots$$

und als k-te Näherungslösung von (4) ergibt sich:

$$\vec{h}^k = \sum_{\nu=0}^{k} \frac{1}{\alpha_\nu}(\vec{d}, \vec{p}_\nu)\vec{p}_\nu \qquad \text{mit} \qquad \alpha_\nu = (A\vec{p}_\nu, \vec{p}_\nu) \tag{5}$$

Die Summe (5) hat große Ähnlichkeit mit (2), es werden nur andere Vektoren zur Approximation der Stoßantwort $\vec{h}$ benutzt. Die gewählten Vektoren $\vec{p}_\nu$ hängen dabei wesentlich von der rechten Seite $\vec{d}$ von (4) ab. Diese Tatsache unterscheidet das CG Verfahren wesentlich von anderen Regularisierungen. Die k-te Näherungslösung ist gerade die im Sinne der durch A induzierten Norm optimale Approximation von $\vec{h}$ in dem durch die Vektoren $\vec{p}_0, \ldots, \vec{p}_k$ aufgespannten Raum. Die sukzessive Verwendung der Vektoren $\vec{p}_\nu$ in der gegebenen Reihenfolge entspricht aufgrund der Verwendung der A-Norm als Fehlermaß genau der Zielsetzung, die stabilen und wesentlichen Komponenten von $\vec{h}$ zuerst zu rekonstrieren. Dies läßt sich anschaulich begründen, wenn man das CG Verfahren quasi im Frequenzbereich diskutiert. Da die Iteration beim CG Verfahren invariant unter orthogonalen Transformationen ist, ist eine Diskussion von (4) als Operatorgleichung im Frequenzbereich erlaubt.

Die Approximationsordnung k wird so gewählt, daß eine weitere Erhöhung keine weitere Verminderung des Fehlermaßes bewirkt. Die Erfahrung zeigt, daß dies gerade dann der Fall ist, wenn alle stabilen rekonstruierbaren Komponenten berücksichtigt sind. Das CG Verfahren selektiert damit automatisch die zur Rekonstruktion von $\vec{h}$ geeigneten Anteile aus A und $\vec{d}$.

Implementation und Ergebnisse

Das CG Verfahren ist nicht nur theoretisch als Regularisierungsverfahren hervorragend geeignet, sondern es läßt sich auch praktisch sehr effektiv realisieren. Pro Iterationsschritt ist ein Matrix/Vektorprodukt mit der Matrix A durchzuführen. Dies erfordert $O(N^2)$ Zeit. Die spezielle Struktur von A erlaubt die Berechnung dieses Produktes ohne Speicherung der Matrix A unter Benutzung von (nur) $O(N)$ Speicherplatz. Berücksichtigt man, daß A asymptotisch eine Töplitzmatrix ist, kann dieses Produkt sogar bei vernachlässigbarem Genauigkeitsverlust in $O(N \log N)$ Zeit berechnet werden. Da nur $K \ll N$ Iterationsschritte durchgeführt werden, ist das Verfahren schneller als das Lösen von (1) mit einem klassischen Algorithmus. Ordnet man jedem Matrix/Vektorprodukt (bzw. Iterationsschritt) einen Prozessor zu, kann das Verfahren effektiv parallelisiert werden.
Die vorgestellte Methode wurde auf das Problem von [1] angewandt. Fig. 3 zeigt eine klassisch geschätzte Stoßantwort ($N = 60, M = 500$). Aufgrund des starken Rauscheinflußes über das Filter $g(t)$ ist eine Stoßantwortschätzung fast unmöglich.

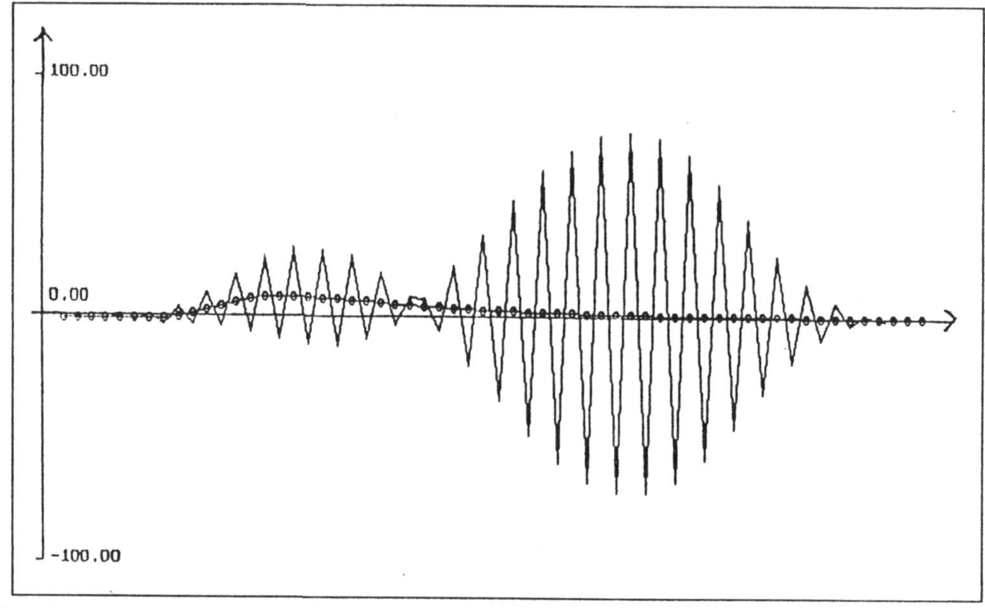

Fig. 3   —o—o—o—o—o Stoßantwort $h(t)$.

————————— Mit LS-Verfahren geschätzte Stoßantwort (Fehler$= 7.3 * 10^4$).
(Gleiche Daten wie Fig. 4 aber andere Skalierung !)

Fig. 4 zeigt eine mit dem CG Verfahren geschätzte Stoßantwort. (Man beachte den Maßstab). Die Überlegenheit des CG Verfahrens ist deutlich zu erkennen. Die Stoßantwortschätzung wird mit sehr geringem Fehler durchgeführt, da nur die stabilen Komponeneten berücksichtigt werden, wohingegegen die Störkomponenten automatisch optimal unterdrückt werden. Bei einer Ordnung von $N = 60$ waren zur Schätzung nur $k = 10$ Iterationsschritte notwendig !

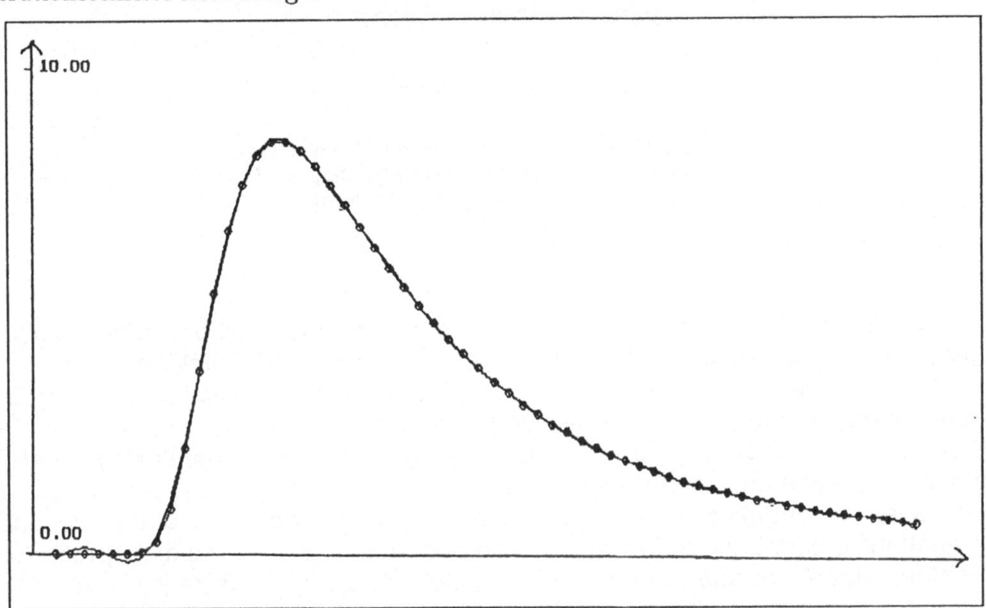

Fig. 4   —o—o—o—o—• Stoßantwort $h(t)$.
————————————• Mit CG-Verfahren geschätzte Stoßantwort (Fehler= $2.5*10^{-1}$).
(Gleiche Daten wie Fig. 3 aber andere Skalierung !)

Literatur

[1] R.Peters,F.Blischke and H.Meyr, Transit-Time Estimation in Turbulent Flows, IEEE Trans. ASSP, Vol 36,No.1,1988

[2] M.Ohsmann, Vergleich verschiedener Algorithmen zur Schätzung der Parameter eines Strömungsprozesses, Diplomarbeit, Inst. f. elektr. Regelungstechnik, RWTH Aachen, Mai 1984

[3] R.M. Gray, On the Asymptotic Eigenvalue Distribution of Toeplitz Matrices, IEEE Trans. Inf. Th., Vol. IT-18, No.6, Nov.1972

[4] M.R. Hesthenes, E.Stiefel, Methods of Conjugate Gradients for Solving Linear systems, Journal of the NBS, Vol. 49, N0. 6, December 1952

[5] A.K. Louis, Inverse und schlecht gestellte Probleme, Teubner 1989

[6] R.F. Curtain, A.J. Pritchard, Functional Analysis in modern applied Mathematics, Academic Press,1977

Object Tracking and Background Estimation
with a Moving Camera

Achim v. Brandt

Siemens AG, Corporate Research and Development
Dept. ZFE IS INF 11, Otto-Hahn-Ring 6
D-8000 München 83, W. Germany
e-mail: brandt@ztivax.uucp

For navigation of vehicles or robots in an environment where other moving objects may be present, algorithms for detection and tracking of moving objects in image sequences are required that can be applied even if the camera itself is moving. A similar problem arises if the camera is mounted on a pole in an outside environment, e. g. for traffic monitoring, and is subject to mechanical disturbances causing jitter in the image sequence. In both cases a dynamical model for the egomotion of the camera can be used for motion estimation and motion compensation. The resulting procedure combines local image matching, Kalman filtering, autoregressive (AR) parameter estimation, background image estimation, and change detection for tracking the moving objects.

1.   Introduction

In image sequences taken from a "stationary" camera for the purpose of moving object detection, the image is often subject to *oscillatory global movements* (mainly translation and rotation) due to *camera vibrations*. The amplitude of these annoying oscillations may be quite large, depending on the rigidity of the camera support and the degree of zooming. So they should be duly recognized and compensated. To this end we need for every frame I_k of the image sequence (where k is the time index) a motion vector field V_k indicating the transformation between I_k and some position-normalized (non-moving) predicted image $B_{k|k-1}$. V_k should contain the *global translations and rotations* caused by camera motion without being confused by any moving object occurring in the scene.

We suggest to use a time-recursive procedure for this motion estimation task. Due to the process of generation of the global image transformations, the consecutive motion vector fields are highly correlated. Therefore every motion vector field V_k (or its characterizing parameters, respectively) can be predicted from the past by suitable *modelling of the egomotion* of the camera and its support, i. e. the camera dynamics. After an initialization phase, every V_k can be predicted from the previous ones, and the present frame I_k is just used for *correcting* the predicted global motion parameters.

First, this results in *less noisy estimates* of the global translation and rotation parameters and in a reduced sensitivity to measurement errors in single frames. Second, the number of features in I_k and $B_{k|k-1}$ that need to be matched for updating the predicted motion vector field is much less than for non-predictive motion estimation. The procedure is explained in the next section followed by simulation results in section 3.

2.   Recursive Motion Estimation

2.1. System Model

The current global image transformation at time k can be derived from the current values of the six parameters w_x, w_y, w_z, t_x, t_y, and t_z, which denote the camera rotation angles and the camera translation in three dimensions, respectively. At any time there are two sources of information for these parameters: (1) the measurable displacements between the current frame and the reference image, and (2) the predicted parameter values based on previous measurements. This can be expressed by a system model and a measurement model which are the basis for recursive state space estimation (*Kalman filter* [6]). For oscillatory system behaviour the state vector of the Kalman filter must not only include the six current parameters to be estimated but also their previous values. Therefore we define the state vector as

$$x(k) = \left[x_0^T(k),\ x_0^T(k-1) \right]^T \tag{2.1}$$

where

$$x_0(k) = \left[\omega_x(k), \omega_y(k), \omega_z(k), t_x(k), t_y(k), t_z(k) \right]^T \tag{2.2}$$

Based on this definition the *system model* can be stated:

$$x(k+1) = A_k\, x(k) + u_k \tag{2.3}$$

where A_k is the system matrix and u_k is a white noise process with covariance matrix Q_k [6]. This equation defines a multichannel autoregressive (AR) process. For ease of computation this multichannel process is split into separate scalar AR processes, one for every element of $x_0(k)$. So A_k and Q_k are structured in such a way that eq. (2.3) is equivalent to a set of six equations of the form

$$\omega_x(k+1) = a_1(k)\omega_x(k) + a_2(k)\omega_x(k-1) + u_k \tag{2.4}$$

These second order AR processes are able to generate oscillatory parameter variations provided the AR coefficients $a_i(k)$ are suitably adjusted (see below).

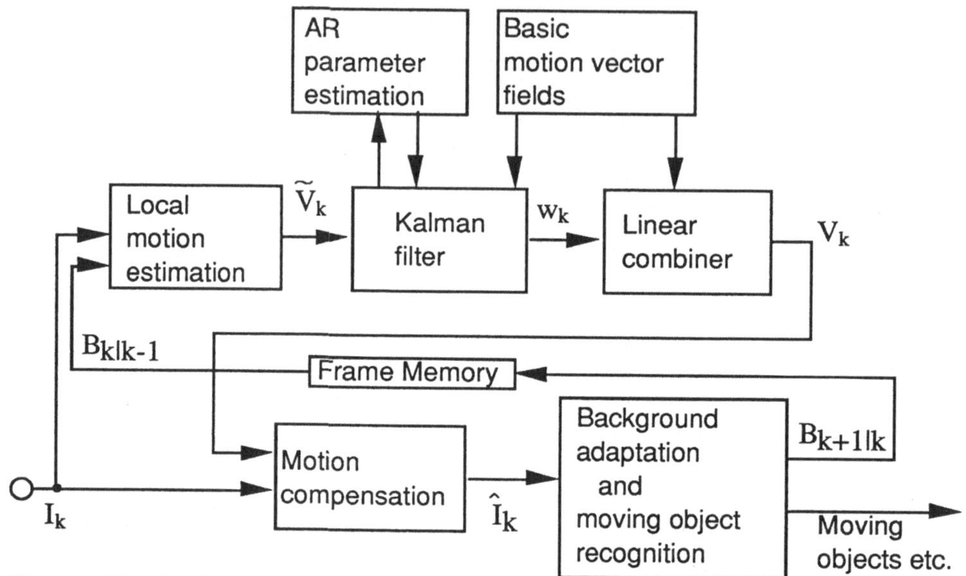

Fig. 1: Block diagram of the algorithm.

2.2. Measurement Model

The coefficients of the state vector $\mathbf{x}(k)$ must be related to some measurable quantities. In our case these are the displacement vectors $\mathbf{v} = [u,v]^T$ measured at some image coordinates $\mathbf{p} = [x,y]^T$. They are preferably obtained by block matching at predefined coordinates or by feature tracking. This is done in the "local motion estimation" unit in **fig. 1**. For small camera rotations and translations the displacement vectors depend on the motion parameters in $\mathbf{x}_0(k)$ by [5]:

$$u = \frac{-t_x + x t_z}{Z(x,y)} + \omega_x xy - \omega_y\left(x^2+1\right) + \omega_z y \tag{2.5}$$

$$v = \frac{-t_y + y t_z}{Z(x,y)} - \omega_y xy + \omega_x\left(y^2+1\right) - \omega_z x \tag{2.6}$$

where $Z(x,y)$ is the depth at $[x,y]^T$, i. e. the distance of the object from the camera, and the focal length has been normalized. This can be written as the linear superposition

$$v_k(x,y) = \begin{bmatrix} u_k(x,y) \\ v_k(x,y) \end{bmatrix} = \sum_{i=1}^{6} w_i(k)\, \mathbf{w}_i(x,y) \tag{2.7}$$

where k is the time index; w_1 to w_6 are the coefficients w_x, w_y, w_z, t_x, t_y, and t_z, and $\mathbf{w}_i(x,y)$ are elements of the basic motion vector fields:

$$\mathbf{w}_1(x,y) = [xy,\ y^2+1]^T \tag{2.8.1}$$

$$\mathbf{w}_2(x,y) = [-(x^2+1),\ -xy]^T \tag{2.8.2}$$

$$\mathbf{w}_3(x,y) = [y,\ -x]^T \tag{2.8.3}$$

$$\mathbf{w}_4(x,y) = \left[-\frac{1}{Z(x,y)},\ 0\right]^T \tag{2.8.4}$$

$$\mathbf{w}_5(x,y) = \left[0,\ -\frac{1}{Z(x,y)}\right]^T \tag{2.8.5}$$

$$\mathbf{w}_6(x,y) = \left[\frac{x}{Z(x,y)},\ \frac{y}{Z(x,y)}\right]^T \tag{2.8.6}$$

Obviously the motion vector fields which are related to camera rotation (eqs. 2.8.1-2.8.3) are independent of the depth value $Z(x,y)$. So these can be applied without any additional information. However, for the determination of the remaining motion vector fields which are related to camera translation (eqs. 2.8.4-2.8.6) a terrain model is required for the derivation of $Z(x,y)$. With a fixed camera position and a static background, this terrain model is known and can be used as apriori knowledge for the motion estimation procedure. Otherwise the depth can be approximated by suitable simplifications, e. g. $Z(x,y) = 1/y$, or it must be estimated simultaneously to the egomotion as in [5].

At any case these basic motion vector fields are used in the definition of the *measurement model* providing the relation between the state vector $\mathbf{x}(k)$ and the measured displacement vectors: Let $\{\mathbf{p}_n = [x_n,y_n]^T,\ n = 1...N\}$ be the set of pixel coordinates for which displacement vectors $\mathbf{v}_n = [u_n,\ v_n]^T$ have been measured. Hence

$$\mathbf{z}(k) = [\mathbf{v}_1^T,\ \mathbf{v}_2^T,\ ...,\mathbf{v}_N^T]^T \tag{2.9}$$

is the measurement vector to be used in the measurement model

$$\mathbf{z}(k) = \mathbf{H}_k\, \mathbf{x}(k) + \mathbf{r}_k \tag{2.10}$$

where $\mathbf{H}_k$ is the measurement matrix consisting of the entries

$$h_{n,i} = \mathbf{w}_i(\mathbf{p}_n) \tag{2.11}$$

for $n = 1...N$ and $i = 1...6$, and $h_{n,i} = 0$ for $i>6$ as can be derived from eq. (2.7). Again, $\mathbf{r}_k$ is a white noise process with covariance matrix $\mathbf{R}_k$. The entries of

R_k should reflect the variances or uncertainties of the measured displacement vectors v_n.

2.3. Kalman Filter

The system and measurement models defined above (eqs. (2.3) and (2.11)) can be uniquely transformed into the well-known recursive state estimation equations (cf. [6], p. 69). The Kalman gain is obtained by solving a system of not more than six linear equations.

2.4. AR Parameter Estimation

The AR coefficients $a_1(k)$ and $a_2(k)$ (eq. (2.4)) must be adapted to the actual camera dynamics. This is accomplished by calculating the optimal predictor for the entries of the state vector $x_0(k)$. Using the estimated entries of $x_0(k)$ as the given input signal a large number of recursive AR parameter estimation scheme is available [7]. In our case LMS estimation has shown to be be sufficient.

2.5. Motion compensation

From the estimated global motion parameters a complete displacement vector field V_k can be obtained using eq. (2.7). This is used for transforming the given image I_k into a position normalized image $\hat{I}_k$ similar to motion compensated prediction [2].

2.6. Background / Object Segmentation

Since the global motion parameters can only be determined from the motion of the "stationary" background, a procedure for background/object segmentation [4] is applied. The result of this procedure is a segmented image as well as a predicted background image $B_{k+1|k}$ for use in the next step of the motion estimation procedure.

3. Simulation Results and Discussion

Fig. 2 shows a scene from traffic monitoring where the image has been rotated artificially corresponding to a camera rotation around the z-axis. The global motion vector field that has been obtained by the recursive state estimation procedure based on local block matching (block size 8*8 pixels) has been overlaid.

Fig. 3 displays the same image after motion compensation and another local motion estimation operation followed by moving object segmentation. Due to the compensation process the shape of moving objects is clearly visible in the optical flow field.

The results obtained so far have demonstrated the robustness and efficiency of the state space approach for motion estimation. The combined use of a hierarchy of estimators where the state variables of one estimator are the input signal of the following will be studied further.

Fig. 2: Estimated global motion

Fig. 3: Estimated local motion after global motion compensation

References

[1] A. v. Brandt, "Motion estimation and subband coding using Quadrature Mirror Filters", Proc. EUSIPCO-86, vol. 2, pp. 829-832, 1986

[2] M. Hoetter, "Differential estimation of the global motion parameters zoom and pan", Signal Processing, vol. 16, no. 3, pp. 249-265, 1989

[3] G. Keesman, "Motion estimation based on a motion model incorporating translation, rotation and zoom", Proc. EUSIPCO-88, vol. 1, pp. 31-34, 1988

[4] K.-P. Karmann, A. v. Brandt, R. Gerl, "Moving object segmentation based on adaptive reference images", Proc. EUSIPCO-90, Barcelona, 18.-21.9.1990

[5] J. Heel, "Dynamical systems and motion vision", AI Memo 1037, MIT Artificial Intelligence Laboratory, April 1988

[6] L. Lewis, Optimal Estimation. Wiley 1986

[7] P. Strobach, Linear Prediction Theory. Springer 1990

Suboptimale Schätzung von stark echobehafteten Datensignalen
durch Breadth-First-Suchalgorithmen mit Metrikprognose

Wolfgang Sauer-Greff

Universität Kaiserslautern, Lehrstuhl für Nachrichtentechnik
Postfach 3049, 6750 Kaiserslautern; Tel.: 0631-2052719

Einleitung

Die Datenübertragung über Kanäle mit Impulsantworten, die sich über mehrere
Symbolintervalle erstrecken, erfordert Empfänger mit Entzerrerfiltern oder
aufwendigere Entscheidungsalgorithmen, wie den Viterbi-Algorithmus (VA). Sein
Einsatz ermöglicht beispielsweise die Nutzung des frequenzselektiven Fading-
kanals im digitalen Mobilfunk; hier ist nach den GSM-Empfehlungen bei einer
Datenrate von ca. 270 kbit/s eine Impulsantwortlänge von bis zu sechs Symbolen
zu berücksichtigen. Da die Komplexität des VA exponentiell mit der Antwortlänge
zunimmt, ist die Datenrate oder der Kanal Beschränkungen unterworfen.
Messungen in hügligem Gelände haben aber Antwortzeiten bis über 80 μs (20
interferierende Symbole) ergeben. Ähnliche Echoprobleme findet man beim Kurz-
wellen-Datenfunk oder beim digitalen Gleichwellen-Rundfunk (d.h. im Versor-
gungsgebiet strahlen alle Sender ein Programm auf ein und derselben Frequenz
aus; aus Sicht des Empfängers liegt ein Übertragungskanal mit Mehrwegeprofil
ähnlich dem Mobilfunk vor). Verstärkt treten Schwierigkeiten dann auf, wenn
der direkte Weg stärker gedämpft wird, als die Umwege (Abschattung).
Lösungsansätze für diese Problemfälle werden hier diskutiert.

Modell der Übertragung und des Empfängers

Betrachtet wird ein zeitdiskretes resultierendes Übertragungssystem im äquiva-
lenten Basisband, dessen Impulsantwortfolge $\underline{g}$ mit v Werten sich aus dem
Sendefilter, ggf. dem linearen Modulator, dem Übertragungskanal, ggf. dem
synchronen Demodulator, dem Empfangsfilter (Matched-Filter), dem Abtaster und
einem Digitalfilter (z.B. zur Dekorrelation der Störabtastwerte) ergibt. Probleme
der Frequenz-, Phasen- und Taktsynchronisation werden hier nicht diskutiert.
Die Sendedatenfolge $\underline{a}\epsilon\underline{A}$ mit gleichwahrscheinlichen L-stufigen Symbolen a_μ wird
durch den Kanal $\underline{g}$ zur Nutzfolge $\underline{u}$ verzerrt, der sich das resultierende weiße
Gaußrauschen $\underline{n}$ der mittleren Leistung U_n^2 additiv überlagert:

$$\underline{r} = \underline{a} * \underline{g} + \underline{n}. \tag{1}$$

Der Maximum-Likelihood-Folgenschätzer vergleicht die Detektionsfolge $\underline{r}$ mit allen Modellnutzfolgen

$$\underline{\hat{u}}^{(m)} = \underline{\hat{a}}^{(m)} * \underline{\hat{g}} \ , \quad \underline{\hat{a}}^{(m)} \in \underline{A} \ , \tag{2}$$

wobei hier der Schätzwert der Impulsantwort des Empfängers $\underline{\hat{g}}$ mit dem Kanal $\underline{g}$ übereinstimmt. Als gesendet gilt die Symbolfolge $\underline{\hat{a}}$ mit der kleinsten quadratischen Abweichung F zwischen $\underline{r}$ und $\underline{\hat{u}}$:

$$F = \min_m F^{(m)} = \min_m \sum_\mu f_\mu^{(m)}$$

$$f_\mu^{(m)} = |\, r_\mu - \hat{u}_\mu^{(m)}\,|^2 \ . \tag{3}$$

Die üblichen Detektionsverfahren wie der VA [Fo] nutzen die Möglichkeit zur rekursiven Berechnung der Metriken $F^{(m)}$ über die Metrikinkremente $f_\mu^{(m)}$, wobei die Teilsymbolfolgen $\underline{\hat{a}}_\nu^{(m)} = [\hat{a}_\mu]_{\nu-p}^{\nu}(m)$ als Pfade und die zugehörigen

$$F_\nu^{(m)} = \sum_{\mu=\nu-p}^{\nu} f_\mu^{(m)} \tag{4}$$

als Pfadmetriken bezeichnet werden. Die Pfadtiefe p richtet sich nach der erforderlichen Anzahl zurückliegender Symbolintervalle, die für eine Symbolentscheidung benötigt werden (z.B. ältestes Symbol des metrikbesten Pfades oder Pfadverschmelzung) [Sa].

Empfängerkonzepte

Für den Sonderfall, daß die Kanalantwort l singuläre Pulse im äquidistanten Abstand q besitzt, kann der Empfänger aus q parallelen identischen VA-Detektoren der Komplexität $L^{(1-1)}$ bestehen, denn dies ist als Interleaving von q entkoppelten Impulsantworten der Länge l interpretierbar, vgl. Bild 1.

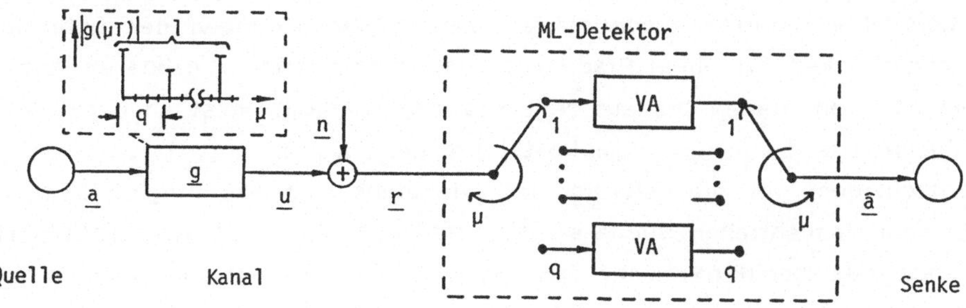

Bild 1: Sonderfall des VA-Empfängers für Echokanäle mit äquidistanten Impulsen

Hier betrachtet werden suboptimale Empfänger bei kleinem Signal-Störver-
hältnis (SNR) für extreme Mehrwegeprofile, wobei der direkte Weg stark gedämpft sein kann und Echos beträchtlich zeitverzögert auftreten. Ein Matched-
Filter wird nicht notwendigerweise vorausgesetzt, so daß die resultierende
Antwort $\underline{g}$ auch sehr kleine Anfangswerte aufweisen kann (vgl. Bild 2a).

Im allgemeinen lassen sich optimale Empfänger mit dem VA als Maximum-
Likelihood-Folgenschätzer hier wegen der großen Zustandsanzahl $L^{(v-1)}$ kaum in
Echtzeit realisieren. Ein zustandsreduzierter VA mit externer oder interner
Quantisierter Rückkopplung [EQ,Sa] kompensiert zwar das Echo, er eliminiert
aber einen Großteil der nutzbaren Empfangsleistung. Empfänger mit adaptiven
Entzerrerfiltern – sofern sie für solche Antworten überhaupt praktikabel sind –
vergrößern häufig den Störanteil der Detektionsfolge, was zum Versagen der
Detektion führen kann. Adaptive Allpaßfilter, die eine minimalphasige Impulsantwort mit der Energiekonzentration zu Beginn der resultierenden Antwort
gewährleisten sollen [CH], haben sich bei ersten Tests als relativ parameter-
empfindlich gezeigt.

Geeigneter erscheinen suboptimale Detektionsalgorithmen, die im Gegensatz
zum VA nicht alle möglichen Pfade weiterverfolgen, sondern nur die am wahr-
scheinlichsten gesendeten (metrikbesten). Zu diesen suboptimalen Verfahren
gehören die **breadth-first sequentiellen Detektoren** [BR, Sa]. Zwei der wichtigsten Vertreter sind der **M-Algorithmus** (MA), der die Anzahl der fortgesetzten
Pfade auf die M metrikbesten begrenzt und der **Fehlerschranken-Algorithmus**
(FSA), der alle Pfade, die eine bestimmte Metrikschranke überschreiten, nicht
weiter verfolgt. Während ersterer den Vorteil eines dedizierten Hardware-Auf-
wandes mit stark parallelisierbarem Signalfluß besitzt, kann sich der zweite bei
veränderlichem SNR der geänderten Anzahl wahrscheinlichster Pfade anpassen,
wobei die Vorgabe einer geeignet kleinen Metrikschranke problematisch ist [Si].

Bei den breadth-first Algorithmen ist die eigentliche Symbolentscheidung
ähnlich wie beim VA möglich. Jedoch bedingt die Pfadselektion, daß auch der
korrekte Pfad (=gesendete Symbolfolge) verworfen werden kann. Ein solcher
Selektionsfehler bewirkt zumindest ein zeitweiliges Versagen der Detektion. Die
Wahrscheinlichkeit für einen Pfadverlust läßt sich mit einer größeren Anzahl von
weiterverfolgten Pfaden bis auf Null reduzieren, dann weist aber mit $M=L^{(v-1)}$
der Algorithmus die gleiche Komplexität wie der VA auf.

Entscheidend für die Selektion ist, wie stark sich das jüngste Symbol $\hat{a}_v^{(m)}$,
das bei der sequentiellen Suche an den Pfad $\hat{\underline{a}}_{v-1}^{(m)}$ angefügt wird, (Pfadverlängerung) auf das Metrikinkrement $f_v^{(m)}$ nach Gl.(3) auswirkt. Bei kleinen $\hat{g}_0$, $\hat{g}_1$...
bleibt der Einfluß der jüngsten Symbole gering, und die Pfadmetriken unter-
scheiden sich nur wenig. Werden Pfade anhand so kleiner Unterschiede selektiert, ist insbesondere bei geringem SNR die Wahrscheinlichkeit für Selektions-

fehler hoch. Folglich sollte man beim FSA die Schranke, bzw. beim MA die Pfadanzahl so groß wählen, daß Pfade nicht verworfen werden, die sich in unsicheren jüngsten Symbolen unterscheiden [Sa]. Allerdings ergibt sich in den hier betrachteten Fällen im Vergleich zum VA ein sehr hoher Pfadbedarf (bzw. mittlerer Pfadbedarf beim FSA).

Verringerung des Pfadbedarfs durch Metrikprognose

Der hohe Pfadbedarf resultiert daraus, daß aufgrund der geringen Energie zu Beginn von $\hat{g}$ die jüngsten Symbole nur schwach gewichtet werden. Das Beispiel in **Bild 2a** zeigt eine solche Impulsantwort. Dabei bezeichnet k den Index, bei dem der Hauptanteil der Impulsantwort beginnt, h die zu berücksichtigende Antwortlänge des energieschwachen direkten Weges und n die sogenannte Prognosetiefe, die maximal die Länge des Hauptteils betragen darf und $1 \leq n \leq k-h$.

Bei der hier vorgeschlagenen Metrikprognose schätzt man, welche Metrik ein Pfad erreicht haben wird, wenn die gegenwärtig jüngsten Pfadsymbole zum energiereichen Teil der Impulsantwort gelangt sind. Dies betrifft nur die Pfadselektion, während die eigentliche Symbolentscheidung weiterhin mit einem breadth-first Verfahren vergleichbar dem VA erfolgt. Ob ein Pfad nach seiner Verlängerung im nächsten Detektionsintervall weiterverfolgt wird, richtet sich nach der Pfadmetrik $F_\nu^{(m)}$ im eigentlichen Detektionsalgorithmus und dem prognostizierten Metrikwert $\tilde{F}_\nu^{(m)}$. Anhand der Summe

$$\hat{F}_\nu^{(m)} = F_\nu^{(m)} + \tilde{F}_\nu^{(m)} \tag{5}$$

werden beispielsweise beim MA die M besten Pfade selektiert.

Für die Prognose müssen "zukünftige" Empfangswerte zur Verfügung stehen. Dazu wird dem Detektor die Detektionsfolge mit einer Verzögerung von k Symbolen zugeführt. Die Symbolfolge des Pfades $\hat{a}_\nu^{(m)}$, dem man der Metrikprognose unterwirft, wird um (k−n+1) Indizes in die Zukunft verschoben, und die jüngsten (k−n+1) Symbole werden zunächst mit Null belegt (**Bild 2b**). Das Metrikinkrement der Prognose $\tilde{f}_i^{(m)}$ berechnet sich aus dem Nutzwert $\hat{u}_{\nu+(k-n+1)}$ und dem Detektionswert $r_{\nu+(k-n+1)}$ zu

$$\tilde{f}_i^{(m')} = |\, r_{\nu+(k-n+i)} - \hat{u}_{\nu+(k-n+i)}^{(m')}\,|^2 \ , \quad i=1,\ldots,n \ . \tag{6}$$

Ein Vernachlässigen der ersten h Werte von $\hat{g}$ durch die Nullelemente in der Symbolfolge führt in der Regel zu einem Modellfehler, der den wirksamen SNR bei der Prognose unzulässig verkleinert. Folglich sind die h ersten Pfadsymbole neu zu bestimmen: Beispielsweise ist aus allen L^h Kombinationen dieser Symbole die zu wählen, die zum kleinsten $\tilde{f}_i^{(m')}$ führt.

Wären die Detektionswerte nicht verrauscht (Kanalstörung, Modellfehler) könnte bereits $\tilde{f}_i^{(m')}$ als Prognosewert $\tilde{F}_\nu^{(m)}$ benutzt werden. Da dem nicht so ist, wird lokal der metrikbeste Pfad bis zu einer Prognosetiefe von n Pfadverlängerungen ermittelt, siehe **Bild 2c**. D.h. in (n-1) weiteren Schritten erfolgen Pfadverlängerung, Berechnung des Metrikinkrements $\tilde{f}_j^{(m')}$ und ggf. Pfadselektion, wie bei sequentiellen Suchverfahren. Die kleinste Pfadmetrik

$$\tilde{F}_\nu^{(m)} = \min_{m'} \sum_{i=1}^{n} \tilde{f}_j^{(m')} \qquad (7)$$

wird als Prognosewert dem Detektionsalgorithmus übergeben. Dabei sollte die Prognosetiefe n die Hauptenergie des Echos überstreichen.

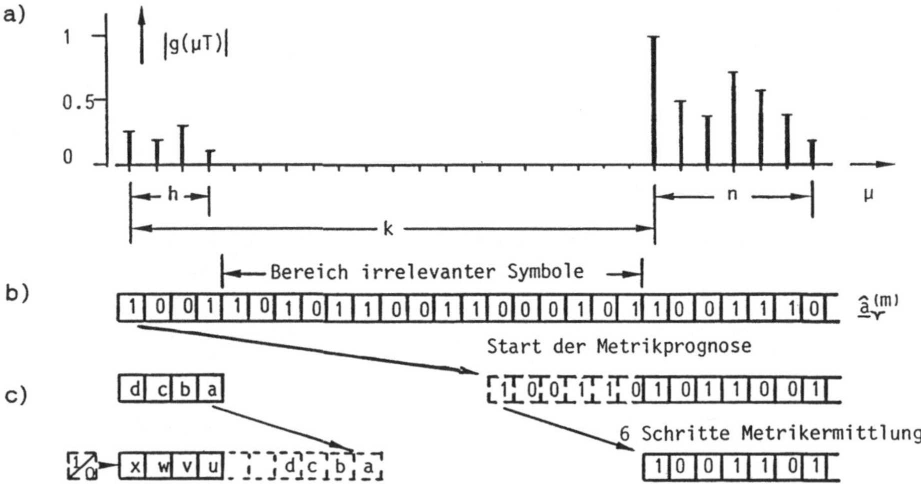

Bild 2:   a) Betrag der Impulsantwort des Kanalmodells bei starkem Echo (k=20)
           b) Verschiebung der Symbolfolge zum Durchlaufen des Energiemaximums
           c) Pfadsymbolfolge am Ende der Metrikprognose

Der besonders einfache Sonderfall des MA mit einem Pfad eignet sich durchaus als Prognosealgorithmus. Dabei entspricht $M_p=1$ einem Detektor mit Schwellwertentscheider und Quantisierter Rückkopplung; die f_j ergeben sich als quadratische Abweichung zwischen Ein- und Ausgang des Schwellwertentscheiders.

Simulationsergebnisse

Die Simulation einer binären Datenübertragung mit einem Impulsantwortmodell nach Bild 2a zeigt, daß der infolge von Selektionsfehlern und Pfadverlust bei der Detektion mit dem M-Algorithmus bedingte starke Anstieg der Fehlerwahrscheinlichkeit durch die Metrikprognose beseitigt wird (**Bild** 3). Dies gilt auch, wenn hierfür der einfachste Suchalgorithmus (M_D=1) und bei der Detektion M_D=4 Pfade benutzt werden.

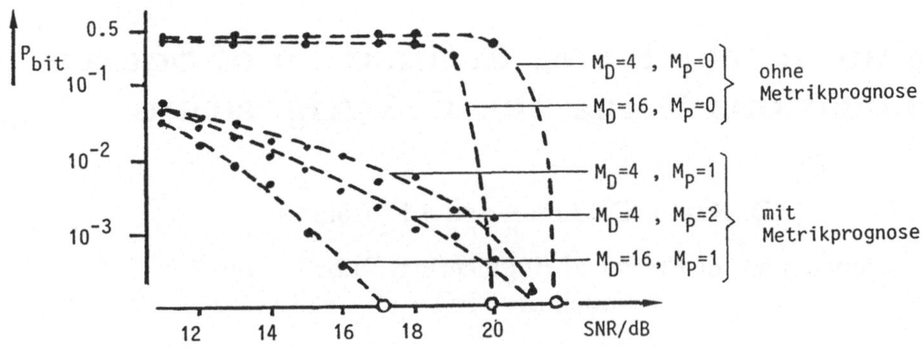

Bild 3:   Simulation mit M-Algorithmus und Metrikprognose für h=3, k=20, n=6
M_D: Pfadanzahl der Detektion; M_P: Pfadanzahl der Metrikprognose

Zusammenfassung

Durch Metrikprognose läßt sich auch bei extremen Echos der Pfadbedarf eines suboptimalen Detektors gering halten. Die Echolaufzeit ist dabei für die Empfängerkomplexität von untergeordneter Bedeutung. Die Implementierung in einen parallel arbeitenden breadth-first Detektor erscheint möglich, Fragen der Adaption, der Parameteroptimierung und des Datendurchsatzes bleiben zu klären.

Literaturverzeichnis

[BR] Bauer, D.; Rupprecht, W.: Sequential decoding algorithms for detection of severly distorted data signals. Proc.EUROCON 88, Stockholm, S.114-117

[CH] Clark, A.P.; Hau, S.F.: Adaptive adjustment of receiver for distorted digital signals. IEE Proc., Vol.131, Pt.F, No.5 (1984), S.526-536

[EQ] Eyuboglu, V.M.; Qureshi, S.U.: Reduced-state sequence estimator with set partitioning and decision feedback. IEEE Trans.Comm., Vol.COM-36 (1988), S.13-20

[Fo] Forney, G.D.: The Viterbi Algorithm. Proc.of IEEE, Vol.61 (1973), S.268-278

[Sa] Sauer-Greff, W.: Optimale und suboptimale Empfänger für verzerrte und ge-störte Datensignale unter besonderer Berücksichtigung der aufwandsredu-zierten Detektion mittels M-Algorithmus. Diss. Univ. Kaiserslautern, 1989

[Si] Simmons, S.J.: Breadth-first trellis decoding with adaptive effort. IEEE Trans.Comm., Vol.COM-38 (1990), S.3-12

Maximum Likelihood Estimation of Source Locations Using the EM-Algorithm

D. Kraus, C. Gierull and J.F. Böhme

Department of Electrical Engineering, Ruhr University,
Bochum, FRG

1   Introduction

The source location estimation problem in the presence of partly unknown ambient noise is investigated. We develop accurate and computationally robust maximum likelihood estimates (MLE's) of the unknown location, signal spectral and noise spectral parameters by using the expectation maximization (EM)-algorithm.

The reasons of the wide-spread applications of MLE's are the well known statistical properties. Under certain regularity conditions with respect to the probability density function, the MLE's are consistent, asymptotically normally distributed and efficient in Fishers sense. A significant disadvantage, in comparsion to other estimation methods, is the combersome maximization of the log-likelihood function over all interesting parameters, cf. [1]. The log-likelihood function can be highly nonlinear in the parameters, and the maximization tends to be computationally complex, numerically unstable and time consuming. An effcient alternative towards a brute-force algorithm, i.e. global search and a local hill climbing method, is the use of the EM-algorithm, cf. [2]. The heuristic idea is that we extend the model of the received so-called incomplete data to a model of complete data and maximize the likelihood function of the extended model. In our case we get a natural choice of the complete data as the array outputs of each source signal separately. The incomplete data are the sum of all single-source data. Because the complete data are not available, the conditional expectation of the likelihood function of complete data given incomplete data has to be maximized.

An outline of the paper follows. In section 2 the EM-algorithm is described in its general form. The incomplete and complete data model are introduced in section 3. The applicability of the EM-algorithm for maximum likelihood source location estimation is shown in section 4. In section 5, results of numerical experiments are presented. We conclude with some remarks.

2   EM-Algorithm

Let $\underline{X}$ and $\underline{Y}$ denote the incomplete and complete data, respectively, related by a many-to-one mapping

$$\underline{X} = g(\underline{Y}). \tag{1}$$

Assuming $f_{\underline{X}}(\underline{x};\underline{\theta})$ and $f_{\underline{Y}}(\underline{y};\underline{\theta})$ to be the corresponding probability densities, then

$$f_{\underline{X}}(\underline{x};\underline{\theta}) = \int_{\mathcal{Y}(\underline{x})} f_{\underline{Y}}(\underline{y};\underline{\theta})d\underline{y}, \tag{2}$$

where $\mathcal{Y}(\underline{x}) = \{\underline{y} : g(\underline{y}) = \underline{x}\}$. Introducing the conditional probability density

$$f_{\underline{Y}|\underline{X}}(\underline{y};\underline{\theta}) = \frac{f_{\underline{Y}}(\underline{y};\underline{\theta})}{f_{\underline{X}}(\underline{x};\underline{\theta})} \tag{3}$$

defined on the sample space $\mathcal{Y}(\underline{x})$, the log-likelihood function of incomplete data can be represented by

$$L(\underline{\theta}) = \log f_{\underline{X}}(\underline{x};\underline{\theta}) = \log f_{\underline{Y}}(\underline{y};\underline{\theta}) - \log f_{\underline{Y}|\underline{X}}(\underline{y};\underline{\theta}). \tag{4}$$

The conditional expectation given $\underline{X} = \underline{x}$ at parameter value $\underline{\theta}'$ does not chance the log-likelihood function:

$$L(\underline{\theta}) = Q(\underline{\theta},\underline{\theta}') - V(\underline{\theta},\underline{\theta}'), \tag{5}$$

where

$$Q(\underline{\theta},\underline{\theta}') = E_{\underline{\theta}'}(\log f_{\underline{Y}}(\underline{Y};\underline{\theta})|\underline{X} = \underline{x}) \tag{6}$$

and

$$V(\underline{\theta},\underline{\theta}') = E_{\underline{\theta}'}(\log f_{\underline{Y}|\underline{X}}(\underline{Y};\underline{\theta})|\underline{X} = \underline{x}). \tag{7}$$

Applying Jensen's inequality, one can observe

$$V(\underline{\theta},\underline{\theta}') - V(\underline{\theta}',\underline{\theta}') = E_{\underline{\theta}'}\left(\log \frac{f_{\underline{Y}|\underline{X}}(\underline{Y};\underline{\theta})}{f_{\underline{Y}|\underline{X}}(\underline{Y};\underline{\theta}')}|\underline{X} = \underline{x}\right) \geq \log E_{\underline{\theta}'}\left(\frac{f_{\underline{Y}|\underline{X}}(\underline{Y};\underline{\theta})}{f_{\underline{Y}|\underline{X}}(\underline{Y};\underline{\theta}')}|\underline{X} = \underline{x}\right) = 0. \tag{8}$$

Hence, if

$$Q(\underline{\theta},\underline{\theta}') \geq Q(\underline{\theta}',\underline{\theta}'), \tag{9}$$

then

$$L(\underline{\theta}) \geq L(\underline{\theta}'). \tag{10}$$

These two inequalities motivate the iterations of the EM-algorithm which can be described as follows.

E-step: calculation of $Q(\underline{\theta},\underline{\theta}^n) = E_{\underline{\theta}^n}(\log f_{\underline{Y}}(\underline{Y};\underline{\theta})|\underline{X} = \underline{x})$,

M-step: maximization of $Q(\underline{\theta},\underline{\theta}^n) \to \underline{\theta}^{n+1}$.

If $Q(\underline{\theta},\underline{\theta}')$ is continuous in both, $\underline{\theta}$ and $\underline{\theta}'$, $\underline{\theta}^n$ converges to a stationary point $\underline{\theta}^*$ of $L(\underline{\theta})$, and $L(\underline{\theta}^n)$ converges monotonically to $L(\underline{\theta}^*)$, cf. [3]. The latter ensures that each iteration cycle increases the likelihood.

3 Data Model

A conventional model is used. The outputs of N sensors are finite Fourier transformed with a smooth, normalized window of length T. For a frequency ω of interest, we get $\underline{X}^k(\omega) = (X_1^k(\omega),\ldots,X_N^k(\omega))'$ for $k = 1,\ldots,K$ successive data pieces. The array output is assumed to be a stationary stochastic vector process with zero-mean and the spectral density matrix

$$\mathbf{C}_{\underline{X}}(\omega) = \mathbf{H}(\omega)\mathbf{C}_{\underline{S}}(\omega)\mathbf{H}(\omega)^* + \mathbf{C}_{\underline{U}}(\omega). \tag{11}$$

$\mathbf{C}_{\underline{S}}(\omega)$ is the $(M \times M)$ spectral density matrix of the signals, $\mathbf{C}_{\underline{U}}(\omega)$ the $(N \times N)$ spectral density matrix of noise and $*$ denotes the hermitian operator. The columns of the $(N \times M)$ matrix $\mathbf{H}(\omega)$ are known as the steering vectors $\underline{d}_m(\omega) = (e^{j\omega\tau_{1m}}, \ldots, e^{j\omega\tau_{Nm}})^T$ $(m = 1, \ldots, M)$. The $\tau_{nm}(n = 1, \ldots, N; m = 1, \ldots, M)$ are time delays that contain the unknown wave parameters $\underline{\zeta}$, e.g. bearings β and ranges ρ for spheric waves. The signal spectral parameters $\underline{\xi}$ are given by the entries of $\mathbf{C}_{\underline{S}}(\omega)$ itself. The spectral density matrix $\mathbf{C}_{\underline{U}}(\omega)$ is defined by

$$\mathbf{C}_{\underline{U}}(\omega) = \nu_0(\omega)\mathbf{I} + \sum_{i=1}^{I} \nu_i(\omega)\mathbf{J}_i(\omega), \tag{12}$$

where $\nu_0(\omega)\mathbf{I}$ describes sensor noise of equal power and uncorrelated from sensor to sensor. $\underline{\nu}(\omega) = (\nu_1(\omega), \ldots, \nu_I(\omega))^T$ denotes the ambient noise spectral parameter vector. The $\mathbf{J}_i(\omega)$ are supposed to be known nonnegatively hermitian matrices. Thus the complete parameter vector $\underline{\theta}$ of the model contains $\underline{\zeta}, \underline{\xi}, \nu_0$ and $\underline{\nu}$. Supposing uncorrelated sources, we write

$$\begin{aligned}
\mathbf{C}_{\underline{X}}(\omega) &= \sum_{i=1}^{M+I} \mathbf{C}_{\underline{Y}_i}(\omega), \tag{13} \\
\mathbf{C}_{\underline{Y}_i}(\omega) &= \sigma_i(\omega)\underline{d}_i(\omega)\underline{d}_i(\omega)^* + \nu_{0,i}(\omega)\mathbf{I}, \qquad i = 1, \ldots, M, \\
\mathbf{C}_{\underline{Y}_{M+i}}(\omega) &= \nu_i(\omega)\mathbf{J}_i, \qquad i = 1, \ldots, I,
\end{aligned}$$

with $\sum_{i=1}^{M} \nu_{0,i}(\omega) = \nu_0(\omega)$ and $\nu_{0,i}(\omega) > 0$. The $\mathbf{C}_{\underline{Y}_i}(\omega)$ can be understood as the spectral density matrix corresponding to a virtual array output generated either by a signal or bandlimited ambient noise. The incomplete data $\underline{X}^k(\omega)$ are related to the complete data $\underline{Y}^k(\omega) = (\underline{Y}_1^k(\omega)^T, \ldots, \underline{Y}_{M+I}^k(\omega)^T)^T$ by the linear transformation

$$\underline{X}^k(\omega) = \mathbf{G}\underline{Y}^k(\omega) = (\mathbf{I}, \ldots, \mathbf{I})\underline{Y}^k(\omega). \tag{14}$$

Let us apply the well known asymptotic properties of the finite Fourier transformed array output for a large window length T:

i) the $\underline{X}^k(\omega)$ are mutually independent and identically multivariat complex-normally distributed random vectors with zero-mean and covariance matrix $\mathbf{C}_{\underline{X}}(\omega)$.

ii) the $\underline{Y}^k(\omega)$ are mutually independent and identically multivariat complex-normally distributed random vectors with zero-mean and block diagonal covariance matrix $\mathbf{C}_{\underline{Y}}(\omega) = \mathrm{diag}(\mathbf{C}_{\underline{Y}_1}(\omega), \ldots, \mathbf{C}_{\underline{Y}_{M+I}}(\omega))$.

4 Source Location Estimation

Considering model (11) for a fixed frequency and applying property i), the log-likelihood function is given by

$$L(\underline{\theta}) = -\log \det \mathbf{C}_{\underline{X}}(\underline{\theta}) - \mathrm{tr}[\mathbf{C}_{\underline{X}}^{-1}(\underline{\theta})\hat{\mathbf{C}}_{\underline{X}}], \tag{15}$$

where $\hat{\mathbf{C}}_{\underline{X}} = 1/K \sum_{k=1}^{K} \underline{X}^k \underline{X}^{k*}$. An MLE of $\underline{\theta}$ maximizes $L(\underline{\theta})$ over $\underline{\theta}$. To avoid the complicated multiparameter optimization problem, the EM-algorithm is employed. Using property ii) and neglecting constants, we obtain

$$\begin{aligned}
\log f_{\underline{Y}}(\underline{y}; \underline{\theta}) &= -\log \det \mathbf{C}_{\underline{Y}}(\underline{\theta}) - \mathrm{tr}[\mathbf{C}_{\underline{Y}}^{-1}(\underline{\theta})\hat{\mathbf{C}}_{\underline{Y}}] \\
&= -\sum_{i=1}^{M+I} (\log \det \mathbf{C}_{\underline{Y}_i}(\underline{\theta}_i) + \mathrm{tr}[\mathbf{C}_{\underline{Y}_i}^{-1}(\underline{\theta}_i)\hat{\mathbf{C}}_{\underline{Y}_i}]) \tag{16}
\end{aligned}$$

with $\underline{\theta}_i = (\beta_i, \rho_i, \sigma_i, \nu_{0,i})^T (i = 1, \ldots, M)$ and $\theta_{M+i} = \nu_i (i = 1, \ldots, I)$. Proceeding as in section 2,

$$Q(\underline{\theta}, \underline{\theta}') = -\sum_{i=1}^{M+I} (\log \det \mathbf{C}_{\underline{Y}_i}(\underline{\theta}_i) + \mathrm{tr}[\mathbf{C}_{\underline{Y}_i}^{-1}(\underline{\theta}_i)\bar{\mathbf{C}}_{\underline{Y}_i}(\underline{\theta}')]), \tag{17}$$

where $\bar{\mathbf{C}}_{\underline{Y}_i}(\theta') = E_{\theta'}(\hat{\mathbf{C}}_{\underline{Y}_i}|\underline{X} = \underline{x})$. For given signal and sensor noise spectral parameter estimates $\sigma_i = \hat{\sigma}_i$ and $\nu_{0,i} = \hat{\nu}_{0,i}(i = 1, \ldots, M)$

$$\det \mathbf{C}_{\underline{Y}_i} = \text{const.}, \qquad \mathbf{C}_{\underline{Y}_i}^{-1} = \left[\mathbf{I} - \frac{\hat{\sigma}_i \underline{d}_i \underline{d}_i^*}{\hat{\nu}_{0,i} + \hat{\sigma}_i/N}\right], \qquad i = 1, \ldots, M, \tag{18}$$

and

$$\det \mathbf{C}_{\underline{Y}_{M+i}} = \nu_i^N \det \mathbf{J}_i, \qquad \mathbf{C}_{\underline{Y}_{M+i}}^{-1} = \frac{1}{\nu_i} \mathbf{J}_i^{-1}, \qquad i = 1, \ldots, I. \tag{19}$$

Substituting (18) and (19) in (17) the EM-algorithm provides the following iteration sheme.

E-step:

$$\text{for} \quad i = 1, \ldots, M + I \quad \bar{\mathbf{C}}_{\underline{Y}_i}(\hat{\theta}^n) = \mathbf{C}_{\underline{Y}_i}(\hat{\underline{\theta}}_i^n) - \mathbf{C}_{\underline{Y}_i}(\hat{\underline{\theta}}_i^n)\mathbf{C}_{\underline{X}}^{-1}(\hat{\underline{\theta}}^n)\mathbf{C}_{\underline{Y}_i}(\hat{\underline{\theta}}_i^n)$$
$$+ \; \mathbf{C}_{\underline{Y}_i}(\hat{\underline{\theta}}_i^n)\mathbf{C}_{\underline{X}}^{-1}(\hat{\underline{\theta}}^n)\hat{\mathbf{C}}_{\underline{X}}\mathbf{C}_{\underline{X}}^{-1}(\hat{\underline{\theta}}^n)\mathbf{C}_{\underline{Y}_i}(\hat{\underline{\theta}}_i^n) \tag{20}$$

M-step:

$$\text{for} \quad i = 1, \ldots, M \quad (\hat{\beta}_i, \hat{\rho}_i)^{n+1} = \arg\max_{\beta_i, \rho_i} \underline{d}_i^* \bar{\mathbf{C}}_{\underline{Y}_i}(\hat{\theta}^n)\underline{d}_i \tag{21}$$

$$\hat{\nu}_{0,i}^{n+1} = \frac{1}{N-1}(\underline{d}_i^* \bar{\mathbf{C}}_{\underline{Y}_i}(\hat{\theta}^n)\underline{d}_i/N - \mathrm{tr}[\bar{\mathbf{C}}_{\underline{Y}_i}(\hat{\theta}^n)]) \tag{22}$$

$$\hat{\sigma}_i^{n+1} = \frac{1}{N}(\underline{d}_i^* \bar{\mathbf{C}}_{\underline{Y}_i}(\hat{\theta}^n)\underline{d}_i/N - \hat{\nu}_{0,i}^{n+1}) \tag{23}$$

$$\text{for} \quad i = 1, \ldots, I \quad \hat{\nu}_i^{n+1} = \frac{1}{N}\,\mathrm{tr}[\mathbf{J}_i\bar{\mathbf{C}}_{\underline{Y}_i}(\hat{\theta}^n)] \tag{24}$$

The improved estimates of σ_i and $\nu_{0,i}(i = 1, \ldots, M)$ are derived from the necessary conditions

$$\frac{\partial Q(\underline{\theta}, \theta')}{\partial \nu_{0,i}} = 0, \qquad \frac{\partial Q(\underline{\theta}, \theta')}{\partial \sigma_i} = 0, \qquad i = 1, \ldots, M. \tag{25}$$

The main features of the algorithm are that it provides closed form solutions for the ambient noise spectral parameter estimates and decouples the $(2M + I)$-dimensional maximization problem into the maximization of M classical beamformers over two parameters, cf. [1].

5 Numerical Experiments

Model (11) is used for a line array of $N = 15$ sensors spaced by a half wavelength in the plane. The matrices $\mathbf{J}_i$ of the noise model are determined by the elements

$$\mathbf{J}_{i,kl} = \int_{-\pi}^{\pi} C_i(\alpha) \, e^{j[(k-l)\pi \sin\alpha]} \, d\alpha/2\pi, \qquad k, l = 1, \ldots, N, \tag{26}$$

with the angle spectra $C_i(\alpha) = \pi^2/\gamma_i \cos[\pi(\alpha - \phi_i)/\gamma_i]$ for $\phi_i - \gamma_i/2 \leq \alpha \leq \phi_i + \gamma_i/2$ and $C_i(\alpha) = 0$ otherwise. ϕ_i and γ_i denote the centre and the extent of the ith noise profile, respectively.

In the experiment presented, three sources located approximately broadside generate uncorrelated signals. Unknown wave parameters are the bearings β_m and the ranges $\rho_m (m = 1, 2, 3)$. A three parameter noise model with $\nu_0 = \nu_1 = \nu_2, \phi_1 = -10°, \phi_2 = 3°, \gamma_1 = 20°$ and $\gamma_2 = 10°$ is used. The $\hat{\mathbf{C}}_{\underline{X}}$ are complex-Wishart distributed with $K = 30$ degrees of freedom (DOF). For each experiment, 1024 pseudo random matrices and also all estimates are computed. Scatter diagrams in fig.1 show the results of bearing and range estimates. Crosses indicate the exact signal parameters. The signal-to-noise ratio (SNR) of the sources is defined by $\mathrm{SNR}_m = 10 \log(N \mathbf{C}_{\underline{S},mm}/ \mathrm{tr}\mathbf{C}_{\underline{U}})$.

6 Concluding Remarks

A computational efficient technique for calculating MLE's of source locations, signal and noise spectral parameters has been presented. The numerical experiments indicate that the MLE's via EM-algorithm provides more accurate and stable range estimates than MLE using hill climbing techniques, e.g. scoring. In [1] and [5], we investigated conditional maximum likelihood estimates (CMLE's). The EM-algorithm can be similarly applied for CMLE's. Space limitations do not allow to go into the details, see [6]. The applicability of the EM-algorithm also for correlated sources is a problem under research.

References

[1] Böhme J.F. and Kraus D.: On Least Squares Methods for Direction of Arrival Estimation in the Presence of Unknown Noise Fields, Proc. IEEE ICASSP, New York, 1988, pp. 2833-2836.

[2] Dempster et. al.: Maximum Likelihood from Incomplete Data via the EM Algorithm, J. Roy. Statist. Soc., Ser.39, 1977, pp. 1-38.

[3] Wu C. F.: On the Convergence Properties of the EM Algorithm, Annals of Statistics, Vol. 11, No.1, 1983, pp. 95-103.

[4] Feder M. and Weinstein E.: Parameter Estimation of Superimposed Signals Using the EM Algorithm, IEEE Transactions on Acoustics, Speech, and Signal Processing, Vol. 36, No.4, April 1988, pp. 477-489.

[5] Kraus D. and Böhme J.F.: Asymptotic and Empirical Results on Approximate Maximum Likelihood and Least Squares Estimates for Sensor Array Processing, Proc. IEEE ICASSP, Albuquerque, 1990.

[6] Gierull C.: Maximum Likelihood Schätzung von Wellenparametern mit dem EM-Algorithmus für simulierte und reale Sensorgruppendaten, Diplomarbeit, Ruhr-Universität Bochum, Lehrstuhl für Signaltheorie, September 1990.

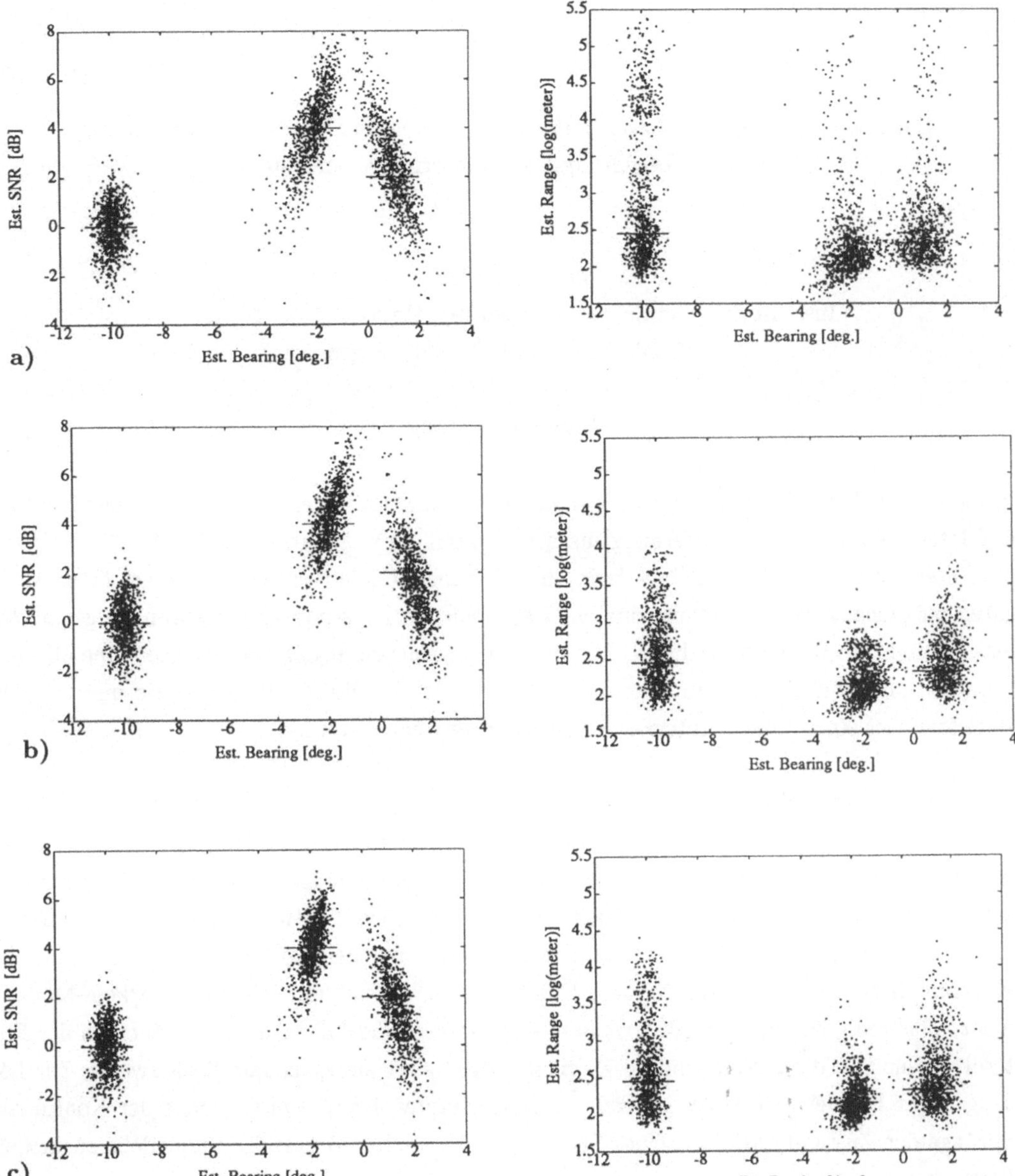

Figure 1: Scatter diagrams of 1024 Monte Carlo simulations,

a) CMLE via scoring using exact noise structure, $K = 30$ DOF

b) CMLE via EM-algorithm, $K = 30$ DOF

c) MLE via EM-algorithm, $K = 30$ DOF

Ein neuartiges Kalman–Jump–Filter zur 3–dimensionalen Konturverarbeitung
in einem berührungslosen Entfernungsmeßsystem

Long Tran Duc
Institut für Nachrichtenverarbeitung, Universität GH Siegen
Hölderlinstraße 3, D–5900 Siegen

Zusammenfassung

In dieser Arbeit wird ein neuartiges Kalman Filter zur optimalen Verarbeitung der Kontur-
meßdaten eines optischen Entfernungsmeßsystems mit X/Y–Scanner vorgestellt. Die Aufgabe
des Filters besteht im wesentlichen darin, die dreidimensionale Kontur aus den gestörten Meßdaten möglichst genau zu rekonstruieren. Dabei soll die Lage von Kontursprüngen genau detektiert und ihre Höhe optimal geschätzt werden. In Anwendungsfällen, in denen eine off–line
Verarbeitung möglich ist, kann der Filteralgorithmus für die Kontursegmentierung und als
Vorwärtsfilter eines "Fixed–Interval–Smoothers" verwendet werden.

I. Einleitung und Problemformulierung

In der Klasse der linearen Filter ist das Kalman Filter bekannt als ein optimaler Meßwertver-
arbeitungsalgorithmus. Für die Verarbeitung der gemessenen Konturen eines Lasermeßsystems
mit X/Y–Scanner ist das Standard Kalman Filter aber nur bedingt geeignet, denn technische
Konturen besitzen zumeist Kanten und Knicke und lassen sich durch lineare Markov–Modelle
nicht vollständig beschreiben. Es tritt in diesem Anwendungsfall sogar das Phänomen der Fil-
terdivergenz auf, d.h., das Standard Kalman Filter liefert unbrauchbare Schätzwerte. Zur Lösung dieser Problematik ist es sinnvoll, die unbekannten Kanten und Knicke der Kontur als
Sprünge der Zustandsvariablen eines linearen stochastischen Zustandsraummodells zu modellieren:

$$\underline{x}(k+1) = A \cdot \underline{x}(k) + G \cdot \underline{w}(k) + \underline{u}(k) \cdot \delta_{k,\theta} \qquad (1)$$
$$\underline{z}(k+1) = H \cdot \underline{x}(k+1) + \underline{v}(k+1) \qquad (2)$$

$\underline{x}(k)$ ist der Zustandsvektor und $\underline{x}(k) \in R^n$. Zur Vereinfachung des Filtermodells können die
Höhe des Konturprofils und ihre auf die Scannerrichtung bezogene Steigung als Komponenten
des Zustandsvektors modelliert werden. Im allgemeinen ist $\underline{z}(k) \in R^m$ der Beobachtungs-
vektor. Der Sprungvektor $\underline{u}(k)$ wird als unbekannte, deterministische Größe definiert. Für
unsere Anwendung ist $\underline{z}(k)$ ein Skalar und $\underline{u}(k)$ hat die Dimension (2×1).
Die Modellierung eines Sprunges mit dem Kronecker–Delta $\delta_{k,\theta}$ beruht auf der Tatsache, daß
der Zeitpunkt des Auftrittes eines Sprungereignisses nicht vorhersagbar ist.

II. Kalman–Jump–Filter

a) Sprungschätzung mit der Whitening–Methode

Es wird angenommen, daß ein Standard Kalman–Filter mit einem linearen Markov–Filtermodell ohne Kenntnisse über den Sprung implementiert wurde. Die Kalman–Filtergleichungen zum Zeitpunkt k sind:

$$\hat{\underline{x}}^-(k) = A \cdot \hat{\underline{x}}^+(k-1) \tag{3}$$

$$\hat{P}^-(k) = A \cdot \hat{P}^+(k-1) \cdot A^T + G \cdot Q(k-1) \cdot G^T \tag{4}$$

$$\hat{\underline{x}}^+(k) = \hat{\underline{x}}^-(k) + K(k) \cdot [\underline{z}(k) - H \cdot \hat{\underline{x}}^-(k)] \tag{5}$$

$$K(k) = \hat{P}^-(k) \cdot H^T \cdot [H \cdot \hat{P}^-(k) \cdot H^T + R(k)]^{-1} \tag{6}$$

$$\hat{P}^+(k) = \hat{P}^-(k) - K(k) \cdot H \cdot \hat{P}^-(k) \tag{7}$$

Es soll nachfolgend die Beobachtungsgleichung für den Sprungvektor formuliert werden. Betrachtet werde nun die Entwicklung des Zustandsvektors $\underline{x}(k)$ für N Schritte in die Zukunft unter der Bedingung, daß der Sprung zum Zeitpunkt $k = \theta$ aufgetreten ist.

$$\underline{x}(k+1) = A \cdot \underline{x}(k) + G \cdot \underline{w}(k) + \underline{u}(k) \tag{8}$$

$$\underline{x}(k+N) = A^N \cdot \underline{x}(k) + \sum_{j=0}^{N-1} A^{-j+(N-1)} \cdot G \cdot \underline{w}(k+j) + A^{N-1} \cdot \underline{u}(k) \tag{9}$$

Definiert man einen vergrößerten Meßvektor $\underline{Z}(k)$, der N Meßvektoren umfaßt,

$$\underline{Z}^T(k) = [\underline{z}^T(k+1), \underline{z}^T(k+2), \ldots, \underline{z}^T(k+N)] \tag{10}$$

und führt man die folgenden Abkürzungen ein:

$$A_v = \begin{bmatrix} H \cdot A \\ H \cdot A^2 \\ \vdots \\ H \cdot A^N \end{bmatrix} \qquad H_v = \begin{bmatrix} H \\ H \cdot A \\ \vdots \\ H \cdot A^{N-1} \end{bmatrix} \qquad \underline{v}_v(k) = \begin{bmatrix} \underline{v}(k+1) \\ \underline{v}(k+2) \\ \vdots \\ \underline{v}(k+N) \end{bmatrix} \tag{11}$$

$$\underline{w}_v^T(k) = \left[[H \cdot G \cdot \underline{w}(k)]^T, [H \cdot G \cdot \underline{w}(k+1) + H \cdot A \cdot G \cdot \underline{w}(k)]^T, \ldots, [\sum_{j=0}^{N-1} H \cdot A^{-j+N-1} \cdot G \cdot w(k+j)]^T \right]$$

und verwendet man die Beziehung

$$\underline{x}(k) = \hat{\underline{x}}^+(k) + \hat{\underline{e}}^+(k) \tag{12}$$

erhält man die Beobachtungsgleichung für den Sprung:

$$\underline{Z}_u(k) = \underline{Z}(k) - A_v \cdot \hat{\underline{x}}^+(k) = H_v \cdot \underline{u}(k) + \underline{w}_u(k) \tag{13}$$

wobei

$$\underline{w}_u(k) = A_v \cdot \hat{\underline{e}}^+(k) + \underline{v}_v(k) + \underline{w}_v(k) \tag{14}$$

Es ist offensichtlich, daß $\{\underline{w}_u(k)\}$ farbiges, erwartungsfreies Rauschen darstellt.

Mit der Abkürzung : $M(k) = G \cdot Q(k) \cdot G^T$ läßt sich die Kovarianz von $\{\underline{w}_u(k)\}$ durch folgende Formel beschreiben:

$$P_{ww}(k) = E\{\underline{w}_u(k)\cdot \underline{w}_u(k)^T\} = \tag{15}$$

$$
\begin{bmatrix}
\begin{array}{l} H\cdot M(k)\cdot H^T \\ +R(k) \\ +HA\hat{P}^+(k)\cdot A^T H^T \end{array} &
\begin{array}{l} H\cdot M(k)\cdot A^T H^T \\ +HA\hat{P}^+(k)A^{2T}H^T \end{array} &
\cdots &
\begin{array}{l} H\cdot M(k)\cdot A^{(N-1)T}H^T \\ +HA\hat{P}^+(k)A^{NT}H^T \end{array} \\[2em]
\begin{array}{l} HA\cdot M(k)\cdot H^T \\ +HA^2\hat{P}^+(k)\cdot A^T H^T \end{array} &
\begin{array}{l} HA\cdot M(k)\cdot A^T H^T \\ +H\cdot M(k+1)\cdot H^T \\ +R(k+1) \\ +HA^2\hat{P}^+(k)A^{2T}H^T \end{array} &
\cdots &
\begin{array}{l} HAM(k)A^{(N-1)T}H^T \\ +HM(k+1)A^{(N-2)T}H^T \\ +HA^2\hat{P}^+A^{NT}H^T \end{array} \\[3em]
\vdots & \vdots & & \vdots \\[1em]
\begin{array}{l} HA^{N-1}\cdot M(k)\cdot H^T \\ +HA^N\cdot \hat{P}^+(k)\cdot A^T H^T \end{array} &
\cdots &
\multicolumn{2}{l}{\begin{array}{l} \sum\limits_{j=0}^{N-1} HA^{N-1-j}M(k+j)\cdot A^{(N-1-j)T}\cdot H^T \\[0.5em] \quad +R(k+N) \quad +HA^N\hat{P}^+(k)A^{NT}H^T \end{array}}
\end{bmatrix}
$$

Um die Sprunghöhe $\underline{u}(k)$ aus dem farbigen Rauschen zu schätzen, wird die Whitening–Methode verwendet. Das mit farbigem Rauschen gestörte Modell wird bei dieser Methode in ein mit unkorreliertem Rauschen gestörtes Modell transformiert. Zunächst wird die Matrix $L(k)$ mit einem Square–Root–Algorithmus berechnet:

$$L(k) = SQRT[P_{ww}(k)] \tag{16}$$

Damit kann die Least–Squares–Schätzung für die Sprunghöhe durchgeführt werden:

$$\hat{\underline{u}}(k) = \left[\underline{H}_N^T\cdot \underline{H}_N\right]^{-1}\cdot \underline{H}_N^T\cdot \underline{Z}_N(k) \tag{17}$$

wobei $\qquad \underline{H}_N = L^{-1}(k)\cdot \underline{H}_v \quad$ und $\quad \underline{Z}_N(k) = L^{-1}(k)\cdot \underline{Z}_u(k) \tag{18}$

Mit $\tilde{\underline{u}}(k) = \underline{u}(k) - \hat{\underline{u}}(k)$ sind die statistischen Eigenschaften der Schätzung:

$$E\{\tilde{\underline{u}}(k)\} = \underline{0} \tag{19}$$

$$P_{\tilde{u}\tilde{u}}(k) = E\left\{[\underline{u}(k)-\hat{\underline{u}}(k)]\cdot [\underline{u}(k)-\hat{\underline{u}}(k)]^T\right\} = \left[H_N^T\cdot H_N\right]^{-1} \tag{20}$$

b) Sprungdetektion

Zur Entdeckung der Position, an der der Sprung auftritt, definiert man ein Fenster der Länge N. Man nimmt an, daß der Sprung an der Stelle $\tilde{\theta} = k-1+\nu$ mit $\nu \in [1,M]$ im Fenster auftritt. Für $\nu = 1$ wird die Sprunghöhe $\hat{\underline{u}}(\tilde{\theta})$ mit der Gl. (17) geschätzt und mit dem Diagonalwert $\sigma_j(\tilde{\theta})$ der Sprungschätzfehlerkovarianzmatrix $P_{\tilde{u}\tilde{u}}(\tilde{\theta})$ verglichen. Sind alle Beträge der Komponenten $u_j(\tilde{\theta})$ des Sprungvektors $\hat{\underline{u}}(\tilde{\theta})$ kleiner als $\lambda\cdot \sigma_j(\tilde{\theta})$, $\lambda\in[3,4]$, dann kann $\hat{\underline{u}}(\tilde{\theta})$ gleich Null gesetzt werden. Die Wahrscheinlichkeitsfläche für die Bedingung $u_j(\tilde{\theta}) = 0$ innerhalb der Grenzen $\pm 4 \cdot \sigma_j(\tilde{\theta})$ beträgt mehr als 99%. Für $| \hat{\underline{u}}_j(\tilde{\theta})| > \lambda \cdot \sigma_j(\tilde{\theta})$ ergeben sich 2 Möglichkeiten: True alarm oder False alarm. True alarm bedeutet, daß der Sprung an dieser Stelle tatsächlich auftritt. False alarm dagegen ist dadurch gekennzeichnet, daß der Sprung irgendwo im Fenster liegt und eine fehlerhafte Schätzung der Sprunghöhe verursacht. Eine wesentliche Aufgabe des Detektors ist die Unterscheidung zwischen "False alarm" und "True alarm". Dazu wird eine Unterscheidungsmethode entwickelt, die Kreuzkorrelationsmethode genannt wird.

Sei $\hat{\underline{Z}}(k/\tilde{\theta})$ der Schätzvektor von $\underline{Z}(k)$ unter Verwendung des Parameters $\tilde{\theta}$, dann kann die quadratische Abweichung der beiden Vektoren durch folgende Formel beschrieben werden.

$$\rho_{\tilde{\theta}} = [\underline{Z}(k) - \hat{\underline{Z}}(k/\tilde{\theta})]^{T} \cdot [\underline{Z}(k) - \hat{\underline{Z}}(k/\tilde{\theta})] \tag{21}$$

$$\hat{\underline{Z}}(k/\tilde{\theta}) = \begin{bmatrix} H \cdot A \cdot \hat{\underline{x}}^{+}(k) \\ H \cdot A^{2} \cdot \hat{\underline{x}}^{+}(k) \\ \vdots \\ H \cdot A^{\nu-1} \cdot \hat{\underline{x}}^{+}(k) \\ H \cdot A^{\nu} \cdot \hat{\underline{x}}^{+}(k) + H \cdot \hat{\underline{u}}(k/\tilde{\theta}) \\ H \cdot A^{\nu+1} \cdot \hat{\underline{x}}^{+}(k) + H \cdot A \cdot \hat{\underline{u}}(k/\tilde{\theta}) \\ \vdots \\ H \cdot A^{N} \cdot \hat{\underline{x}}^{+}(k) + H \cdot A^{N-\nu} \cdot \hat{\underline{u}}(k/\tilde{\theta}) \end{bmatrix} = \begin{bmatrix} H \cdot A \\ H \cdot A^{2} \\ \vdots \\ \vdots \\ H \cdot A^{N} \end{bmatrix} \cdot \hat{\underline{x}}^{+}(k) + \begin{bmatrix} 0 \\ 0 \\ \vdots \\ 0 \\ H \\ H \cdot A \\ \vdots \\ H \cdot A^{N-\nu} \end{bmatrix} \cdot \hat{\underline{u}}(k/\tilde{\theta}) \tag{22}$$

Die Berechnung für $\hat{\underline{u}}(k/\tilde{\theta})$ kann mit folgendem Algorithmus durchgeführt werden. Zuerst wird die Matrix $P_{ww}(k)$ der Dimension $(2N \times 2N)$ nach der Gleichung (15) berechnet:

$$P_{ww}(k) = \left\{ p_{ij} \right\} \text{ mit } i = 1,2N \text{ und } j = 1,2N \tag{23}$$

damit können die Elemente der Matrix $P_{ww}(k/\tilde{\theta})$ der Dimension $(N \times N)$ auf einfache Weise bestimmt werden:

$$P_{ww}(k/\tilde{\theta}) = \left\{ p_{ij} \right\} \text{ mit } i = \nu, N-1+\nu \text{ und } j = \nu, N-1+\nu \tag{24}$$

Die Schätzung lautet dann

$$L_{w}(k/\tilde{\theta}) = \text{SQRT}(P_{ww}(k/\tilde{\theta})) \tag{25}$$

$$\underline{Z}_{N}(k/\tilde{\theta}) = L_{w}^{-1}(k/\tilde{\theta}) \cdot [\underline{Z}(k-1+\nu) - A_{V} \cdot A^{\nu-1} \cdot \hat{\underline{x}}^{+}(k)] \tag{26}$$

$$H_{N}(k/\tilde{\theta}) = L_{w}^{-1}(k/\tilde{\theta}) \cdot H_{V}(k) \tag{27}$$

$$P_{\tilde{u}\tilde{u}}(k/\tilde{\theta}) = [H_{N}^{T}(k/\tilde{\theta}) \cdot H_{N}(k/\tilde{\theta})]^{-1} \tag{28}$$

$$\hat{\underline{u}}(k/\tilde{\theta}) = P_{\tilde{u}\tilde{u}}(k/\tilde{\theta}) \cdot H_{N}^{T}(k/\tilde{\theta}) \cdot \underline{Z}_{N}(k/\tilde{\theta}) \tag{29}$$

Wenn die Hypothese $\nu = 1$ die Lage eines Sprunges wäre, dann müßte das entsprechende Abweichungsmaß $\rho_{\tilde{\theta}}$ minimal gegenüber allen anderen $\rho_{\tilde{\theta}}$ mit $\nu = 2, 3, ..., M$ sein. In diesem Fall würde der Sprung als detektiert betrachtet. Im anderen Fall bedeutet dies, daß der Sprung noch nicht erreicht wäre, und ein false alarm angezeigt würde.

c) <u>Filtersynthese</u>

Wenn ein Sprung von dem Detektor zum Zeitpunkt k entdeckt wurde, dann wird die bedingte Prädiktion nach Gl.(1) berechnet:

$$\hat{\underline{x}}^-(k+1) = E\left\{\underline{x}(k+1)/\underline{Z}(k),\underline{u}(k)\right\} = A\cdot\hat{\underline{x}}^+(k)+\hat{\underline{u}}(k) \tag{30}$$

Bei der Verwendung des Sprungschätzwertes $\hat{\underline{u}}(k)$ zur Korrektur der Prädiktion muß die Auswirkung der Sprungschätzfehler auf das Standard Kalman–Filter berücksichtigt werden. Um diesen Effekt zu kompensieren, wird das Standard Kalman–Filter nach der Sprungkorrektur mit der Update–Prädiktionskovarianz mit $\hat{P}^-_{up}(k+1)$ neu initialisiert.

Die Update–Prädiktionskovarianz $\hat{P}^-_{up}(k+1)$ wird durch folgende Gleichung charakterisiert:

$$\hat{P}^-_{up}(k+1) = E\left\{[\underline{x}(k+1)-\hat{\underline{x}}^-(k+1)]\cdot[\underline{x}(k+1)-\hat{\underline{x}}^-(k+1)]^T/\underline{Z}(k),\underline{u}(k)\right\} \tag{31}$$

Mit
$$\underline{x}(k+1) - \hat{\underline{x}}^-(k+1) = A\cdot\hat{\underline{e}}^+(k)+G\cdot\underline{w}(k)+\tilde{\underline{u}}(k) \tag{32}$$

ergibt sich schließlich:
$$\hat{P}^-_{up}(k+1) = P_{\tilde{u}\tilde{u}} - \hat{P}^-(k+1) \tag{33}$$

d) <u>Simulationsergebnisse</u>

Zur Leistungsfähigkeitsanalyse des Kalman–Jump–Filters wurde eine 3D–Kontur, bestehend aus Kanten, Geraden und Knicken erzeugt (Bild 1). Dieser Kontur wurde als Meßfehler erwartungswertfreies, weißes Rauschen überlagert (Bild 2). Die so entstandenen Meßdaten wurden vom Kalman–Filter verarbeitet (Bild 3). In der vom Filter geschätzten Kontur (Bild 3) wurden mehr als 80% der Störleistung beseitigt, auch an den Kanten und Knickpunkten!

III. Kalman–Jump–Smoother

In vielen Anwendungsfällen, in denen die Gesamtheit der Meßdaten schon vorhanden ist, kann der 'Fixed Interval Smoother' für die Zustandsschätzung eingesetzt werden. Für eine off–line––Verarbeitung kann das Kalman–Jump–Filter mit einem Meditch– oder Fraser–Smoother kombiniert werden. Aufgrund der kürzeren Rechenzeit wird der Meditch–Smoother bevorzugt. Das Kalman–Jump–Filter wird für die Kontursegmentierung und als Vorwärtsfilter eingesetzt. Für die Datenglättung in einem Kontursegment S (Konturintervall) werden die Rückwärts–Smoothergleichungen verwendet:

$$\hat{\underline{x}}_S(k/S) = \hat{\underline{x}}^+(k) + M(k)\cdot[\hat{\underline{x}}_S(k+1/S) - A\cdot\hat{\underline{x}}^+(k)] \tag{34}$$

wobei:
$$M(k) = \hat{P}^+(k)\cdot A^T\cdot[\hat{P}^-(k+1)]^{-1} \tag{35}$$

An der Stelle k = S wird der Smootherschätzwert $\hat{\underline{x}}_S(S/S)$ mit dem Kalman–Jump–Filterschätzwert $\hat{\underline{x}}^+(S)$ initialisiert. Mit dem in Bild 2 dargestellten Meßwertfeld wurde auch der Kalman–Jump–Smoother getestet. Die vom Smoother rekonstruierte Kontur ist in Bild 4 dargestellt. Sie besteht aus der Kombination der Smootherschätzwerte in X– und in

Y–Richtung. Mehr als 95% (!) der Störleistung wurden unterdrückt,so daß die geschätzte Kontur kaum vom Original zu unterscheiden ist. Zusammenfassend kann damit festgestellt werden, daß sowohl Kalman–Jump–Filter als auch Kalman–Jump–Smoother für die 3D–Konturverarbeitung hervorragende Filterergebnisse liefern.

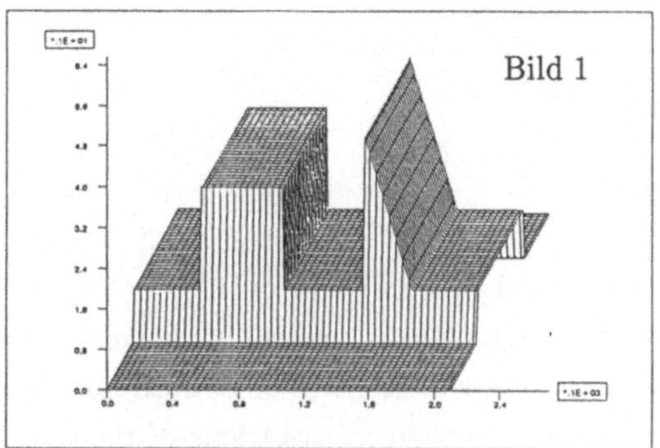

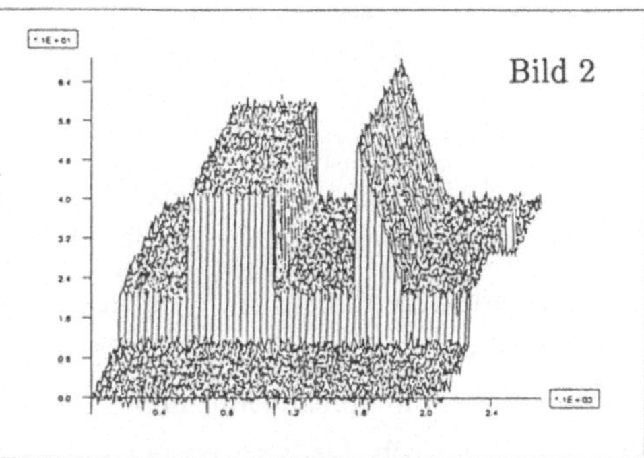

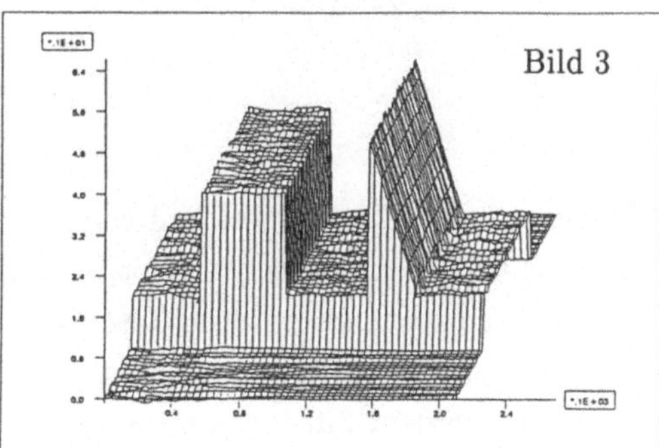

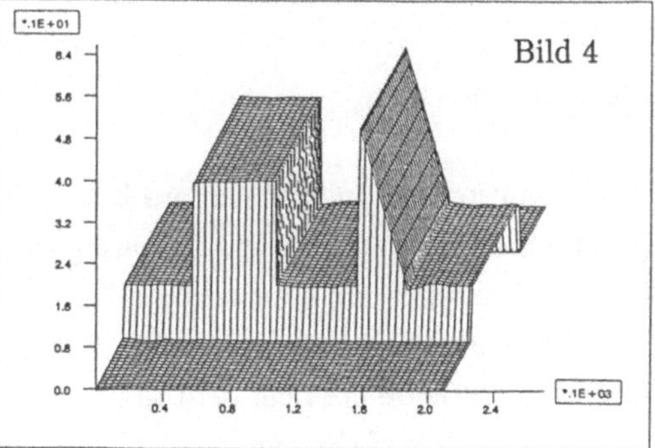

Danksagung

Der Autor dankt allen Kollegen für die fruchtbaren Diskussionen, insbesondere Herrn Priv.–Doz. Dr.–Ing. O. Loffeld, Herrn Dr.–Ing. K. Hartmann und Herrn Dipl.–Ing. B. Bundschuh. Herrn Prof. Dr.–Ing. R. Schwarte dankt er für die Unterstützung seiner Arbeit. Der Alfried Krupp von Bohlen und Halbach–Stiftung gebührt sein besonderer Dank für die Förderung dieser Arbeiten.

Literaturverzeichnis

1. Basseville M. and Benveniste A. "Detection of Abrupt Changes in Signals and Dynamical Systems" Lecture Notes in Control and Information Sciences, Springer–Verlag 1986
2. Loffeld O. "A new Swiched Kalman Filter for 3D–Contourmeasuring Problems with a Laser Diode Range Finder" 6. Aachener Symposium für Signaltheorie, Informatik–Fachberichte, 153, Springer–Verlag, 1987.

A LINEAR SHIFT VARIANT IMAGE RESTORING ALGORITHM
WITH SIGNAL ADAPTIVE SMOOTHING FUNCTION

Bernhard Bundschuh

Institut für Nachrichtenverarbeitung, Universität–GH–Siegen

Hölderlinstraße 3, D–5900 Siegen

Abstract

This paper presents a linear shift variant image restoring algorithm which overcomes the limitations posed by the assumption of stationarity of the statistical parameters of the signal to be restored inherent in linear shift invariant methods. It uses an adaptive smoothing function which simultaneously leads to proper noise suppression in homogeneous regions of the signal as well as to sharpening of edges and jumps.

I. Introduction

The restoration of signals which are blurred by a linear shift invariant system and corrupted by noise is an ill posed problem. If the signal and the noise are not statistically stationary as is the case if contours are scanned by a laser radar /1/ even the optimum restoring filter introduced by Helstrom /2/ which is based on the knowledge of the autocorrelation functions of the signal and the noise does not lead to good restorations. Shift variant filters can be adapted to the local statistics of the signals in question and therefore should give better results.

II. Theoretical Derivation

In a simplified one–dimensional diagram Fig. 1 shows an optical sensor head which is part of a laser radar scanning a contour. The measurement is modeled as a cross–correlation of the aperture $h(m,n)$ $(m_1 \leq m \leq m_2, n_1 \leq n \leq n_2)$ and the contour signal $s(i,j)$ $(-\infty < i < +\infty, -\infty < j < +\infty)$ /3/. The measured signal $g(k',l')$ according to eq. 1 is corrupted by white noise $\epsilon(k',l')$. To simplify the notation we use $k = k_1 + (k'-1)\Delta k, l = l_1 + (l'-1)\Delta l$.

$$g(k',l') = \sum_i \sum_j s(i,j)h(i-k,j-l) + \epsilon(k',l') \tag{1}$$

There are $K' \cdot L'$ measurement points with step size Δk in x–direction and Δl in y–direction. The sensor coordinates range from k_1,l_1 to k_2,l_2 with $k_2 = k_1 + (K'-1)\Delta k, l_2 = l_1 + (L'-1)\Delta l$. The signal as well as the aperture is discretized with step size 1 in both directions.

To overcome the resolution limitation caused by the low pass characteristic of the aperture it is desirable to restore the original signal $s(i,j)$ from the measured data. The restoration

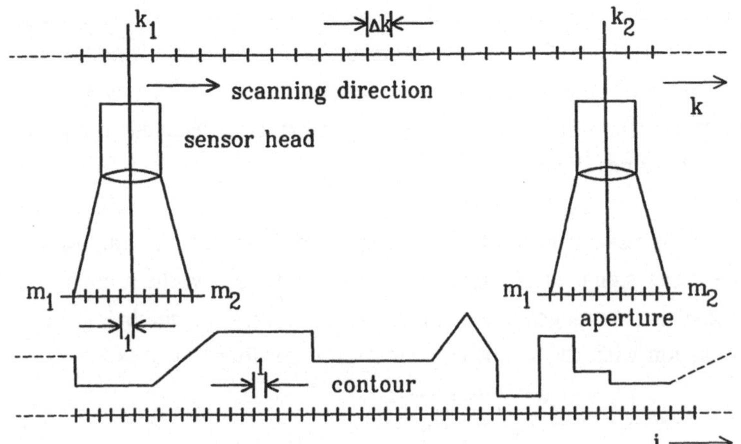

<u>Fig. 1:</u>   Scanning of a one–dimensional contour

problem is posed as the constrained minimization of the smoothing function $F_{\hat{s}}$. The constraint ensures that the power of the estimated noise resulting from the estimated signal equals the power P_ϵ of the measurement noise which can be estimated from the measured data or is known a priori in many cases.

Using λ as a Lagrangian multiplier and $\hat{s}$ for the estimated signal the error to be minimized is:

$$E = \sum_i \sum_j w(i,j) F_{\hat{s}}(i,j) + \lambda \left[\sum_{k'} \sum_{l'} \left[g(k',l') - \sum_i \sum_j \hat{s}(i,j) h(i{-}k,j{-}l) \right]^2 - P_\epsilon \right] \tag{2}$$

The weighting function $w(i,j)$ adapts the degree of smoothing to the local statistics of the signal to be restored. To minimize E the partial derivatives of the error with respect to the signal to be determined are set to zero.

$$\frac{\partial E}{\partial \lambda} = 0 \quad \Rightarrow \quad \sum_{k'} \sum_{l'} \left[g(k',l') - \sum_i \sum_j \hat{s}(i,j) h(i{-}k,j{-}l) \right]^2 = P_\epsilon \tag{3a}$$

$$\frac{\partial E}{\partial \hat{s}(p,q)} = 0 \quad \Rightarrow \quad \sum_{k'} \sum_{l'} g(k',l') h(p{-}k,q{-}l)$$

$$= \sum_i \sum_j \hat{s}(i,j) \sum_{k'} \sum_{l'} h(i{-}k,j{-}l) h(p{-}k,q{-}l) + \sum_i \sum_j \frac{w(i,j)}{\lambda} \frac{\partial F_{\hat{s}}(i,j)}{\partial \hat{s}(p,q)} \tag{3b}$$

Eq. 3b defines a system of equations which has to be solved to estimate the unknown signal. If $s(i,j)$ is modeled as a collection of blocks the modulus of its spectrum is proportional to $1/f_X$ and $1/f_Y$ in x– and y–direction respectively. These are the Fourier transforms of the first derivatives in both directions. Therefore in the discrete case we use the smoothing function:

$$F_{\hat{s}}(i,j) = \left[\hat{s}(i,j){-}\hat{s}(i,j{-}1) \right]^2 + \left[\hat{s}(i,j){-}\hat{s}(i{-}1,j) \right]^2 \tag{4a}$$

If $s(i,j)$ is modeled as a collection of pyramids the modulus of its spectrum is proportional to $1/f_X^2$ and $1/f_Y^2$ in x– and y–direction respectively. These are the Fourier transforms of the second derivatives in both directions. In this case we use the smoothing function:

$$F_{\hat{s}}(i,j) = \left[\hat{s}(i,j{-}1){-}2\hat{s}(i,j){+}\hat{s}(i,j{+}1) \right]^2 + \left[\hat{s}(i{-}1,j){-}2\hat{s}(i,j){+}\hat{s}(i{+}1,j) \right]^2 \tag{4b}$$

These are just two examples of a wide variety of possible smoothing functions. The accuracy of the model can be influenced by rotations of the above mentioned blocks or pyramids or by local variations of the statistics of s(i,j). The selection of the smoothing function is not critical. Further on we use the function according to eq. 4a. If this function is inserted in eq. 3b the resulting system of equations becomes linear.

In order to achieve good noise suppression without degrading discontinuities the smoothing must be strong in regions where the signal is homogeneous (flats, ramps), while it must be modest in regions where the signal is inhomogeneous (jumps, edges, peaks). A weighting function which works well in combination with the smoothing function according to eq. 4a is:

$$w(i,j) = \overline{\Delta s^2}_{tot} / \overline{\Delta s^2(i,j)} \tag{5a}$$

The system of equations that determines the restored signal is solved iteratively by means of the well known Gauss–Seidel method. If we assume that during the iteration the estimated signal more and more approximates the original signal s(i,j) which is not known a priori we use the result $\hat{s}_\mu(i,j)$ of μ–th step of the iteration as an estimate of the original signal

$$\overline{\Delta s^2}_{tot} = \frac{1}{N}\sum_i\sum_j\left[\left[\hat{s}_\mu(i,j)-\hat{s}_\mu(i,j-1)\right]^2+\left[\hat{s}_\mu(i,j)-\hat{s}_\mu(i-1,j)\right]^2\right] \tag{5b}$$

where $N = I(J-1) + J(I-1)$. $I\cdot J$ is the number of points which are to be restored. $\overline{\Delta s^2}_{tot}$ is the mean of the squared first order differences of the complete signal to be restored.

$$\overline{\Delta s^2(i,j)} = \frac{1}{N'}\sum_{i'}\sum_{j'}\left[\left[\hat{s}_\mu(i+i',j+j')-\hat{s}_\mu(i+i',j+j'-1)\right]^2+\left[\hat{s}_\mu(i+i',j+j')-\hat{s}_\mu(i+i'-1,j+j')\right]^2\right] \tag{5c}$$

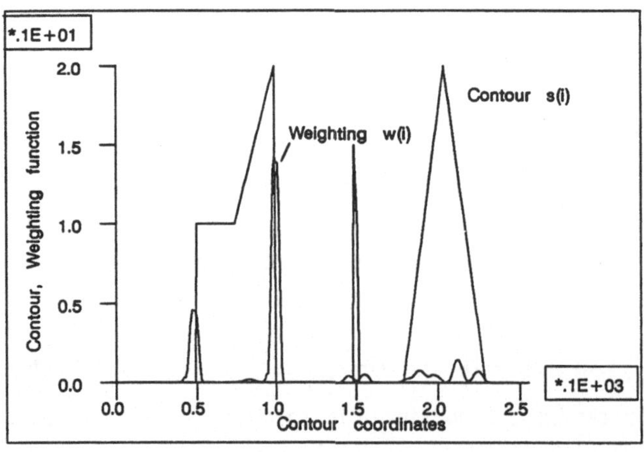

This is the mean of the squared first order differences inside a rectangular window of size $(2I'+1)\cdot(2J'+1)$ around the point i,j with $N' = 2I'(2J'+1) + 2J'(2I'+1)$. Fig. 2 shows the 1D–signal s(i) and the estimated function 1/w(i). The detection of signal jumps works well but peaks can cause problems. Mostly however the errors resulting from this effect can be tolerated.

<u>Fig. 2:</u>   Contour signal with reciprocal weighting function

If a smoothing function according to eq. 3b is used the first order differences have to be replaced by second order ones. Of course many other weighting functions are possible which may be derived from the local autocorrelation, from the local spectrum of the estimated signal or from the local residual variance after having removed polynomial trend.

III. Features

If Δk and Δl are larger than 1 the algorithm performs an interpolation which is not possible with frequency domain methods. Measurement time can thus be saved because there are fewer

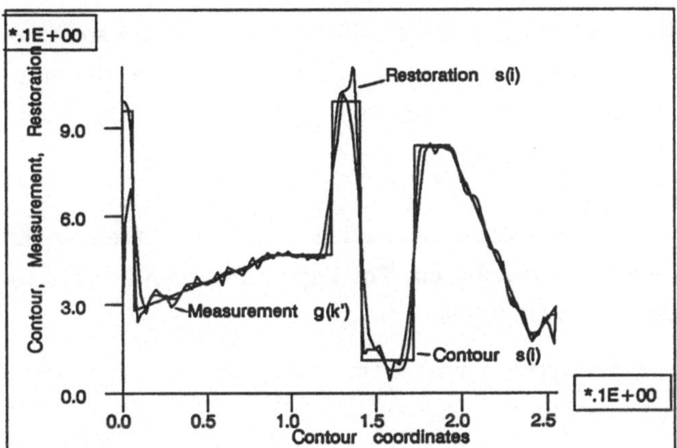

measurement points than contour points. When the signal to be restored is strongly inhomogeneous the loss of information may cause problems. To demonstrate the feasibility of the interpolation Fig. 3 shows a simulated one–dimensional signal together with the restoration and the measured data for $\Delta k = 3$. The noise suppression as well as the sharpening of edges is evident.

Fig. 3: Restoration including interpolation

Also extrapolation is possible which is not the case with frequency domain algorithms. In Fig. 1 three classes of data points can be distinguished: 1. points inside the central region ($k_1+m_2 \leq i \leq k_2+m_1 \wedge l_1+n_2 \leq j \leq l_2+n_1$). When scanned they are covered by the complete aperture and no extrapolation is required. 2. points that are not covered by the aperture at all ($i < k_1+m_1 \vee i > k_2+m_2 \vee j < l_1+n_1 \vee j > l_2+n_2$). We don't have any information about them, so they cannot be extrapolated. 3. The points in the intermediate region are covered partially by the aperture and some degree of extrapolation is possible which enables the restoration of fractions of the contour. Often only parts of this signal are of interest and a lot of computer time can thus be saved. If partial restoration is desired the region of restoration should always include the intermediate region. If it does not, the data from this region cause deterministic errors which can lead to excessive oscillations at the boundaries of the region of restoration.

Measurement noise and modeling errors cause inconsistencies between the measured data and the system model. If shift invariant restoration methods are used these inconsistencies cause oscillations which propagate through the entire signal. In the present case the strong smoothing of the homogeneous parts of the signal dampens these oscillations.

IV. Results of Simulation

By means of simulation /3/ it was found that $\lambda = 20 \cdot \Delta k \cdot \Delta l/SNR$ yields good restorations. If SNR is not known a priori it can be estimated from the measured data e.g. in the frequency domain /3/. However the constant set to 20 here is not a critical parameter.

The window mentioned in eq. 5c may vary from 3×3 to 7×7 points in the two–dimensional case and from 5 to 15 points in the one–dimensional case depending on the extend of the aperture. However in both cases the size is not critical. Here 3×3 and 7 is used respectively.

First the optimum shift invariant restoring filter /2/ and the shift variant algorithm are compared in the one–dimensional case. Fig. 4 shows the original signal, the aperture, the measured data and the restorations. The superior performance of the shift variant algorithm is obvious. It shows less ripple and better sharpening of edges.

The second simulation demonstrates a two–dimensional application. Fig. 5 shows the original signal, the aperture, the measured data and the restoration. The improvement with regard to noise suppression and sharpening of edges is clearly visible.

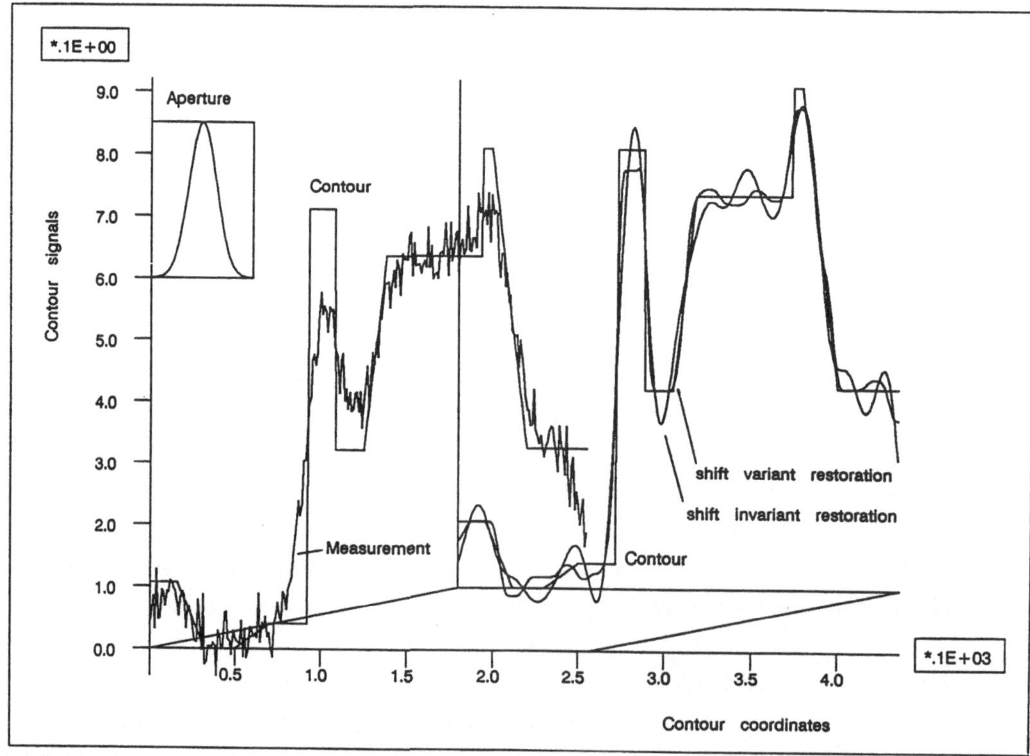

Fig. 4:   Restorations of a one–dimensional signal

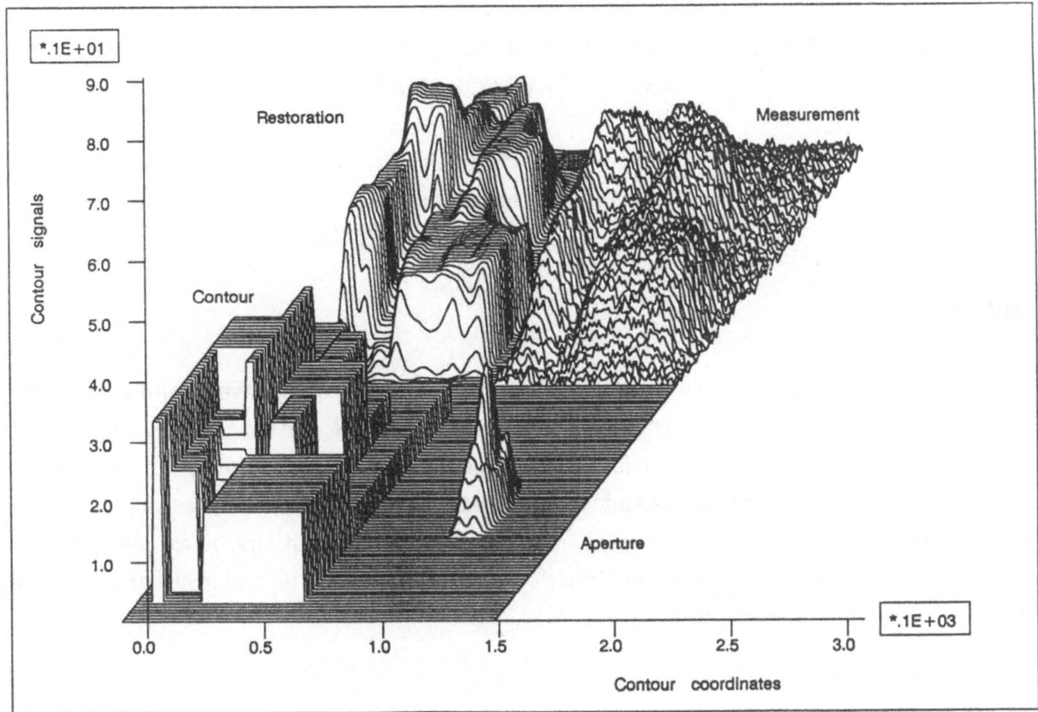

V. Conclusions

The restoration method shows good noise suppression as well as extrapolation and interpolation capabilities while avoiding degradation of discontinuities. It can do partial restoration and is insensitive to noise and modeling errors. Only crude a priori information is required. It is applicable to many inverse problems e.g. pure noise suppression or computer tomography.

Acknowledgement

The author would like to thank his colleagues for all the valuable discussions. Finally I should like to thank Prof. R. Schwarte for the support of and his interest in my work.

References

/1/ R. Schwarte: 'A New Concept for a Precise and Versatile Laser Range Finder and Optical Radar', Conference Proceedings Laser 85, München, 1985
/2/ C.W. Helstrom: 'Image Restoration by the Method of Least Squares', Journal of the Optical Society of America, Vol. 57, No. 3, 1967
/3/ B. Bundschuh: 'Modellierung und systemtheoretische Beschreibung eines laseroptischen 3D–Konturerfassungssystems', Dissertation an der Universität–GH–Siegen, Institut für Nachrichtenverarbeitung, in Vorbereitung

FIXED INTERVAL KALMAN SMOOTHERS FOR THE DOPPLER CENTROID ESTIMATION FOR X–SAR

Otmar Loffeld, Ferdinand Klaus

Institut für Nachrichtenverarbeitung

Universität–GH–Siegen, Siegen (FRG)

ABSTRACT

The paper discusses the application of two different types of fixed interval Kalman smoothers to the problem of the Doppler centroid estimation for X–SAR. Although being theoretically completely equivalent, the different formulations of the smoothers will be shown to encounter different implementation problems and, if not implemented carefully, show considerable differences regarding the estimation accuracy. The fixed interval smoothers being considered are the fixed interval smoother based on Fraser's twofilter approach and the backward correcting smoother–filter due to Meditch.

I INTRODUCTION

For many technical applications the optimal processing of measurement data which have been corrupted by some sort of noise may be carried out off–line. As an example the off–line–estimation of the Doppler centroid frequency for X–SAR applications will be considered in this paper. In such cases, however, processing algorithms which only use the past of a measurement history to improve the estimate of an actual state or variable of interest do not prove to achieve the best possible estimation accuracy, since not only the past but also the future measurements of a variable or state of interest can be utilized to generate an optimal estimate. In this paper two different types of fixed interval Kalman smoothers will be discussed and compared.

II STATE SPACE FORMULATION OF THE PROBLEM

The problem's state space model is described by:

$$\underline{x}(k+1) = A(k)\cdot \underline{x}(k) + \underline{w}(k) \tag{1}$$

$$\underline{y}(k) = C(k)\cdot \underline{x}(k) + \underline{v}(k) \tag{2}$$

where $\underline{x}(k)$ is the system state vector at time t_k, $A(k)$ the state transition matrix, $\underline{w}(k)$ the white Gaussian zero mean driving noise with covariance $Q(k)$. $\underline{y}(k)$ represents the observed noisy data, being corrupted by the measurement noise $\underline{v}(k)$, which is also zero mean white Gaussian noise with covariance $R(k)$. $C(k)$ is the observation matrix. In the following text $\underline{Y}(N)^T = [\underline{y}(1)^T,...,\underline{y}(N)^T]$ will be the augmented observation vector consisting of all measurements occurring in one fixed time interval. Furthermore we have the usual assumptions on $\underline{x}(0)$, $\underline{w}(k)$, and $\underline{v}(k)$: Gaussian and independent of each other, initial conditions with mean $\hat{\underline{x}}_0$ and covariance P_0.

III FIXED INTERVAL KALMAN SMOOTHERS

The optimal smoothed estimate for a fixed interval of length N is the conditional expectation of the state conditioned on all available measurements during the fixed interval of observation and thus given by: $\hat{\underline{x}}_s(k)=E\{\underline{x}(k)/\underline{Y}(N)=\underline{Y}_N\}$ \hfill (3)

a) One filter approach

The innovations sequence is known /6/ to be white zero mean Gaussian noise with covariance $[C(k)P^-(k)C(k)^T+R(k)]$, which can be generated from the measurements by a Kalman filter.
$P^-(k)=E\{[\underline{x}(k)-E\{\underline{x}(k)/\underline{Y}(k-1)=\underline{Y}_{k-1}\}]\cdot[\underline{x}(k)-E\{\underline{x}(k)/\underline{Y}(k-1)=\underline{Y}_{k-1}\}]^T/\underline{Y}(k-1)=\underline{Y}_{k-1}\}$ is the prediction error covariance of the Kalman filter. The innovations sequence contains exactly the same information as the measurement data. Thus we have from equ. 3:

$$\hat{\underline{x}}_s(k)=E\{\underline{x}(k)/\underline{Y}(N)=\underline{Y}_N\}=E\{\underline{x}(k)/\tilde{\underline{Y}}(N)=\tilde{\underline{Y}}_N\}=\sum_{i=0}^{N}E\{\underline{x}(k)/\tilde{\underline{Y}}(i)\}-N\cdot E\{\underline{x}(k)\}$$ \hfill (4)

where the last equality is due to the innovations sequence's orthogonality. Different disintegration of the sum reveals:

$$\hat{\underline{x}}_s(k)=\hat{\underline{x}}^-(k)+\sum_{i=k}^{N}E\{\underline{x}(k)/\tilde{\underline{Y}}(i)\}-(N-k+1)\cdot E\{\underline{x}(k)\}=\hat{\underline{x}}^+(k)+\sum_{i=k+1}^{N}E\{\underline{x}(k)/\tilde{\underline{Y}}(i)\}-(N-k)\cdot E\{\underline{x}(k)\}$$ \hfill (5)

Reindexing the equation yields:

$$\hat{\underline{x}}_s(k-1)=\hat{\underline{x}}^+(k-1)+\sum_{i=k}^{N}E\{\underline{x}(k-1)/\tilde{\underline{Y}}(i)\}-(N-k+1)\cdot E\{\underline{x}(k-1)\}$$ \hfill (6)

with $\hat{\underline{x}}^-(k)$, $\hat{\underline{x}}^+(k)$ being prediction and normal Kalman filter estimate. Skilfully combining /8/ the above equations yields a recursive formulation of the smoother's estimate:

$$\hat{\underline{x}}_s(k-1)=\hat{\underline{x}}^+(k-1)+K_w(k-1)\cdot[\hat{\underline{x}}_s(k)-\hat{\underline{x}}^-(k)]$$ \hfill (7)

where: \hfill $K_w(k-1)=P^+(k-1)\cdot A(k)^T\cdot P^-(k)^{-1}$ \hfill (8)

The error committed by the smoother is: $\underline{e}_s(k-1)=\underline{x}(k-1)-\hat{\underline{x}}_s(k-1)$. Inserting equ. 7 gives:

$$\underline{e}_s(k-1)+K_w(k-1)\cdot\hat{\underline{x}}_s(k)=\underline{e}^+(k-1)+K_w(k-1)\cdot\hat{\underline{x}}^-(k)$$ \hfill (9)

Both sides are taken to calculate the covariance, which leads to a recursive equation for the smoother's error covariance:

$$P_s(k-1)=P^+(k-1)+K_w(k-1)\cdot[P_s(k)-P^-(k)]\cdot K_w(k-1)^T$$ \hfill (10)

The algorithm processes the Kalman filter's estimates backward in time, starting with the initial values: $\hat{\underline{x}}_s(N) = E\{\underline{x}(N)/\underline{Y}(N)\} = \hat{\underline{x}}^+(N)$ and $P_s(N) = P^+(N)$.

b) Two filter approach

Fraser /9/ first showed the possibility of formulating the fixed–interval smoother as an optimal combination of two optimal filters. One of these is the conventional Kalman filter and the other one is propagated backward in time. The only difference between the two filters is, that the backward filter has to be initialized without a priori knowledge, which means $P_b^-(N)^{-1} = 0$. Corresponding to the backward movement, the backward filter uses an adjusted state space model:

$$\underline{x}_b(k) = A_b(k{+}1) \cdot \underline{x}_b(k{+}1) + \underline{w}_b(k{+}1) \tag{11}$$

and
$$\underline{y}_b(k) = C(k) \cdot \underline{x}_b(k) + \underline{v}(k) \tag{12}$$

where:
$$A_b(k{+}1) = A^{-1}(k), \quad \underline{w}_b(k{+}1) = -A^{-1}(k) \cdot \underline{w}(k) \tag{13}$$

The algorithm can be derived via considering the conditional density function, which can be reformulated with Bayes' formula to obtain:

$$f_{\underline{x}(k)/\underline{Y}(N)}(\xi_k/\underline{Y}_N) = \frac{1}{C} \cdot f_{\underline{x}(k)/\underline{Y}(k)}(\xi_k/\underline{Y}_k) \cdot \frac{f_{\underline{x}(k)/\underline{y}(N),\dots,\underline{y}(k+1)}(\xi_k/\underline{y}_N,\dots,\underline{y}_{k+1})}{f_{\underline{x}(k)}(\xi_k)} \tag{14}$$

By evaluating the second part of the right side of this equation and comparing the arising conditional expectation $E\{\underline{x}(k)/\underline{y}(N),\dots,\underline{y}(k{+}1)\}$ with the corresponding WLS–estimate, we get the first and second order moment of the smoother's Gaussian distribution density function:

$$\hat{\underline{x}}_s(k) = P_s(k) \cdot [P^+(k)^{-1} \cdot \hat{\underline{x}}^+(k) + P_b^-(k)^{-1} \cdot \hat{\underline{x}}_b^-(k)] \tag{15}$$

with
$$P_s(k) = [P^+(k)^{-1} + P_b^-(k)^{-1}]^{-1} \tag{16}$$

and the above mentioned boundary condition. Although both algorithms appear quite different, a straightforward evaluation of the equations shows their theoretical equivalence.

IV APPLICATION

The smoothers designed above were applied to estimate the time varying Doppler centroid frequency for an X–SAR application. Synthetic aperture radar image processing (SAR image processing) consists of a two dimensional matched filter operation applied to linear frequency modulated chirps. During the azimuth compression the range compressed data is correlated with a replica of the azimuth chirp which is completely determined by two processing parameters: The Doppler centroid frequency f_{Dc} and the Doppler FM rate K_{az}. For a detailed description of SAR processing principles see ref. /1–3/. Now due to time varying attitude errors of the SAR carrier platform (the German/Italian X–SAR experiment using X–band microwaves will be operated from the American space shuttle which can exhibit time attitude errors about all three axis of the order of $0.03^{\circ}/s$) the Doppler centroid to be estimated from the measurement data will also be time varying. It is shown in /4,5/ that a sufficiently exact model for the Doppler centroid frequency is given by:

$$\underline{x}(k+1) = \begin{bmatrix} 1 & 1 \\ 0 & 1 \end{bmatrix} \cdot \underline{x}(k) + \underline{w}(k) \text{ where: } E\{\underline{w}(k)\}=\underline{0} \text{ and } E\{\underline{w}(k)\cdot \underline{w}(j)^T\}=\begin{bmatrix} 0 & 0 \\ 0 & q(k) \end{bmatrix} \cdot \delta(k,j) \quad (17)$$

$x_1(k)=f_{Dc}(k)$ is the time varying Doppler centroid, $x_2(k)$ its corresponding normalized derivative. In /4,5/ it is shown that a suitable estimate of the Doppler centroid may be obtained

by:
$$\hat{f}_{Dc}(k)=1/(2\pi T)\cdot \arg\{\hat{\varphi}_{ss}(k,k+1)\} \quad (18)$$

Equ. 18 defines the so–called correlation Doppler estimator 'CDE', $\hat{\varphi}_{ss}(k,k+1)$ is the estimate of the range compressed data correlation kernel $\varphi_{ss}(k,k+1)$ in azimuth direction, given by:

$$\hat{\varphi}_{ss}(k,k+1) = \frac{1}{M}\sum_{j=1}^{M} s(k,j)^* \cdot s(k+1,j)\cdot [|\, s(k,j)\cdot s(k+1,j)|\,]^{-1} \quad (19)$$

where the index j indicates averaging over the complex one point correlation of range compressed data s(k,j) at the azimuth point k for different range gates which are indexed by j. Since the argument function in equ. 18 only yields values between $\pm\pi$, the unambiguous Doppler frequency range is: $\hat{f}_{Dc}(k) \in (-1/(2T), 1/(2T)]$, where T=1/prf is the sampling time. The interval $(-1/(2T), 1/(2T)]$ (for a prf = 1502 Hz → $(-751$ Hz, 751Hz]) is called the principal prf–interval, and all Doppler centroid frequencies – no matter how large they really are – will be mapped into this interval. This will be called the 'wrap around effect'. Thus the Kalman smoother will not only have to improve the Doppler centroid estimates computed from equation 19, but also have to resolve the 'wrap around effect', as the Doppler centroid migrates through the intervals. Introducing the observation model ends up the preparation phase:

$$y(k) = \hat{f}_{Dc}(k) = [1,0]\cdot \begin{bmatrix} x_1(k) \\ x_2(k) \end{bmatrix} + v(k) \quad (20)$$

The measurement error covariance R(k) is identical with the error covariance of the 'raw' Doppler centroid estimates from equ. 18 and can be determined using the analysis given in /3,4/. The appropriate Kalman filter for processing the measurement data from equ. 20 is readily designed /5/:

$$\hat{\underline{x}}_{k+1}^- = A\cdot \hat{\underline{x}}_k^+ \quad (21a)$$

$$P^-(k+1) = A\cdot P^+(k)\cdot A^T + Q(k) \quad (21b)$$

$$K(k+1) = P^-(k+1)C^T\cdot [C\cdot P^-(k+1)\cdot C^T+R(k)]^{-1} \quad (21c)$$

$$r_{k+1} = y_{k+1} - C\cdot \hat{\underline{x}}_{k+1}^- \quad (21d)$$

$$\text{If}(r_{k+1}>0) \text{ then } \text{Do while } (|\,r_{k+1}| > \text{prf}/2)$$

$$r_{k+1} = r_{k+1} - \text{prf}$$

$$\text{End do}$$

$$\text{Else if}(r_{k+1}<0) \text{ then Do while } (|\,r_{k+1}| > \text{prf}/2)$$

$$r_{k+1} = r_{k+1} + \text{prf}$$

$$\text{End do}$$

$$\text{End if} \tag{21e}$$

$$\hat{\underline{x}}^{+}_{k+1} = \hat{\underline{x}}^{-}_{k+1} + K(k+1)\cdot r_{k+1} \tag{21f}$$

$$P^{+}(k+1) = P^{-}(k+1) - K(k+1)\cdot C\cdot P^{-}(k+1) \tag{21g}$$

Equation 21e implements the dewrapping cycle as shown in /5/.

Checking reasonableness of measurement data

Since its stochastic parameters are known, the innovations sequence can also be used to perform a test of reasonableness, either by rigidly comparing its covariance with some standard deviation limit, where the multiple of the standard deviation is the only adaptable parameter or by executing a more refined hypothesis test with likelihood functions, where there are at least two adjustable parameters. For details, see /8/.

Adjusting smoothing formulas

The need to cope with rounding effects during operation because of inversions leads to the demand of minimizing the number of these. The minimal number of inversions to be carried out is one. For the Meditch–Smoother there is apparently one inversion and so we can concentrate on the Fraser–algorithm: If both filters are implemented symmetrically in the conventional standard formulation, there is one inversion according to the adjusted formulas:

$$\hat{\underline{x}}_{s}(k) = \left[I-P^{+}(k)\cdot[P^{+}(k)+P^{-}_{b}(k)]^{-1}\right]\cdot\hat{\underline{x}}^{+}(k) + \left[I-P^{-}_{b}(k)\cdot[P^{+}(k)+P^{-}_{b}(k)]^{-1}\right]\cdot\hat{\underline{x}}^{-}_{b}(k) \tag{22}$$

$$P_{s}(k) = P^{+}(k)-P^{+}(k)\cdot[P^{+}(k)+P^{-}_{b}(k)]^{-1}\cdot P^{+}(k) = P^{-}_{b}(k)-P^{-}_{b}(k)\cdot[P^{+}(k)+P^{-}_{b}(k)]\cdot P^{-}_{b}(k) \tag{23}$$

but there is a little problem in initializing the backward filter. Choosing appropriately large eigenvalues for $P^{-}_{b}(N)$ instead of using the theoretical $P^{-}_{b}(N)^{-1}=0$ performs sufficiently. An inverse covariance formulation needs some thought, because the Q–Matrix cannot be inverted here. So we reformulate the prediction error covariance, the estimate's error covariance and the backward Kalman filtergain as follows:

$$P^{-}_{b}(k)^{-1} = A(k)^{T}P^{+}_{b}(k+1)^{-1}\cdot\left[I - [I+Q(k)\cdot P^{+}_{b}(k+1)^{-1}]^{-1}\cdot Q(k)\cdot P^{+}_{b}(k+1)^{-1}\right]\cdot A(k) \tag{24}$$

$$P^{+}_{b}(k)^{-1} = P^{-}_{b}(k)^{-1}+C(k)^{T}\cdot R(k)^{-1}\cdot C(k) \tag{25}$$

$$K_{b}(k) = [P^{-}_{b}(k)^{-1}+C(k)^{T}\cdot R(k)^{-1}\cdot C(k)]^{-1}\cdot C(k)^{T}\cdot R(k)^{-1} \tag{26}$$

If the forward filter is implemented conventionally, the filters work asymmetrically and we need three inversions. The boundary conditions cannot be fulfilled without approximation. A third possibility is to create a transformed state space vector. In this case the backward covariance cycle operates in inverse covariance formulation and the state space vector is multiplied with the inverse covariance matrix to form:

$$\underline{z}^{+}_{b}(k) = P^{+}_{b}(k)^{-1}\cdot\hat{\underline{x}}^{+}_{b}(k) = \underline{z}^{-}_{b}(k) + C(k)^{T}\cdot R(k)^{-1}\cdot \underline{y}(k) \tag{27}$$

$$\underline{z}^{-}_{b}(k) = P^{-}_{b}(k)^{-1}\cdot\hat{\underline{x}}^{-}_{b}(k) = A(k)^{T}\cdot [I + P^{+}_{b}(k+1)^{-1}\cdot Q(k)]^{-1}\cdot \underline{z}^{+}_{b}(k+1) \tag{28}$$

Inserting this in the smoother algorithm yields three necessary inversions and discloses a problem arising in calculating the residual. The invertibility of the inverse error covariance which is a necessary condition for computing the residual, cannot be guaranteed, especially at the end of the interval. Applying the smoothing formulas to simulated SAR–data reveals, that the Meditch–Smoother works properly in all situations, but that, in those cases where the Fraser–Smoother works, what is the common case for serious data, its performance is slightly more refined at the cost of nearly doubled CPU–time. Forward– and backward filter should be implemented symmetrically.

V FILTER TEST

The Doppler centroid estimator consisting of CDE and Kalman smoother was tested with simulated range compressed SAR data from a homogeneous scene and non–stationary measuring platform. The figures show the nominal Doppler centroid varying between 720 and 780 Hz within a time interval of 0.6 s, the raw CD–estimates and the Kalman smoothers estimates.

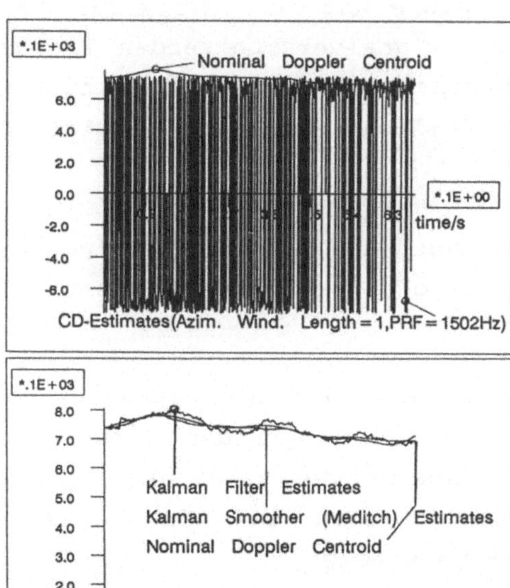

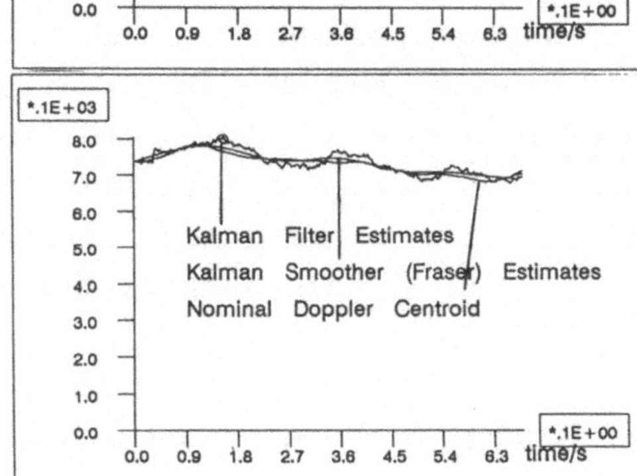

VI ACKNOWLEDGEMENT

The authors would like to thank Prof. R. Schwarte for the support of this paper and H. Runge and R.Bamler from the DLR for the good cooperation.

VII REFERENCES

1 Hovanessian, S.A., Introduction to Synthetic Array and Imaging Radars, Artech House, Dedham., 1980

2 Mac Donough, R., Raff, B., Kerr, J.,"Image formation from Spaceborne SAR", John Hopkins APL Techn. Dig.,Vol.6/4,pp 300–312

3 Madsen, S.N., "Speckle Theory, Modeling, Analysis, and Applications related to SAR Data", Phd. thesis, Electromagn. Inst. of the Techn. Univ. of Denmark, Koppenhagen, 1986

4 Loffeld, O., "Improving the Accuracy of the Doppler Centroid Estimation; Part I — III, DLR contract report, No. 5–565–4395, 1989

5 Loffeld, O., "Doppler Centroid Estimation with Kalman Filters", Proc. Intern. Geosc. and Rem. Sens. Symp., IGARSS'90, Washington., May, 1990

6 Loffeld, O., Estimationstheorie I, II, Oldenbourg Verlag, München, June, 1990

7 Maybeck, P.S, Stochastic Models, Estimation, and Control Vol. I, II, Acad. Press, N.Y., 1979

8 Klaus, F., 'Entwicklung, Adaption und Analyse von Fixed Interval Kalman Smoothern für die Doppler Centroidestimation beim SAR', Diplomarb. am INV der Univ. Siegen, 1990.

9 Fraser, D.C., "A New Technique for the Optimal Smoothing of Data", Ph.D. thesis, MIT, Cambridge, Massach., 1967

KONZEPT FÜR EIN DISKRETES OPTOELEKTRONISCHES REKURSIVES
BREITBANDFILTER 2. ORDNUNG

Peter Laws
Mervat Mosa

Fachgebiet Nachrichtentechnik
Universität Duisburg, Duisburg (Deutschland)

1. Einleitung

Die Entwicklung von integrierten Halbleiter-Lichtquellen (LEDs, Laserdioden), Halbleiter-Lichtschaltelementen (z.B. optisch bistabile SEED-Elemente), Halbleiter-Photodioden und Arrays dieser Bauelemente innerhalb der letzten zehn Jahre hat auch zur einer Weiterentwicklung von optoelektronischen signalverarbeitenden Prozessoren geführt, bei denen der Datentransport, die Datenverknüpfung und die Datenspeicherung mit Hilfe räumlich paralleler Lichtstrahlen geschieht (Übersichten z.B. in [1-4]).

Je konsequenter dieser Parallelismus des Lichtes bei derartigen hybriden Prozessoren ausgenutzt wird, umso größer ist ihre Verarbeitungsgeschwindigkeit.

Eine massive Ausnutzung des Parallelismus der Lichtstrahlen bei gleichzeitiger Verkleinerung der Abmaße der hybriden Prozessoren ist dann möglich, wenn bereits die Erzeugung der benötigten parallelen und ausreichend intensiven Lichtstrahlen z.B. durch zweidimensionale LED- oder Laserdioden-Arrays erfolgt.

In den letzten drei Jahren ist es nun gelungen, auf der Basis der Materialsysteme GaInAs und AlGaAs einzelne Laserdioden und auch zweidimensionale Laserdioden-Arrays herzustellen, die bei kleinen Schwellenströmen (2 mA) und kleinen aktiven Flächen (5μm x 5μm) sowie bei hohen Modulationsbandbreiten (ca. 1 GHz) der einzelnen Laserdiode die erzeugte Strahlungsleistung (20 μW bei Emissionswellenlänge λ = 983 nm) vertikal, d.h. in Bezug auf die Substratfläche in Normalenrichtung emittieren [5].

Damit stehen neue Bauelemente zur Verfügung, die die Neuentwicklung oder die Verbesserung optoelektronischer, schnell verarbeitender arithmetisch-logischer Einheiten oder Filter ermöglichen.

2. Der optoelektronische Konstanten-Produktbetrag-Schalter CPMS

Die digital-elektronische Schaltungsrealisierung eines diskreten rekursiven Filters 2. Ordnung (siehe Bild 1), das zur unmittelbaren Filterung eines Breitbandsignals der Grenzfrequenz f_g mit Taktfrequenzen $f_a > 2f_g$ betrieben werden muß, setzt voraus, daß unter anderem alle Multiplikationen und Akkumulationen innerhalb der Zeit $T_a = 1/f_a$ abgewickelt werden müssen.

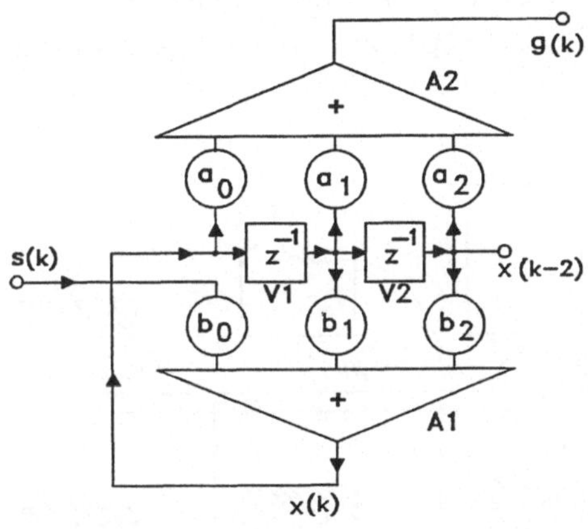

Bild 1   Diskretes rekursives Filter 2. Ordnung (kanonische Form)

Dies bedeutet, daß z.B. für die Filterung von Breitbandsignalen mit einer Grenzfrequenz von 100 MHz digital-elektronische Multiplizierer/Akkumulierer zur Verfügung stehen müssen, die bei einer gegebenen Wortlänge von M Bit eine Multiplikation/Akkumulation etwa in der Zeit T_a = 5 ns ausführen können. Hier stoßen übliche digital-elektronische Multiplizierer/Akkumulierer bereits an eine Grenze.
Wie Untersuchungen an Modellen diskreter optoelektronischer nicht-rekursiver Filter gezeigt haben, ist es möglich, die Taktfrequenz f_a und damit die Bandbreite des zu filternden Signals dadurch wesentlich zu steigern, daß man die digital-elektronischen Multiplizierer/Akkumulierer durch spezielle optoelektronische Arrays von LEDs bzw. Laserdioden und Photodioden ersetzt [6].
Basiselement derartiger optoelektronischer Arrays ist ein aus digital-elektronischen Und-Gattern und LED-Arrays bestehender Betragsmultiplizierer, der den Betrag eines quantisierten Signalwerts s_q mit dem Betrag eines quantisierten Koeffizientenwert b_q multipli-

ziert und als Ergebnis eine Strahlungsleistung P emittiert, die proportional zum Produktbetrag $|s_q \cdot b_q|$ ist:

$$P = M_e A_o \cdot |s_q \cdot b_q| \qquad (1)$$

Die Größe A_o ist die "kleinste Fläche" einer LED oder Laserdiode aus dem Array, während M_e die "spezifische Ausstrahlung" (Einheit: W/m^2) der aktiven LED- bzw. Laserdiodenfläche bedeutet.
In Bild 2 ist für den Fall M = 4 der prinzipielle Aufbau eines optoelektronischen Betragsmultiplizierers schematisch dargestellt.

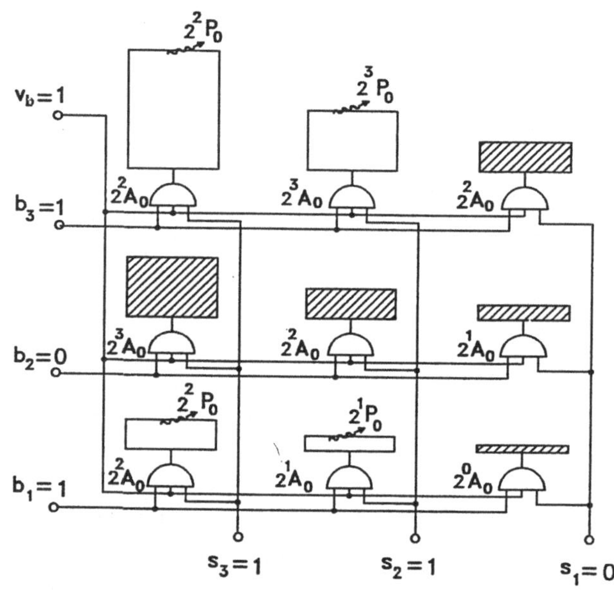

Bild 2   Schema eines optoelektronischen Betragsmultiplizierers
Wortlänge M=4, s_b=1110 ↔ s_q=+6, b_b=0101 ↔ b_q=-5,
emittierte Leistung P=6·5·$M_e A_o$=30·P_o bei v_b=1,
schraffiert: inaktive LED- bzw. Laserdiodenflächen

Die Werte s_q und b_q müssen in Form binär codierter elektrischer M-Bit-Worte

$$s_b = s_M \quad s_{M-1} \quad s_{M-2} \quad \cdots \quad s_m \quad \cdots \quad s_2 \quad s_1 \qquad (2)$$

$$b_b = b_M \quad b_{M-1} \quad b_{M-2} \quad \cdots \quad b_n \quad \cdots \quad b_2 \quad b_1 \qquad (3)$$

an den entsprechenden Eingängen des Betragsmultiplizierers anliegen.

Die Codierung von s_q nach s_b und von b_q nach b_b erfolgt entsprechend dem Vorzeichen-Betrag-Code, sodaß die Vorzeichen und Beträge von s_k und b_k aus s_b bzw. b_b wie folgt berechnet werden können:

$$\text{sign}(s_k) = (2s_M - 1) \qquad \text{bzw.} \qquad \text{sign}(b_k) = (2b_M - 1) \qquad (4)$$

$$|s_q| = \sum_{m=1}^{M-1} s_m \cdot 2^{m-1} \qquad \text{bzw.} \qquad |b_q| = \sum_{n=1}^{M-1} b_n \cdot 2^{n-1} \qquad (5)$$

Festzuhalten ist, daß die Zeit, die der Betragsmultiplizierer zur Bildung der betragsproportionalen Strahlungsleistung P benötigt, nicht mehr von der Wortlänge M, sondern nur noch von den Schaltzeiten der Und-Gatter, der LEDs oder der Laserdioden abhängt.

Da der Betragsmultiplizierer lediglich den Betrag eines Produkts berechnet, werden zur Realisierung eines Multiplizierers, der die Vorzeichen von s_q und b_q berücksichtigt, zwei Betragsmultiplizierer zu einem Konstanten-Produktbetrag-Schalter CPMS zusammengeschaltet. Legt man an den digital-elektronischen M-Parallel-Bit-Eingang eines CPMS das Signal s_b, liefert er bei positivem Vorzeichen des Produkts $s_q \cdot b_q$ an seinen P_+-Ausgang die Strahlungsleistung

$$P_+ = (1 - \bar{v}_b) \cdot M_e A_o \cdot |s_q b_q| \quad , \qquad (6)$$

während bei negativem Produkt-Vorzeichen der P_--Ausgang die Strahlungsleistung

$$P_- = \bar{v}_b \cdot M_e A_o \cdot |s_q b_q| \qquad (7)$$

emittiert.
Das Vorzeichen-Kontroll-Bit v_b bzw. $\bar{v}_b$ wird dabei von einer EXKLUSIV-ODER-Schaltung entsprechend

$$\bar{v}_b = s_M \oplus b_M \qquad (8)$$

aus den beiden Vorzeichenbits s_M und b_M gebildet.

3. Struktur und Beschreibung des optoelektronischen Filters

Die Struktur eines diskreten optoelektronischen (hybriden) Filters 2. Ordnung, die der in Bild 1 gezeigten Filterstruktur entspricht, ist in Bild 3 dargestellt.

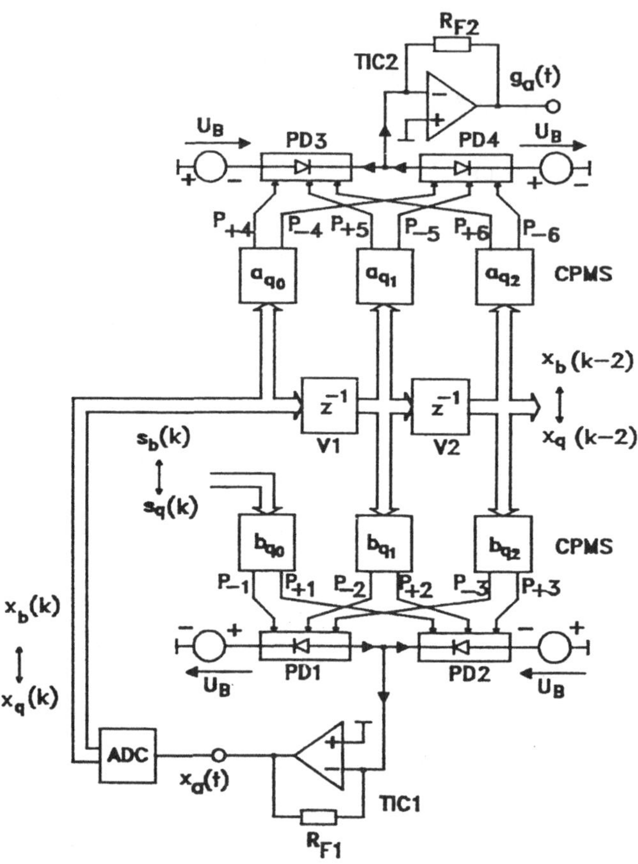

Bild 3 Diskretes optoelektronisches (hybrides) Filter 2. Ordnung

CPMS optoelektronischer Konstanten-Produktbetrag-Schalter
PD Strahlungsleistung akkumulierende Photodiode
TIC Transimpedanzverstärker, Photostrom ⇒ Spannung
V elektronisches M-Parallel-Bit-Schieberegister
ADC Flash-Analog-Digital-Konverter, $x_a(t_k) \Rightarrow x_q(k)$

Die Übertragungseigenschaften des in Bild 3 gezeigten hybriden Filters, d.h. die Transformation des elektronischen M-Parallel-Bit-Eingangssignals $s_b(k)$ in das analoge quantisierte Ausgangssignal $g_a(t)$ lassen sich durch die Gleichungen

$$x_a(t_k) = R_{F1} S M_e A_o \cdot \left[b_{q0} s_q(k) + b_{q1} x_q(k-1) + b_{q2} x_q(k-2) \right] \qquad (9)$$

$$g_a(t_k) = R_{F2} S M_e A_o \cdot \left[a_{q0} x_q(k) + a_{q1} x_q(k-1) + a_{q2} x_q(k-2) \right] \qquad (10)$$

vollständig beschreiben, wobei S (Einheit: A/W) die Empfindlichkeit der produktakkumulierenden Photodioden bedeutet.

Da am Ausgang des elektronischen Schieberegisters V2 das Signal $x_q(k-2)$ zur Verfügung steht, läßt sich die gezeigte hybride Filterstruktur durch Hinzufügen weiterer Schieberegister und Konstanten-Produduktbetrag-Schalter bei entsprechender Vergrößerung der akkumulierenden Flächen der Photodioden in ein hybrides Filter höherer Ordnung umwandeln.

4. Ergebnisse

Für die in Bild 3 dargestellte optoelektronische Filterstruktur wurde ein Entwurfs- und Simulationsprogramm entwickelt, das unter anderem die Wortlänge M, die zu realisierenden Filterkoeffizienten sowie die Daten und Spezifikationen bekannter Si- und AlGaAs-Bauelemente berücksichtigt.

Mit Hilfe dieses Programms konnten auf der Basis der Schaltzeiten, Grenzfrequenzen und des Flächenbedarfs heute vorhandener elektronischer und optoelektronischer III-V-Halbleiter-Bauelemente neben Voraussagen über die Dimensionierung der Subsysteme und über die Rauscheigenschaften des hybriden Filters die folgenden wichtigsten Ergebnisse gefunden werden:

- Hybridfilter-Taktfrequenzen $f_a \leq 200$ MHz sind möglich.
- Bei M $\leq$ 16 wird für eine integrierte Version des gezeigten hybriden Filters ein Gesamtflächenbedarf $A_T \leq 1$ cm^2 benötigt.

5. Literatur

[1] Feitelson, D.G.:"Optical Computing, A Survey for Computer Scientists", MIT Press, Cambridge (USA), 1988

[2] Laws, P.:"Opto-elektronische Signalverarbeitung. Teil I: Eingabekonverter und Bus-Systeme.", FREQUENZ 41(1987)6/7, S.155 - 160

[3] Laws, P.:"Opto-elektronische Signalverarbeitung. Teil II: Arithmetik-Logik-, Datenrangier- und Speicher-Einheiten", FREQUENZ 41(1987)8, S.182-188

[4] Streibl, N.,Brenner, K.-H., Huang, A., Jahns, J., Jewell, J., Lohmann, A.W., Miller, D.A.B., Murdocca, M., Prise, M.E., and Sizer, T.: "Digital Optics", Proceedings of the IEEE, vol. 77, Dec. 1989, No. 12, S.1954-1969

[5] Lee, Y.H., Jewell, J.L., Scherer, A., McCall, S.L., Harbison, J.P., and Florez, L.T.:"Room-Temperature Continous-Wave Vertical-Cavity Single-Quantum-Well Microlaser Diodes", Electronics Letters, vol.25, Sept. 89, No. 20, S.1377-1378

[6] Laws, P.:"Realization of Hybrid Finite Impulse Response Filters Using Semiconductor Light Emitting Diodes and Photodiodes", Signal Processing III: Theories and Applications, Young, I.T. et al., editors, Elsevier (North-Holland), The Hague 1986

EQUIVALENCE OF ANALOGUE AND DISCRETE SYSTEMS

Josef Hekrdla

Institute of Radio Engineering and Electronics
of the Czechoslovak Academy of Sciences
Lumumbova 1,   182 51 Praha 8, Czechoslovakia

1. INTRODUCTION

Very close similarities have been observed between analogue and discrete system
theories since the discrete systems appeared. Unfortunately, the general theory
is not available whitch would be able to explain this phenomenon or to define
an exact correspondence between these different types of systems. One of the
widely used methods connecting discrete and analogue systems is a sampling technique which converts analogue quantities into the sequences by sampling the
analogue signals in equidistant time intervals. This approach can be described
simply as a transformation converting an analogue function x_a into a sequence
x according to the relation

$$x(n) = x_a(nT) \tag{1}$$

where T denotes the sampling period. However, this common approach cannot
formulate the exact correspondence between difference and differential operators. The relation between them is only an approximation, for example

$$x_a^{\prime}(nT) \sim \frac{x_a(nT) - x_a(nT-T)}{T} \tag{2}$$

where relation $\sim$ depends also on the properties of x_a and can be very complicated.

2. PRELIMINARY NOTATIONS

Let´s consider an analogue system as a mapping $\emptyset_a$ which maps an input signal
x_a into an output signal $y_a = \emptyset_a[x_a]$ such that the following differential eq.
is satisfied:

$$\sum_{n=0}^{N} y_a^{(n)} b_n = \sum_{m=0}^{M} x_a^{(m)} a_m \; , \tag{3}$$

where $x_a^{(m)}$ and $y_a^{(n)}$ denote derivatives of input and output signals, respectively. Similarly, for a discrete system $\emptyset$ we can write $y = \emptyset[x]$ if and only
if

$$\sum_{n=0}^{N} \Delta^n y \, b_n = \sum_{m=0}^{M} \Delta^m x \, a_m \; , \tag{4}$$

where x, y, denote input and output sequences, $\Delta^m x$, $\Delta^n y$ are the m-th difference of x and n-th difference of y, respectively. The difference operator Δ we will define by

$$\Delta^\circ x = x, \qquad \Delta x(n) = \frac{x(n) - x(n-1)}{T} , \qquad \Delta^{n+1} = \Delta(\Delta^n) . \tag{5}$$

To each equation it is necessary to add the corresponding vector of initial conditions

$$\bar{\upsilon}_a = [y_a(0+),\ldots,y_a^{(N-1)}(0+)] \tag{6}$$

resp.

$$\bar{\upsilon} = [y(-1),\ldots,\Delta^{N-1}y(-1)] , \tag{7}$$

which reflects the initial state of system. We consider functions and sequences only for nonnegative arguments. But in the case of sequences is useful to describe initial conditions as values on negative indexes.

It is known that the solution of (3) and (4) can be explicitly expressed by

$$y_a(t) = h_a *_a x_a(t) + f_a(\bar{\upsilon}_a,t) + g_a(\bar{\pi}_a,t) , \tag{8}$$

$$y(n) = h * x(n) + f(\bar{\upsilon},n) + g(\bar{\pi},n) . \tag{9}$$

Expressions (8) and (9) contain the functions f_a, f, g_a, g, depending on parameters $\bar{\upsilon}_a$, $\bar{\upsilon}$, $\bar{\pi}_a$, $\bar{\pi}$, where

$$\bar{\pi}_a = [x_a(0+),\ldots,x_a^{(M-1)}(0+)] , \tag{10}$$

$$\bar{\pi} = [x(-1),\ldots,\Delta^{M-1}x(-1)] . \tag{11}$$

These functions describe the behaviour of systems depending on initial conditions $\bar{\upsilon}_a$, $\bar{\upsilon}$, and initial values of input signals $\bar{\pi}_a$, $\bar{\pi}$. A function h_a (resp. sequence h) is called impuls response. Symbols $*_a$ and $*$ denote analoque and discrete convolution, respectively.

3. PROBLEMS

Our goal is to find such interrelations between analogue system $\emptyset_a$ and discrete one $\emptyset$ so that it would be possible to talk about an equivalence. Unfortunately, due to the sampling technique (1) which leads only to an approximation (2) we cannot describe exactly the relation between the solutions y_a and y of (3) and (4). Moreover, in this case there is not an acceptable idea how to define a relation between initial conditions $\bar{\upsilon}_a$, $\bar{\pi}_a$, and $\bar{\upsilon}$, $\bar{\pi}$. However, the problem could be simply solved if the sampling procedure (1) would be replaced by a general discretion operator D_T such that

$$D_T[x_a] = x , \tag{12}$$

and instead of (2) would be

$$D_T[x_a'] = \Delta D_T[x_a] . \tag{13}$$

Another approach how to go into a problem of an interrelation between analogue and discrete systems can be based on the so called simulation techniques. In this approach we compare responses of analogue system $\emptyset_a$ and discrete one $\emptyset$ according to the following scheme:

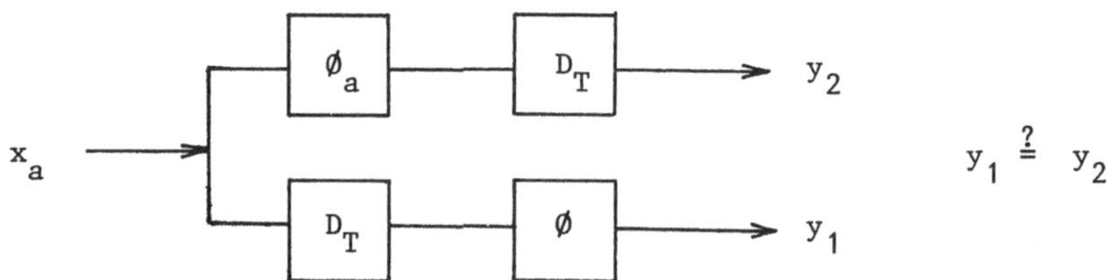

Fig. 1 Simulation technique

If the discretion operator D_T is defined by (1) the discrete system $\emptyset$ cannot be designed such that the equality

$$y_1 = y_2 \tag{14}$$

could be satisfied for arbitrary input signal x_a. From it follows that in this case we cannot speak about an equivalence because the discrete system $\emptyset$ only approximates the analogue one $\emptyset_a$. It should be noted that the usual simulation technique based on Fig. 1 does not consider the problem of initial conditions. It means that the terms f_a, f, g_a, g, in (8) and (9) are considered to be zero. If we want to keep the equality in (14) for an arbitrary input signal x_a we must also replace the sampling technique based on (1) by a general discretion operator D_T such that

$$D_T \circ \emptyset_a = \emptyset \circ D_T . \tag{15}$$

In the next section we will define a new discretion operator D_T and we will show that this operator satisfies not only (13), as it was mentioned in [1], but also (15) at the same time. Moreover, this operator also solves the problem of interrelations between analogue and discrete initial conditions (6), (7) and (10), (11), and between other terms and operations from (8) and (9). These properties allow us to speak about an equivalence of analogue and discrete systems.

4. NEW DISCRETION OPERATOR

Let D_T be defined by

$$D_T[x_a](m) = \int_0^\infty x_a(tT) \, e^{-t} \, \frac{t^m}{m!} \, dt . \tag{16}$$

This new discretion operator, we will say D_T transform as well, sets exact correspondence between difference and differential functions and operations as it follows from the following expresions.

Let u_o denote unit impulse sequence, $u_o(n) = 1$ for $n = 0$, $u_o(n) = 0$ otherwise. Then, the very important relations can be easily proved:

$$D_T[\lambda x_a + \mu y_a] = \lambda D_T[x_a] + \mu D_T[y_a] \tag{17}$$

$$D_T[x_a'](m) = \Delta D_T[x_a](m) - \frac{1}{T} x_a(0+) u_o(m) \tag{18}$$

$$\sum_{m=0}^{\infty} D_T[x_a](m) = \frac{1}{T} \int_o^{\infty} x_a(t)\, dt \tag{19}$$

$$D_T[\int_o^t x_a(s)\, ds](m) = T \sum_{n=o}^{m} D_T[x_a](n) \tag{20}$$

$$D_T[x_a *_a y_a] = T\, D_T[x_a] * D_T[y_a] \tag{21}$$

$$\lim_{t \to \infty} x_a(t) = \lim_{m \to \infty} D_T[x_a](m) \tag{22}$$

Let f_p be periodic function with period p then

$$\lim_{m \to \infty} D_T[f_p](m) = \frac{1}{p} \int_o^p f_p(t)\, dt \tag{23}$$

An importance of D_T transform can be demonstrated by the following theorem

Theorem 1

Let (3) and (4) be mutually different only in interchange $y_a^{(n)} \leftrightarrow \Delta^n y$ and $x_a^{(m)} \leftrightarrow \Delta^m x$, then the terms in (8) and (9) hold the following relations:

$$D_T[h_a] = T \cdot h \tag{24}$$

$$D_T[f_a(\cdot,t)](n) = f(\cdot,n) \tag{25}$$

$$D_T[g_a(\cdot,t)](n) = g(\cdot,n) \tag{26}$$

Let $\bar{\upsilon}_a = \bar{\upsilon}$ and $\bar{\pi}_a = \bar{\pi}$. Then, if input signals hold relation $D_T[x_a] = x$, then the same relations $D_T[y_a] = y$ is satisfied between output signals. (27)

Very important and surprising consequences follow from this theorem. The behavior of analogue systems can be analytically derived from the behaviour of discrete ones, and vice versa. We can see that the D_T transform (16) satisfy both (13) (with minor corrections) and (15) as it follows from (18) and (27). Moreover, (27) shows the role of initial conditions while usual simulation techniques do not able to consider them. The relations (24), (25), and (26) form a base of the new concept of an equivalence of these two different types of systems and their theories. Relations between other known characteristics can be derived simply from the fact that Laplace transform L, Z-transform Z and D_T operator satisfy the following relation: Let $\tilde{D}_T$ denote the substitution

$$\tilde{D}_T[X](z) \quad = \quad \frac{1}{T} \; X(\frac{1-z^{-1}}{T}) \; . \tag{28}$$

Then
$$\tilde{D}_T \; \circ \; L \quad = \quad Z \; \circ \; D_T \quad . \tag{29}$$

For example, if $H_a(p)$ and $H(z)$ are transfer functions of analogue and discrete systems satisfying (24) then it is true

$$H(z) \quad = \quad H_a(\frac{1-z^{-1}}{T}) \tag{30}$$

But this relation is very well known, for example see [2]. D_T transform provides a deep "physical" meaning of (30).

5. INVERSE FORMULAS

For practical applications in numerical problems, where the tables of direct transform pairs are usually imposible to use, the inverse formula of (16) is needed. It can be shown that the inverse formula does not exist in the form

$$x_a(t) \quad = \quad \sum_{n=0}^{\infty} x(n) \; g(n,t) \; , \tag{31}$$

where $g(n,t)$ is a kernel. However, if the sequence x is replaced in (31) by the sequence y which is defined by

$$y(m) \quad = \quad \sum_{n=0}^{m} \binom{m}{n}(-1)^n x(n) \; , \tag{32}$$

then the inverse formula can be written in the form of inverse Laguere transform:

$$x_a(t) \quad = \quad \sum_{n=0}^{\infty} y(n) \; L_n(\frac{t}{T}) \; , \tag{33}$$

where L_n are Laguere polynomials:

$$L_n(z) \; \cdot \; = \quad \sum_{k=0}^{n} \binom{n}{k}(-1)^k \frac{z^k}{k!} \tag{34}$$

6. EXAMPLES

6.1 some important correspondences:

$$D_T[1] \quad = \quad 1 \tag{35}$$

$$D_T[t^{\alpha}](m) \quad = \quad T^{\alpha} \frac{\Gamma(\alpha+m+1)}{m!} \; , \qquad \alpha \geq 0 \tag{36}$$

$$D_T[e^{\alpha t}](m) \quad = \quad \frac{1}{(1 - \alpha T)^{m+1}} \quad , \quad Re(\alpha) < \frac{1}{T} \quad . \tag{37}$$

6.2 Analysis of $\emptyset_a$ through its equivalent system $\emptyset$

Let's consider the analogue system in Fig. 2 (a).

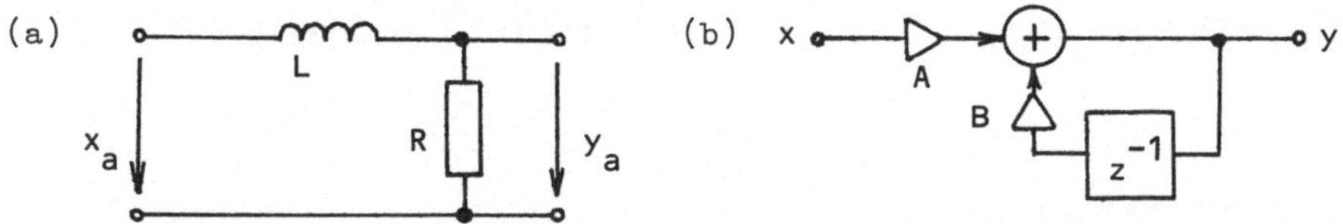

<u>Fig. 2.</u> Example of equivalent systems

It is known that the relation between an input x_a and an output y_a is following:

$$\frac{L}{R} y_a' + y_a = x_a \tag{38}$$

if an initial condition is given. From Theorem1 we get formally the description
of the equivalent system $\emptyset$. We have:

$$\frac{L}{R} \Delta y + y = x, \quad \text{where } y(-1) = y_a(0+). \tag{39}$$

Equation (39) can be revritten in the common form $y(n) = B\, y(n-1) + A\, x(n)$ which
corresponds to the digital filter $\emptyset$ in Fig. 2(b), where $A = 1/(1 + L/(R\,T))$ and
$B = 1 - A$. Now, the analyses of our analogue system $\emptyset_a$ can be performed by means
of the analysis of the digital filter $\emptyset$. For example, since the impulse response
h of the digital filter $\emptyset$ is known: $h(n) = A\,B^n$, $n \geq 0$ then the impulse response of $\emptyset_a$ can be immediately obtained from h and (24) if (37) is used. We
have

$$h_a(t) = \frac{1}{T} D_T^{-1}[AB^n](t) = \frac{A}{BT} \exp(\frac{B-1}{BT}t) = \frac{R}{L} \exp(- \frac{R}{L} t) \quad . \tag{40}$$

7. CONCLUSION

In this contribution the new discretion operator was shown which states an equivalence between analogue and discrete operations, see (17) – (23). The same operator solves the problem of simulation in such a way that we can speak about an
equivalence, it means that the exact behaviour of an analogue system can be analytically derived from the behaviour of the equivalent discrete one, and vice
versa. The mathematical description of two equivalent systems is based on (24) –
(26),and it is shown that these conditions are satisfied if the equations (3) and
(4) describing the systems are mutually different by interchange $d^n/dt^n \leftrightarrow \Delta^n$.
The role of initial conditions of the equivalent systems follows from (27).

8. REFERENCES

[1] Hekrdla J. "New Integral Transform between analogue and Discrete Systems",
    Electronics Letters, No 10, Vol. 24, May 12th, 1988, pp 620 – 622
[2] Rabiner L. R. – Gold B. "Theory and Application of Digital Signal Processing",
    Prentice-Hall Inc.,Englewood Cliffs, N. J., 1975

Einsatz adaptiver, rekursiver Filter zur Echokompensation bei Gabelschaltungen

Markus Rupp
Institut für Netzwerk- und Signaltheorie, Technische Hochschule
D-6100 Darmstadt, Merckstr. 25

1   Einleitung

Eine typische Störung bei Gabelschaltungen in Telefonanlagen sind elektrische Echos. Einerseits stören diese Echos den lokalen Sprecher; andererseits kann bei längeren Verbindungen die Energie des ankommenden Signals wesentlich geringer als die des Echosignals sein, so daß bei einer nachfolgenden A/D-Wandlung große Quantisierungsprobleme auftreten können. Ein Echokompensator kann jedoch die Qualität des ankommenden Signals erheblich verbessern. Da die zu kompensierende Übertragungsfunktion mit jeder neuen Verbindung wechseln kann, ist ein adaptiver Echokompensator erforderlich. Gewöhnlich werden solche Echokompensatoren als Transversalfilter aufgebaut [13], wobei der NLMS-Algorithmus (Normalized Least Mean Square) [4,14] zur Adaption genutzt wird. In den letzten Jahren gingen die Bestrebungen dahin, rekursive Filterstrukturen zur Kompensation zu nutzen [6,7,8,10]. In diesem Artikel werden zwei Algorithmen, die in [1,6] vorgestellt wurden, diskutiert und ihre Eignung für die Realisierung gezeigt.

2   Wahl der Algorithmen

Da die Gabel eine elektronische Schaltung mit diskreten Elementen ist, kann ihre Impulsantwort als eine Linearkombination von Exponentialfunktionen dargestellt werden. Deshalb ist für die Echokompensatorstruktur ein rekursives Filter besser geeignet, bei dem man dann, bedingt durch eine geringere Ordnung als beim Transversalfilter, Rechenleistung einsparen kann. In Bild 1 wird unterhalb der unterbrochenen Linie eine erste Lösung gezeigt, die üblicherweise bei parametrischen Schätzverfahren [2] benutzt wird.

Das Sprachsignal des lokalen Sprechers wird, -wie in früheren Lösungen [4,13]-, direkt durch den Parallelteil gefiltert. Jedoch wird auch das Echosignal am Ausgang der Gabel gefiltert. Dies geschieht durch den Seriellteil. Beide, Parallelteil und Seriellteil, sind jedoch Transversalfilter; die gesamte Anordnung ist also noch kein rekursives Filter. Es handelt sich vielmehr um eine lineare Verknüpfung, die die Verwendung des bekannten NLMS-Algorithmus für die Adaption erlaubt.
Bei dieser Lösung wird das Fehlersignal $e_e(n)$ für beides benutzt: für die Adaption und als Ausgangssignal für den lokalen Sprecher. Die Adaptionsgleichungen lauten:

$$a_k(n+1) = a_k(n) + \frac{\alpha}{E(n)} e_e(n) d(n-k) \quad \text{für } k = 1 \text{ bis } M_a, \tag{1}$$

$$b_k(n+1) = b_k(n) + \frac{\alpha}{E(n)} e_e(n) u(n-k) \quad \text{für } k = 0 \text{ bis } M_b, \tag{2}$$

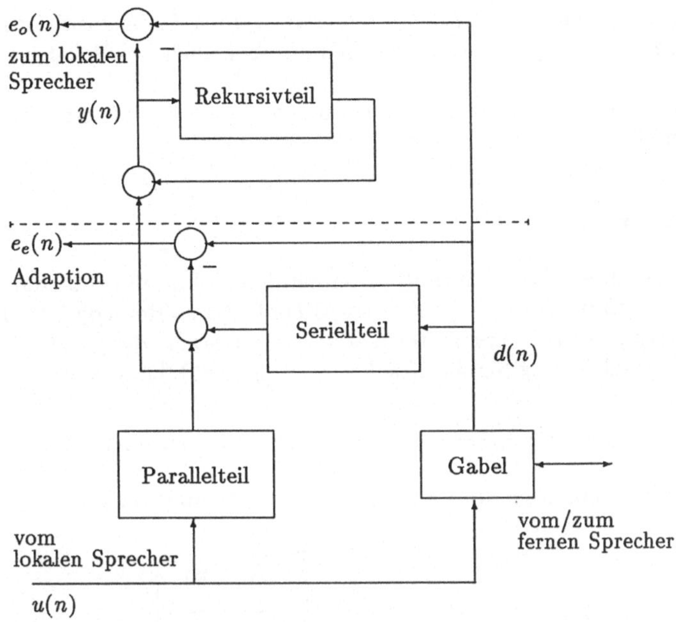

Bild 1. Echokompensator für Gabelschaltungen mit zusätzlichen Filterteilen.

$$E(n) = \sum_{k=1}^{M_a} d(n-k)^2 + \sum_{k=0}^{M_b} u(n-k)^2 \tag{3}$$

wobei a_k die Koeffizienten des Seriellteils und b_k die des Parallelteils sind. Das Fehlersignal $e_e(n)$ wird wie folgt berechnet:

$$e_e(n) = d(n) - \sum_{k=1}^{M_a} a_k d(n-k) - \sum_{k=0}^{M_b} b_k u(n-k). \tag{4}$$

Ein wesentlicher Nachteil dieser Struktur ist jedoch, daß das Signal des fernen Sprechers ebenfalls durch den Seriellteil gestört wird. Um diesen störenden Effekt zu vermeiden, wird ein Allpolfilter (Rekursivteil) im Signalpfad des lokalen Sprechers hinzugefügt. Die Koeffizienten des Rekursivteils sind dieselben wie im Seriellteil. Die daraus resultierende Anordnung ist im gesamten Bild 1 dargestellt. Der Ausgangsfehler $e_o(n)$ und das geschätzte Ausgangssignal $y(n)$ lauten:

$$e_o(n) \;=\; d(n) - y(n) \tag{5}$$

$$y(n) \;=\; \sum_{k=1}^{M_a} a_k y(n-k) + \sum_{k=0}^{M_b} b_k u(n-k). \tag{6}$$

Mit Hilfe des Seriellteils und des Parallelteils wird also ein Fehlersignal $e_e(n)$ erzeugt, das nur zur Adaption benutzt wird. Dagegen wird der Rekursivteil nur zur Kompensation des Echosignals genutzt und beeinflußt das ferne Sprechersignal nicht. Daher bleibt auch die Konvergenzgeschwindigkeit gleich. Die gesamte Anordnung ist als 'Equation Error Formulation' [6] oder auch als 'Pole-Zero Echo Canceller' [10] bekannt.
Die Stabilität ist bei zusätzlichem Rekursivteil jedoch nicht garantiert. Beim Vorhandensein einer stationären Störung entsteht zum einen ein Bias [6], so daß die Koeffizienten des Seriellteils Werte annehmen können, die auch nach Ablauf der Adaption keinem stabilen Filter

im Rekursivteil mehr entsprechen. Zum anderen beginnt der Algorithmus bei harmonischer Störung, wie sie bei einem sinusförmigen Signal, aber auch bei Vokalen in der Sprache des fernen Teilnehmers auftritt, die LPC-Koeffizienten (Linear Predictive Coding) der Störung zu ermitteln. Dies bedeutet aber bei sinusförmigen Signalen, daß der Rekursivteil nun einen Oszillator darstellt.

3   Verbesserungen

Um den unerwünschten Bias zu unterdrücken wurde von Lin und Unbehauen [9] eine Verbesserung vorgeschlagen und unter dem Namen BRLMS (Bias-Remedy LMS) eingeführt. Dazu wird bei der Adaption ein Korrekturterm zum Ausgangswert d(n) addiert. Man erhält dann folgende Adaptionsgleichung für die Koeffizienten a_k des Rekursivteils:

$$a_k(n+1) = a_k(n) + \frac{\alpha_{BR}(n)}{E(n)} e_e(n)(d(n-k) - \tau(n)e_o(n-k)) \quad \text{für } k = 1 \text{ bis } M_a. \quad (7)$$

Die Größe $\tau(n)$ liegt zwischen Null und Eins und wird jeweils aus dem Quotienten

$$\tau(n) = \min\left(1, \frac{\sum_{k=1}^{M_a} d(n-k)^2}{\sum_{k=1}^{M_a} e_o(n-k)^2} \right) \quad (8)$$

gebildet. Auch die Schrittweite α wird verändert. Man verwendet nun:

$$\alpha_{BR}(n) = \frac{\alpha}{1 + 2\tau(n)}. \quad (9)$$

Dies bedeutet jedoch gegenüber der 'Equation Error Formulation' einen zusätzlichen Aufwand von $M_a + 4$ Multiplikationen und einer Division. Die Biaskorrektur zeigt sich auch als vorteilhaft bei sinusförmigen Störungen. Die LPC-Koeffizienten werden jetzt nur sehr träge eingestellt und stellen somit eine verminderte Gefahr für Oszillationen dar. Der BRLMS-Algorithmus zeichnet sich gegenüber dem einfacheren Algorithmus durch eine gewisse Robustheit aus, jedoch um den Preis einer verminderten Adaptionsgeschwindigkeit: Die Schrittweite muß, um Stabilität auch bei Adaptionsbeginn zu gewährleisten, wesentlich verringert werden (etwa auf 1/8), wodurch die Adaptionsgeschwindigkeit abnimmt.

Um Instabilitätseffekte zu vermeiden, soll die Schrittweite der Algorithmen störungsabhängig gesteuert werden. Dazu ist die Detektion dieser Störungen notwendig. Es wurde ein 'Double-Talk'-Detektor entwickelt, der mit möglichst einfachen Operationen hinreichend genau erkennt, wann das Signal d(n) am Ausgang der Gabel nur vom Eingangssignal u(n) abhängt oder ob eine nicht vernachlässigbare Störkomponente das Ausgangssignal bestimmt. Eine Größe, die diese Eigenschaft beschreibt, ist der Korrelationskoeffizient. Dieser ist wie folgt definiert [3,5]:

$$\rho = \frac{E\left[u(n)d(n)\right]}{\sqrt{E\left[u(n)^2\right] E\left[d(n)^2\right]}}. \quad (10)$$

Der Wert des Korrelationskoeffizienten liegt immer zwischen plus und minus Eins und ist somit hervorragend zur Darstellung als Festkommazahl geeignet. Um die Wurzeloperation zu umgehen wird statt ρ dessen Quadrat zur Entscheidung herangezogen. Die drei Erwartungswerte aus (10) werden rekursiv als Zeitmittelwerte gebildet:

$$E[u(n)^2] \approx m_{uu}(n) = \lambda\, m_{uu}(n-1) + (1-\lambda)u(n)^2 \tag{11}$$

$$E[u(n)d(n)] \approx m_{ud}(n) = \lambda\, m_{ud}(n-1) + (1-\lambda)u(n)d(n) \tag{12}$$

$$E[d(n)^2] \approx m_{dd}(n) = \lambda\, m_{dd}(n-1) + (1-\lambda)d(n)^2. \tag{13}$$

Die Division zur Ermittlung des Korrelationskoeffizienten wird nicht ausgeführt. Stattdessen behilft man sich mit einem Vergleich:

$$m_{uu}(n)m_{dd}(n)\rho_t < m_{ud}(n)^2. \tag{14}$$

Die Konstante ρ_t ist dabei ein Schwellwert, der empirisch bestimmt wurde. Der gesamte 'Double-Talk'-Detektor benötigt somit einen Aufwand von $A_{DTD} = 12$. Hierbei werden nur die Multiplikationen gezählt. 'Double-Talk'-Detektoren werden auch bei Transversalfiltern benötigt [13] und bedeuten daher keinen zusätzlichen Aufwand.

Ein weiterer Effekt, der zur Instabilität führen kann, wird 'Leakage' genannt. Dieser ist für Transversalfilter bei LMS-Algorithmen untersucht worden [12]. Dadurch, daß im Spektrum des Eingangssignals nicht alle Frequenzen gleichermaßen vorhanden sind und weil durch den eingangsseitigen Bandpaß sogar noch eine Verschlechterung dieser Verhältnisse erzielt wird, kann es vorkommen, daß sich der Wert verschiedener Koeffizienten, trotz richtig erreichtem Endwert, langsam verändern. Dieser Vorgang dauert i. A. viele Minuten; die Koeffizienten können dabei aber ihren durch Skalierung zugewiesenen Wertebereich verlassen, was sich durch lautes Knacken im Hörer unangenehm bemerkbar macht. Außerdem muß jeder dieser Koeffizienten neu adaptiert werden. Um dies zu vermeiden wird bei der Adaption jeder Koeffizient um einen geringen Teil vermindert. Das wird durch eine Multiplikation erreicht, die aber nur bei jeweils einem Koeffizienten pro Programmdurchlauf ausgeführt wird ('round-robin'-Prinzip) und somit nur eine zusätzliche Multiplikation an Rechenleistung kostet: $A_L = 1$.

4   Implementierung

Realisiert wurde der Algorithmus auf einem Motorola 56001 DSP. Durch seine Wortlänge von 24 Bit ist er hervorragend geeignet auch große Pegelschwankungen, wie sie bei Sprachsignalen üblich sind, zu verarbeiten. Im weiteren werden Meßergebnisse dargestellt, die mit einer Reihenanlage erzielt wurden. Es wurde mit den drei Algorithmen bei verschiedenen Leitungsanordnungen gemessen und die Ergebnisse mit denen eines 32/64-stufigen Transversalfilters verglichen. Auf Grund von Zusatzrauschen und Übersprechen von der Seite des fernen Sprechers ist jede Verbesserung auf etwa $30dB$ begrenzt, was bedeutet, daß sich die Leistung des Fehlersignals $e_o(n)$ mit und ohne Adaption maximal um $30dB$ unterscheiden kann.
Die Adaption erfolgte mit weißem Rauschen und mit Sprachsignalen. Zur Adaptionsgeschwindigkeit läßt sich generell sagen, daß sich bei weißem Rauschen und Sprachsignalen -'persistently exciting' vorausgesetzt- kein Unterschied messen ließ. In der folgenden Tabelle sind die einzelnen Algorithmen den erzielten ERLE-(Echo Return Loss Enhancement) Abständen gegenübergestellt. Die angegebenen Ergebnisse sind aus Messungen mit verschiedenen Leitungsanordnungen gemittelt worden. In Einzelfällen können sowohl bessere als auch schlechtere Ergebnisse erzielt werden. Gemessen wurden die ERLE-Abstände mit einem Pegelschreiber von Bruel und Kjaer (Type 2309). Bei den rekursiven Filtern wurden je drei Koeffizienten für den Rekursivteil und neun für den Transversalteil benutzt. Eine

Erhöhung der Anzahl der Koeffizienten im Rekursivteil von drei auf fünf brachte keine wesentliche Verbesserung des Abstandes (etwa 1 dB). Die Schrittweite α wurde -außer beim BRLMS-Algorithmus- gleich Eins gesetzt.

Algorithmus	ERLE	ERLE mit Verbesserung
Transversal 32	17dB	17dB
Transversal 64	24dB	24dB
Linearkombination	22dB	21dB
Equation Error Formulation	14,5dB	13,5dB
BRLMS	14,5dB	13dB

Tabelle 1: Endabgleich der untersuchten Algorithmen

Der Vergleich Linearkombination zu 'Equation Error Formulation' zeigt, daß bei Hinzunahme eines zusätzlichen Rekursivteils ein Abstandsverlust von etwa sieben dB auftritt. Dies resultiert allein aus der zusätzlichen Filterung mit dem Rekursivteil, denn es gilt:

$$e_e(n) = e_o(n) - \sum_{k=1}^{M_a} a_k\, e_o(n-k) \tag{15}$$

$$= \left(1 - A(q^{-1}, n)\right) e_o(n) \tag{16}$$

$$e_o(n) = \frac{1}{1 - A(q^{-1}, n)} e_e(n). \tag{17}$$

Der Operator $A(q^{-1}, n)$ stellt hierbei ein Polynom in den Koeffizienten a_k dar und q^{-1} ist die zeitliche Verschiebung um einen Takt. Es gilt:

$$A(q^{-1}, n) = \sum_{k=1}^{M_a} a_k q^{-k} \tag{18}$$

$$\frac{1}{1 - A(q^{-1}, n)} = 1 + \sum_{k=1}^{\infty} \tilde{a}_k q^{-k}. \tag{19}$$

Betrachtet man den Gleichungsfehler $e_e(n)$ als weißen Zufallsprozeß, so ergibt sich für die Leistung des Ausgangsfehlers:

$$E[e_o(n)^2] = E[e_e(n)^2] \left(1 + \sum_{k=1}^{\infty} \tilde{a}_k^2\right). \tag{20}$$

Vergleiche mit den gemessenen Koeffizienten des Rekursivteils haben diese Annahme voll bestätigt.

Bei Gegensprechen -insbesondere Pfeifen- kann jedoch bei allen rekursiven Filtern eine Tendenz zur Instabilität beobachtet werden. Dies macht sich dadurch bemerkbar, daß die Koeffizienten des Rekursivteils kurzzeitig anwachsen. Hierbei zeichnet sich der BRLMS-Algorithmus aus, der die geringste Empfindlichkeit bzgl. Störungen zeigt. Durch Einsatz von 'Leakage' und 'Double-Talk'-Detektor jedoch kann bei allen Algorithmen die Tendenz zur Instabilität vollkommen unterdrückt werden. In der letzten Spalte der Tabelle 1 werden die Ergebnisse der Messungen mit 'Leakage' und 'Double-Talk'-Detektor gezeigt.

5 Zusammenfassung

Zusammenfassend kann gesagt werden, daß mit rekursiven, adaptiven Filtern eine Kompensation elektrischer Echos auch bei Anregung durch Sprache durchgeführt werden kann. Durch Verwendung von 'Double-Talk'-Detektor und 'Leakage', die auch beim Einsatz von Transversalfiltern notwendig sind, kann das Stabilitätsverhalten wesentlich verbessert werden. Der Einsatz einer ständigen Stabilitätskontrolle (Monitoring) ist somit nicht nötig. Der Realisierungsaufwand ist jedoch im Vergleich zur Transversalfilterlösung wesentlich geringer (30-60%).

Literatur

[1] Maurice G. Bellanger, "Adaptive Digital Filters and Signal Analysis", Marcel Dekker, Inc./ New York Basel, 1986.

[2] Pieter Eykhoff, "System Identification", John Wiley & Sons, 1979.

[3] Eberhard Hänsler, "Grundlagen der Theorie statistischer Signale", Springer Verlag, 1983.

[4] Simon Haykin, "Adaptive Filter Theory", Prentice Hall, Information and System Sciences Series, 1986.

[5] Athanasios Papoulis, "Probability, Random Variables, and Stochastic Processes", Mc Graw-Hill, 1987.

[6] John J. Shynk, "Adaptive IIR Filtering", IEEE ASSP Magazine, Apr. 1989.

[7] Hong Fan, "A New Adaptive IIR Filter", IEEE Trans. Circuits Systems, vol. CAS-33, no. 10, pp. 939-947, Oct. 1986.

[8] Michael G. Larimore , John R. Treichler, C. Richard Johnson, "SHARF: An Algorithm for Adapting IIR Digital Filters", IEEE Trans. Acoust., Speech, Sig. Proc., vol. ASSP-28, no. 4, pp. 428-440, Aug. 1980.

[9] Ji-Nan Lin, Rolf Unbehauen, "Modification of the Least Mean Square Equation Error Algorithm for IIR System Identification and Adaptive Filtering", ISCAS 90, New Orleans, pp. 3150-3153, 1990.

[10] Guozho Long, Dennis Shwed, David D. Falconer, "Study of a Pole-Zero Adaptive Echo Canceller", IEEE Trans. Circuits Systems, vol. CAS-34, no. 7, pp. 765-769, July 1987.

[11] Markus Rupp, "Adaptive IIR Echo Cancellers for Hybrids using the Motorola 56001", Eusipco 1990, Barcelona, Session P.5.

[12] William A. Sethares, Dale A. Lawrence, C. Richard Johnson, Robert A. Bitmead, "Parameter Drift in LMS Adaptive Filters", IEEE Trans. Acoust., Speech, Sig. Proc., vol. ASSP-34, no. 4, pp. 868-879, Aug. 1986.

[13] Man Mohan Sondi, David A. Berkley, "Silencing Echoes on the Telephone Network", Proc. IEEE, vol. 68, no. 8, pp. 948-963, Aug. 1980.

[14] B. Widrow, M. E. Hoff Jr., "Adaptive Switching Circuits", IRE WESCON conv. Rec., Part 4, pp. 96-104, 1960.

Bestimmung der Modellordnung bei Spektralanalyse oder Störunterdrückung mit dem Hung-Turner Verfahren

Ulrich Nickel

Forschungsinstitut für Funk und Mathematik (FFM) der FGAN e.V.,
Abt. Elektronik, D-5307 Wachtberg 7

KURZFASSUNG

Es werden verschiedene Testkriterien zur Prüfung der linearen
Unabhängigkeit einer Menge von Vektoren diskutiert, die nicht auf
einer Eigenanalyse basieren. Die interessierende Anwendung dieser
Tests liegt in der Berechnung von schnellen Projektionsverfahren
zur Erhöung der Auflösung bzw. zur Störunterdrückung mit einem
Array von Sensoren.

1. EINLEITUNG

Zur hochauflösenden Winkelschätzung bzw. zur Störunterdrückung
(adaptive Filterung) mit einem Array von Sensoren besitzen
Projektionsverfahren gegenüber Verfahren, die direkt die geschätzte Kovarianzmatrix benutzen, unter anderem den Vorteil, daß
sie schon bei relativ wenigen Stichproben geringe Fluktuationen
besitzen. Eine generelle Beschreibung dieser Probleme wird in [1]
gegeben. Zur *Störunterdrückung* werden die mit dem Sensorarray ge-
messenen Daten $\underline{z} \in \mathbb{C}^N$ mit einer Projektionsmatrix $\underline{P} = \underline{I} - \underline{X}\underline{X}^H$ multipliziert, wobei die Spalten der NxM Matrix $\underline{X}$ den Störraum (M-di-
mensional) aufspannen. $\underline{P}$ projiziert also senkrecht zum Störraum,
d.h. $\underline{z}' = \underline{P}\underline{z}$ ist der störbefreite Meßvektor. Der Index $_H$ beschreibt die komplex-konjugierte transponierte Matrix. Zur
Winkelschätzung wird die Projektion des erwarteten Signalvektors
$\underline{a}(\vartheta)$ für eine unbekannte Richtung ϑ betrachtet, d.h. man betrach-
tet die Minima der Funktion $G(\vartheta) = \|\underline{P}\underline{a}(\vartheta)\|^2 = \underline{a}(\vartheta)^H \underline{P}\underline{a}(\vartheta)$ bzw. die
Maxima der Funktion $S(\vartheta) = 1/\underline{a}(\vartheta)^H \underline{P}\underline{a}(\vartheta)$. $S(\vartheta)$ ist eine Schätzung
für die Winkelspektraldichte.

Das *optimale Projektionsverfahren* ist die *Eigenvektorprojektion*
(EV-Projektion, bei der Spektralanalyse auch MUSIC-Verfahren genannt) [1]. Dabei wird der Signalraum durch die Eigenvektoren zu

den größten Eigenwerten der geschätzten Kovarianzmatrix $\underline{R}=$ $1/K\ \Sigma_i\ \underline{z}_i\underline{z}_i{}^H$ beschrieben. Für *Realzeitanwendungen* sind aber schnelle Projektionsverfahren von Interesse. Die *Hung-Turner Projektion*, [2], ist zur Zeit das schnellste Projektionsverfahren, allerdings auch deutlich schlechter als die EV-Projektion. Bei der Hung-Turner (HT-) Projektion wird angenommen, daß die Datenvektoren selbst schon den Signalraum gut beschreiben (z.B. bei geringem Empfängerrauschen). Aus den Datenvektoren wird dann (z.B. durch Gram-Schmidt Orthonormalisierung) eine Projektionsmatrix aufgebaut. Für die Datenvektoren $(\underline{z}_1,..\underline{z}_M)=:\underline{Z}$ läßt sich die Projektionsmatrix schreiben als $\underline{P}=\underline{I}-\underline{Z}(\underline{Z}^H\underline{Z})^{-1}\underline{Z}^H$, [3]. Dieses Verfahren ist nur vernünftig, falls die Dimension des Signalraumes M deutlich kleiner als die Dimension des gesamten Meßraumes N ist, etwa N=50 und M=4, [3]. Entscheidend für die Leistungsfähigkeit des Verfahrens ist die Bestimmung einer geeigneten Dimension des Signalraumes. Wird die Dimension des Signalraumes zu klein gewählt, so wird die Störung nicht vollständig unterdrückt bzw. schlecht im Winkel aufgelöst. Wird die Dimension des Signalraumes zu groß gewählt, so erhält man einen Verlust im Signal-zu-Rauschverhältnis (S/N). Die Dimension des Signalraumes ist bei diesem Verfahren gleich der Anzahl der Stichprobenvektoren. Asymptotische Aussagen für große Stichprobenzahlen sind bei diesem Verfahren daher nicht möglich. Da der Sinn der HT-Projektion in der Schnelligkeit der Berechnung liegt, sind Testverfahren, die auf einer Eigenvektor/ Eigenwertzerlegung der Matrix $\underline{Z}\underline{Z}^H$ oder $\underline{Z}^H\underline{Z}$ basieren, nicht von Interesse.

2. MÖGLICHE TESTKRITERIEN

Da asymptotische Optimalitätskriterien nicht anwendbar sind, gehen wir heuristisch vor und betrachten Tests, die zunächst nur leicht zu berechnen sind. Generell soll der Test die Struktur haben, daß die Folge der Meßdaten $\underline{z}_1,\underline{z}_2...\underline{z}_K$ rekursiv orthonormiert wird (z.B. nach Gram-Schmidt) und mit einem Testkriterium T_K in jedem Schritt geprüft wird, ob ein neuer Meßvektor $\underline{z}_{K+1}$ hinzugenommen werden soll. Die folgenden vier Kriterien für die lineare Unabhängigkeit werden betrachtet.

Hung und Turner, [2], schlugen vor, die Länge des neuen Datenvektors nach der Projektion als Testkriterium zu benutzen, d.h.

$$T_{1,K} = \|\underline{P}_{K-1}\underline{z}_K\|^2 = \underline{z}_K{}^H\underline{P}_{K-1}\underline{z}_K \tag{T1}$$

wobei $\underline{P}_{K-1} = \underline{I} - \underline{Z}_{K-1}(\underline{Z}_{K-1}{}^H\underline{Z}_{K-1})^{-1}\underline{Z}_{K-1}{}^H$ mit $\underline{Z}_{K-1} = (\underline{z}_1, \cdot\cdot \underline{z}_{K-1})$.

Ein sinnvolle Abwandlung dieses Kriteriums ist, den Restfehler des projizierten Einheitsvektors zu benutzen:

$$T_{2,K} = \|\underline{P}_{K-1}(\underline{z}_K/\|\underline{z}_K\|)\|^2$$
$$= \|\underline{P}_{K-1}\underline{z}_K\|^2/\|\underline{z}_K\|^2 = T_{1,K}/\|\underline{z}_K\|^2 \tag{T2}$$

Dieses Kriterium läßt sich auch interpretieren als Maß für den Winkel zwischen den Vektoren $\underline{e}_K$ und $\underline{P}_{K-1}\underline{e}_K$, wobei $\underline{e}_k = \underline{z}_K/\|\underline{z}_K\|$, denn

$$\cos\sphericalangle(\underline{e}_K, \underline{P}_{K-1}\underline{e}_K) = \frac{\underline{e}_K{}^H\underline{P}_{K-1}\underline{e}_K}{\|\underline{P}_{K-1}\underline{e}_K\| \, \|\underline{e}_K\|} = \frac{\|\underline{P}_{K-1}\underline{e}_K\|^2}{\|\underline{P}_{K-1}\underline{e}_K\|} = \sqrt{T_{2,K}}$$

Ein Maß für die lineare Unabhängigkeit ist auch das K-dimensionale Volumen des von den K Vektoren aufgespannten Parallelogramms, normiert auf die mittlere Länge der Vektoren:

$$T_{3,K} = \det(\underline{Z}_K{}^H\underline{Z}_K) \, / \, (K^{-1} \, \mathrm{sp}(\underline{Z}_K{}^H\underline{Z}_K))^K \, , \tag{T3}$$

wobei $\underline{Z}_K = (\underline{z}_1, \cdot\cdot \underline{z}_K)$. Der Nenner $K^{-1} \, \mathrm{sp}(\underline{Z}_K{}^H\underline{Z}_K) = (1/K) \sum_{i=1}^{K} \|\underline{z}_i\|^2$

bezeichnet gerade die mittlere Länge der Meßvektoren. T_3 gibt das Quadrat des normierten Volumens des K-dimensionalen Parallelogramms an. Dieses Testkriterium ähnelt sehr dem Test für die Gleichheit der Eigenwerte einer geschätzten Kovarianzmatrix (Sphericity Test), s. [4, S.333], allerdings treten hier die konjugiert-transponierten Matrizen auf.

Man kann auch das von den Einheitsvektoren aufgespannte Parallelogramm betrachten:

$$T_{4,K} = \det(\underline{Z}_K'^H\underline{Z}_K') \, , \text{ mit } \underline{Z}_K' = (\underline{z}_1/\|\underline{z}_1\|, \cdot\cdot \underline{z}_K/\|\underline{z}_K\|)$$
$$= \det(\underline{Z}_K{}^H\underline{Z}_K) \, / \, \prod_{i=1}^{K} \|\underline{z}_i\|^2 \tag{T4}$$

$\sqrt{T_4}$ gibt das Volumen des von den Einheitsvektoren $\underline{z}_k/\|\underline{z}_k\|$ aufgespannten Parallelogramms an, $T_4{}^{1/2K}$ gibt die Kantenlänge des dazu volumengleichen Würfels an. T_4 hat nur Werte zwischen 0 und 1, wobei 1 genau dann auftritt, wenn alle Vektoren orthogonal sind.

3. ZUSAMMENHÄNGE ZWISCHEN DEN KRITERIEN

Für $\underline{V}_{K+1}= \underline{Z}_{K+1}{}^{H}\underline{Z}_{K+1}$ gilt

$$\underline{V}_{K+1}= \begin{bmatrix} \underline{Z}_K{}^H\underline{Z}_K & \underline{Z}_K{}^H\underline{Z}_{K+1} \\ \underline{Z}_{K+1}{}^H\underline{Z}_K & \underline{Z}_{K+1}{}^H\underline{Z}_{K+1} \end{bmatrix}$$

Nach dem Determinantenentwicklungssatz [4, S.581] gilt daher

$$\det(\underline{V}_{K+1})= \det(\underline{V}_K)\,\det(\underline{Z}_{K+1}{}^H\underline{Z}_{K+1} - \underline{Z}_{K+1}{}^H\underline{Z}_K(\underline{Z}_K{}^H\underline{Z}_K)^{-1}\underline{Z}_K{}^H\underline{Z}_{K+1})$$

$$= \det(\underline{V}_K)\,T_{1,K+1}$$

T_1 mißt also die Volumenänderung pro Iteration:

$$T_{1,K+1}= \det(\underline{V}_{K+1})/\det(\underline{V}_K) \tag{1}$$

Aus der Beziehung (1) folgt, daß

$$T_{4,K+1}= \frac{\det(\underline{V}_K)\;T_{1,K+1}}{\prod_{i=1}^{K}\|\underline{z}_i\|^2\;\|\underline{z}_{K+1}\|^2} = T_{4,K}\,T_{2,K+1} \quad \text{bzw.}$$

$$T_{2,K+1}= T_{4,K+1}\,/\,T_{4,K} \quad \text{oder, da } T_{4,1}= 1, \tag{2}$$

$$T_{4,K}= \prod_{i=1}^{K} T_{2,i} \tag{3}$$

Gleichung (3) zeigt, daß das Kriterium T_4 leicht rekursiv berechnet werden kann, da die Größen $T_{1,i}$ schon von der Gram-Schmidt Orthogonalisierung berechnet werden. Schnelle Berechnung ist eine wichtige Forderung für die Anwendung auf das HT-Verfahren.

4. INVARIANZEN

Vernünftige Testkriterien sollten gegenüber in der Praxis auftretenden Transformationen invariant sein. Die einfachste Forderung ist die der Unabhängigkeit von einem speziellen Koordinatensystem, d.h. die Invarianz gegenüber unitären Transformationen $\underline{U} \in \mathbb{C}^{N\times N}$ mit $\underline{U}^H\underline{U}= \underline{I}$. Man sieht leicht, daß alle Kriterien bei Transformation der Daten $\underline{z} \to \underline{U}\underline{z}$ die gleiche Form behalten, also unitär-invariant sind.

Eine weitere Forderung ist die, daß die Kriterien unabhängig von der Anfangsphase oder von der Aussteuerung der Sensoren sind, d.h.

skalierungsinvariant sind. Man sieht, daß bei Transformationen $\underline{z} \rightarrow c\underline{z}$, $c\epsilon\mathbb{C}$, nur T_2 und T_4 für beliebige c invariant sind. Für $|c| = 1$, also beliebige Anfangsphase, sind alle Kriterien invariant.

Für die Praxis sind nur die skalierungsinvarianten Tests T_2 und T_4 von Interesse.

5. SIMULATIONEN

Das Problem bei der Beurteilung dieser Tests ist, daß bei gegebenem Signal nicht gesagt werden kann, welche Dimension für den Signalraum beim HT-Verfahren optimal ist. Man kann nur für jede Signalkonfiguration durch Simulation die optimale Dimension ermitteln. Als Maß für die Güte der Tests wurde deshalb hier nur die Konzentration der Verteilung der Kriterien T_2 und T_4 betrachtet. Bild 1 zeigt in einem Beispiel, daß T_4 eine weniger fluktuierende Entscheidung liefert als T_2.

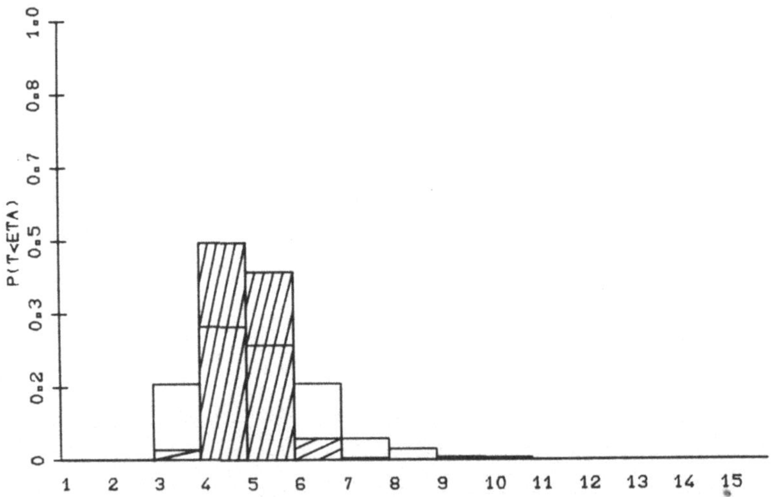

Bild 1: Wahrscheinlichkeiten für die Wahl der Dimension des Projektionsraumes für 2-Zielszenario und linearem 21-Elementarray.

Aufgetragen ist in Bild 1 die Verteilung der Wahrscheinlichkeiten $P\{T_{x,K} < \eta_x\}$ für $K=1,..15$ $(x=1,2)$, ermittelt aus 1000 Wiederholungen des Versuchs. Die schraffierten Balken geben die Wahrscheinlichkeiten für T_4 an, ohne Schraffur für T_2. Für T_4 wurde als Schwelle

$\eta_4 = 0.05^{2K}$, für T_2 wurde $\eta_2 = \cos^2(3°)$ gewählt. Als Sensoranordnung wurde ein lineares Array aus 21 Elementen im $\lambda/2$-Abstand betrachtet. Als empfangenes Signal wurden zwei Sender mit einer Leistung von jeweils 30 dB über dem Empfängerrauschen angenommen, die 2.3° im Winkel getrennt sind (entspricht 0.4-mal der Keulenbreite des Arrays).

Weitere Ergebnisse sind in [1,3] zu finden und werden im Vortrag gezeigt. Insbesondere ergibt sich, daß das Kriterium T_4 für hohes S/N recht gut arbeitet, bei geringem S/N aber die Dimension des Signalraumes zu groß wählt.

6. ZUSAMMENFASSUNG

Es wurden vier heuristisch motivierte, leicht zu berechnende Testkriterien zur Bestimmung der linearen Unabhängigkeit eines Satzes von Vektoren diskutiert. Für die interessierende Anwendung auf die Array-Signalverarbeitung erwies sich das Kriterium des Volumens der Einheitsvektoren (Kriterium T_4) als am günstigsten. Die Entwicklung eines Gütekriteriums für das betrachtete Testproblem sowie die Ermittlung eines für alle Signal-zu-Rauschverhältnisse gleichmäßig guten Tests sind noch offene Probleme.

LITERATUR

[1]   U. Nickel: Application of Array Signal Processing to Phased Array Radar (invited paper), in J.L.Lacoume, A.Chehikian, N.Martin, J.Malbos (eds): Signal Processing IV: Theory and Applications. Elsevier Sc.Publ. (North Holland) 1988, pp.467-474. (Tagungsband EUSIPCO-88)

[2]   Hung, E., Turner, R.: A fast beamforming algorithm for large arrays. IEEE Trans. AES-19, No.4 (1983) pp.598-607.

[3]   Nickel, U.: Some properties of fast projection methods of the Hung-Turner type, in I.T.Young, J.Biemond, R.Duin, J.J.Gerbrands (eds): Signal Processing III: Theories and Application. Elsevier Sc.Publ. (North Holland) 1986, pp.1165-1168. (Tagungsband EUSIPCO-86)

[4]   R.J. Muirhead: Aspects of Multivariate Statistical Theory. John Wiley 1982.

Architekturen

A SIMPLIFIED MODEL OF RAPID FLUIDIZATION

Andrzej Borys

Technical University of Hamburg-Harburg,
P. O. Box 90 14 03, 2100 Hamburg 90, West Germany

Introduction

The objective of this communication is to interpret the results of Li et al. (1981) in terms of a one-dimensional transport model (Wing, 1962). One refers to this model as the "one-dimensional rod". Here we use its version presented on page 10 of a book (Wing, 1962), and described by the following two equations:

$$\frac{du}{dz}(z) = \sigma(z)[F(z) - 1]u(z) + \sigma(z)B(z)v(z) \tag{1a}$$

$$-\frac{dv}{dz}(z) = \sigma(z)[F(z) - 1]v(z) + \sigma(z)B(z)u(z) \tag{1b}$$

where u and v are the expected densities of solid lumps at z and moving to the bed bottom or to the bed top, respectively. In the above equations, it is assumed that the bed top is at $z = 0$, and its bottom at $z = a$, $a > 0$. σ is called the macroscopic cross section, and should be interpreted here as follows: a solid lump moving a distance Δ has a probability $\sigma \cdot \Delta$ of happening something to it (for example, a change of direction of moving, a collision with some other lump without happening anything more, a collision with lump splitting or with adhering of lumps to each other, etc.). F and B should be understood as expected lump participations to the direction of lump moving before event and to the opposite direction, respectively.

In terms of quantities u and v, the porosity function is defined as

$$\varepsilon(z) = 1 - \beta[v(z) - u(z)] . \tag{2}$$

Combining eq 1a with 1b, and then using eq 2 leads to the following differential equation describing the porosity function:

$$\frac{d^2\varepsilon}{dz^2}(z) + f(z)\frac{d\varepsilon}{dz}(z) + g(z)\varepsilon(z) = g(z) \tag{3}$$

where

$$f(z) = \frac{-\dfrac{d}{dz}\left[\sigma(z)\big(B(z) - F(z) + 1\big)\right]}{\sigma(z)\left[1 + B(z) - F(z)\right]} \tag{4a}$$

and

$$g(z) = \sigma^2(z)\left[1 - \big(B(z) + F(z)\big)\right]\left[1 - \big(F(z) - B(z)\big)\right] . \tag{4b}$$

The result of Li et al. (1981) can be rewritten in a form useful for our task:

$$\varepsilon = E_o + E_1 \, tanh\left[\frac{1}{2Z_o}(z - z_i)\right] \tag{5}$$

where

$$E_o = e^{\frac{1}{2}ln(\varepsilon_a \cdot \varepsilon^*)} \cdot cosh\left[\frac{1}{2}ln\left(\frac{\varepsilon_a}{\varepsilon^*}\right)\right] \tag{6a}$$

and

$$E_1 = e^{\frac{1}{2}ln(\varepsilon_a \cdot \varepsilon^*)} \cdot sinh\left[\frac{1}{2}ln\left(\frac{\varepsilon_a}{\varepsilon^*}\right)\right] . \tag{6b}$$

In eq 6a and 6b, ε_a and ε^* are porosity of dense and dilute phase, respectively. Z_o in eq 5 is the characteristic length, and z_i represents a coordinate of an inflection point of the porosity function.

Formulation of the problem and its solution

We simplify the model by assuming in eq 4a and 4b that B and F are some constants. Then we can write

$$f(z) = -\left[\sigma(z)\right]^{-1} \cdot \frac{d\sigma}{dz}(z) \tag{7a}$$

and

$$g(z) = \left[\sigma(z)\right]^2 \cdot K \tag{7b}$$

where K is a constant.

Under the above simplifying assumptions regarding B and F, we look for a function $\sigma(z)$, which applied in eq 3, results in the porosity function (eq 5) being a solution of equation 3.

Applying eq 7a, 7b, and 5 in eq 3 gives

$$\frac{d\sigma}{dz}(z) + \sigma(z) \cdot P(z) = \left[\sigma(z)\right]^3 \cdot Q(z) \tag{8}$$

where

$$P(z) = \frac{1}{Z_o} \, tanh\left[\frac{1}{2Z_o}(z - z_i)\right] \tag{9a}$$

and

$$Q(z) = \frac{2Z_O K}{E_1}\left[E_O - 1 + E_1 \tanh\left(\frac{1}{2Z_O}(z - z_j)\right)\right] \cosh^2\left(\frac{1}{2Z_O}(z - z_j)\right) .$$

(9b)

The differential equation 8 is of Bernoulli type (Bronstein–Semendjajew, 1980), and can be explicitly solved. The solution has the form:

$$\sigma(z) = \frac{1}{2Z_O} \frac{1 - [Z_O\,P(z)]^2}{\left[\left(\frac{1}{2Z_O\sigma_j}\right)^2 - 2Z_O K\frac{E_O - 1}{E_1}P(z) - KZ_O P(z)\right]^{\frac{1}{2}}}$$

(10)

where the function $P(z)$ is given by eq 9a. σ_j is the value of the function $\sigma(z)$ at the point $z = z_j$, and represents a boundary condition for eq 8.

Discussion

The normalized function $\sigma_n(h) = 2Z_O\,\sigma(z)$ is plotted in all figures of this section; h means here a bed height and is given by $h = a - z$, $a = 10\,\text{m}$. (Note that $h = 0$ corresponds to the bed bottom, being opposite to $z = 0$ representing the bed top.)

Figure 1 shows a typical run of the function $\sigma_n(h)$; it has been calculated for: $K = 0.02$, $\varepsilon_a = 0.78$, $\varepsilon^* = 0.98$, $\sigma_j = 1\,\text{m}^{-1}$, $Z_O = 0.5\,\text{m}$, $z_j = 7\,\text{m}$.

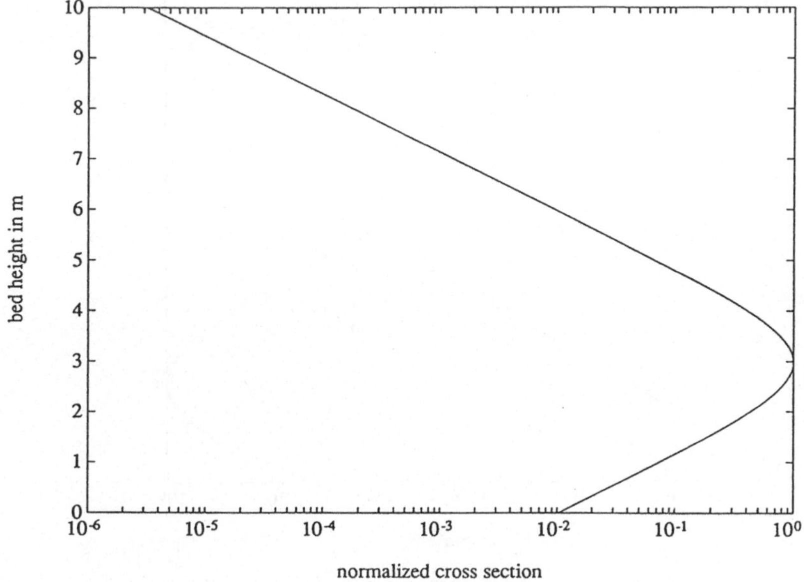

Fig. 1. Macroscopic cross section for $z_j = 7\,\text{m}$.

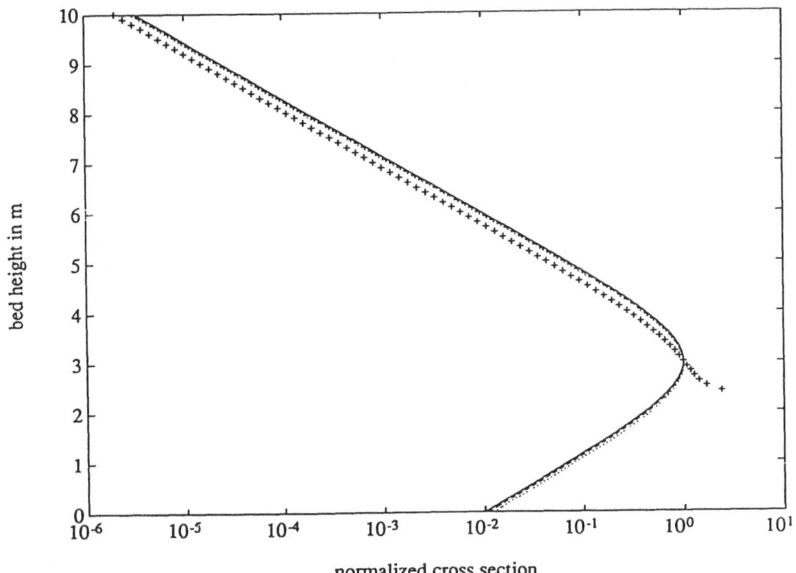

Fig. 2. Influence of parameter K on macroscopic cross section. (solid) $K = 0.01$, (dashed) $K = 0.05$, (dotted) $K = 0.1$, (plus) $K = 0.5$.

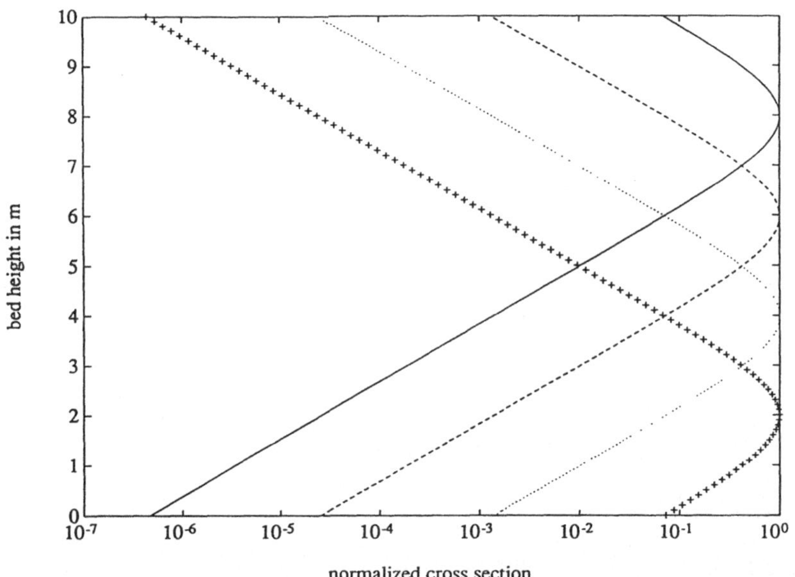

Fig. 3. Influence of parameter z_j on macroscopic cross section. (solid) $z_j = 2\,\mathrm{m}$, (dashed) $z_j = 4\,\mathrm{m}$, (dotted) $z_j = 6\,\mathrm{m}$, (plus) $z_j = 8\,\mathrm{m}$.

The Figures 2 and 3 illustrate influence of variation of the parameters K and z_i, respectively, on the curve $\sigma_n(h)$. The unchanged parameters at these figures are equal to those used in calculation of Figure 1. The broken curve in Figure 2 means that the expression (eq 10) is not valid for all z in this particular case.

Characteristic of the function $\sigma(z)$ is occurrence of one distinct maximum near the inflection point z_i, i.e. in the region "in-between dense and dilute phase". This region can be "shifted" by changing z_i (Figure 3). It is interesting to note that the function $\sigma(z)$ is relatively insensitive to the change of para- meter K (Figure 2).

In our opinion, the results presented are promising and encouraging to further work for making the simplified model of Section 2 more fine.

Summary

A simplified one-dimensional transport model for a bed working under rapid fluidization regime has been developed. Crucial in this model is the so-called macroscopic cross section. Its form is found in this paper and presented graphically. Characteristic for it as a function of the bed height is the occurrence of one distinct maximum near the inflection point of the axial porosity profile. This would mean physically that solid lumps act very strongly on each other only in the region around the bed height corresponding to the cross section maximum.

Nomenclature

u, v = expected densities of solid lumps, which move to the bed bottom and
   to the bed top, respectively, number of lumps/m
E_0, E_1 = coefficients in eq 5, dimensionless
Z_0 = characteristic length of the bed, m
z_i = coordinate of the inflection point of porosity curve, m
K = constant in eq 7b, dimensionless
σ = macroscopic cross section, m^{-1}
σ_n = normalized macroscopic cross section equal to $2Z_0 \sigma$
σ_i = value of macroscopic cross section at the inflection point of ε
ε = porosity, dimensionless
ε_a, ε^* = porosity of dense and dilute phase, respectively
β = coefficient in eq 2, m

Literature

Li, Y.; Chen, B.; Wang, F.; Wang, Y.; Guo, M. Rapid fluidization. *Int. Chem. Eng.* **1981**, 21, 670 - 678.

Wing, G. M. *An Introduction to Transport Theory* ; John Wiley & Sons: New York, 1962.

Bronstein, I. N.; Semendjajew, K. A. *Taschenbuch der Mathematik*; Harri Deutsch: Thun und Frankfurt/Main, 1980.

This work was supported by the Deutsche Forschungsgemeinschaft under Sonderforschungsbereich 238.

Beobachtung von Verkehrszeichen aus einem bewegten Fahrzeug

Dipl.–Inform. K. Welz
Institut für Theoretische Nachrichtentechnik und Informationsverarbeitung,
Universität Hannover

Zusammenfassung

Am Institut werden im Rahmen eines von der DFG geförderten Forschungsvorhabens Mechanismen zur automatischen Aufgabenverteilung und Kooperation für die parallele wissensbasierte Bildverarbeitung entwickelt. Als hinreichend komplexe Aufgabenstellung zur Erprobung der entwickelten Mechanismen wurde die Erkennung von Verkehrszeichen aus einem bewegten Fahrzeug gewählt. Im Beitrag wird ein Verfahren zur modellgestützten Bewegungsbestimmung vorgestellt, das zur Beobachtung (Verfolgung) von Verkehrszeichen innerhalb von Bildsequenzen eingesetzt wird.

1 Einleitung

Viele Aufgaben für die Bildverarbeitung sind so rechenaufwendig, daß kritische Antwortzeiten nur auf einem Multiprozessorsystem eingehalten werden können. Ein Multiprozessorsystem bietet die Möglichkeit, ein komplexes Problem parallel zu bearbeiten. Dazu ist eine Strategie zur automatischen Verteilung der parallelen Teilaufgaben der numerischen und symbolischen Bildverarbeitung auf die vorhandenen Prozessoren wünschenswert, die unabhängig von der Anzahl der gerade zur Verfügung stehenden Prozessoren ist. Die parallele Bearbeitung von Teilaufgaben durch unterschiedliche Prozessoren erfordert das Austauschen, Zusammenfassen und das Auswerten von Ergebnissen. Es müssen also Mechanismen zur Kooperation der parallel ablaufenden numerischen und symbolischen Prozesse bereitgestellt werden. Ziel eines Vorhabens an der Universität Hannover ist die Entwicklung dieser Mechanismen insbesondere für die parallele wissensbasierte Bildverarbeitung. Die realisierten Mechanismen sollen anhand einer komplexen Bildanalyseaufgabe erprobt werden. Als Demonstrationsbeispiel soll die Erkennung von Verkehrszeichen aus einem bewegten Fahrzeug dienen. Eine reine Bottom–Up– oder Top–Down–Strategie ist hier aufgrund der Unsicherheiten bei der Deutung natürlicher Szenen nicht möglich. Das bedeutet, daß die verschiedenen Schritte der Low–Level–Verarbeitung (numerische Verarbeitung von Bildmatrizen) und der High–Level–Verarbeitung (symbolische Verarbeitung) sich wechselseitig beeinflussen und eng miteinander kooperieren müssen.

2 Vorgehensweise bei der Erkennung von Verkehrszeichen aus einem bewegten Fahrzeug

Davon ausgehend, daß Verkehrszeichen nur am rechten Straßenrand auftreten, läßt sich die Suche nach Kandidaten für Verkehrszeichen auf einen wesentlich kleineren Bildbereich einschränken. Ist der Verlauf der rechten Straßenkante ermittelt, kann ein Beobachtungsfenster positioniert werden, in dem nach entfernten, neu auftretenden Kandidaten für Verkehrszeichen gesucht wird. Bild 1 zeigt eine Straßenszene mit Verkehrszeichen. Der ermittelte Verlauf der Straßenkante und ein Beobachtungsfenster wurden schwarz in das Originalbild eingezeichnet. Die im Beobachtungsfenster gefundenen weit entfernten Kandidaten für Verkehrszeichen sind wegen ihrer geringen Größe nicht eindeutig identifizierbar. Für jeden Kandidaten werden deshalb Hypothesen über die Art des Verkehrszeichens aufgestellt und in jedem neuen Bild der Sequenz verifiziert. Eine Hypothese wird angenommen, verworfen oder schrittweise verfeinert. Je geringer die Distanz eines Verkehrszeichens zum Fahrzeug ist, desto mehr Informationen über das Verkehrzeichen sind vorhanden, so daß die Hypothesen immer spezieller werden. Zur Wiederauffindung eines zu beobachtenden Kandidaten im jeweils nächsten Bild wird ein Verfahren zur modellgestützten Bewegungsbestimmung eingesetzt, welches die 3D-Relativbewegung eines beobachteten Verkehrszeichens zwischen zwei Bildern schätzt [1, 2, 3]. Diese Bewegungsparameter werden zudem zur Hypothesenverifikation eingesetzt. Ein Verkehrszeichen muß sich relativ zum Fahrzeug entlang der Straßenkante nähern. Objekte, die sich entfernen, können als Kandidaten für Verkehrszeichen ausgeschlossen werden. Ein weiterer Vorteil dieses Verfahrens ist, daß die Verfolgung verschiedener Kandidaten dabei unabhängig voneinander von verschiedenen Prozessoren parallel bearbeitet werden kann. Jeder Prozessor betrachtet dabei nur einen kleinen Bildausschnitt.

Bild 1: Straßenszene mit ermittelter Straßenkante und Beobachtungsfenster

3 Verfahren zur modellgestützten Bewegungsbestimmung
3.1 Beschreibung der 3D-Modellwelt

Die 3D-Modellwelt setzt sich aus dem Kamera-, dem Beleuchtungs- und dem Objektmodell zusammen.

Das Kameramodell beschreibt den Vorgang der Abbildung eines dreidimensionalen Objekts in die Bildebene. Zur Abbildung wird die perspektivische Projektion verwendet. Ein Punkt $\mathbf{P} = (P_x, P_y, P_z)^T$ im Raum wird mit der folgenden Gleichung in den Punkt $\mathbf{B} = (B_x, B_y)^T$ der

Bildebene abgebildet:

$$\mathbf{B} = (P_x \cdot F / P_z, P_y + F / P_z)^T \qquad\qquad \text{mit} \quad F \text{ Brennweite der Kamera} \qquad (3.1)$$

Das Beleuchtungsmodell beschreibt die Intensität einer als diffus angenommenen Lichtquelle. Die Beleuchtungsparameter erlauben die Modellierung von lokalen, zeitlich langsamen Beleuchtungsschwankungen.

Das Objektmodell setzt sich aus den 3D–Objekten in der Szene zusammen. Jedes Objekt wird durch die Objektform, die Oberflächentextur und die Bewegungsparameter definiert. Die Form eines Objekts wird durch seine Oberfläche beschrieben. Die Oberfläche wird aus einem Dreiecksnetz gebildet. Die Lage der Dreiecke wird durch Kontrollpunkte beschrieben. Den einzelnen Dreiecken wird die Grauwertverteilung aus den Originalbildern (Oberflächentextur) zugewiesen. Die Bewegungsparameter geben die momentane Lage des Objekts bezogen auf eine Referenzposition an, sie werden global auf alle Kontrollpunkte des Objekts angewendet. Die neue Position $\mathbf{P}'$ eines Punktes nach der Bewegung berechnet sich mit dem Ortsvektor $\mathbf{P}$ zu:

$$\mathbf{P}' = [\mathbf{R}] \cdot \mathbf{P} + \mathbf{T} \qquad\qquad\qquad\qquad (3.2)$$

mit   [**R**]   Rotationsmatrix (Drehung um die x–, y– und z–Achse)
       T   Translationsvektor (Translation in x–, y– und z–Richtung).

3.2 Bestimmung der Bewegungsparameter

Die Bestimmung der Bewegungsparameter erfolgt modellgestützt. Aus dem Vergleich zwischen den Originalbildern und der Rekonstruktion werden Informationen zur Verbesserung der Parameter bestimmt. Bild 2 veranschaulicht das Verfahren zur Bestimmung der Bewegungsparameter.

Für die Erzeugung des Objektmodells muß zunächst im ersten Bild der Bildfolge, in dem ein Objekt auftritt (Referenzbild), das Gebiet segmentiert werden, das das vermutliche Objekt einnimmt. Für die Beschreibung der Objektform wird dann ein geschlossenes Dreiecksnetz generiert. Bild 3 veranschaulicht die Generierung der Objektform eines Verkehrszeichens. Im Referenzbild liegt für jedes Dreieck ein Bildausschnitt vor. Die Bildausschnitte werden auf das Dreiecksnetz projiziert und bilden die Objektoberfläche.

Kennt man die Form, die Oberflächeneigenschaften und die Bewegungen eines Objekts, so kann dieses rekonstruiert werden. Bild 4 zeigt die Rekonstruktion eines Verkehrszeichens aus dem Objektmodell. Dazu werden die Kontrollpunkte mittels Gleichung (3.2) in die aktuelle Position $\mathbf{P}'$ bewegt und gemäß Gleichung (3.1) in die Bildebene projiziert. Die Position der Kontrollpunkte legt die Objektform fest. Die Grauwertverteilung in der Rekonstruktion wird dreiecksweise aus der Oberflächentextur des Objektmodells berechnet. Ein Bildpunkt des Objekt-

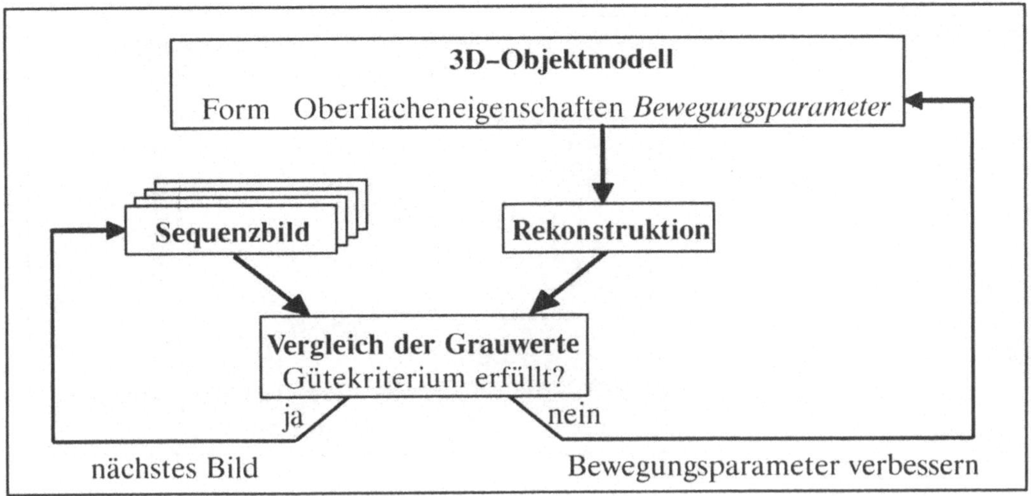

Bild 2: Bestimmung der Bewegungsparameter

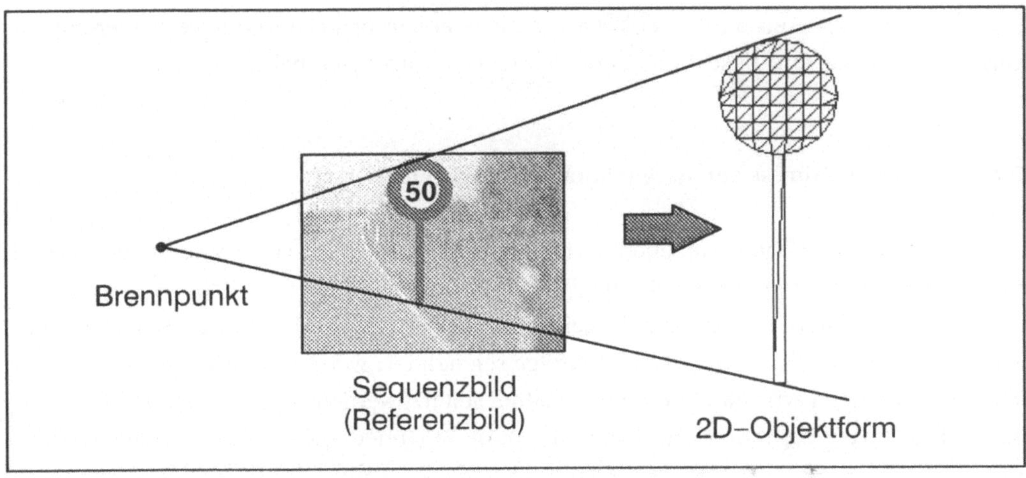

Bild 3: Erzeugung der Objektform

modells wird mit Hilfe einer affinen Abbildung an die entsprechende Stelle in der Rekonstruktion transformiert.

Bild 2 zeigt, daß die Bestimmung der Bewegungsparameter modellgestützt erfolgt, wobei die Parameter durch den Vergleich der Grauwerte der Originalbilder mit denen der Rekonstruktion iterativ bestimmt werden. Dabei wird die als Gütekriterium verwendete mittlere quadratische Grauwertdifferenz zwischen den Originalbildern und den Rekonstruktionen schrittweise minimiert. Es werden also diejenigen Parameter gesucht, die die Objektbewegung am besten beschreiben. Bei der Erzeugung der Rekonstruktion während der Parameterbestimmung werden zur Reduzierung der Rechenzeit nur Abtastwerte der Objektoberfläche (etwa 1 bis 10%) ver-

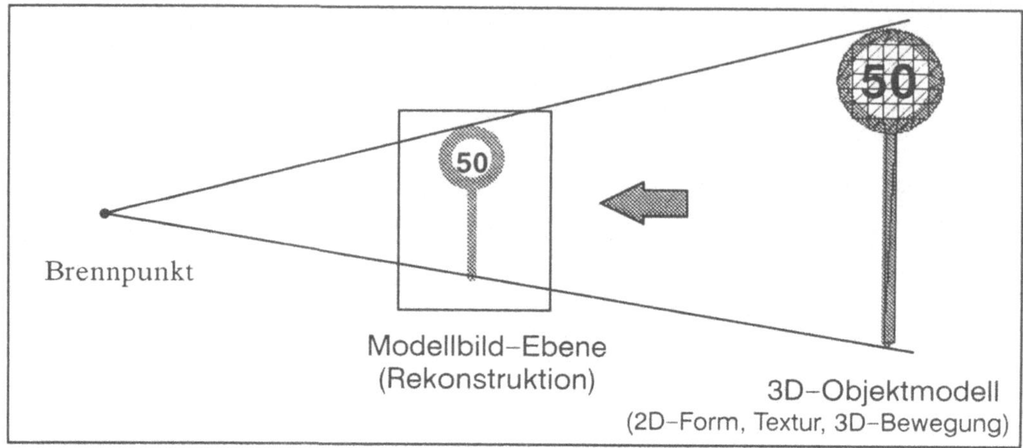

Bild 4: Rekonstruktion eines Verkehrszeichens

wendet, die einen wesenlichen Beitrag zur Parameterbestimmung liefern. Diese sogenannten Beobachtungspunkte werden in Gebieten mit einer hohen örtlichen Grauwertänderung gewählt. Eine detailliertere Beschreibung des Verfahrens findet sich bei Kappei [2].

3.3 Einsatz des Verfahrens zur Beobachtung von Verkehrszeichen

Die Anwendbarkeit des beschriebenen Verfahrens zur Beobachtung von Verkehrszeichen wird anhand einer realen Verkehrsszene beispielhaft demonstriert. Mittels des ersten Bildes der Szene wird das Objektmodell eines Verkehrszeichens generiert. Ein Verkehrszeichen muß also nur einmal beim ersten Erscheinen in der Bildfolge segmentiert werden. Zur Segmentierung der Objektform können Farb– und Formeigenschaften genutzt werden. Bild 5a zeigt das Referenzbild und Bild 5b das zugehörige automatisch generierte Dreiecksnetz für ein Verkehrszeichen.

Bild 5a: Referenzbild

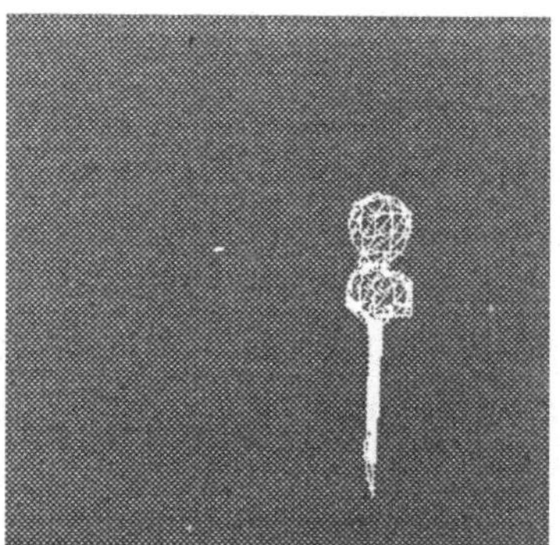

Bild 5b: Dreiecksnetz

<u>Bild 6</u> zeigt für das 1., das 25. und das 50. Bild der Sequenz jeweils das Originalbild und die entsprechenden mittels der geschätzten Relativbewegung rekonstruierten Verkehrszeichen. Die Schätzung für die Translation in Tiefen–Richtung wird allein durch die Größenänderung des Objekts ermittelt. Da ein entferntes Verkehrszeichen sehr klein und somit die Größenänderung von Bild zu Bild sehr gering ist, ist die Schätzung für die Relativbewegung zwischen zwei aufeinanderfolgenden Bildern wenig aussagekräftig. Erst die Summe der Schätzungen über mehrere Bilder liefert sichere Werte für die Relativbewegung eines verfolgten Kandidaten für ein Verkehrszeichen, die für die Hypothesenverifikation eingesetzt werden können.

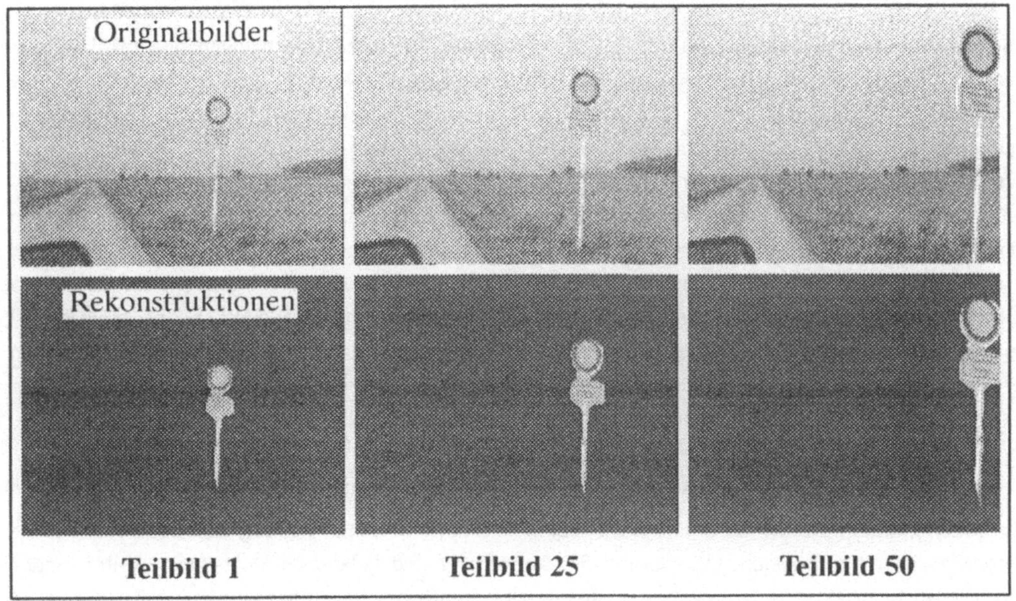

Bild 6: Beobachtung eines Verkehrszeichens

Ich danke Herrn H. Busch und Herrn R. Koch für ihre Unterstützung bei der Realisierung der für die Bestimmung der Relativbewegung eines Verkehrszeichens benötigten Algorithmen.

Literaturverzeichnis

1. F. Kappei, C.-E. Liedtke, "Modelling of a Natural 3–D Scene Consisting of Moving Objects from a Sequence of Monocular TV Images", SPIE, Cannes, 1987.
2. F. Kappei, "Modellierung und Rekonstruktion bewegter dreidimensionaler Objekte in einer Fernsehbildfolge", PhD.-Thesis, Universität Hannover, 1989.
3. C.-E. Liedtke, H. Busch, R. Koch, "Automatic Modelling of 3D moving Objects from a TV Image Sequence, SPIE, Santa Clara, 1989.

OPTIMALEMPFÄNGER FÜR DIGITALSIGNALE BEI EINWIRKEN VON STÖRSIGNALEN MIT STATISTISCHEN BINDUNGEN

W. Kleinhempel und P. W. Baier

Universität Kaiserslautern
Lehrstuhl für hochfrequente Signalübertragung und -verarbeitung

1. Einleitung

Die in einem Übertragungssystem mit Optimalempfänger erzielbare Übertragungsqualität, beispielsweise charakterisiert durch die Symbolfehlerwahrscheinlichkeit, hängt ab von der durch Kanalcodierung und Modulation bestimmten Nutzsignalstruktur, dem Signalstörverhältnis am Empfängereingang und dem Typ des Störsignals. Bei gegebener Nutzsignalstruktur und festem Signalstörverhältnis können sich je nach Störsignaltyp sehr unterschiedliche Übertragungsqualitäten ergeben /1/. Üblicherweise geht man bei Systemkonzipierungen von Gaußrauschen als Störsignal aus. Insbesondere bei Spread-Spectrum-Übertragungssystemen kommen jedoch auch andere Störertypen, wie z.B. Dauersinusstörer, Pulsstörer und gemischte Störer vor, die sich oft sehr schädlich auf das Übertragungsverhalten eines Spread-Spectrum-Übertragungssystems auswirken /2/. In vielen Fällen ist die Bandbreite der Störsignale geringer als die Bandbreite der verwendeten Spread-Spectrum-Signalformen /3/. Solche schmalbandigen Störsignale, die sich den gesendeten Spread-Spectrum-Signalformen auf dem Übertragungskanal überlagern, haben statistische Bindungen. Die aus der Literatur bekannten Verfahren zur Unterdrückung von Störsignalen mit statistischen Bindungen, wie z.B. der Einsatz von Dekorrelationsfiltern, sind nur bei gaußverteilten Störsignalen optimal.

In dieser Arbeit wird die Struktur eines digitalen Empfängers hergeleitet, der bei Einwirken von Störsignalen mit beliebigen Störleistungsdichtespektren und beliebigen Verteilungsdichten optimal ist. Die Vorschrift, nach der die Entscheidungen im Empfänger getroffen werden, setzt Kenntnisse über die statistischen Eigenschaften der Störsignale voraus. Die benötigten Kenntnisse, z.B. über statistische Bindungen zwischen den Werten des Störsignals zu verschiedenen Zeitpunkten, können durch Modellierung des empfangenen Störsignals mit Markoffketten erhalten werden.

2. Modellierung des Übertragungssystems

Es wird ein M-äres Übertragungssystem betrachtet. Im Sender eines solchen Übertragungssystems wird jeder der M möglichen Nachrichten h_m, m=1,...,M, eine Signalform $s_m(t)$, m=1,...,M, zugeordnet. Beim Auftreten der Nachricht h_m wird $s_m(t)$ gesendet. Die Signalformen $s_m(t)$ seien PN-PSK-Signalformen mit der Amplitude A, der Trägerfrequenz f_o und der Dauer T, d.h. /4/

$$s_m(t) = A\, p_m(t)\cos(2\pi f_o t)\,\mathrm{rect}(t/T), \quad m=1,...,M. \tag{1}$$

Die binären, pseudozufälligen Spreizungsfunktionen $p_m(t)$ bestehen jeweils aus L Chips /2/ $p_{ml}\epsilon\{-1,1\}$, l=1,...,L, der Dauer

$$T_c = T/L. \tag{2}$$

Am Empfängereingang ist den gesendeten Signalformen $s_m(t)$ i.a. ein Störsignal n(t) überlagert. Die Aufgabe des Empfängers besteht darin, aufgrund des Empfangssignals x(t) zu entscheiden, welche der M Signalformen $s_m(t)$, d.h. welche der M Nachrichten h_m, gesendet wurde.

Im folgenden wird eine kohärente Nachrichtenübertragung und ein digitaler Empfänger vorausgesetzt. Die Struktur eines geeigneten Empfängers ist in Bild 1 dargestellt. Das Empfangssignal $x(t)$ wird durch Multiplikation mit $2\cos(2\pi f_0 t)$ und anschließende Tiefpaßfilterung ins Basisband transformiert. Zur digitalen Verarbeitung wird das Tiefpaßausgangssignal $y(t)$ im zeitlichen Abstand T_c abgetastet. Für den Abtastwert zum Zeitpunkt lT_c gilt

$$Y(lT_c) = Y_l = A\,p_{ml} + n_l, \quad m\epsilon\{1,...,M\}, \tag{3}$$

wobei n_l der Abtastwert des auf dem Kanal überlagerten Störsignals $n(t)$ nach der Demodulation mit $2\cos(2\pi f_0 t)$ und der Tiefpaßfilterung gemäß Bild 1 ist. Die L Abtastwerte Y_l werden gleichzeitig M unterschiedlichen Signalkanälen zugeführt. Jeder dieser Signalkanäle ist auf eine der M Signalformen $s_m(t)$ zugeschnitten und ist so aufgebaut, daß er bei Empfang der ihm entsprechenden Signalform ein großes, bei Empfang einer anderen Signalform ein kleines Ausgangssignal liefert. Die Ausgänge der Signalkanäle werden einer Vergleicherschaltung zugeführt, in der der jeweilige Maximalwert festgestellt und entschieden wird, welche Nachricht $h_{\hat{m}}$, $\hat{m}\epsilon\{1,...,M\}$, empfangen wurde. Es wird stets davon ausgegangen, daß der Empfänger ideal synchronisiert ist, d.h. die Eintreffzeitpunkte der gesendeten Signalformen $s_m(t)$ sind bekannt.

3. Empfangsstrategie des Optimalempfängers

Ein Optimalempfänger wählt aufgrund der Abtastwerte Y_l, $l=1,...,L$, die Nachricht $h_{\hat{m}}$, $\hat{m}\epsilon\{1,...,M\}$, aus, die die größte Rückschlußwahrscheinlichkeit $\text{Prob}\{h_{\hat{m}}|Y_1,...,Y_L\}$ aufweist. Mit den Auftrittswahrscheinlichkeiten

$$q_m = \text{Prob}\{h_m\}, \quad m=1,...,M \tag{4}$$

der Nachrichten h_m erhält man mit dem Satz von Bayes die Entscheidungsvorschrift

Wähle $h_{\hat{m}} = h_k$, wenn
$$P\{Y_1,...,Y_L|h_k\}\,q_k > P\{Y_1,...,Y_L|h_m\}\,q_m \tag{5}$$
für alle $k \neq m$ gilt.

Die Abtastwerte Y_l weichen gemäß (3) um die Differenzwerte n_l von den Werten $A p_{ml}$ des ungestörten Empfangssignals ab. Die bedingte Wahrscheinlichkeit $P\{Y_1,...,Y_L|h_m\}$, daß die Abtastwerte Y_l bei der angenommenen Nachricht h_m auftreten, ist somit gleich der Wahrscheinlichkeit, daß die Abtastwerte n_l des Störsignals den gleichen Wert wie die Differenzwerte

$$n_l^{(m)} = Y_l - A\,p_{ml}, \quad l=1,...,L, \; m\epsilon\{1,...,M\} \tag{6}$$

haben, d.h.

$$P\{Y_1,...,Y_L|h_m\} = P\{n_1=n_1^{(m)},...,n_L=n_L^{(m)}|h_m\}. \tag{7}$$

$n_l^{(m)}$ sind somit die Störsignalwerte, die auftreten müßten, um die Werte $A p_{ml}$ der angenommenen Nachricht h_m in die tatsächlich erhaltenen Abtastwerte Y_l zu verfälschen.

Basierend auf (5) läßt sich unter Berücksichtigung von (6) und (7) die Struktur der Signalkanäle des Empfängers nach Bild 1 genauer angeben, siehe Bild 2. Wegen der digitalen Verarbeitung werden die Größen $n_l^{(m)}$ quantisiert. Die Ausgangsgrößen $\xi_l^{(m)}$ der als I-stufig vorausgesetzten Quantisierer in den M Signalkanälen des Empfängers können jeweils einen Wert aus dem Wertevorrat $\{b_1, b_2, ..., b_I\}$ annehmen, d.h.

$$\xi_l^{(m)} \epsilon \{b_1, b_2, ..., b_I\}, \quad l=1,2,...,L, \; m=1,2,...,M. \tag{8}$$

Der digitale Empfänger nach Bild 1 und 2 realisiert die aus (5) abgeleitete, optimale Entscheidungsvorschrift

Wähle $h_{\hat{m}} = h_k$, wenn

$$q_k \, P\{\xi_1^{(k)}, \xi_2^{(k)}, ..., \xi_L^{(k)}\} \; > \; q_m \, P\{\xi_1^{(m)}, \xi_2^{(m)}, ..., \xi_L^{(m)}\} \tag{9}$$

für alle $m \neq k$ gilt.

Bei gedächtnisfreiem Kanal, d.h. statistischer Unabhängigkeit der Abtastwerte $\xi_1^{(m)}, ..., \xi_L^{(m)}$, vereinfacht sich die Entscheidungsvorschrift zu

Wähle $h_{\hat{m}} = h_k$, wenn

$$q_k \prod_{l=1}^{L} P\{\xi_l^{(k)}\} \; > \; q_m \prod_{l=1}^{L} P\{\xi_l^{(m)}\} \tag{10}$$

für alle $m \neq k$ gilt.

Diese Voraussetzung trifft jedoch bei Spread-Spectrum-Systemen oftmals nicht zu /3/.

4. Störsignalbeschreibung

Die Problematik bei der Implementierung der optimalen Entscheidungsvorschrift (9) ist, daß insgesamt I^L verschiedene Wahrscheinlichkeiten $P\{\xi_1^{(m)}, ..., \xi_L^{(m)}\}$, $m=1, ..., M$, existieren. Diese enorme Anzahl von Werten – typische Größen von L liegen zwischen 10 und 10^4 /4/ – müßte dem Empfänger bekannt sein. Im folgenden wird eine Methode zur Bestimmung der Wahrscheinlichkeiten $P\{\xi_1^{(m)}, ..., \xi_L^{(m)}\}$ vorgestellt, mit der zukünftige Empfänger verbessert werden können, ohne daß der Realisierungsaufwand stark ansteigt, vergleiche /5/.

Der Empfänger muß sich zunächst Kenntnisse über das empfangene Störsignal beschaffen. Hierzu wird ein Zeitintervall betrachtet, in dem keine Signalform $s_m(t)$ empfangen wird. Zu den Abtastzeitpunkten νT_c ist die Größe Y_l in Bild 1 damit gleich den Abtastwerten n_ν, $\nu=1,2,...$, des empfangenen Störsignals. Die quantisierten Störsignalwerte werden mit ξ_ν, $\nu=1,2,...$, bezeichnet, wobei der hochgestellte Index m für ξ_ν entfallen kann, da ein Zeitintervall betrachtet wird, in dem keine Signalform empfangen wird. Deshalb werden in den M Signalkanälen, vergleiche Bild 2, die Werte Ap_{ml} nicht von den Abtastwerten Y_l subtrahiert.

Die M Folgen $\xi_1^{(m)}, ..., \xi_L^{(m)}$, $m=1, ..., M$, in der Entscheidungsvorschrift (9) – $\xi_l^{(m)}$ ist hierbei ein konkreter Wert gemäß (8) – kennzeichnen M konkrete Realisationen der durch ξ_ν, $\nu=1,2,...$, gebildeten stochastischen Kette. Die Übergänge in einer stochastischen Kette von $\xi_{\nu-r}, ..., \xi_{\nu-1}$ auf ξ_ν werden durch die Übergangswahrscheinlichkeiten

$$p_n(b_{i_0} | b_{i_1}, ..., b_{i_r}) = P\{\xi_\nu = b_{i_0} | \xi_{\nu-1} = b_{i_1}, ..., \xi_{\nu-r} = b_{i_r}\}, \quad i_0, i_1, ..., i_r = 1, ..., I \tag{11}$$

beschrieben. Durch $p_n(b_{i_0} | b_{i_1}, ..., b_{i_r})$ wird die bedingte Wahrscheinlichkeit angegeben, mit der ein quantisierter Abtastwert ξ_ν des empfangenen Störsignals den Quantisiererwert b_{i_0} annimmt, wenn die r vorangegangenen Abtastwerte $\xi_{\nu-1}, ..., \xi_{\nu-r}$ dieses Störsignals gleich den Quantisiererwerten $b_{i_1}, ..., b_{i_r}$ waren. Die Übergangswahrscheinlichkeiten nach (11) können bestimmt werden, wenn die quantisierten Abtastwerte ξ_ν, $\nu=1,2,...$, über ein bestimmtes Zeitintervall beobachtet werden.

Es ist zu beachten, daß die Anzahl r der berücksichtigten vergangenen Abtastwerte im praktischen Anwendungsfall nicht beliebig groß gewählt werden kann, da die Anzahl I^{r+1} der zu bestimmenden Übergangswahrscheinlichkeiten exponentiell mit r+1 ansteigt. Aus praktischen Gesichtspunkten ist somit ein bestimmter Wert r vorzugeben. Die stochastische Kette ξ_ν, $\nu=1,2,\ldots$, wird also im Empfänger als Markoffkette r-ter Ordnung modelliert, siehe /5/.

Mit den Übergangswahrscheinlichkeiten nach (11) erhält man

$$P\{\xi_1{}^{(m)},\xi_2{}^{(m)},\ldots,\xi_L{}^{(m)}\} = \prod_{l=1}^{L} p_n(\xi_l{}^{(m)}|\xi_{l-1}{}^{(m)},\ldots,\xi_{l-r}{}^{(m)}), \quad m=1,\ldots,M. \quad (12)$$

In (12) werden außer den quantisierten Abtastwerten $\xi_1{}^{(m)},\ldots,\xi_L{}^{(m)}$ auch die quantisierten Abtast-werte $\xi_0{}^{(m)},\xi_{-1}{}^{(m)},\ldots,\xi_{-r+1}{}^{(m)}$ benötigt. Diese r Größen geben die quantisierten Abtastwerte des Störsignals zu den r Abtastzeitpunkten vor dem Eintreffen einer Signalform $s_m(t)$ an. Aus diesem Grund sind diese r Werte in allen M Signalkanälen gleich.

Aus (9) und (12) resultiert die Entscheidungsvorschrift

Wähle $h_{\hat{m}}=h_k$, wenn

$$q_k \prod_{l=1}^{L} p_n(\xi_l{}^{(k)}|\xi_{l-1}{}^{(k)},\ldots,\xi_{l-r}{}^{(k)}) \;>\; q_m \prod_{l=1}^{L} p_n(\xi_l{}^{(m)}|\xi_{l-1}{}^{(m)},\ldots,\xi_{l-r}{}^{(m)}) \quad (13)$$

für alle $m \neq k$ gilt.

5. Anwendungsbeispiel

Im vorliegenden Abschnitt wird die Übertragungsqualität des angegebenen Empfängers untersucht. Das betrachtete Übertragungssystem ist binär, d. h. M=2. Die Signalform $s_1(t)$ sei eine PN-PSK-Signalform gemäß (1). $s_2(t)$ sei antipodal zu $s_1(t)$, weshalb $p_2(t)=-p_1(t)$ gilt. Die Anzahl der Chips der Pseudozufallsfunktionen sei L=128. Als Maß für die Übertragungsqualität wird die Bitfehler-wahrscheinlichkeit P_b herangezogen. Das Störsignal sei Schmalbandrauschen /3,5/, dessen Stör-leistungsdichte innerhalb der Bandbreite B_n, die kleiner als die Nutzsignalbandbreite /4,5/

$$B_s = 2/T_c \quad (14)$$

der verwendeten PN-PSK-Signalformen ist, konstant sei. Die Quantisierer haben I=16 verschie-dene Ausgangswerte $b_1,\ldots,b_{16}$, wobei äquidistante Quantisierung vorausgesetzt ist.

In Bild 3 ist die Bitfehlerwahrscheinlichkeit P_b abhängig vom Signal-Stör-Abstand am Empfänger-eingang a/dB dargestellt. Parameter der dargestellten Kurven ist die Ordnung r der Markoffkette, die zur Beschreibung des empfangenen Störsignals benutzt wird. Die Bandbreite des Störsignals ist exemplarisch zu $B_n=0{,}3B_s$ festgesetzt. r=0 bedeutet, daß die statistischen Abhängigkeiten des zugrundeliegenden gaußverteilten Störsignals nicht berücksichtigt werden. Bild 3 zeigt deutlich, daß mit steigender Ordnung r der Markoffkette, die zur Beschreibung der statistischen Abhängigkeiten des Störsignals herangezogen wird, die Übertragungsqualität steigt.

In Bild 4 ist die Bitfehlerwahrscheinlichkeit P_b für verschiedene Störsignaltypen abhängig vom Si-gnal-Stör-Abstand a/dB dargestellt. Die Werte der Parameter sind r=1 und $B_n/B_s=0{,}3$. Die Kur-ven zeigen, daß Übertragungen über einen mit Gaußrauschen gestörten Kanal eine höhere Bitfeh-lerwahrscheinlichkeit haben als Übertragungen über einen mit gleichverteiltem Rauschen /1/ oder Sinusrauschen /1/ gestörten Kanal, wenn die Empfängerstruktur nach Bild 1 und 2 benutzt wird und das empfangene Störsignal mit einer Markoffkette erster Ordnung beschrieben wird.

Ein Vergleich der erzielbaren Übertragungsqualität bei verschiedenen Störsignaltypen und bei Be-schreibung des empfangenen Störsignals mit einer Markoffkette erster Ordnung zeigt auch Bild 5.

In diesem Bild ist P_b abhängig vom Bandbreitenverhältnis B_n/B_s für einen Signal-Stör-Abstand a=-20dB dargestellt. Kurve 1 gilt bei Gaußrauschen, Kurve 2 bei gleichverteiltem Rauschen. Bei Sinusrauschen gilt $P_b < 10^{-4}$ für alle Bandbreitenverhältnisse B_n/B_s, wenn die vorgegebenen Parameter zugrunde liegen. Die beiden Kurven in Bild 5 zeigen, daß Verbesserungen der Übertragungsqualität vor allem für Bandbreitenverhältnisse $B_n/B_s \leq 0{,}4$ erzielbar sind, vergleiche /5/.

Die Beispiele zeigen, daß der Einsatz des Empfängers nach Bild 1 und 2 zu einer Verbesserung der Übertragungsqualität führt, wenn die Markoffkette bekannt ist, mit der die statistischen Abhängigkeiten eines empfangenen Störsignals beschrieben werden können. Die Verbesserung resultiert daraus, daß die Anwendung der Methode zur Beschreibung der statistischen Abhängigkeiten eines empfangenen Störsignals mit Markoffketten die Unsicherheit des Empfängers über das empfangene Störsignal verringert.

Literatur

/1/ Kleinhempel W.: Die Störfähigkeit Z als informationstheoretisches Maß zum Beurteilen von Störsignalen in Spread-Spectrum-Übertragungssystemen. ntz-Archiv Bd. 11 (1989), S. 221-226.

/2/ Simon M. K. u. a.: Spread Spectrum Communications vol. I-III. Computer Science Press, Rockville, 1985.

/3/ Iltis R. A., Milstein L. B.: Performance Analysis of Narrow-Band Interference Rejection Techniques in DS Spread-Spectrum-Systems. IEEE Trans. on Communications, vol. COM-32 (1984), S.1169-1177.

/4/ Dostert K., Baier P. W.: Signalverarbeitung in Spread-Spectrum-Systemen. Kleinheubacher Berichte 31 (1988), S. 161-170.

/5/ Kleinhempel W.: Informationstheoretische Bewertung und Optimierung von Frage-Antwort-Systemen mit besonderer Berücksichtigung von Spread-Spectrum-Kennungssystemen. Dissertation, Universität Kaiserslautern, 1990.

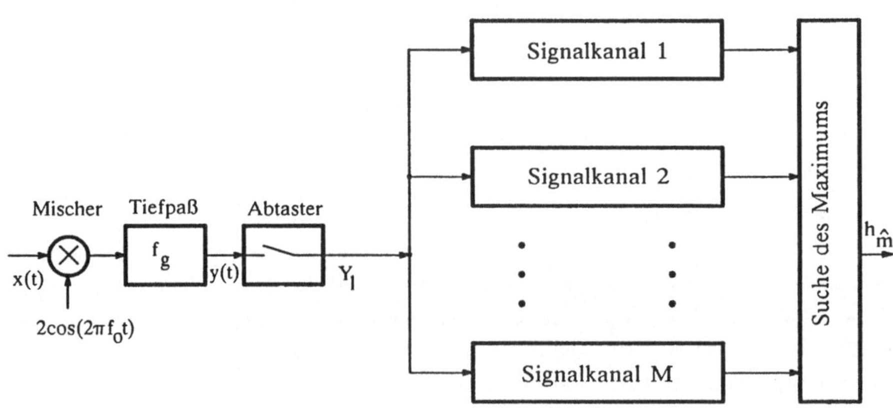

Bild 1. Empfängerstruktur

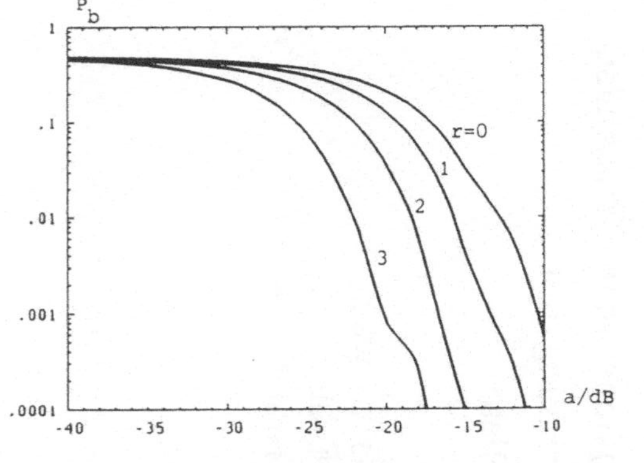

Bild 2. Struktur der Signalkanäle m=1,...,M

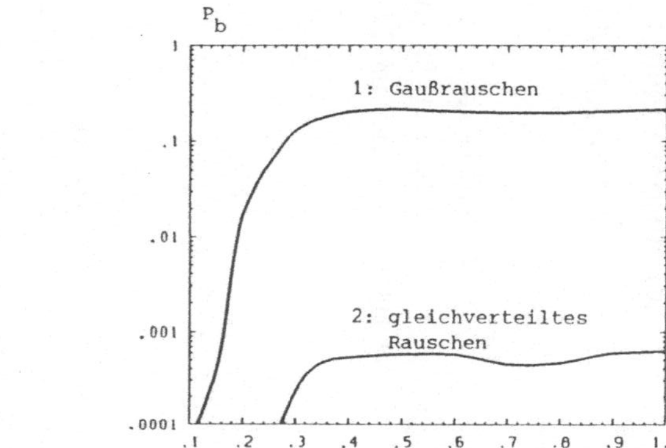

Bild 3. Bitfehlerwahrscheinlichkeit P_b abhängig vom Signal-
Stör-Abstand a/dB bei schmalbandigem Gaußrauschen

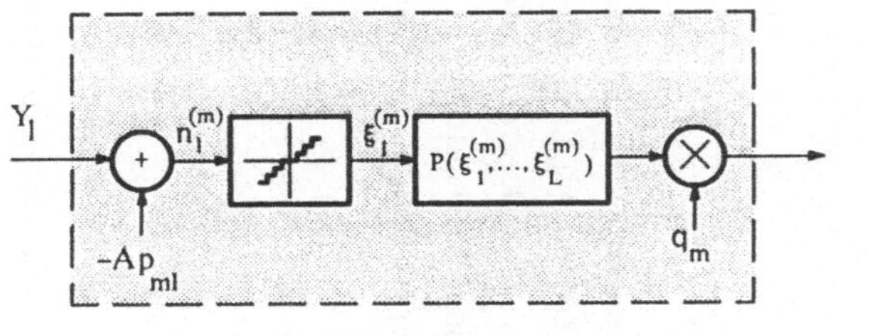

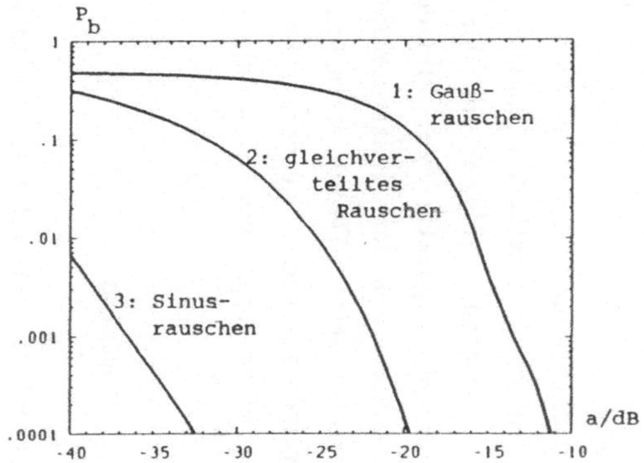

Bild 4. Bitfehlerwahrscheinlichkeit P_b bei verschiedenen Störsignaltypen abhängig vom Signal-Stör-Abstand a/dB

Bild 5. Bitfehlerwahrscheinlichkeit P_b abhängig vom Bandbreitenverhältnis B_n/B_s

Modellierung der zeitlichen Abfolge von phonetischen Zuständen bei automatischer Spracherkennung mit Hidden-Markov-Modellen

M. Falkhausen, H. Reininger und D. Wolf
Institut für Angewandte Physik
D-6000 Frankfurt am Main, Robert-Mayer-Straße 2-4

Einleitung

Hidden-Markov-Modelle (HMM) werden in der automatischen Spracherkennung zur Modellierung von Sprachsignalen erfolgreich angewendet. Mit einem HMM wird die Folge der im Sprachsignal nicht direkt beobachtbaren phonetischen Zustände S_t durch eine Markovkette erster Ordnung beschrieben. Die Statistik der alle 10 bis 20 ms beobachteten Merkmalsgrößen Y_t wird dabei allein durch den aktuellen Zustand der Markovkette bestimmt.

In diesem Beitrag werden Methoden zur genaueren Modellierung der zeitlichen Struktur der Sprachsignale diskutiert. Die Anpassung an die sequentielle Abfolge der phonetischen Zustände kann durch Einführung eines speziellen Anfangs- und Endzustandes und Einschränkung möglicher Zustandsübergänge erreicht werden. Die Verweildauern in den einzelnen Zuständen können in unterschiedlicher Weise an die Beobachtungen angepaßt werden. Während in den bisher bekannten Ansätzen meistens einfache Markovketten mit separater Verweildauermodellierung benutzt werden, wird hier ein Modell betrachtet, bei dem jeder Zustand der Markovkette durch eine Kette interner Zustände ersetzt wird. Damit kann eine beliebige Verteilung der Verweildauern im Modell implizit realisiert werden. Die Leistungsfähigkeit der besprochenen Methoden wird anhand einer Reihe von Simulationsexperimenten demonstriert.

Sequentielle Strukturen

Eine Markovkette ist vollständig beschrieben [2] durch die Angabe der Anfangsverteilung $\pi_i := P(S_1 = i)$ für die Zustände $i = 1,..,N$ und der Wahrscheinlichkeiten $a_{ij} := P(S_{t+1} = j | S_t = i)$ für den Übergang zwischen den Zuständen i und j. Die a_{ij} bilden die stochastische Übergangsmatrix. Durch Null-Setzen der Übergangswahrscheinlichkeit a_{ij} kann im Modell der Übergang von dem Zustand i in den Zustand j ausgeschlossen werden.

Aus der sequentiellen Struktur der zu modellierenden Sprachsignale ergeben sich einige natürliche Forderungen an die Markovkette. Das in Bild 1.a veranschaulichte *Links-Rechts-Modell* erlaubt keine Rückkehr in einmal verlassene Zustände und führt zur nichtstationären Aufeinanderfolge der phonetischen Symbolen entsprechenden Zustände. Die zugehörige Übergangsmatrix hat – eventuell nach einer Umordnung – die Form einer oberen Dreicksmatrix. Das in Bild 1.b gezeigte *strikte Links-Rechts-Modell* verbietet zusätzlich auch das Überspringen von Zuständen und entspricht damit einer strikt sequentiellen Aufeinanderfolge der phonetischen Symbole. Die Übergangsmatrix enthält in diesem Fall nur noch in der Hauptdiagonalen und in der ersten oberen Nebendiagonalen von Null verschiedene Elemente.

Durch die Wahl der Anfangsverteilung $\pi_i = \delta_{1,i}$ kann erreicht werden, daß der Beginn einer Äußerung immer durch den ersten Zustand beschrieben wird. Die Forderung, daß das Ende einer Äußerung auch mit dem letzten Zustand zusammenfällt, ist im Rahmen der Hidden-Markov-Modelle durch Verlängerung der beobachteten Merkmalsfolge Y_t um ein Endsymbol und die Einführung eines zusätzlichen Endzustandes $N+1$ realisierbar. Dazu ist die Wahrscheinlichkeit für die Beobachtung des Endsymbols nur für den Fall des Endzustandes größer als Null zu setzen $P(Y_t=Stop|S_t=i) = \delta_{i,N+1}$. Diese Methode hat bei Links-Rechts-Modellen den zusätzlichen Vorteil, daß die Wahrscheinlichkeit a_{NN} für den ursprünglich letzten Zustand kleiner als 1.0 werden kann und daher die anderen Zustände nicht mehr dominiert.

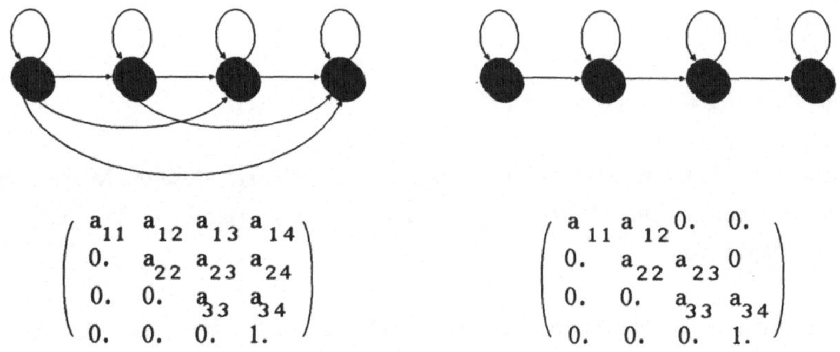

$$\begin{pmatrix} a_{11} & a_{12} & a_{13} & a_{14} \\ 0. & a_{22} & a_{23} & a_{24} \\ 0. & 0. & a_{33} & a_{34} \\ 0. & 0. & 0. & 1. \end{pmatrix} \qquad \begin{pmatrix} a_{11} & a_{12} & 0. & 0. \\ 0. & a_{22} & a_{23} & 0 \\ 0. & 0. & a_{33} & a_{34} \\ 0. & 0. & 0. & 1. \end{pmatrix}$$

Bild 1. *Markovketten und Übergangsmatrizen von Modellen mit 4 Zuständen.*
1.a (links) Links-Rechts-Modell.
1.b (rechts) Striktes Links-Rechts-Modell.

Aufenthaltsdauern

Wird der Zustand i einer Markovkette zum Zeitpunkt t_0 angenommen, so ist die Wahrscheinlichkeit

$$P(d_i{=}t) = a_{ii}^{t-1}\,(1{-}a_{ii})$$

dafür, daß das System t Zeitpunkte in i verbleibt und dann den Zustand wieder verläßt, durch die Übergangswahrscheinlichkeit a_{ii} bestimmt.

Diese geometrische Verteilung für die Aufenthaltsdauer d_i eines Zustandes i ist dem zu modellierenden Sprachsignal nicht angemessen. Insbesondere würde man erwarten, daß der Mittelwert der d_i die größte Wahrscheinlichkeit annimmt. Eine einfache Methode für eine separate Modellierung der Verweildauern bietet das folgende Vorgehen.

Zunächst wird der optimale Zustandspfad bestimmt und die Aufenthaltsdauern d_i für jeden Zustand i in dem optimalen Zustandspfad berechnet. Mit Hilfe der Äußerungen von Trainingssprechern werden die Erwartungswerte der Verweildauern $\mu_i = \langle d_i \rangle$ gemessen. Diese Parameter definieren die Poissonverteilung

$$P_{\mu i}(d_i{=}t) \;=\; \frac{\mu_i^t}{t}\;exp(-\mu_i)\;.$$

In der Klassifikationsphase wird dann für jedes Wort neben der normalen Auftrittswahrscheinlichkeit P die Wahrscheinlichkeit

$$P_D = \prod_{i=1}^{N} P_{\mu i}(d_i)$$

berechnet. Die logarithmierten Werte von P und von P_D werden mit einer Kopplungskonstanten α zu der Größe

$$Q = \alpha\,\log P \;+\; (1{-}\alpha)\,\log P_D$$

zusammengefaßt. Das System entscheidet sich für das Wort, dessen Modell den höchsten Wert von Q ergibt. Der Wert für die Kopplungskonstante α ist in Simulationsexperimenten zu ermitteln.

Die oben beschriebene Methode besitzt den Nachteil, daß die Aufenthaltsdauern nicht bei der Berechnung des optimalen Zustandpfades benutzt werden. Eine direkte Modellierung der Aufenthaltsdauer ist mit Semi-Markov-Modellen [3] möglich, kann aber auch direkt im Rahmen der HMM durch Verwendung projizierter Markovketten erfolgen. Hierzu wird jeder phonetische Zustand nicht mehr nur durch einen Zustand i der Markovkette sondern durch eine Kette von k_i internen Unterzuständen modelliert. Dabei sind innerhalb der untergeordneten Kette nur drei Arten von Zustandsübergängen erlaubt, und zwar

- vom 1. Zustand zu jedem anderen Zustand. Dabei entspricht die Übergangswahrscheinlichkeit a_{1i} der Wahrscheinlichkeit, eine Aufenthaltsdauer $(k_i - i + 2)$ zu beobachten.

- vom 2. Zustand in den 2. Zustand. Die Übergangswahrscheinlichkeit a_{22} modelliert mit einer geometrischen Verteilung alle Aufenthaltsdauern, die den Wert von k_i übersteigen.

- von jedem Zustand i in den unmittelbar nachfolgenden Zustand $i+1$.

Die untergeordnete Kette kann nur durch den letzten Zustand wieder verlassen werden. Die minimal mögliche Aufenthaltsdauer beträgt auf jeden Fall mindestens 2 Zeiteinheiten. In Bild 2 ist ein HMM mit 3 übergeordneten Zuständen mit jeweils 4 untergeordneten Zuständen sowie die zugehörige Übergangsmatrix dargestellt. Die übergeordneten Zustände verlaufen im Bild von links nach rechts, während die internen Zustände senkrecht angeordnet sind.

Durch die vorgeschlagene Methode wird die Gesamtzahl der Zustände und damit die Anzahl der Parameter des HMM vergrößert. Dabei ist jedoch nur die Anzahl der Einträge in die Übergangsmatrix zu erhöhen. Die Statistik der Merkmalsvektoren Y_t ist nur von dem übergeordneten Zustand abhängig zu halten.

Die bekannten Standardalgorithmen [1] zu Training und Klassifikation können ohne Änderung benutzt werden. Bei der Implementierung der Algorithmen ist zu beachten, daß die Übergangsmatrix größtenteils nur Nullen enthält. Deshalb wächst die Komplexität - bei entsprechender Programmierung - lediglich linear mit der Anzahl der Zustände.

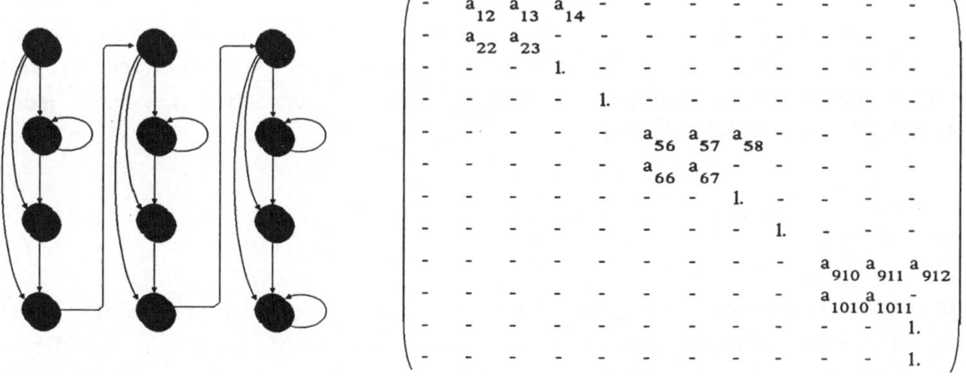

Bild 2. *Markovkette mit impliziter Modellierung der Verweildauern und zugehörige Übergangsmatrix.*

Messungen

Die vorgeschlagenen Methoden wurden für den Fall der sprecherunabhängigen Einzelworterkennung untersucht. Das Vokabular bestand aus 23 Wörtern und enthält neben den Äußerungen der deutschen Zahlwörter für die Ziffern *"null"* bis *"neun"* einige Befehlswörter aus dem Bereich der Fernsprechvermittlung. Die Sprachdatenbank setzte sich aus den Äußerungen 200 verschiedenen Sprechern zusammen, die jedes Wort des Wortschatzes je einmal äußerten. Bei der Auswahl der Sprecher wurde besondere Sorgfalt darauf gelegt, die deutsche Bevölkerung in Bezug auf die Merkmale Alter und Geschlecht zu repräsentieren. Die Sprecher wurden in eine Test- und Trainingsgruppe zu je 100 Sprechern aufgeteilt.

Alle Sprachsignale waren mit einem Bandpaß der Breite von 300 Hz bis 3400 Hz gefiltert und mit 8 kHz abgetastet. Das Signal wurde in Rahmen von 256 Abtastwerten mit je 96 Abtastwerten Abstand segmentiert. Für jedes Segment wurden gewichtete Cepstralkoeffizienten der Dimension 8 als Merkmalsvektoren berechnet und auf ein Codebuch der Größe 128 abgebildet.

Mit den Methoden aus [2] oder dem Baum-Welch-Algorithmus wurden zunächst mit Hilfe der Trainingssprecher für jedes Wort HMM mit 5 Zuständen erzeugt. Mit Hilfe der Testsprecher wurde dann die Leistungsfähigkeit des Systems anhand der Erkennungsrate R23 für den Gesamtwortschatz sowie der Erkennungsraten für die Zahlwörter R10 und für die Befehlswörter RB ermittelt.

In Tabelle 1 sind die gemessenen Erkennungsraten für verschiedene Systemkonfigurationen gegenübergestellt. Wie aus der Tabelle hervorgeht, sind die strikten Links-Rechts-Modelle den normalen Links-Rechts-Modellen und den HMM ohne jede Einschränkung von Zustandsübergängen deutlich überlegen. Die Einführung eines zusätzlichen Endsymbols und Endzustandes scheint dagegen nur geringen Einfluß auf die Erkennungsrate zu haben. Die separate Berücksichtigung der Verweildauern erhöht die Erkennungsleistung insbesondere für die Befehlswörter. Die implizite Einbeziehung der Verweildauern in die HMM führt auch zu einer deutlichen Erhöhung der Gesamterkennungsrate. Bei gleichzeitiger Modellierung von impliziten und separaten Verweildauern liegt die Gesamterkennungsrate um 4 Prozent über den Modellen ohne jede Berücksichtigung von Aufenthaltsdauern.

Zusammenfassung

In dem vorliegenden Beitrag wurden verschiedene Methoden vorgestellt, um den zeitlichen Verlauf von Sprachsignalen mit Hidden-Markov-Modellen zu modellieren. In einer Reihe von Simulationsmessungen wurde die Erkennungsleistung eines sprecherunabhängigen Einzelworterkenners für unterschiedliche Modellkonfigurationen gemessen. Wegen des geringeren Rechenaufwandes und der besseren Erkennungsleistung erweisen sich insbesondere strikte Links-Rechts-Modelle als besonders geeignet. Bei Benutzung aller vorgeschlagenen Methoden ergibt sich eine Gesamterkennungsrate von über 96 Prozent.

Tabelle 1. *Erkennungsraten für unterschiedliche Modelle der zeitlichen Struktur für ein System mit gewichteten Cepstralkoeffizienten*

System	R23	R10	RB
Grundmodell	*78.8*	*88.9*	*86.2*
Links–Rechts–Modell	*87.0*	*92.9*	*95.2*
Striktes Links–Rechts–Modell	*92.7*	*95.7*	*95.9*
" & Endsymbol	*92.6*	*95.6*	*95.7*
" & Verweildauern, separat	*93.5*	*96.2*	*97.7*
" & Verweildauern, implizit	*95.3*	*97.0*	*97.3*
" & Verweildauern, separat & implizit	*96.5*	*97.3*	*98.6*

Literatur

[1] Falkhausen, M., Euler, S.A., and Wolf, D., "Improved Training and Recognition Algorithms with VQ-Based Hidden Markov Models", ICASSP 90, pp. 549–552.

[2] Levinson, S.E., Rabiner, L.R., and Sondhi, M.M., "An Introduction to the Application of the Theory of Probabilistic Functions of a Markov Process to Automatic Speech Recognition", Bell Syst. Tech. J., Vol 62, April 1983, pp. 1035–1074.

[3] Russell, M.J., and Moore, R.K., "Explicit Modelling of State Occupancy in Hidden Markov Models for Automatic Speech Recognition", ICASSP 85, pp. 5–8

Modellgestützte parametrische Identifikation elastomechanischer Strukturen

A.Ehbrecht, A.Lacroix und D.Wolf

Institut für Angewandte Physik
der Johann Wolfgang Goethe-Universität
D-6000 Frankfurt am Main, Robert-Mayer-Straße 2-4

D.Karstens

Volkswagen AG, D-3180 Wolfsburg
Forschung-Meßtechnik, Akustik

Zusammenfassung

Zur parametrischen Identifikation elastomechanischer Strukturen kleiner und mittlerer Größe werden vorwiegend Phasentrennungsalgorithmen eingesetzt, die die dynamischen Parameter - Dämpfung, Resonanzfrequenz und Eigenschwingungsformen - aus gemessenen Übertragungsfunktionen oder Anregungsantworten ermitteln. Das der Analyse zugrundeliegende physikalische Modell ist ein System aus schwingungsfähigen Massen, die über lineare Dämpfungsglieder und Steifigkeiten gekoppelt sind. Hierbei wird viskose Dämpfung angesetzt. Die mathematische Beschreibung dieses Modells geschieht im Frequenzbereich durch Summen über Lorentzkurven, im Zeitbereich durch Summen über Exponentialfunktionen, deren Parameter im Sinne kleinster Fehlerquadrate an gemessene Übertragungsfunktionen oder Impulsantworten angepaßt werden.

Auf der Basis des Prony- oder Complex-Exponential-Algorithmus wurde ein Algorithmus entwickelt, der zunächst die dynamischen Parameter aus allen Übertragungsfunktionen berechnet und dann aus diesen Parametern durch eine geeignete Clustersuche die globalen Parameter Dämpfung und Resonanzfrequenz extrahiert.

Mit Hilfe dieses Algorithmus wurden 150 Übertragungsfunktionen, die an einer Stahlplatte gemessen wurden, zur parametrischen Identifikation benutzt. Mit Hilfe dieser Parameter wurden umfangreiche Simulationsexperimente durchgeführt. In der Zusammenfassung der Ergebnisse dieser Simulationsexperimente wird eine automatisierte Version des entwickelten Algorithmus einer mit diesem Algorithmus interaktiv durchgeführten Untersuchung gegenübergestellt. Hierbei zeigt sich eine große Robustheit des beschriebenen Algorithmus gegenüber unkorrelierten Störsignalen, mit denen die zur Berechnung der simulierten Übertragungsfunktionen verwendeten Ein- und Ausgangssignale gestört waren.

1 Das physikalische Modell

Grundlage der Schwingungsanalyse im Rahmen der Untersuchungen ist ein diskretes viskos gedämpftes physikalisches Modell mit N Freiheitsgraden, bestehend aus N Punktmassen, die über lineare Steifigkeiten gekoppelt sind. Die Beziehung zwischen harmonischer dynamischer Antwort $X_j(\omega)$, die an der j-ten Koordinate gemessen wird, und der an der l-ten Koordinate einwirkenden harmonischen Anregungskraft $F_l(\omega)$ können auf der Basis dieses Modells durch Linearkombination von Lorentzkurven als Übertragungsfunktionen beschrieben werden. Die Übertragungsfunktion zwischen gemessener Auslenkung und Kraft wird als Rezeptanz α_{jl} bezeichnet und lautet

$$\alpha_{jl}(\omega) = \frac{X_j(\omega)}{F_l(\omega)} = \sum_{r=1}^{N'} \frac{_rA_{jl}}{s_r - j\omega} + \frac{_rA_{jl}^*}{s_r^* - j\omega} = \sum_{r=1}^{N'} \frac{_rR_{jl} + j\omega_r {_rS_{jl}}}{\omega_r^2 - \omega^2 + 2j\omega\omega_r\zeta_r} \quad , \tag{1}$$

wobei ω_r die r-te Eigenfrequenz und ζ_r den Dämpfungsfaktor der r-ten Eigenschwingung des Systems beschreibt und $_rS_{jl}$ sowie $_rR_{jl}$ durch

$$_rR_{jl} = 2\Re e\{_rA_{jl}s_r^*\} \quad , \quad _rS_{jl} = -2\Re e\{_rA_{jl}\} \tag{2}$$

gegeben sind. Durch inverse Fouriertransformation von (1) erhält man

$$h_{jl}(t) = \sum_{r=1}^{N} \left\{ _rA_{jl}e^{s_r t} + {_rA_{jl}^*}e^{s_r^* t} \right\} \tag{3}$$

mit $s_r = \omega_r(-\zeta_r + j\sqrt{1 - \zeta_r^2})$. Der Ausdruck (3) stellt die Grundgleichung zur Auswertung von Übertragungsfunktionen mit Hilfe des Prony- oder Complex Exponential-Algorithmus dar [1,2].

2 Der Phasentrennungsalgorithmus

Zur Phasentrennung mit Hilfe des Prony-Algorithmus werden die am elastomechanischen System gemessenen diskreten Übertragungsfunktionen $\hat{\alpha}_{jl}(k\Delta\omega)$ verwendet. Hieraus werden durch inverse Fouriertransformation die Impulsantworten $\hat{h}_{jl}(k)$ ermittelt. Mit Hilfe des Prony-Algorithmus werden aus den m Impulsantworten $\hat{h}_{jl}(k)$ mit $k = 1, \cdots, M$ jeweils N Parameter $_r\hat{z}_{jl} = \exp\{_rs_{jl}t\}$ ermittelt. Diese Parameter werden als Vektoren der Dimension 2 gemäß

$$\vec{z}_\lambda = (\Re e\{_r\hat{z}_{jl}\}, \Im m\{_r\hat{z}_{jl}\})^T \quad \text{mit} \quad l = 1, \ldots, m \tag{4}$$

$$\text{und} \quad r = 1, \ldots, N \quad \text{sowie} \quad \lambda = 1, \ldots, m \cdot N \tag{5}$$

zur iterativen Clustersuche mit Hilfe des LBG-Algorithmus verwendet. Hierbei bilden die physikalisch relevanten Parameter unter den $\vec{z}_\lambda$ aufgrund ihres globalen Charakters Cluster in der komplexen Ebene, während die Parameter der Pseudomoden die Tendenz zeigen, sich unregelmäßig in der komplexen Ebene zu verteilen. Die Ermittlung der globalen Parameter kann daher prinzipiell von einem geeigneten Clustersuchalgorithmus geleistet werden, wie sie für vergleichbare Problemstellungen in der digitalen Signalverarbeitung bereits erfolgreich verwendet werden [5]. Obwohl ursprünglich nicht für die Clustersuche verwendet, arbeitet der in [3,4] beschriebene LBG-Algorithmus in ähnlicher Weise, wie der in [5] beschriebene Suchalgorithmus, wobei die Anzahl n der zu suchenden Clusterzentren in [3,4] vorgegeben wird, während in [5] die Anzahl der zu findenden Clusterzentren iterativ bestimmt wird.

Der LBG-Algorithmus erfordert die Vorgabe einer Anfangsschätzung

$$\{\vec{z}_s^0\} \quad \text{mit} \quad s = 1, \cdots, n \tag{6}$$

für die zu bestimmenden Clusterzentren. Für alle mit dem Prony-Algorithmus bestimmten Parameter $\vec{z}_\lambda$ werden dann gemäß

$$F_s^p = |\vec{z}_\lambda - \vec{z}_s^p|^2 \tag{7}$$

quadratische Abstände F_s^p berechnet, wobei der Vektor $\vec{z}_\lambda$ dem Clusterzentrum $\vec{z}_s^p$ mit dem geringsten Abstand zugeordnet wird. Aus der Menge aller so gefundenen Vektoren $\vec{z}_{\lambda(s)}$ wird ein Schwerpunkt gemäß

$$\vec{z}_s^{p+1} = \frac{\sum\limits_{\lambda(s)} g_{\lambda(s)}\left(\vec{z}_{\lambda(s)} - \vec{z}_s^p\right)^2}{\sum\limits_{\lambda(s)} g_{\lambda(s)}} \quad \text{mit} \quad s = 1,\ldots,n \tag{8}$$

berechnet. Während in [3,4] die $g_{\lambda(s)} = const. = 1$ gewählt wurden, wird bei dem hier verwendeten Algorithmus durch die Wahl

$$g_{\lambda(s)} = \left|\frac{\hat{A}_{\lambda(s)}}{1 - \vec{z}_{\lambda(s)}}\right|^2 \tag{9}$$

bei der Schwerpunktbestimmung eine Gewichtung der Differenz der Koeffizienten $\vec{z}_\lambda$ und $\vec{z}_s^p$ vorgenommen, wobei $A_{\lambda(s)}$ der zu $\vec{z}_{\lambda(s)}$ korrespondierende Amplitudenwert ist. Die Iteration wird abgebrochen, wenn die Änderung der Summe über alle quadratischen Abstände F_s^p eine vorgegebene kleine Schranke unterschreitet

Hierzu empfiehlt es sich, die Zahl der Clusterzentren größer zu wählen, als die Zahl der vorhandenen Resonanzen, da bei der Clustersuche doppelte Besetzung physikalisch relevanter Parameter sowie unechte Clusterzentren möglich sind. Die hierbei gefundenen Clusterzentren $\vec{z}_s^p$, die nun als globale Parameter $\hat{z}_s = \exp\{s_r \Delta t\}$ zu interpretieren sind, werden durch die nachfolgende Prozedur auf ihre physikalische Relevanz überprüft. Hierbei wird zunächst ein Mindestfrequenzabstand Δf gewählt, unterhalb dessen verschiedene Clusterzentren zu einem zusammengefaßt werden. Hierdurch wird die numerische Stabilität der nachfolgenden Berechnung der lokalen Parameter deutlich verbessert. Als geeignete Wahl für Δf erwies sich mit den Frequenzuntergrenzen und -obergrenzen F_u und F_o

$$\Delta f = (F_o - F_u) \cdot 4 \cdot 10^{-3} \quad . \tag{10}$$

Anschließend werden aus den Funktionen $\hat{h}_{jl}(k)$ sowie aus $\hat{h}'_{jl}(k) = \hat{h}_{jl}(k + n_s)$ Amplituden $_r\hat{A}_{jl}$ und $_r\hat{A}'_{jl}$ berechnet. Hieraus kann als Bewertungsfaktor zur Trennung von physikalisch relevanten Moden und Pseudomoden für jeden Parameter $\hat{z}_s$ ein Modal Confidence Factor

$$_sC_{MCF} = \left\{ \begin{array}{ll} \hat{C}_s & 0 < \hat{C}_s < 1 \\ \frac{1}{\hat{C}_s} & \hat{C}_s > 1 \end{array} \right. \tag{11}$$

berechnet werden mit

$$\hat{C}_s = \Re e \left\{ \frac{\sum\limits_{l=1}^m {}_s\hat{A}^*_{jl}\, {}_s\hat{A}'_{jl}}{\sum\limits_{l=1}^m {}_s\hat{A}^*_{jl}\, {}_s\hat{A}_{jl}} z_r^{-n_s} \right\} \quad . \tag{12}$$

Es wird nun der zu dem niedrigsten Wert $_sC_{MCF}$ korrespondierende Parameter $\hat{z}_s$ aus dem Parametersatz eliminiert. Diese Prozedur wird so oft wiederholt, bis der Parametersatz bis auf eine vorgegebene Zahl N' von Parametern reduziert ist. Die Amplituden $_r\hat{A}_{jl}$ mit $r = 1,\ldots,N'$ können dann aus den so gewonnenen Parametern $\hat{z}_r$ und den Funktionen $\hat{h}_{jl}(k)$ ermittelt werden.

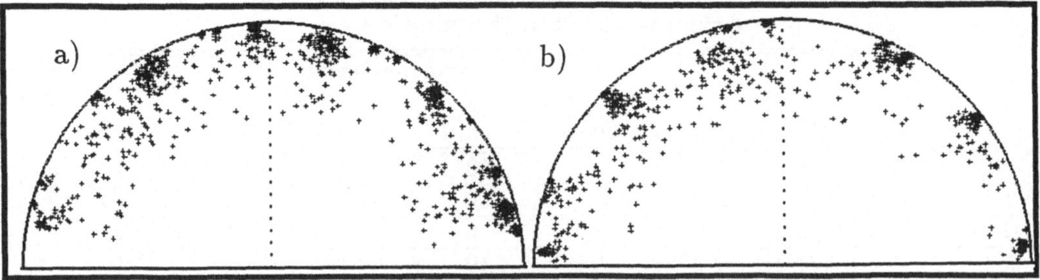

Bild 1: Cluster in der komplexen Ebene a) gemessen b) simuliert, 30dB Rauschabstand für Ein- und Ausgangssignal

3 Untersuchungsergebnisse

Mit dem oben beschriebenen Algorithmus werden zunächst die an 50 Meßpunkten triaxial gemessenen 150 Übertragungsfunktionen einer 30cm langen, 14cm breiten und 5mm dik- ken Stahlplatte in frei-freier Aufhängung im Frequenzbereich von 96 Hz bis 4000 Hz ausgewertet. Die automatische Version des verwendeten Algorithmus hatte hierbei nur eine unechte Resonanz im Bereich von 3000 Hz gefunden, die aus dem Datensatz eliminiert wurde. Die so gefundenen Werte der Resonanzfrequenzen, sowie Dämpfungen und Eigenformen sind den ersten 3 Spalten der Tabelle 1 zu entnehmen. Hierbei werden die Eigenformen durch Knotenlinien in X-Richtung (30cm) und Y-Richtung (14cm) klassifiziert.

Bild 1a zeigt die Parameter $_r\hat{z}_{jl}$ in der komplexen Ebene. Deutlich sind hierbei die Cluster im Bereich der globalen Parameter zu erkennen.

3.1 Simulationsexperimente

Die anhand der Modalanalyse der Stahlplatte gewonnenen modalen Größen $\hat{\zeta}_r, \hat{\omega}_r, {}_r\hat{A}_{jl}$ werden als Parameter für die Erzeugung simulierter Übertragungsfunktionen verwendet. Zur Berechnung dieser Funktionen wird ein digitales Filter verwendet, das durch die Differenzengleichungen

$$y_i(k) = x(k) - z_i y_i(k-1) \tag{13}$$

repräsentiert wird. Das Eingangssignal $x(k)$ und das Ausgangssignal

$$y(k) = \sum_{i=1}^{N} 2\Re e\{A_i y_i(k)\} \tag{14}$$

werden entsprechend

$$\hat{x}(k) = x(k) + e_1(k) \quad \text{und} \quad \tilde{y}(k) = \hat{y}(k) + e_2(k) \tag{15}$$

durch Signale $e_1(k)$ und $e_2(k)$ gestört. Aus den gestörten Signalen $\hat{x}(k)$ und $\tilde{y}(k)$ werden durch Schnelle Fouriertransformation (FFT) Spektren $\hat{X}(k')$ und $\tilde{Y}(k')$ berechnet. Durch gewichtete Summation über mehrere solcher Spektren gemäß

$$\hat{H}(k') = \frac{\sum_i \hat{X}_i^*(k')\tilde{Y}_i(k')}{\sum_i \hat{X}_i^*(k')\hat{X}_i(k')} \tag{16}$$

Erkennungsraten (Simulation)								
Resonanz			Phasentrennungsverfahren					
Form	F_r	ζ_r	Automatisch			Halbautomatisch		
[X,Y]	[Hz]	[%]	10dB	30dB	50dB	10dB	30dB	50dB
2-0	362.3	0.58	7	8	10	10	10	10
1-1	480.1	0.4	10	10	10	10	10	10
3-0	1000.1	0.13	9	8	10	9	10	10
2-1	1039.9	0.37	8	9	10	10	10	10
0-2	1685.3	0.37	9	9	10	10	10	10
3-1	1768.6	0.39	10	10	10	10	10	10
1-2	1955.8	0.83	0	9	10	1	10	10
4-0	1990.6	0.33	10	10	10	10	10	10
2-2	2619.7	0.53	6	7	10	10	10	10
4-1	2744.7	0.44	9	9	6	10	10	10
5-0	3249.6	0.24	1	0	9	3	10	10
3-2	3530.6	0.21	0	0	1	10	10	10
5-1	3916.1	0.36	9	10	10	10	10	10

Tabelle 1: Anzahl der jeweils in 10 Messungen richtig erkannten Resonanzen

erhält man simulierte Übertragungsfunktionen, die zum Testen des beschriebenen Algorithmus dienen.

Hierzu werden jeweils 10 Datensätze mit 150 Übertragungsfunktionen mit Rauschsignalen $e_1(k)$ und $e_2(k)$ unterschiedlicher Leistung erzeugt. Die Störabstände werden zwischen $e_1(k)$ und $x(k)$ sowie zwischen $e_2(k)$ und $y(k)$ mit 10dB, 30dB und 50dB festgelegt. Im Bild 1b sind für einen aus einer Simulation gewonnenen Datensatz die ermittelten Parameter $_r\hat{z}_{jl}$ in der komplexen Ebene dargestellt. Man erkennt, daß sich bei hohen Rauschabständen enge Cluster mit den echten Resonanzen bilden, während sich die Pseudoresonanzen regellos vorzugsweise im Einheitskreis verteilen. Bei niedrigen Rauschabständen besteht dagegen die Tendenz, Cluster von Pseudoresonanzen zwischen den echten Parametern zu bilden. Diese Pseudoresonanzen können in den meisten Fällen durch Anwendung des MCF-Kriteriums von den echten Parametern getrennt werden.

Bei Vorgabe einer Anfangsschätzung von 30 Parametern im LBG-Algorithmus werden bei allen Untersuchungen mit Rauschabständen von 30dB und 50dB alle vorgegebenen Parameter korrekt ermittelt. Bei der automatischen Phasentrennung werden 13 Parameter durch Auswahl mit dem MCF-Kriterium ermittelt, beim halbautomatischen Verfahren werden aus den 30 Clusterzentren die physikalisch relevanten Parameter interaktiv selektiert. Aus den so bestimmten Parametern werden für die richtig gefundenen Parameter die Modal-Assurance-Criterions (MAC) $_rC_{MAC}$ nach

$$_rC_{MAC} = \frac{\sum\limits_{l}^{m} {}_r\hat{A}'_{jl}\, {}_r\hat{A}^*_{jl}}{\sqrt{\sum\limits_{l}^{m} |{}_r\hat{A}'_{jl}|^2 \cdot \sum\limits_{l}^{m} |{}_r\hat{A}'_{jl}|^2}} \tag{17}$$

für jede Resonanz und jeden Datensatz ermittelt. Hierbei werden für $_r\hat{A}_{jl}$ in (17) die vorgegebenen Parameter, für $_r\hat{A}'_{jl}$ die jeweils berechneten Parameter verwendet. Die hierbei für

Modal Assurance Criterions (Simulation)								
Resonanz			Phasentrennungsverfahren					
Form	F_r	ζ_r	Automatisch			Halbautomatisch		
[X,Y]	[Hz]	[%]	10dB	30dB	50dB	10dB	30dB	50dB
2-0	362.3	0.58	0.952	0.974	0.957	0.951	0.974	0.950
1-1	480.1	0.4	0.940	0.951	0.938	0.942	0.953	0.951
3-0	1000.1	0.13	0.962	0.964	0.957	0.918	0.965	0.963
2-1	1039.9	0.37	0.442	0.940	0.966	0.933	0.938	0.954
0-2	1685.3	0.37	0.985	0.985	0.970	0.985	0.985	0.985
3-1	1768.6	0.39	0.982	0.978	0.984	0.982	0.980	0.982
1-2	1955.8	0.83	0.0	0.950	0.981	0.959	0.955	0.973
4-0	1990.6	0.33	0.556	0.913	0.967	0.914	0.976	0.982
2-2	2619.7	0.53	0.867	0.985	0.768	0.934	0.974	0.960
4-1	2744.7	0.44	0.948	0.973	0.910	0.965	0.973	0.973
5-0	3249.6	0.24	0.978	0.0	0.964	0.965	0.987	0.988
3-2	3530.6	0.21	0.0	0.0	0.700	0.0	0.837	0.960
5-1	3916.1	0.36	0.955	0.927	0.955	0.953	0.953	0.968

Tabelle 2: Mittelwerte der MAC

die Anzahl richtig erkannter Resonanzen gemittelten MACs sind in Tabelle 2 enthalten. Wie der Tabelle zu entnehmen ist, ergibt sich bis auf wenige Ausnahmen eine sehr gut Übereinstimmung der gemessenen mit den vorgegebenen Eigenformen.

Literatur

[1] A.Lacroix **Systemidentifikation mit dem Prony-Verfahren** Regelungstechnik und Prozeßdatenverarbeitung 21, Seiten 150-157, 1973

[2] D.J.Ewins **Modal Testing: Theory and Practice** Research-Studies Press Ltd, 1986

[3] Y.Linde, A. Buzo, R.M.Gray **An Algorithm for Vektor Quantizer Design** IEEE Transactions on Communications, COM-28 pp. 84-94, January 1980

[4] H.Reiniger, P.List, D.Wolf **Vektorquantisierung von Zufallszahlenfolgen mit unterschiedlichen statistischen Eigenschaften** 5.Aachener Kolloquium Seiten 352–356, 1984

[5] J.G.Wilpon, L.R. Rabiner **A Modified K-Means Clustering Algorithm for Use in Isolated Word Recognition** IEEE Transactions on Acoustics, Speech, and Signal Processing, ASSP-3, June 1985

Der Einsatz der Pulskompression in Ultraschall Echosystemen - systemtheoretische Simulationen

Bressmer H., Heinze, V., Faust, U.

Institut für Biomedizinische Technik der Universität Stuttgart

1. EINLEITUNG

Die objektive Beurteilung von medizinischen Ultraschall B-Bildaufnahmen stellt aufgrund der oftmals unzureichenden räumlichen Auflösung und des schlechten Signal/Rauschverhältnisses ein schwieriges Problem dar. Eine Verbesserung dieses Verhältnisses bei gleichbleibender axialer Auflösung ermöglicht das nach dem Optimalfilterprinzip arbeitende Verfahren der Pulskompression /1/.
Durch die hier vorgestellten Simulationen sollen die Auswirkungen nichtidealer elektrischer Komponenten und der frequenzabhängigen Dämpfung auf das Korrelationsergebnis dargestellt werden.

2. SYSTEMTHEORIE

Da ein Pulskompressionssystem nach dem Optimalfilterprinzip arbeitet, bestimmt die Kurvenform des korrelierenden Signals nur den zeitlichen Verlaufs des Korrelationspeakes. Die absolute Amplitude des Korrelationspeaks hängt nur von der Energie der zu korrelierenden Signale ab /2/.
Für ein medizinisches US-Echosystem ist ein möglichst kurzes, kontinuierlich abfallendes Korrelationssignal am geeignetsten. Diese Anforderungen können mit linear frequenzmodulierten Sendesignalen, den sogenannten Chirps, gut approximiert werden. Da die Autokorrelierte eines Chirps mit rechteckförmiger Umhüllenden einen sinx/x Verlauf besitzt, werden Korrelationsnebengipfel, die auch Sidelobes genannt werden, nicht genügend unterdrückt. Durch Amplitudenwichtung der Impulsantwort des Optimalfilters lassen sich diese Störungen, die zu Fehlbeurteilungen führen könnten, unterdrücken.
Die einzelnen Komponenten eines digitalen Ultraschall-Pulskompressionssystems zeigt Abbildung 1. Dabei erfolgt die Korrelation der empfangenen Daten mit dem Optimalfilter im Rechner.

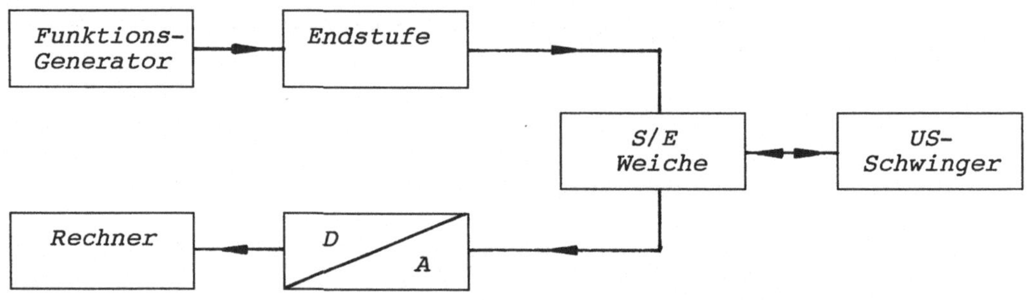

Abbildung 1: Blockschaltbild eines US-Pulskompressionssystems.

3. SIMULATIONEN

Um die Auswirkungen der verschiedenen Einflüsse auf den komprimierten Impuls eines Pulskompressionssystems berechnen zu können, wurde ein vielseitiges Simlationsprogramm entwickelt.
Für die aufgezeigten Simulationen wurden eine optimierte Taylor Wichtung mit 10 Koeffizienten gewählt. Diese stellt einen guten Kompromiß zwischen axialer Auflösung und der Unterdrückung von störenden Sidelobes dar /3/. Dadurch erzielt man für den bei allen Simulationen verwendeten Chirp mit einer Dauer von T = 10 us und einer Bandbreite B von 10 MHz ein Sidelobelevel von ca. 45 dB.

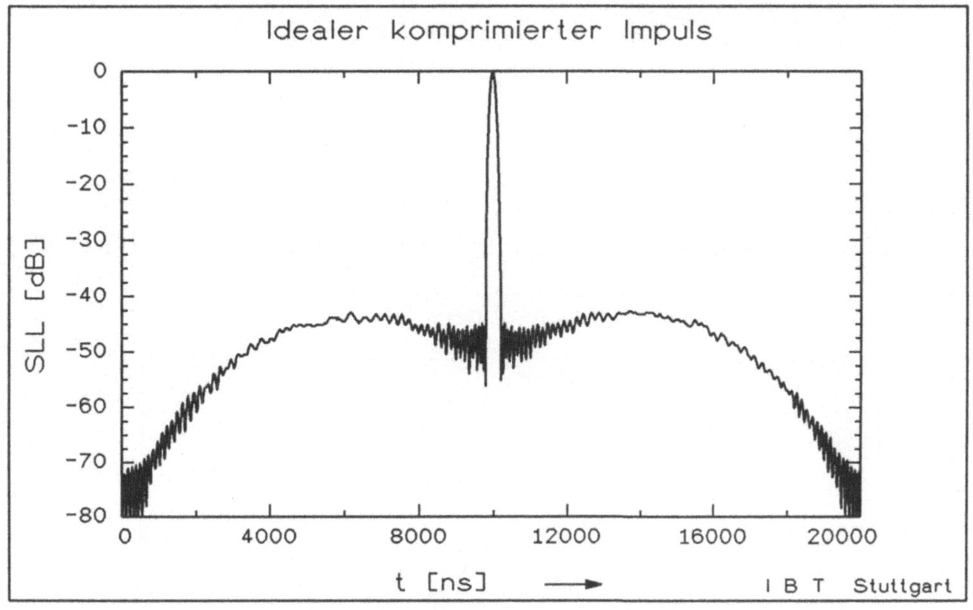

Abbildung 2: Komprimierter Impuls eines linear frequenzmodulierten Chirps mit amplituden gewichtetem Kompressor.

3.1 SIMULATION EINER FALSCHEN CHIRP-RATE

Da das Sendesignal im Allgemeinen mittels eines spannungsgesteuerten Oszillators erzeugt wird, entstehen durch die nichtideale Eigenschaften der elektrischen Komponenten Verformungen des idealen Chirps. Durch Simulationen konnte nachgewiesen werden, daß Änderungen der Chirp-Dauer in der Größenordnung von einigen Prozent zu keiner wesentlichen Verformung des korrelierten Impulses führen. Außerdem wirkt sich eine konstante falsche Chirprate von wenigen Prozent im Gegensatz zu einer nichtlinearen Abweichung des Frequenzanstiegs des Chirps nicht merklich im Korrelationsergebnis aus.

*Für die Simulation wurde eine sinusförmige Abweichung des Frequenz-
anstieges des Chirps, wie in Abbildung 3 dargestellt, angenommen.
Die Abbildung 4 zeigt für eine prozentuale Abweichung der Mittenfrequenz von 0.5 und 1 % die Korrelationsergebnisse, die sich
merklich von der idealen komprimierten Impuls unterscheiden.*

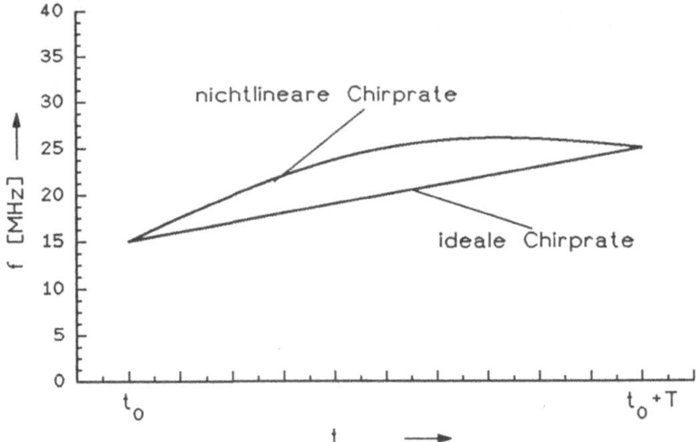

Abbildung 3: Sinusförmige Abweichung von der idealen Chirp-Rate.

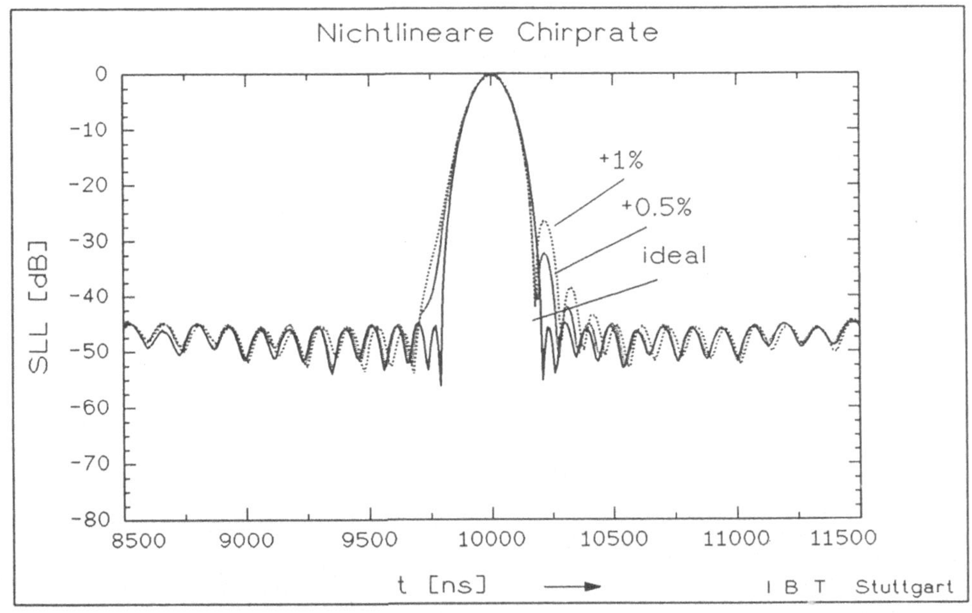

*Abbildung 4: Auswirkungen einer nichtlinearen Chirprate des Sende-
signals auf den komprimierten Impuls.*

3.2 AUSWIRKUNGEN DER QUANTISIERUNG

Die bisher dargestellten Ergebnisse beruhen auf der Grundlage einer unendlich genauen Abtastung. Aufgrund der beschränkten Anzahl von Diskretisierungsstufen resultiert eine Abweichung, die durch das sogenannte Quantisierungsrauschen charakterisiert wird. Das Signal-Rauschverhältnis für unipolare Signale ergibt sich bei einen idealen Abtastung zu /4/:

*S/N [dB] = 1.76 + 6.02*N   mit N = Anzahl der effektiven Bits.*

Durch die Pulskompression resultiert in erster Näherung eine Verbesserung des Signal-Rauschabstandes in der Größe des Zeit-Bandbreite Produktes /2/. Bei den nachfolgenden Simulationen wurde dem Echo ein weißes Rauschen von 10% und 100% der Signalamplitude hinzuaddiert. Der Abbildung 5 kann entnommen werden, daß bei einem Zeit-Bandbreite Produkt von 100 eine Verbesserung des Signal-Rauschabstandes von 20 dB auftritt.

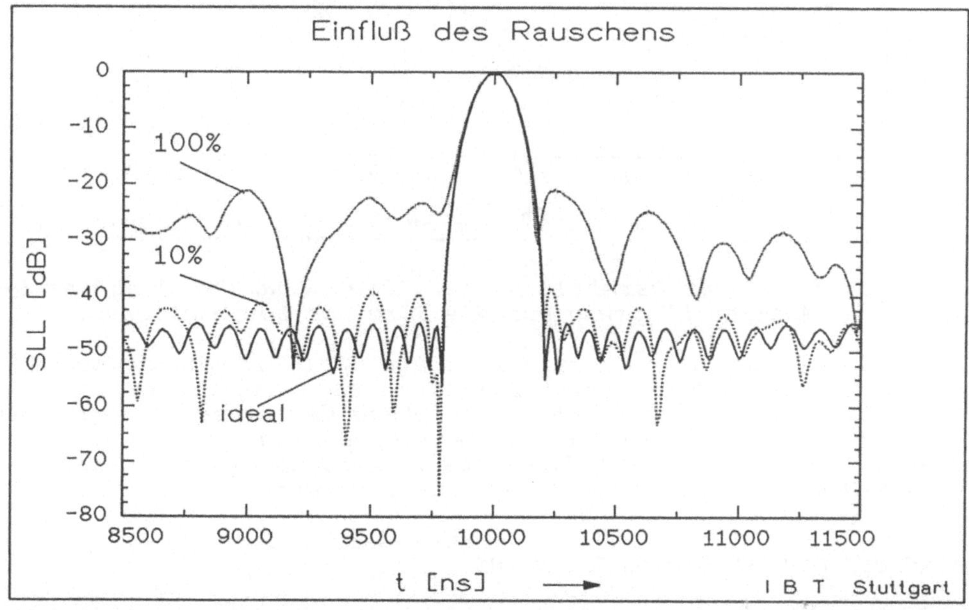

Abbildung 5: Verbesserung des S/N-Abstandes für kreuzkorrelierte Signale.

3.3 AUSWIRKUNGEN DER FREQUENZABHÄNGIGEN DÄMPFUNG

Durch die begrenzte Auflösung von effektiv 8 bits ergibt sich für bipolare Signale ohne eine zusätzlich zeitabhängige Verstärkung ein Dynamikumfang von ca. 44 dB. Dadurch entsteht das Problem, das Echos von tieferliegenden Gewebeschichten am Empfänger schon so stark gedämpft sind, daß sie im Digitalisierungsrauschen des Transientenrecorders verschwinden. In der folgenden Simulation wird deshalb der Einfluß der frequenzabhängigen Dämpfung auf den komprimierten Impuls berechnet. Als Grundlage wurde für die frequenzabhängige Dämpfung ein Dämpfungskoeffizient von $\alpha = 0.7dB/(MHz*cm)$ angesetzt.

Dabei zeigte sich, daß ohne zusätzliche Maßnahmen, eine maximale Eindringtiefe in menschlichem Weichgewebe von 15 mm, bei einer Mittenfrequenz von 20 MHz, erreicht wird.

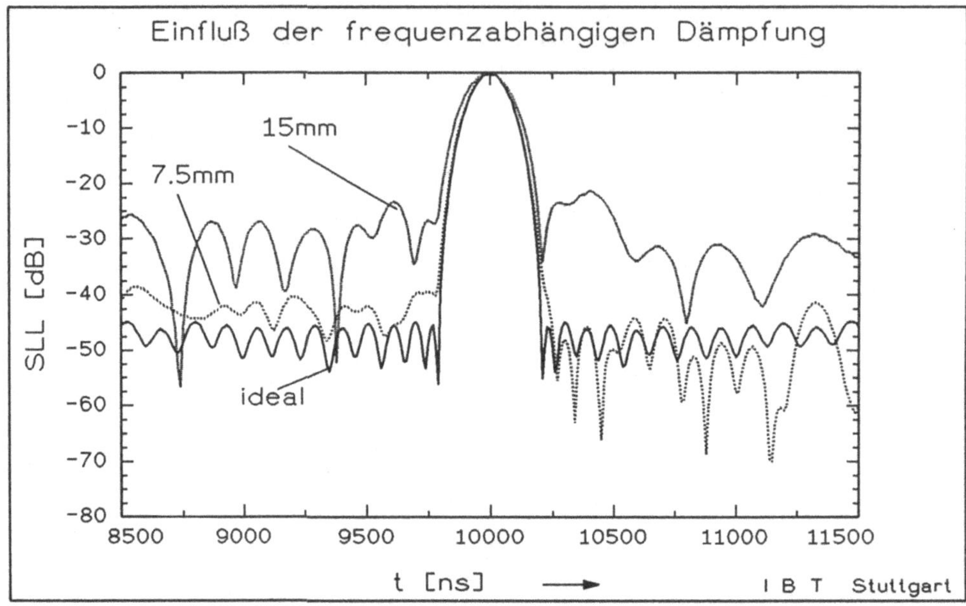

Abbildung 6: Normierte Darstellung der Auswirkung der frequenzabhängigen Dämpfung auf die Form des Korrelationspeak.

Die Verschlechterung der Korrelationsgüte läßt sich durch mehrere Möglichkeiten stark reduzieren. Zum einen kann man die erzielbare Tiefenauflösung durch entsprechende Anhebung der höheren Frequenzen des Sendechirps nahezu verdoppeln beziehungsweise für eine Tiefe optimieren. Zum anderen kann durch die Verwendung eines höherauflösenden A/D-Wandlers die Dynamik vergrößert werden.

3.4 EINFLUSS DER DOPPLERVERSCHIEBUNG

Da sich menschliche Organe insbesondere das Herz bewegen, ist es sehr wichtig den Einfluß der Dopplerverschiebung auf den korrelierten Impuls zu kennen. Die Dopplerverschiebung berechnet sich näherungsweise zu:

$$df = 2 * f_o * v_r/c$$

df = Frequenzverschiebung
f_o = Mittenfrequenz
v_r = Radialgeschwindigkeit des Objektes bezüglich des Empfängers
c = Schallgeschwindigkeit

Durch Simulationen konnte nachgewiesen werden, daß eine Radialgeschwindigkeit von 1 m/s, keine merkliche Auswirkung auf die Form des Korrelationspeaks zur Folge hat. Somit können die Auswirkungen des Dopplereffektes vernachlässigt können.

4. MESSUNGEN

*Die Simulationsergebnisse wurden mit Messungen verglichen. Durch
optimale Auswahl der elektrischen Komponenten des Pulskompressionssystems und dem Einsatz eines digitalen Wellenformgenerators ergaben sich für den Korrelationspeak nahezu ideale Ergebnisse. Wie
Abbildung 7 außerdem zeigt, wurde ein Sidelobelevel von 38 dB
erreicht.*

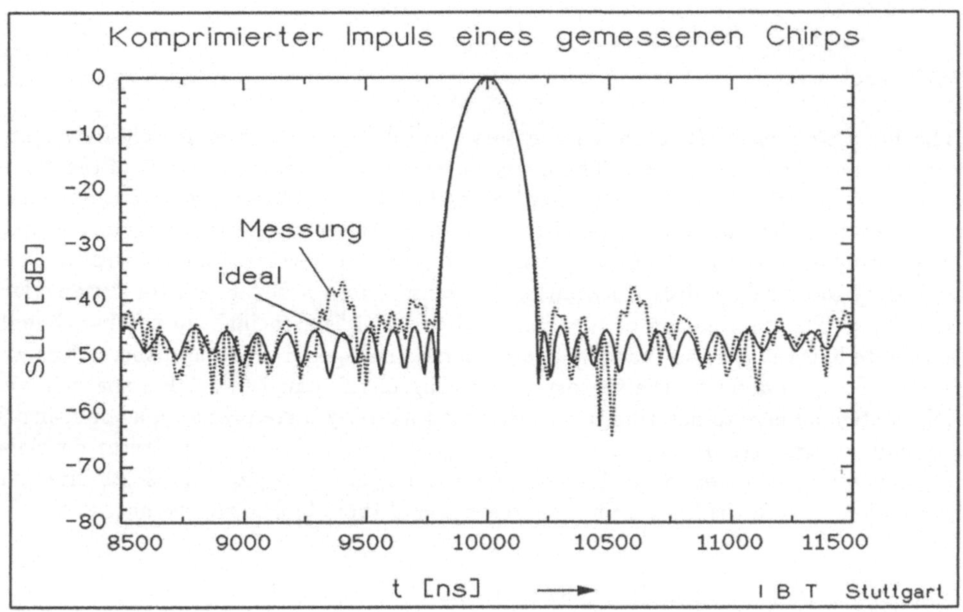

*Abbildung 7: Komprimierter Impuls eines simulierten und gemessenen
Echos von einem idealen Reflektor.*

*Zur Zeit wird das System für eine Mittenfrequenz von 5 MHz umgebaut
umd einen direkten Vergleich mit herkömmlichen US B-Bildgeräten zu
ermöglichen. Erst dann läßt sich mit letzter Sicherheit klären, ob
durch den Einsatz der Pulskompression eine wesentliche Verbesserung
der Qualtiät von Ultraschallbildern erreicht wird.*

5. LITERATURVERZEICHNIS

*/1/ Bressmer, H., Faust, U., Schwarzer, P.: Die Anwendung der Puls-
kompression in Ultraschall Echo Systemen.- Biomedizinische
Technik, 34, Ergänzungsband, S. 144-145, 1989.*

/2/ Kino, G., S.: Acoustic waves.- New Jersey: Prentice-Hall, 1987.

/3/ Skolnik, M., I.: Radar Handbook.- McGraw-Hill, 1970.

*/4/ Eckel, R., Pütgens, L., Walter, J.: A-D- und D-A- Wandler:
Grundlagen, Prinzipschaltungen und Applikationen.- München:
Franzis-Verlag, 1989.*

A PHASED ARRAY MODEL FOR DIRECTIONAL SENSITIVITY IN THE BIOACCELEROMETERS OF THE INNER EAR

Dale H. Mugler

Dept.of Mathematical Sciences, University of Akron
Akron, Ohio 44325, U.S.A.

1. Introduction.

The directional sensitivity of the tiny sensory hair cells of the inner ear is well-documented, but has not been well-understood. These vestibular sensory receivers are part of the "bioaccelerometers" of the body, and a mathematical model based on phased arrays was introduced in [6] to describe their directional sensitivity. In part, this model was based on the mathematical proof that the most efficient manner in which to receive a signal with a planar phased array antenna requires distributing the sensors into a hexagonal (or "triangular") array, see [8]. The distribution of tiny sensory hairs, the "stereocilia", in the hair bundles of vertebrate hair cells is also that of a nearly–perfect hexagonal array, and these ideas were connected in [6] to describe the sensory functioning of the hair cells. That mathematical model is extended here to describe the directional sensitivity more precisely, again using the theory and terminology of phased array receiving systems. The array patterns developed in [7] will be further extended to include phase shifts, and this paper presents directivity patterns which match the known physical responses of these biological systems.

2. The Directional Sensitivity of Hair Cells

Stereociliary hair cells are the primary sensory receptors for the vestibular system, as well as the auditory and lateral–line sensory organs. Vertebrates detect body accelerations, as well as sounds and water movements, through the transduction process of these sensory receptors, which produce electrical signals in response to mechanical stimulation. The mechanoelectrical transducer of the hair cell includes the hair bundle, which consists of approximately forty to eighty stereocilia at the top of the hair cell extending into a gel-like fluid from which the signal of motion is received.

In nearly all hair cells, the cilia are arranged in a hexagonal array and the lengths of the stereocilia increase monotonically from one edge of the hair bundle to the other, where that edge may be identified by a particularly long hair, the "kinocilium", in the vestibular system. Thus, the hair bundle appears to look like a set of organ pipes, and the hair cell is directionally polarized in the direction of increasing cilia length. The reasons for which these features have evolved in this way have remained unexplained. In fact, there has been considerable speculation about how the directional sensitivity is attained, see [4] or [9]. In this model, it is assumed that the directional sensitivity results from the formation of the hair cells as hexagonally–distributed phased array receivers, and in particular that the differing lengths of the stereocilia within each hair bundle cause delays which are responsible for the phase differences in the phased array.

Recently, experiments have been performed which include measurements of the responses of hair cells to motions in different directions, [5], [9], [2]. These experiments have documented the size of the response, where the maximal response is when the movement is in the direction towards the longer stereocilia in the array. Working with microelectrodes, the researchers have recorded the current generated by the response to tiny physical motions of saccular auditory hair cells of the frog in *in vitro* preparations. See Figure 1, from [9], for a complete listing. Note that deflection of a hair bundle in the direction opposite to that of the largest cilia results in a electrical response that is about one-fifth of that in the opposite "positive" direction. This particular feature is a specific directional sensitivity which will be analyzed through the phased–array model in this paper.

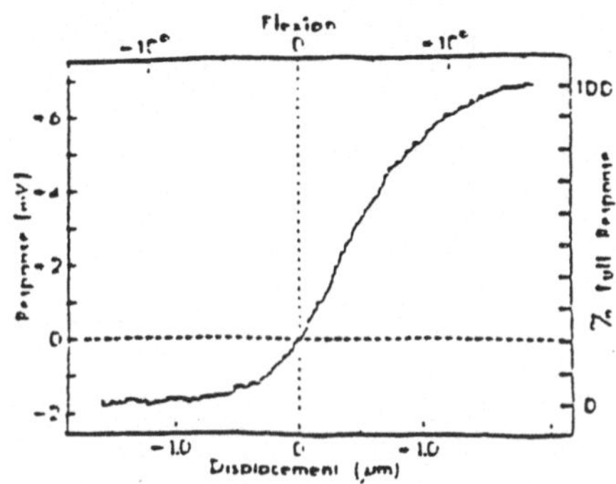

Figure 1. The response (in mV or as a percentage of the "Full Response") of the saccular hair cell of a bullfrog to the displacement (in μm) of the hair bundle's tip by a 10-Hz triangle wave stimulus. (From [5,p.2049])

3. The Directivity Pattern of the Hair Bundle Array

In general, the mathematical model used to describe a phased–array system of sensors includes the array pattern, often called the array factor, which depends on the location of the sensory elements. The array pattern provides a way to mathematically analyze the directions to which the array may be sensitive. The directivity pattern is a polar plot of the magnitude of the array pattern which emphasizes the angles to which the array is most sensitive, see [11] or [12] for applications of directivity patterns. The directivity pattern given below also reflect appropriate phase differences between sensory elements, so that these features of the hair bundle array may also be included in the model.

In a three–dimensional model of an array, the array factor may be defined, as in [3], using vectors for sensor positions and a vector for the direction of the incoming signal. If the positions of the N sensors are at points $\vec{x}_n$, the array pattern is given by

$$W(\vec{k}) = \frac{1}{N} \sum_{n=0}^{N-1} w_n e^{i\vec{k}\cdot\vec{x}_n} \tag{1}$$

where w_n is the weighting factor for the nth receiver and $\vec{k}$ is the spatial propagation wavenumber vector, with $\vec{k} = (k_x, k_y, k_z)$. If $\vec{\alpha} = \vec{k}_0/\omega$, where ω is the temporal frequency of the signal, the array pattern $W(\vec{k} - \omega\vec{\alpha})$ indicates the attenuation suffered by a plane wave when the phase differences between elements direct the beam of the array parallel to the vector $\vec{\alpha}$.

The relationship between the wavelength $\lambda = 2\pi/|\vec{k}|$ of the signal and the distance between sensory elements in a phased linear array is governed by a spatial sampling theorem. The experimental results, as from Figure 1, show that a displacement of the tip of the hair bundle of approximately $1.0\mu m$ will attain a nearly 100% response of the hair cell. Measurements, as reported in [6], have determined that the distance d between the base centers of stereocilia in a typical hair bundle is approximately $0.40\mu m \leq d \leq 0.50\mu m$. If $\lambda = 1.0\mu m$, then the relationship $d \leq \lambda/2$ is satisfied in this case. We will assume in the following that the relation between d and λ is given through the above approximation.

The array pattern for the planar hexagonal array agrees very strongly with experimental measures of angular sensitivity of the hair cell response. In this regard, we note the similarity between the patterns given in Figures 2 and 3 below.

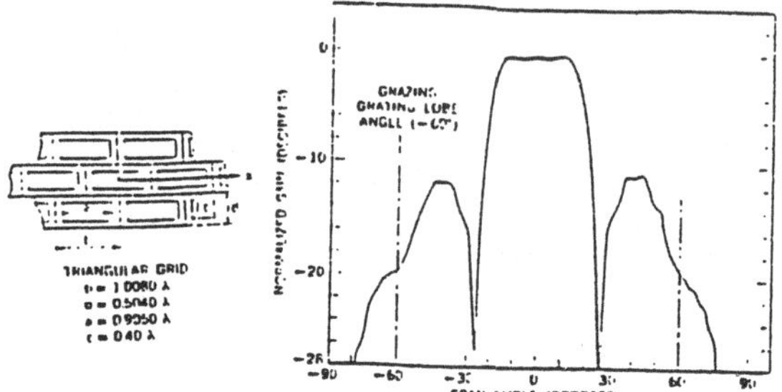

Figure 2. The radiation pattern (H-plane, i.e. perpendicular to the plane of the array) of the center element in a 7x7 triangular (not equilateral) grid of rectangular waveguides. Scan angle is with respect to the boresight. (From [1,p.15])

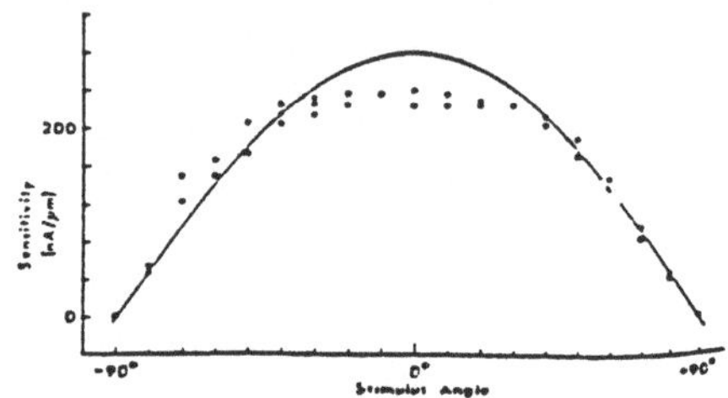

Figure 3. Experimental measurements (as dots) for the sensitivity (in terms of maximum slope) of a patch of hair cells to a stimulus of a 10-Hz, $1.0\mu m$ peak-to-peak triangle wave. Angle is with respect to the axis of symmetry of the hair bundle, (in direction from the hair bundle to the kinocilium). Solid curve is cosine "relation" as suggested in [2]. (From [2,p.946]).

Figure 2, from [1], shows the "radiation" pattern for a "triangular" grid, which is appropriate to this discussion, but which is not hexagonal, as the triangles of elements are not equilateral. The pattern is thus not completely representative of the hexagonal pattern. Similar patterns for other triangular grids are discussed in [10]. One can, however, suppose that samples of this pattern were taken, and those samples compared with the experimental results shown (as dots) in Figure 3, from [2], for the response of an *in vitro* patch of hair cells. It is clear that samples from Figure 2 would provide a much closer fit of the experimental results than the curve given in Figure 3, where the authors even note that the observed sensitivity seems to be different from that predicted by a cosine relationship: "...it is uncertain whether this is a consequence of the slight spread of orientations within the stimulated patch or whether sensitivity does not precisely follow the cosine of stimulus orientation." In the model presented here, the sensitivity does not, indeed, follow a cosine relationship, but follows the array pattern of a hexagonal array.

In the hexagonally-distributed hair bundle array, the phase differences between sensory elements are assumed in this model to be proportionate to the heights of the stereocilia. However, the heights of the stereocilia in this planar array depend primarily on a one–dimensional variable, as the heights increase parallel to the axis of symmetry in the direction of the kinocilium. In this way, the two–dimensional array may initially be considered more simply as a linear array. The directivity patterns will thus be considered here for a linear array, leaving the planar case for later analysis.

The directivity pattern calculation begins with the determination of the magnitude of the array pattern, given by (1). Suppose, as described above, we have a linear array of equally–spaced elements. With d as the distance between elements, suppose the stereociliary array elements are located at $\vec{x}_n = (nd, 0, 0), 0 \le n \le N - 1$. In this case, the scalar products in equation (1) have the values $\vec{k} \cdot \vec{x}_n = |\vec{k}| nd \cos(\theta) = 2\pi nd \cos(\theta)/\lambda$, where θ is the angle between the incoming signal and the axis of the linear array, and λ is the wavelength. If phase shifts increase linearly with the position of the sensor, as is appropriate to this model since the lengths of stereocilia increase towards the kinocilium, then the magnitude of the phase shift at the nth element could be represented by $n|\vec{\alpha}| = n2\pi/(\omega\lambda)$. If we assume that the weights w_n are equal, so that the sensors are equally–excited, then $W(\vec{k} - \omega\vec{\alpha})$ is given by

$$W(\vec{k} - \omega\vec{\alpha}) = \frac{1}{N} \sum_{n=0}^{N-1} e^{i2\pi nd(cos(\theta)-cos(\theta_0))/\lambda} \tag{2}$$

as in [11], where $\theta = \theta_0$ gives the maximum value of the array pattern. That is, the main beam of the array is in the direction of θ_0 (the angle between $\vec{\alpha}$ and the axis of the linear array). In this case, the 0° angle is in the direction of the axis of the array, towards the elements with increasing phase delay. Formula (2) may be rewritten as

$$W(\theta) = e^{i(N-1)\psi/2} \cdot \frac{\sin(N\psi/2)}{N\sin(\psi/2)}, \tag{3}$$

where

$$\psi = 2\pi d(cos(\theta) - cos(\theta_0))/\lambda. \tag{4}$$

The directivity pattern shown in Figure 4 is the magnitude of $W(\theta)$ from equation (3) with variable ψ in terms of the polar angle θ as in (4). The number of receiving elements for the pattern shown was chosen to be N=8, since a typical number of cilia along the main axis of the hair bundle is eight.

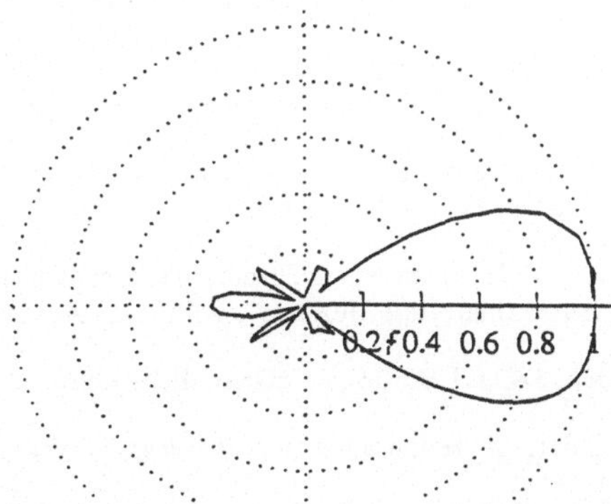

Figure 4. The directivity pattern for the linear model of the hair bundle array with element phases directing the main beam to $\theta_0 = 0°$, with N=8 and $d = 0.454\lambda$. This pattern is typical of an endfire array. Note that the sensitivity of the array to the $\theta = 180°$ direction is approximately one–fifth of that in the opposite direction.

The directivity pattern shown is typical of that of an "endfire" array, which here matches the experimental results noted earlier for the response of a hair bundle since the response indicated from the directivity pattern shows a fairly uniform value for directions near the $0°$ angle (towards the kinocilium), basically no response in the $90°$ direction to the array, and about one-fifth of the largest response in the $180°$ ("opposite") direction. This result gives further validity to the model of the hair bundle array as a phased array receiver. Further work is necessary to determine the directivity pattern of the complete planar array, with appropriate phase differences based on the measured heights of stereocilia. Although this model is based primarily on the features of hair cells of the vestibular system, it should be possible to extend the model to the auditory system, since the hair bundles in this system have a similar geometrical distribution.

References

[1] N.Amitay, V.Galindo, and C.P. Wu, *Theory and Analysis of Phased Array Antennas*, Wiley-Interscience, 1972.

[2] D.P. Corey and A.J. Hudspeth, "Analysis of the Microphonic Potential of the Bullfrog's Sacculus", *J. Neuroscience* 3, pp.942-961, 1983.

[3] D.E. Dudgeon and R.M. Mersereau, *Multidimensional Digital Signal Processing*, Prentice-Hall, N.J., 1984.

[4] A.J. Hudspeth, "Models for Mechanoelectrical Transduction by Hair Cells", *Contemp. Sensory Neurobiology*, pp.193-205, 1985.

[5] Hudspeth A.J. and Corey D.P., "Sensitivity, polarity, and conductance change in the response of vertebrate hair cells to controlled mechanical stimuli", Proc. Natl. Acad. Sci. USA 74, pp2407-2411, 1977.

[6] D.H. Mugler and M.D. Ross, "Vestibular Receptor Cells and Signal Detection: Bioaccelerometers and the Hexagonal Sampling of 2-D Signals", *Mathematical and Computer Modelling* 13, pp.85-92, 1990.

[7] D.H. Mugler and M.D. Ross, "Phased Array Characteristics and the Directional Sensitivity of Vestibular Hair Cells", *Proceedings* of the IEEE/EMBS International Meeting, Philadelphia, 1990 (to appear).

[8] D.P. Petersen and D. Middleton, "Sampling and reconstruction of wave–number–limited functions in n-dimensions", *Inform. Control* 5, pp.279-323, 1962.

[9] S.L. Shotwell, R. Jacobs, and A.J. Hudspeth, "Directional Sensitivity of Individual Vertebrate Hair Cells to Controlled Deflection of their Hair Bundles", *Ann.N.Y. Acad. Sci.* 374, pp.1–10, 1981.

[10] M. Skolnik, *Radar Handbook*, Second Edition, McGraw-Hill, 1990.

[11] W.L. Stutzman and G.A. Thiele, *Antenna Theory and Design*, J.Wiley and Sons, 1981.

[12] B. Widrow, P. Mantey, L.J. Griffiths, and B.B. Goode, "Adaptive Antenna Systems", *Proc. IEEE* 55, pp.2143-2159, 1967.

Multiprozessorsystem zur Fehlerdiagnose -
Anwendungsangepaßte Rechnerarchitektur

Prof. Dr.-Ing. **D. Barschdorff**, Dipl.-Inform. **A. F. Ndenge** und Dipl.-Ing. **G. W. Wöstenkühler**

Universität - GH - Paderborn, Elektrische Meßtechnik,
D-4790 Paderborn

Kurzfassung

In der industriellen Fertigung werden für immer komplexer werdende Aufgaben der Qualitätssicherung leistungsfähige Diagnose- und Überwachungssysteme benötigt. Dieses wird durch angepaßte Rechnerarchitekturen erreicht, welche die in der Gesamtaufgabe vorhandenen Teilaufgaben parallel bearbeiten. Es wird ein Parallelrechnersystem beschrieben, für das sich durch Verwendung von Serienprodukten ein sehr günstiges Preis/Leistungsverhältnis ergibt. Durch eine einheitliche Schnittstelle ist in transparenter Weise die Kooperation unterschiedlicher Betriebssysteme realisiert. Die Ausnutzung der Parallelverarbeitung und das gezielte Einsetzen spezieller Hardware wie Signalprozessoren führen zu kürzeren Taktzeiten und einer garantierten Echtzeitverarbeitung. Ein wichtiges Anwendungskriterium ist die Benutzerschnittstelle, die durch eine einfache, den Vorstellungen des Anwenders nahestehende Programmierung erfüllt wird.

Einleitung

In der industriellen Fertigung werden Massenprodukte vollautomatisch hergestellt. Zur Qualitätssicherung sind Diagnosesysteme notwendig, die in das Steuerungssystem der Fertigung integriert werden können und ein vollständiges, schnelles Erkennen auftretender Fehler ermöglichen. Mit Einprozessorsystemen sind diese Anforderungen nicht mehr zu erfüllen. Es besteht deshalb Bedarf an geeigneten Rechnerstrukturen, welche die geforderte Rechenleistung zur Verfügung stellen.

Eine strukturbedingte Leistungssteigerung ist durch eine parallele Bearbeitung der Gesamtaufgabe gegeben. Bei einer feinen Aufteilung und/oder statischen Verteilung, die z.B. die inhärente Parallelität einer FFT ausnutzt, eignen sich Transputersysteme. Vorteil der grobkörnigen Parallelität ist der flexible Einsatz bei unterschiedlichen Problemstellungen. Die vorgestellte, angepaßte Rechnerarchitektur basiert auf einer engen Kopplung von leistungsstarken Mikroprozessorkarten über einen VMEbus. Vorteile dieses Konzeptes gegenüber Transputernetzen liegen neben den ausgereiften Hardwarekomponenten in der Ausnutzung der groben Aufgabenteilung, die sich bereits bei der Formulierung ergibt, und der dynamischen Aufgabenzuordnung.

Diagnoseaufgaben

Bei einem Prozeß sind charakteristische Zeitfunktionen wie Spannungen, Ströme oder auch über spezielle Sensoren umgesetzte physikalische Größen wie Beschleunigung, Temperatur, Druck, usw. meßbar. Ändert sich der Prozeß, so ändern sich auch diese charakteristischen Funktionen. Bei der Lösung einer Diagnoseaufgabe werden die Signale mit einem Analog/Digitalumsetzer in rechnergeeignete Zahlenfolgen umgesetzt und mit Hilfe digitaler Signalverarbeitungsroutinen Merkmale zur Klassifikation des Prozesses, der die Zustände intakt, Fehler1, Fehler2, etc. annehmen kann, bestimmt. Als Klassifikationsalgorithmen eignen sich sowohl numerische Klassifikatoren /7/ als auch Neuronale Netze /8/, deren parallele Struktur bei dieser Realisierung jedoch nur sequentiell simuliert wird. Das Bild 1 zeigt den allgemeinen Aufbau eines Diagnosesystems mit Meßwertaufnehmer, Signalvorverarbeitung, Merkmalberechnung und Klassifikation.

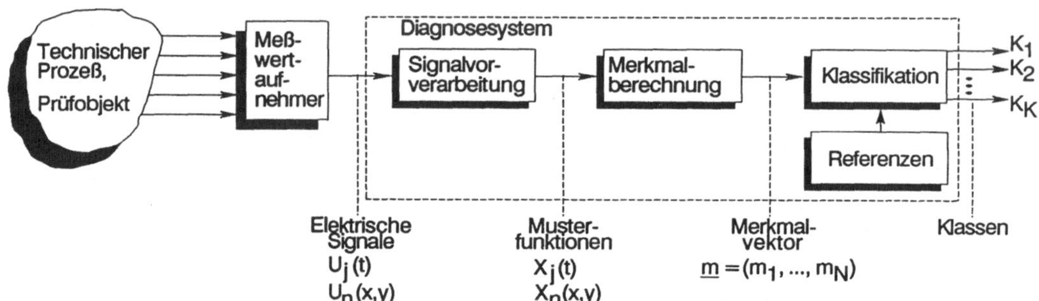

Bild 1: Allgemeiner Aufbau eines Diagnosesystems.

Die Formulierung der Diagnoseaufgabe legt die Reihenfolge und auch die Parallelisierbarkeit dieser Routinen fest. Der Programmablauf läßt sich sehr übersichtlich in einem Petri-Netz zeigen. Als Beispiel wird in Bild 2 die Diagnose eines Getriebes mit drei Wellen /6/ dargestellt, wobei die Bearbeitung für alle Wellen gleich ist, so daß nur die Routinen für eine Welle abgebildet sind. Die Zustände S1 bis S24 kennzeichnen die Signalaufnahme, die Merkmalberechnung und die Klassifikation entsprechend der nebenstehenden Liste. Die vorhandene Parallelität ist deutlich zu erkennen. Der Ablauf wird durch den Datenfluß gesteuert.

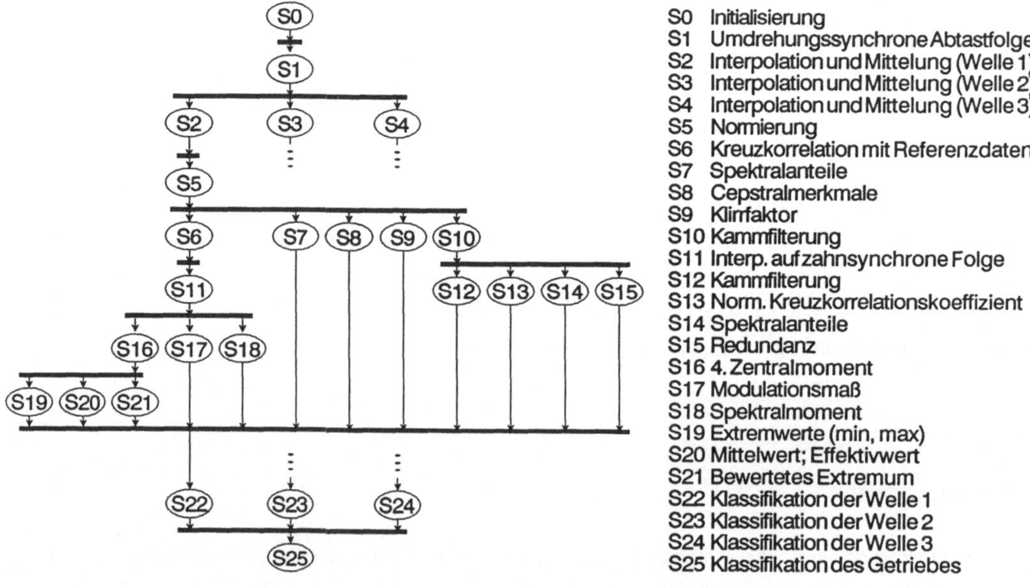

Bild 2: Petri-Netz einer Getriebediagnose

Parallelrechnersystem

Unter Ausnutzung der implizit vorhandenen Parallelität in der Gesamtaufgabe erfolgt eine Zerlegung in die unabhängigen Teilprogramme. Die bei der Formulierung verwendeten Signalverarbeitungsroutinen sind sehr einfach auf die bekannte, klassische von Neumann Rechnerarchitektur zu übertragen, weil hierfür ein breites Angebot an Softwareentwicklungstools existiert. Der notwendige schnelle Datenaustausch von Zwischenergebnissen /3/ erfolgt durch eine enge Kopplung über einen gemeinsamen Speicher.

Durch den Einsatz von VMEbus Prozessorkarten wird ein gutes Preis/Leistungsverhältnis erzielt sowie eine schnelle Realisierung erreicht. Hierdurch sind ebenfalls die Forderungen einer engen Kopplung zum Datenaustausch sowie nach lokalen Ressourcen für eine unabhängige Bearbeitung der Diagnoseaufgaben erfüllt. Das offene Konzept bietet eine einfache, inkrementale Leistungsanpassung an die jeweilige Aufgabe. Der Einsatz von Signalprozessoren für eine schnellere Berechnung von FFT- und Filteralgorithmen ist optional möglich. Das Gesamtkonzept des Systems stützt sich auf frühere Entwicklungen /2/, die in der Industrie bereits erfolgreich eingesetzt werden.

Als Verarbeitungseinheiten (VE) dienen 32-Bit VMEbus-Karten mit einem 68030, 20MHz Prozessor und 4MB dual-ported-RAM. Das Knotenbetriebssystem für die einzelnen VEs basiert auf einem MINIX-Kern, dessen Treiber den Anforderungen entsprechend erweitert wurden. Hierzu zählen ein dynamisches, verteiltes Dateisystem, das für Transparenz bei der Datenverwaltung und für eine Minimierung von Transferzeiten zwischen den einzelnen Verarbeitungseinheiten sorgt, und die Echtzeitbedingungen erfüllende Datenerfassung. Für die Kommunikation mit dem Anwender und zur Kopplung (LAN-Verbindung) mit übergeordneten Rechnern, die in der automatisierten Fertigung unbedingt notwendig ist, wird eine separate Prozessorkarte mit dem Multitasking-Betriebssystem UNIX verwendet. Diese Karte verfügt über eine im System vorhandene Festplatte, einem Ethernet-Anschluß, einem Bildschirm, eine Tastatur etc.. Bild 3 zeigt den Aufbau einer minimalen Version des Parallelrechnersystems.

Die wesentlichen Erweiterungen des SPURT III[*] gegenüber der industriell eingesetzten Entwicklung sind der im System vorhandene Kommunikations-Rechner, das "standardisierte" Verwaltungsprogramm auf den Verarbeitungseinheiten und die Ausnutzung des dual-ported RAM für eine minimale Datenaustauschzeit mit den dazu notwendigen Kommunikationstechniken (Message Passing).

---

*) **S**ignal**p**rozessor **u**nterstütztes **R**ealtime **T**estsystem

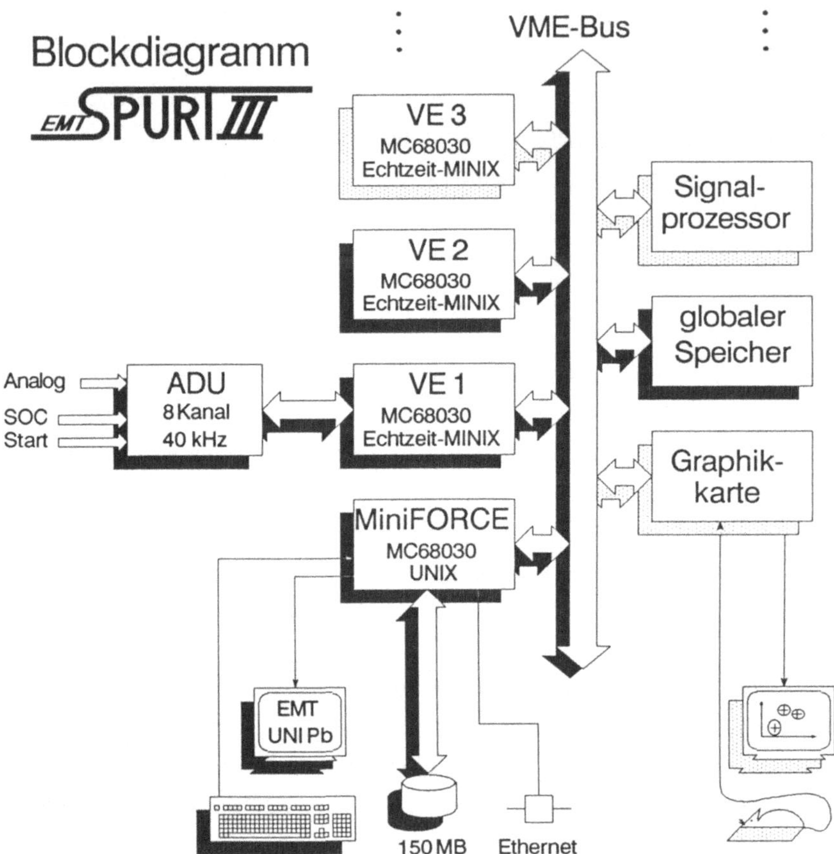

Bild 3: Architektur des verwendeten Multiprozessorsystems SPURT III

Benutzerschnittstelle

Der Anwender muß das System problemlos an neue oder sich ändernde Aufgabengebiete anpassen können. Hierzu ist eine übersichtliche und einfach bedienbare Benutzerschnittstelle vorhanden.

Die gesamte Diagnose setzt sich im Wesentlichen aus einzelnen Signalverarbeitungsroutinen zusammen. Eine Erweiterung der bestehenden Module ist mit den Entwicklungstools auf dem Kommunikationsrechner des Systems unter "C" in einfacher Weise möglich. Diese Erweiterungen setzen jedoch Softwarekenntnisse voraus.

Eine Erstellung der Diagnosevorschrift für neue Anwendungsgebiete, bei denen keine neuen Module entwickelt werden müssen, erfordert keine Programmierkenntnisse. Dieses ermöglicht eine objektorientierte, graphische Aufgabendefinition. Die verwendete Grafik nutzt dabei die unter UNIX vorhandene Schnittstelle von X–Window. Die einzelnen Routinen werden durch Symbole (Ikonen) gekennzeichnet, die mit Hilfe einer Mausführung kombinierbar sind. Es ergibt sich eine dem Bild 2 ähnliche Darstellung. Komplexere Zusammenhänge lassen sich durch Verwendung von Makros übersichtlich beschreiben und darstellen. Eine Erweiterung der vorhandenen Signalverarbeitungsroutinen kann durch Makrofunktionen vermieden werden. Diese Methode setzt Kenntnisse der digitalen Signalverarbeitung voraus, benötigt aber aufgrund der graphischen Oberfläche keine zusätzlichen Programmierkenntnisse.

Einen Ausschnitt einer möglichen graphischen Programmbeschreibung zeigt Bild 4. Hier ist ein Signalgenerator definiert worden, dessen Ausgangssignal tiefpaßgefiltert und anschließend amplitudennormiert wird.

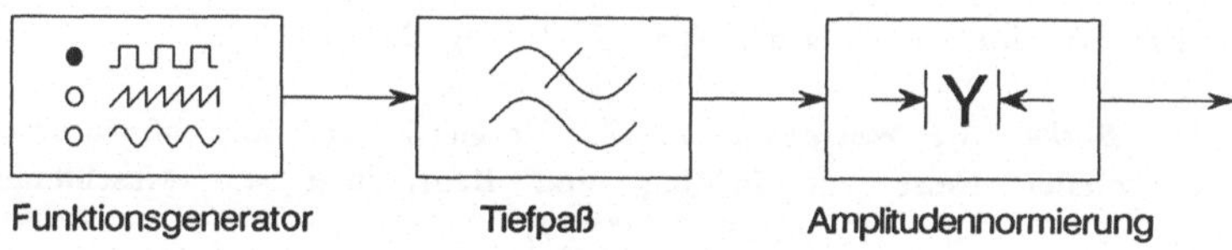

Bild 4: Beispiel einer graphischen Programmbeschreibung

Zusammenfassung

Nach der Erläuterung einer notwendigen schnellen, produktionsbegleitenden Fehlerdiagnose wurde am Beispiel einer Getriebediagnose die Zerlegung der Gesamtaufgabe in die impliziten parallel ausführbaren Teilaufgaben aufgezeigt. Dieser Parallelismus stellt die Grundlage für das vorgestellte, aus VMEbus–Karten aufgebaute Multiprozessorsystem SPURT III dar. Die internen, vom Anwender nicht sichtbaren Abläufe werden durch einen erweiterten MINIX–Kernel gesteuert. Die Kommunikationsschnittstelle ist mit einem im System vorhandenen UNIX–Rechner realisiert. Er stellt die Verbindung zum übergeordneten Rechner und zum Bediener her und ermöglicht ihm die Programmerweiterung und graphikunterstützte Formulierung der Diagnoseaufgabe. Durch die leicht anzupassende, parallele Bearbeitung kann die Diagnose im Takt der Produktionseinrichtung erfolgen. Dieses System eignet sich dadurch sehr gut zur Lösung der in der industriellen Fertigung immer wichtiger werdenden qualitätssichernden Aufgaben.

Literatur

/1/ **Barschdorff, D.; Dressler, Th.; Nitsche, W.:** Realtime Failure Detection on Complex Mechanical Structures via Parallel Data Processing. Computers in Industry, Vol 7, No. 1 pp 23-30 (1986)

/2/ **Dressler, Th.:** Fehlerdiagnose mit einem Multiprozessorsystem. Dissertation, Universität - GH - Paderborn (1986)

/3/ **Ameling, W.; et al.:** Das Multiprozessorsystem M^5PS. Angewandte Informatik, 8-12 (1987)

/4/ **Oberquelle, H.:** Sprachkonzepte für benutzergerechte Systeme. Springer Verlag Berlin (1987)

/5/ **Sochenbach, K; Trottenberg, U.:** Parallele Algorithmen und ihre Abbildung auf parallele Rechnerarchitekturen, it 30(2) (1988)

/6/ **Nitsche, W.:** Signalverarbeitungsverfahren für Multimikroprozessorsysteme zur Fehlerdiagnose an Zahnradgetrieben. Dissertation, Universität - GH - Paderborn (1989)

/7/ **Niemann, H.:** Klassifikation von Mustern. Springer Verlag Berlin (1983)

/8/ **Barschdorff, D.; Bothe, A.; Wöstenkühler, G.:** Vergleich lernender Mustererkennungsverfahren und neuronaler Netze zur Prüfung und Beurteilung von Maschinengeräuschen. Schalltechnik '90, VDI Berichte 813, p. 23-41 (1990)

Ein hierarchisches Multiprozessorsystem zur Normierung von Farbinfrarot-Luftbildern

T. Eisele, M. Verlande, W. Ameling

Rogowski-Institut für Elektrotechnik
Rheinisch-Westfälische Technische Hochschule Aachen (BR Deutschland)

1. Einleitung

Die Normierung von Farbinfrarot-Luftbildern erfordert aufwendige nichtlineare Transformationen. In Verbindung mit den zugrundeliegenden umfangreichen Datensätzen (typischerweise 48MByte pro Bild) kann diese Aufgabe nur mit Hilfe geeigneter Rechnerstrukturen in Form von Multiprozessor-Systemen in akzeptabler Antwortzeit durchgeführt werden.

Die Integration von digitalen Signalprozessoren, die aufgrund ihrer hohen Rechenleistung ausgewählt wurden, implizierte das Konzept eines heterogen, hierarchisch strukturierten Multiprozessor-Systems. Da derartige Rechnerstrukturen von keinem gängigen Betriebssystem unterstützt werden, mußte ein eigenständiges Organisationskonzept entworfen werden. Dieses auf dem Client-Server-Prinzip basierende Konzept stellt eine virtuelle Verarbeitungseinheit (Numerik-Server) zur Verfügung, die verteilt realisiert ist und gleichzeitig von mehreren Clients unter verschiedenen Betriebssytemen genutzt werden kann.

Dieses System wurde erfolgreich zur Normierung von Farbinfrarot-Luftbildern eingesetzt. Der Vergleich der Rechenzeiten für die Farbkorrektur ergab, daß es bereits mit fünf Signalprozessoren die Leistung einer IBM 3090 bei wesentlich geringeren Kosten erreicht.

2. Hardware-Konzept

Die für das zu entwickelnde System geforderte hohe Rechenleistung läßt sich nur durch Parallelisierung erreichen. Deren Effektivität hängt jedoch stark von der Parallelisierbarkeit des zu lösenden Problems, vom Ausmaß des zusätzlichen Kommunikations- und Rechenaufwands sowie von der zugrundeliegenden Rechnerstruktur ab [HWAN88]. Speziallösungen wie SIMD-Systeme (z. B. Systolic Arrays) oder Pipeline-Strukturen sind hier nicht geeignet, da erstens das System für verschiedene Aufgabenstellungen eingesetzt und zweitens weitgehend nur Standard-Baugruppen verwendet werden sollten (s. u.).

Zunächst war deshalb ein Prozessor auszuwählen, der eine hohe Rechenleistung bietet und auf einer Standard-Baugruppe verfügbar ist.

Nach umfangreichen Untersuchungen wurde der DSP32C von AT&T ausgewählt, da er eine sehr hohe Rechenleistung mit wenig Programmieraufwand (Hochsprache C) und zu geringen Kosten zur Verfügung stellt. Er ist jedoch auf einen Host angewiesen, der Ein-/Ausgabe, Benutzeroberfläche, Taskverwaltung etc. übernimmt. Die Wahl fiel daher auf ein heterogenes Multiprozessorsystem mit einer oder mehreren Standard-CPU's als Host und DSP32C-Baugruppen als Slaves. Die Verbindung sollte durch ein offenes Bussytem hergestellt werden, um die Verfügbarkeit von käuflichen Komponenten sicherzustellen. Damit wird auch das Problem der mangelhaften Verfügbarkeit von Entwicklungssoftware, das für die meisten Parallelrechnersysteme besteht [FALK88], vermieden.

2.1 Vergleich verschiedener Bussysteme

Der **MULTIBUS I** und der **ISA-Bus** sind wegen ihrer geringen Übertragungsleistung und ihrer mangelhaften Unterstützung eines Multimaster-Betriebs als primärer Bus nicht geeignet.

Der 32 bit breite **VME-Bus** erreicht durch seinen 12-MHz-Takt eine theoretische Transferleistung von 48 MByte/s. Sie ist jedoch in der Praxis durch das asynchrone Protokoll, die Arbitrationsphasen und die Geschwindigkeit der Busteilnehmer beschränkt, so daß man von einer maximalen Transferrate von 24 MByte/s ausgehen muß [OHR84].

Der **MULTIBUS II** stellt ein völlig neues Buskonzept dar, das nicht mehr einzelne Teile eines Rechners (CPU-Karte, Speichererweiterung, I/O-Baugruppen, etc.) verbindet, sondern eine Kommunikation zwischen selbständigen Rechnern - ggf. unter unterschiedlichen Betriebssystemen - ermöglicht , so daß er im Endeffekt die Funktion eines lokalen Rechnernetzes übernimmt [OHNE88]. Dabei deckt die Hardware bereits die ersten drei Schichten des ISO/OSI-Netzwerk-Modells ab [LIEB87]. Die Kommunikation basiert auf dem Message-Passing-Prinzip [CLEM, BÖHM88]. Dadurch kann im Prinzip jede Rechnerstruktur per Software emuliert werden. Die Entwicklungszeiten für Multiprozessorsysteme werden deutlich gesenkt.

2.2 Struktur des realisierten Multiprozessorsystems

Auf Grund der mangelhaften Verfügbarkeit von schnellen Numerik-Prozessor-Baugruppen für den MULTIBUS II wird ein hierarchisches Bussystem verwendet, das die hohe Übertragungsleistung und die Multiprozessorunterstützung des MULTIBUS II verbindet mit der guten Verfügbarkeit von Hard- und Software für den ISA-Bus (Abb. 1).

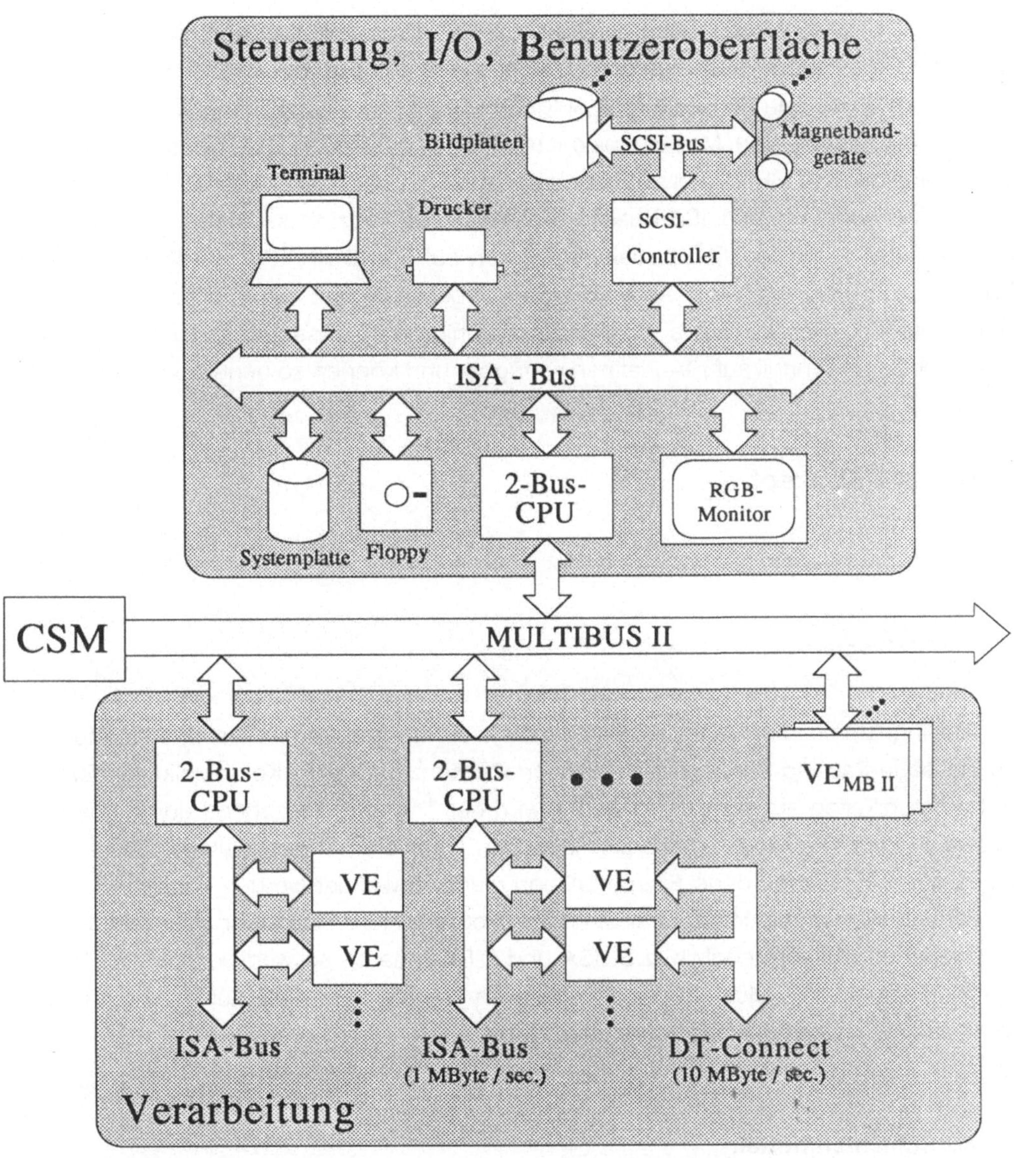

2-Bus-CPU = 80386-CPU mit ISA-Bus und Interface zum MULTIBUS II

VE = Verarbeitungseinheit (hier: DSP32C von AT&T, aber auch andere DSP's, Array- oder Coprozessoren, Transputer oder Dataflow-Rechner verwendbar.)

$VE_{MB\ II}$ = evtl. in Zukunft verfügbare Spezialprozessoren für den MULTIBUS II

CSM = Central Services Module

Abb. 1: Modulares, hierarchisches Multiprozessorsystem für die schnelle Farbkorrektur

Der MULTIBUS II verbindet sog. 2-Bus-CPU's, die jeweils den Knoten eines Prozessor-Clusters, bestehend aus mehreren DSP's, auf Basis des ISA-Busses darstellen. Als tertiären Bus findet man den jeweiligen Aufgaben zugeordnete Spezialbusse wie den SCSI-Bus zur Ankopplung von Massenspeichern oder den DT-Connect-Bus (DTC), der die Kommunikation der DSP's untereinander unterstützt.

Die Verwendung des ISA-Busses innerhalb der Prozessor-Cluster ermöglicht die Software-Entwicklung für die Spezialprozessoren auf Standard-AT's. Hard- und Software wird für die verschiedensten Anwendungen angeboten und kann problemlos in das System integriert werden. Neue, noch leistungsfähigere Prozessoren (z. B. i860 von intel) sind in der Regel schnell auf ISA-Platinen verfügbar und können so genutzt werden.

3. Software-Konzept

3.1 Kommunikation

Bedingt durch die Wahl des MULTIBUS II als übergeordnete Rechnerstruktur liegt das Message-Passing-Prinzip als grundlegendes Konzept für die Kommunikation fest. Bei der Kommunikation auf dem MULTIBUS II wird der Transfer weitgehend durch geeignete Hardware unterstützt, so daß bei anschließenden Transferen über subalterne Busse die so aufgesetzten Messages ohne Einschränkung weiterverwendet werden können. Die Wahl des Verbindungsweges erfolgt über statische Wegetabellen. Sind mehr als zwei Wege auf verschiedenen Bussen möglich (z.B. ISA und DT-Connect), so wird der Zielkonflikt über eine "Kostenfunktion" gelöst, in der die effektiven Transferzeiten, die Auslastung und der - zwangsläufige - Kommunikationsoverhead eingehen.

3.2 Das Schichtenmodell

Die Bereitstellung und Organisation der Kommunikationsdienste kann als unterste Schicht in einem hierarchischen Schichtenmodell aufgefaßt werden.

Die übergeordneten Schichten sind verantwortlich für die Verwaltung und Auslastung der Verarbeitungseinheiten. Je nach Anwendung kann die Verwaltung der Verarbeitungseinheiten bereits in der nächsthöhren Ebene in Form einer virtuellen Einheit oder in höheren Ebenen unter Verwendung eines objektorientierten Ansatzes erfolgen. Eine virtuelle Einheit stellt dem rufenden Prozeß eine Schnittstelle zur Verfügung, wie er sie in einem System mit nur einer zusätzlichen Verarbeitungseinheit vorfinden würde. Die Einheit übernimmt dann die Zuordnung der vom Prozeß übergebenen Aufgabe zu einer freien, physikalischen Einheit. Bei der Auswahl fallen unter anderem folgende Punkte ins Gewicht:

- Betriebszustand
- Länge der Kommunikationswege
- Organisationsform (Pipeline, Prozessorfarm, etc.)

Höhergelegenen Schichten kommt die Aufgabe zu, die Daten so zu zerlegen, daß sie in einzelnen, parallelen Teilen bearbeitet werden können. Es ist dabei anzustreben, einen objektorientierten Ansatz zu finden, um dem späteren Anwender eine weitgehende Entkopplung von der zugrundeliegenden Hardwarestruktur bieten zu können.

4. Anwendungen

Das obige System ist in Zusammenarbeit mit dem Institut für Technische Elektronik zur Normierung von FIR-Luftbildern unter Verwendung von vier digitalen Signalprozessoren eingesetzt worden. Gleichzeitig wurde zur Abschätzung der Rechenleistung die Aufgabe auf einer IBM 3090 und einem IBM-AT gelöst. Der Sourcecode blieb dabei weitgehend unverändert. Es ergaben sich dabei die in Abb. 2 dargestellten Rechenzeiten.

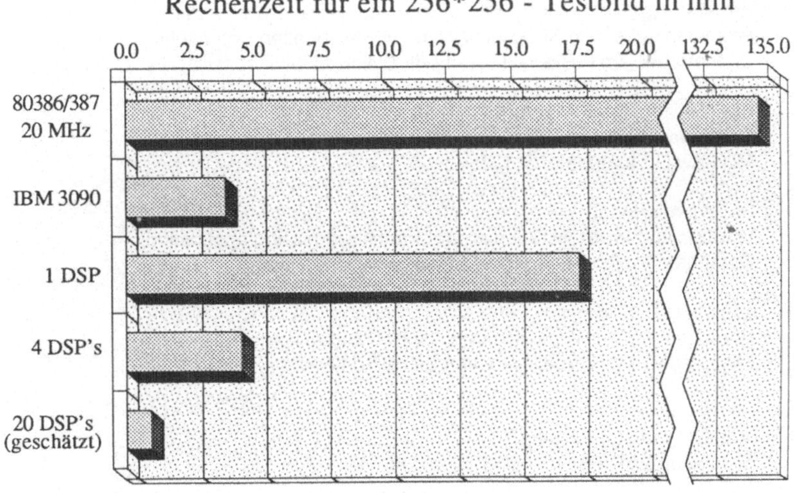

Abb. 2: Rechenzeiten im Vergleich

Aufgrund der hohen Rechenleistung des entwickelten Multiprozessorsystems, die durch einfaches Hinzufügen weiterer bzw. leistungsfähigerer Prozessoren noch erhöht werden kann, ist es auch für weitergehende Normierungen (atmosphärische Einflüsse, geometrische Entzerrung, etc.) sowie für andere rechenintensive Probleme der Bildverarbeitung einsetzbar.

Das diesem Bericht zugrundeliegende Vorhaben wurde mit Mitteln des Bundesministers für Forschung und Technologie unter dem Förderkennzeichen 0339081A gefördert. Die Verantwortung für den Inhalt dieser Veröffentlichung liegt bei den Autoren.

Literatur:

[BÖHM88]   Günter Böhm:
            Message-Passing für OSM-Systeme
            Design & Elektronik 22/88, S. 96...102

[CLEM]   Bill Clemow:
            Message Passing in the MULTIBUS II Architecture
            intel 280717-001

[FALK88]   Howard Falk:
            Computing speeds soar with parallel processing
            Computer Design, 15.06.88, S. 49...58

[HAPP88]   Thomas Happel:
            Entwicklung von Basisalgorithmen zur Auswertung von Ultraschallbildern und Kernspintomogrammen auf einem Rechnersystem mit gekoppelten Datenflußprozessoren
            Diplomarbeit am Rogowski-Institut für Elektrotechnik der RWTH Aachen, 1988

[HWAN88]   Kwai Hwang, Fayé A. Briggs
            Computer Architecture and Parallel Processing
            McGraw-Hill International 1988

[LIEB87]   David Lieberman:
            VMEbus and MULTIBUS II mature for multiprocessing applications
            Computer Design 01.11.87, S. 25...32

[MILD85]   Johannes P. Milde
            Überlegungen zur Organisation verteilter Mehrrechnersysteme
            Dissertation am Rogowski-Institut der RWTH Aachen, 1985

[OHNE88]   (ohne Autor):
            Was ist Message Passing ?
            Computer & Elektronik 09/88, S. 42...46

[OHR84]   Stephan Ohr:
            Three 32-bit-wide busses will give 32-bit μC's mainframe performance
            Electronic Design, 12.01.84, S. 63...66

Automatische Lauterkennung aus fließendem Text
mit Hilfe mehrschichtiger Neuronaler Netze

Harald Finster, Jürgen Meyer

Institut für Nachrichtengeräte und Datenverarbeitung   RWTH Aachen

1. Einleitung

Zur Lösung von Klassifikationsproblemen werden in den letzten Jahren zunehmend neuronale Netz - Strukturen eingesetzt.

Ziel dieser Arbeit ist die automatische Erkennung einzelner Laute aus fließend gesprochener Sprache mit Neuronalen Netzen.

Das hier realisierte System besteht aus einem Analyseteil zur Gewinnung von Merkmalsvektoren aus dem Sprachsignal und einem mehrschichtigen, vorwärtsgerichteten Neuronalen Netzwerk zur Klassifikation der Merkmalsvektoren, das mittels Back -Propagation - Algorithmus [4] trainiert wird.

Es wird ein neuartiges Trainingsverfahren vorgeschlagen, das keine aufwendige Segmentierung der Sprachsignale erfordert.

2. Der Aufbau des Erkennungssystems

Das Erkennungssystem ordnet einem Ausschnitt des zeitdiskreten Sprachsignals s(n) einen Ausgangsvektor $O_k = (o_{L1} , ... , o_{Li} , ... , o_{LN})$ zu, dessen Komponenten die Ausgangsaktivitäten der Neuronen zum Zeitpunkt k bilden, die die zu erkennenden Laute Li repräsentieren.

Dazu wird das zu analysierende Sprachsignal zunächst mit 12 kHz abgetastet und nach Hamming-Fensterung mit einer 256-Punkte FFT abschnittweise spektral analysiert. Die Spektralwerte werden zur Reduzierung des Rechenaufwandes in der nachfolgenden Klassifikation in 19 Frequenzgruppen im Bereich von $0 < f < 6$ kHz entsprechend der Bark - Skala [6] zusammengefasst. Die Berechnung der Spektren erfolgt überlappend im zeitlichen Abstand von jeweils 20 ms. Um auch das Übergangsverhalten der Laute zu erkennen (z.B. Plosive), werden jeweils 5 zeitlich zurückliegende Spektren zu einem Merkmalsvektor S_k zusammengefasst. Der Merkmalsvektor S_k, der aus 4 alten und 1 neuen Spektren besteht, besitzt $19 * 5 = 95$ Komponenten. Daraus ergibt sich schließlich die Folge der Merkmalsvektoren $S = (S_1 , S_2 , ... , S_k)$.

Die Klassifikation der Merkmalsvektoren erfolgt mit einem vorwärtsgerichteten, zweilagigen Neuronalen Netz mit 95 Eingängen, 5 Neuronen in der versteckten Lage (hidden layer) und einem Ausgangsneuron für jeden zu erkennenden Laut. Die Aktivitäten der Ausgangsneuronen ergeben den Ausgangsvektor O_k, der alle 20 ms neu berechnet wird. Das Neuronale Netz bildet somit eine Eingangsfolge S in eine Ausgangsfolge O ab. (Bild 1)

(Anmerkung : Aus Gründen der Übersicht werden in den folgenden Beispielen lediglich drei Ausgangsneuronen betrachtet, nämlich die der Laute / _ / (Sprachpause) , / a / und / t / . Der Ausgangsvektor hat dann die Komponenten o_- , o_a und o_t .)

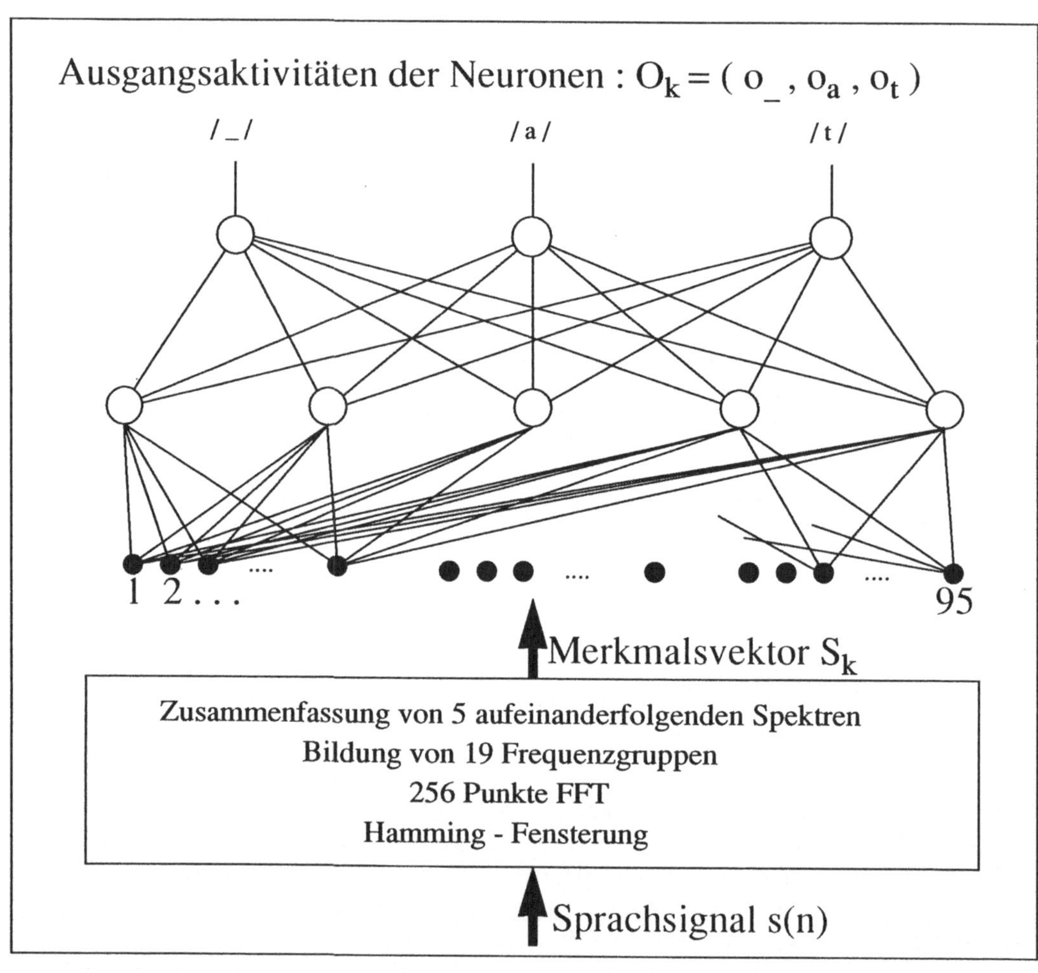

Bild 1 : Aufbau des Erkennungssystems

(Vereinfachte Darstellung für 3 Laute b.z.w. Ausgangsneuronen)

3. Der Trainingsalgorithmus

Das Erkennungsverhalten des Netzwerks wird durch die internen Gewichte zwischen den Neuronen bestimmt. Diese werden in einer Trainingsphase festgelegt, in der nacheinander verschiedene Merkmalsvektoren S_k aus einer Lern - Sprachprobe an den Netzeingang gelegt werden. Gleichzeitig wird dem Neuronalen Netz der gewünschte Ausgangsvektor $\hat{O}_k$ vorgegeben und die Gewichte mit Hilfe des Back - Propagation -Trainingsalgorithmus [4] adaptiert.

Hier ergibt sich die Schwierigkeit, daß zum Training eine umfangreiche Sprachprobensammlung benötigt wird,bei der zu jedem Zeitpunkt die Zuordnung der Phoneme bekannt ist. Die Erstellung derartiger, sogenannter "gelabelter" Sprachdateien kann manuell erfolgen, was einen sehr großen Arbeitsaufwand erfordert und mit Unsicherheiten verbunden ist. Eine Reihe bekannter Segmentierungsverfahren beruht darauf, Signalabschnitte mit stationärem Verhalten zu Segmenten zusammenzufassen, die dann wiederum von Hand "gelabelt" werden müssen [1],[2].

In dieser Arbeit wird ein Verfahren vorgestellt, mit dem Sprachproben automatisch segmentiert und phonetisch markiert werden. Es besteht aus drei Schritten :

1. Schritt :   Vortraining mit isolierten Lauten
Das Netz wird zunächst mit Merkmalsvektoren trainiert, die manuell gelabelt wurden. In dieser Phase werden keine hohen Anforderungen an die Genauigkeit gestellt. Es reicht aus, mehrere stationär artikulierbare Laute isoliert zu sprechen und das Netz damit vorzutrainieren. Natürlich bleiben dabei Koartikulationseffekte zunächst unberücksichtigt. Laute mit Übergangsverhalten (z.B. Plosive) können auf diese Weise nicht trainiert werden.

2. Schritt :   Zuordnung von Phonemketten mittels Dynamischer Programmierung
Das Neuronale Netz berechnet für eine Sprachprobe, deren phonetische Transkription als Folge L bekannt ist, die Folge der Ausgangsvektoren O. Die exakte zeitliche Zuordnung der Phoneme b.z.w. Phonemgrenzen zu den Abtastwerten des Sprachsignals ist nicht erforderlich ! Die Sprachprobe kann sowohl Übergangslaute als auch Laute, die noch nicht trainiert wurden, enthalten. Daraus ergeben sich in dieser Phase zunächst teilweise fehlerhafte Ausgangsmuster. Mit Hilfe der Dynamischen Programmierung wird eine optimale zeitliche Zuordnung zwischen der bekannten Lautfolge L und der Ausgangsfolge des Netzes bestimmt. Dabei wird jedem Laut der Lautfolge L mindestens ein Merkmalsvektor der Merkmalsfolge S zugeordnet.

3. Schritt :   Nachtraining
Mit der in Schritt 2 gefundenen Zuordnung zwischen den Folgen der Merkmalsvektoren S und der Ausgangsvektoren $\hat{O}$ wird das Netzwerk erneut trainiert. Da das Nachtraining mit fließend gesprochener Sprache erfolgt, werden in dieser Phase auch Koartikulationseffekte berücksichtigt. Das Training von 'instationären' Lauten ist möglich, indem diese z.B. zwischen zwei bereits vortrainierten Lauten eingebettet werden.

Das folgende Bild 2 verdeutlicht den Ablauf des Trainings am Beispiel der Lautfolge "_ata_ata_".

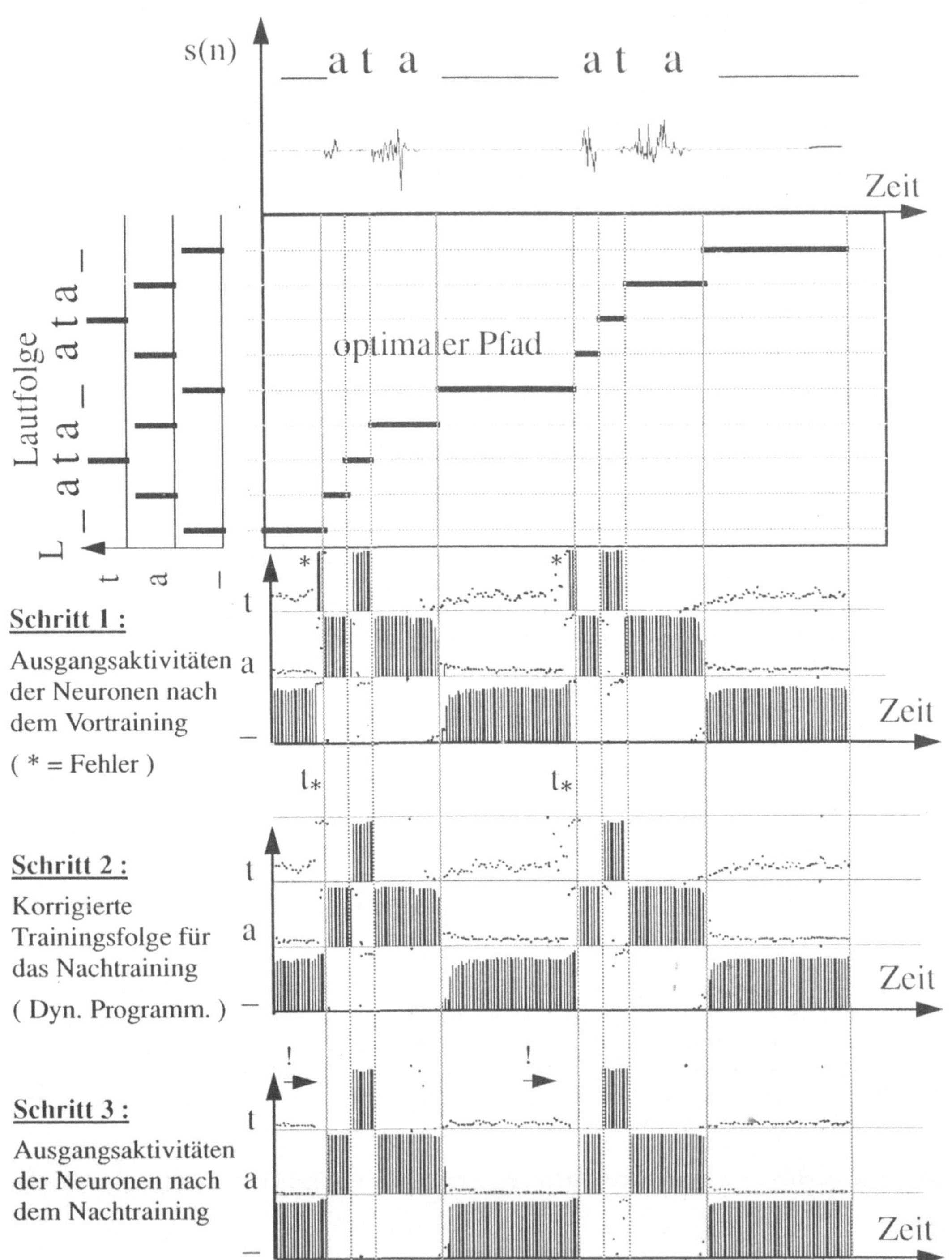

Bild 2 : Ablauf des Trainings am Beispiel der Lautfolge "_ata_ata_"

In dem im Bild gezeigten Beispiel wurde das Netz zunächst lediglich mit den beiden isolierten Lauten / a / und /_ / (Pause) trainiert. Diese beiden Laute werden in Schritt 1 auch sicher erkannt. Das dem Laut / t / zugeordnete Neuron ist zu den Zeiten aktiv, in denen tatsächlich ein / t / gesprochen wurde - allerdings auch fälschlicherweise zu Beginn des Lautes / a / (in der Graphik mit * b.z.w. t* gekennzeichnet).

Man erkennt ausserdem, daß die Aktivität des Neurons "Pause" gleichzeitig mit dem / t /- Neuron hoch ist.

Da die Lautfolge (_ata_ata_) bekannt ist, kann die Dynamische Programmierung den Zeiten t* nur die Laute /_ / oder / a / zuordnen. Im Beispiel wird die Entscheidung zugunsten der Pause getroffen, da diese eine höhere Aktivität als das / a / besitzt.

Der untere Teil der Graphik zeigt schließlich das Erkennungs - Ergebnis nach dem Nachtraining. Das Netzwerk unterscheidet nun sicher den Laut / t / von der Pause.

Durch zeitliche Verschiebung des Analysefensters der Dynamischen Programmierung ist die Anwendung des Verfahrens auch auf zeitlich unbegrenzte Sprachproben möglich, wie Bild 3 zeigt.

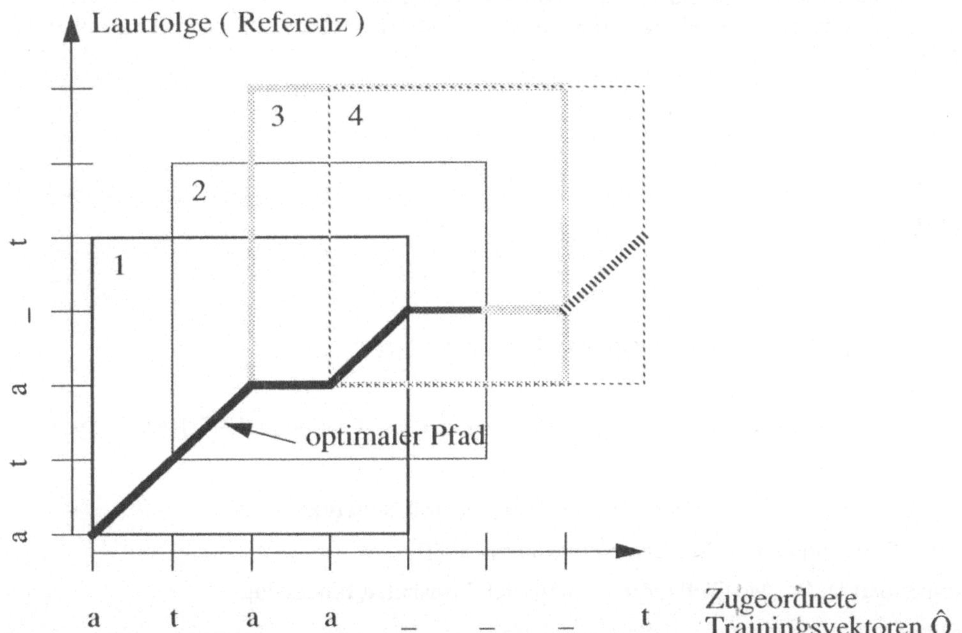

Bild 3 : Verschiebung des Analysefensters der Dynamischen Programmierung über dem optimalen Pfad

<u>**4. Ergebnisse und Zusammenfassung**</u>

Das Verfahren wurde zunächst mit bis zu zehn verschiedenen Lauten sprecherabhängig getestet. In mehreren Experimenten konnte das progressive Lernverhalten sowohl für Vokale als auch Konsonanten und Übergangslaute bestätigt werden. In den Versuchen hat es sich als günstig erwiesen, das Netzwerk zunächst nur mit wenigen, leicht erkennbaren Lauten (z.B. Vokalen) vorzutrainieren. Der Lautschatz kann dann nach und nach weiter vergrößert werden, indem das Nachtraining mehrmals, jeweils mit weiteren neuen Lauten, durchgeführt wird.

Erste Versuche zur sprecherunabhängigen Phonemerkennung zeigten, daß sich das Verfahren dahingehend erweitern läßt, daß das Netz zunächst mit nur einem Sprecher vortrainiert und später mit weiteren Sprechern nachtrainiert wird.

Für die Erkennung von Lautketten mit Hilfe Neuronaler Netze wird ein neuartiges Trainingskonzept vorgestellt. Das Verfahren zeichnet sich dadurch aus, daß zunächst lediglich ein einfaches Vortraining mit wenigen isoliert gesprochenen Lauten durchgeführt wird. Anschließend wird die Erkennungsfähigkeit unter Verwendung der Technik der "Dynamischen Programmierung" schrittweise verbessert, wobei neue Laute sowie Übergangslaute automatisch nachtrainiert werden. Der bisher erforderliche hohe Aufwand für die phonetische Segmentierung, d.h. die exakte zeitliche Zuordnung der Phoneme b.z.w. Phonemgrenzen zu den Abtastwerten des Sprachsignals ist nicht erforderlich.

6. Literatur

[1]   Glass , Zue , Acoustic Segmentation of Continuous Speech
ICASSP 1988   S. 429 - 432

[2]   Glass , Zue , Acoustic Segmentation and Phonetic Classification in the SUMMIT System
ICASSP 1989   S. 389 - 392

[3]   Lippmann R. P. , Pattern Classification Using Neural Networks
IEEE Communications Magazine , November 1989

[4]   Rumelhart D. E. , Mc Clelland J. L. , Parallel Distributed Processing
Massachusetts Institute of Technology 1988

[5]   Sickert K. , Automatische Spracheingabe und Sprachausgabe
Verlag Markt & Technik 1983 , Haar bei München

[6]   Zwicker E., Psychoakustik
Springer Verlag 1982 , Berlin , Heidelberg , New York

Automatische Spracherkennung mit einer gehörbezogenen Sprachanalyse und neuronalen Netzstrukturen

H.G. Hirsch, T. Pieper, C. Sydow, H. Finster
Institut für Nachrichtengeräte und Datenverarbeitung
RWTH Aachen

1. Einführung

Die Leistungsfähigkeit von Systemen zur automatischen Spracherkennung ist in den letzten Jahren erheblich gesteigert worden. Dennoch wird die Leistungsfähigkeit der automatischen Systeme von den menschlichen Erkennungsfähigkeiten weit übertroffen. Der Mensch besitzt die Fähigkeit, z.B. ein hohes Maß an additiver Störung oder frequenzbandbegrenzender Maßnahmen zu tolerieren und aus dem verbleibenden akustischen Signal die sprachlichen Merkmale zu extrahieren.

Daher liegt es nahe, die menschliche Vorgehensweise der Aufnahme und Verarbeitung akustischer Signale sowie der weiteren Signalverarbeitung und Klassifikation detaillierter zu studieren. Die Auswertung derartiger Erkenntnisse läßt Verbesserungen für automatische Erkennungssysteme erwarten /1/,/2/. Allerdings besitzt man von der akustischen Aufnahme mit Hilfe des Gehörs, der Umsetzung in Reizungen des Nervensystems sowie der weiteren Verarbeitung im Gehirn nur stark vereinfachende Modellvorstellungen.

Im folgenden wird eine modellhafte Beschreibung des menschlichen Gehörs vorgestellt, die softwaremäßig realisiert und zur Analyse von Sprachsignalen eingesetzt wird. Vergleichend dazu werden herkömmliche Analyseverfahren, basierend auf einer Spektralanalyse, betrachtet.
Eine einfache Modellierung der Vorgänge im menschlichen Gehirn wird durch die Strukturen neuronaler Netze vorgenommen, deren Verwendungsmöglichkeiten zur Musterklassifikation seit einigen Jahren untersucht werden.
Vergleichend werden bisher im Bereich der Spracherkennung verwendete, herkömmliche Klassifikationsverfahren betrachtet.

2. Die gehörbezogene Sprachanalyse

Ein sich möglichst genau an der menschlichen Aufnahme akustischer Signale orientierendes Modell müßte eine zweikanalige Erfassung, entsprechend dem binauralen Hören, beinhalten. Aus Aufwandsgründen wurde zunächst nur eine einkanalige Aufnahme und Verarbeitung von Sprachsignalen betrachtet und modellhaft realisiert.

Die Signale werden mit 16 Bit quantisiert und mit 16 kHz abgetastet, nachdem sie zuvor einer analogen Tiefpaßfilterung mit einer Grenzfrequenz von 7 kHz unterworfen wurden. Dieser Frequenzbereich entspricht einer für das Sprachverstehen mehr als ausreichenden Bandbreite.

Das Außen- und das Mittelohr unterstützen hauptsächlich das räumliche Hören und dienen der akustischen Impedanzanpassung. Deren Übertragungsfunktion wird für die gehörbezogene Sprachanalyse durch einen Hochpaß 1. Ordnung mit einer Eckfrequenz bei 1 kHz modelliert.
Die Luftschallschwingungen führen nach der Übertragung mit Hilfe des Trommelfells und der Gehörknöchelchen des Mittelohres letztlich zur Entstehung einer Wanderwelle auf der im Innenohr sich befindenden Basilarmembran. Die Breite der Basilarmembran nimmt vom Ort der Anregung zu ihrem Ende hin ab. Bei Anregung mit einer bestimmten Frequenz nimmt die sich auf der Membran fortpflanzende Welle an einer definierten Stelle eine maximale Auslenkung an. Es findet folglich eine Frequenz- Ortstransformation statt /3/. Dies geschieht jedoch nicht gleichmäßig, sondern tiefe Frequenzen werden besser aufgelöst, was zu einer physiologischen Tonhöhenskala, der Bark-Skala, führt.

Es wurde versucht, diese Eigenschaften durch eine entsprechende Filterbank zu modellieren. Die Frequenzgänge der einzelnen Kanäle sollen dabei möglichst gut die Ergebnisse psychoakustischer Untersuchungen mit Menschen (Bestimmung von Mithörschwellen) sowie der Messungen an Säugetierohren (Ermittlung von Nervenreizungen in Abhängigkeit der Frequenz, sogenannte Tuningkurven) repräsentieren /4/,/5/. Dabei kann der Phasengang des jeweiligen Filters vernachlässigt werden, da das Ohr nur eine geringe Phasenempfindlichkeit besitzt.
Die Mittenfrequenzen der Filter sind so verteilt, daß ihre spektralen Abstände einer linearen Unterteilung der Basilarmembran und damit der zugehörigen Frequenzgruppenbreite gemäß der Bark-Skala entsprechen. Als Kompromiß zwischen spektraler Auflösung und Realisierungsaufwand wird eine Anzahl von 40 Kanälen gewählt.

Die einzelnen Filter werden zunächst als IIR-Filter realisiert, die sich jeweils aus der Kaskadierung eines Hochpasses 1. oder 2. Ordnung und bis zu 7 Tiefpässen 2. Ordnung zusammensetzen, von denen maximal 3 schwach gedämpft sind. Um einen möglichst glatten Summenfrequenzgang zu erzielen, werden die Filter so dimensio-

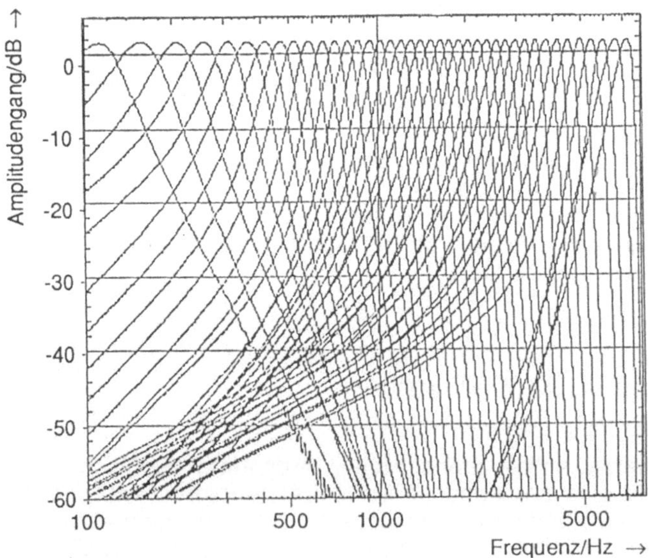

Bild 1: Amplitudengänge der Filterbankkanäle

niert, daß sich die Amplitudengänge benachbarter Kanäle bei -3 dB schneiden. Drei Tiefpässe jedes Filters werden als schwach gedämpfte Systeme ausgelegt, um die unsymmetrischen Amplitudengänge der Messungen der Tuning-Kurven möglichst gut approximieren zu können.

Die ermittelten Pol- und Nullstellen werden durch die Bilineare Transformation in die entsprechenden Größen digitaler Filter 1. und 2. Ordnung überführt. Die Amplitudengänge aller Kanäle der Filterbank sind in Bild 1 zu sehen.

Werden die Ausgänge der Filterbank direkt als Merkmale zur Erkennung verwendet, so werden die Signale der einzelnen Kanäle einer gleitenden Mittelwertbildung der Betragswerte von 256 Abtastwerten, entsprechend 16 ms, unterzogen. Damit ergibt sich ein die Kurzzeit-Energie im jeweiligen Kanal beschreibender Wert. Zudem wird eine Unterabtastung um den Faktor 128, entsprechend einer Abtastfrequenz von 125 Hz, vorgenommen.

Die Umsetzung der Auslenkung der Basilarmembran in Nervenerregungen, die sogenannte Transduktion, wird durch die Haarzellen im Innenohr vorgenommen. Die Härchen der Haarzellen werden durch die Schwingung der Basilarmembran verbogen. Dieser mechanische Reiz bewirkt eine Änderung der Permeabilität der Zellmembran. Dadurch kann eine im Innern der Zelle gespeicherte Substanz, ein Neurotransmitter, aus der Zelle austreten. Diese Substanz diffundiert durch den synaptischen Spalt und löst an den Nervenendigungen Aktionspotentiale aus, die durch den Gehörnerv zum Gehirn übertragen werden. Da die Aktionspotentiale ihrer Natur nach immer die gleiche Amplitude besitzen, wird die Information als Frequenz der Entladungen codiert.

Zur Funktionsweise des Transduktionsprozesses werden in der Literatur verschiedene Modelle vorgeschlagen /6/,/7/. Im folgenden wird das im Rahmen dieser Untersuchungen verwendete Modell nach /6/ detaillierter vorgestellt. Ein ebenfalls realisiertes Modell nach /7/ erwies sich wegen des zu geringen Dynamikbereichs des Eingangssignals als weniger geeignet.

Der erste Verarbeitungsschritt im Transduktionsprozeß ist die Veränderung der Membranpermeabilität per(t) der Haarzelle durch die Auslenkung s(t) der Basilarmembran. Dieser Vorgang wird meist als Halbwellengleichrichtung mit nichtlinearer Kennlinie modelliert.
Dabei wird eine Normierung verwendet, bei der ein Schalldruckpegel von 30 dB einem gemittelten Eingangswert von $s^2(t) = 1$ entspricht.

Im Modell entspricht die Auslenkung s(t) der Membran dem Ausgangssignal eines Filters. Bei jedem Filter, das jeweils einen bestimmten Abschnitt der Basilarmembran repräsentiert, erfolgt als nächster Schritt die Verarbeitung mit Hilfe des Transduktionsmodells.
Die Veränderung der Membranpermeabilität führt zum Austritt einer Neurotransmittermenge c(t) = per(t)· q(t) aus dem Teil der Zelle, an dem sich außerhalb der Zelle die Endigungen der Nervenfasern befinden, der sogenannten Synapse, in den synaptischen Spalt. Ein Anteil g· q(t) des austretenden Transmitters geht verloren.
Formal läßt sich dies durch die folgende Differentialgleichung beschreiben:

$$dq/dt = y - per(t){\cdot}q(t) - g{\cdot}q(t) \quad \text{mit } y = 150/s \text{ und } g = 33{,}3/s$$

Dabei entspricht y der Transmittermenge, die von der Zelle nach Bedarf zur Verfügung gestellt wird.

Die Transmittermenge c(t) im synaptischen Spalt ist proportional der Wahrscheinlich-keit, daß an den Nervenendigungen Aktionsimpulse ausgelöst werden. Daher können die Werte c(t) in den einzelnen Kanälen unmittelbar als Parameter zur Beschreibung eines akustischen Signals verwendet werden.
In Bild 2 werden die über einen Zeitraum von 32 ms gemittelten Beträge der Aus-gangswerte der Filterbank und des Transduktionsmodells dargestellt. Dabei wurde zunächst mit einem Sinuston (1 kHz) mit einer Dauer von 50 ms und später mit einem Sinuston gleicher Frequenz, jedoch mit einer Dauer von 200 ms und einer um den Faktor 100 größeren Amplitude, angeregt.

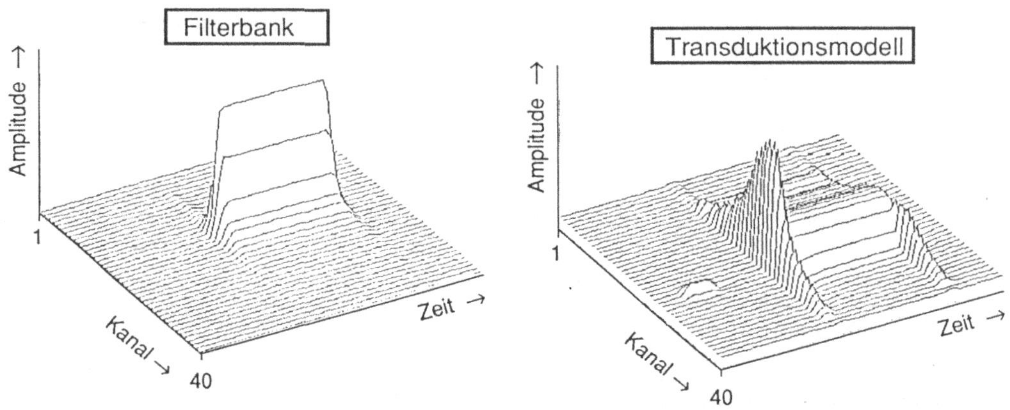

Bild 2: Ausgänge von Filterbank und Transduktionsmodell bei Anregung mit zwei Si-nustönen der Frequenz 1 kHz

Bei der Filterbank wird die Anregung mit der um den Faktor 100 geringeren Amplitude nicht sichtbar.
Charakteristisch für das Transduktionsmodell ist das starke Überschwingen bei Einset-zen lauter Töne. Das Transduktionsmodell zeigt ein Verhalten, das eine psychoakusti-sche Eigenschaften des Gehörs, die Nachverdeckung, widerspiegelt.

3. Erkennungsergebnisse

Mit der zuvor beschriebenen gehörbezogenen Sprachanalyse wurden einige Versuche einer automatischen Einzelworterkennung angestellt. Als akustische Parameter werden entweder die 40 Ausgänge der Filterbank oder die Ausgänge des Transduktionsmo-dells verwendet.

Vergleichend dazu wird ein herkömmliches Analyseverfahren, bei dem die sogenann-ten Cepstralkoeffizienten bestimmt werden, betrachtet. Dabei werden Segmente von 512 Abtastwerten einer Wichtung mit einem Hammingfenster unterzogen. Das Spek-trum wird mit einer FFT bestimmt. Die logarithmierten Betrags-Spektralwerte werden ei-ner weiteren Transformation unterzogen. Dabei ergeben sich die Cepstralkoeffizienten, von denen die Koeffizienten niedriger Ordnung die Einhüllende des logarithmierten Betragsspektrums beschreiben. Als akustische Parameter zur Erkennung werden die 15 Koeffizienten niedriger Ordnung herangezogen.

Zeitlich aufeinanderfolgende Koeffizientensätze werden bei allen Analyseverfahren jeweils in Sprachsegmenten ermittelt, die um die halbe Segmentdauer zeitlich versetzt sind. Die Wortgrenzen der in einer störungsfreien Umgebung aufgenommenen einzelnen Wörter werden mit Hilfe von Energieschwellen und einer Nulldurchgangsratenbestimmung ermittelt. Die für ein Wort ermittelten akustischen Parameter werden mittels einer Trace-Segmentierung auf eine Anzahl von 10 reduziert.

Zur Klassifikation wird einerseits das bekannte Verfahren der dynamischen Programmierung verwendet, bei dem zum einen eine nichtlineare Zeitanpassung der zu vergleichenden Muster vorgenommen wird, zum anderen ein Maß für die Unähnlichkeit der beiden Muster bestimmt wird.
Andererseits wird ein neuronales Netz betrachtet, das als einfaches Modell für das Verhalten kleinerer Neuronenverbände im Gehirn angesehen werden kann. Es wird ein 3 lagiges, vorwärtsgerichtetes Netz mit jeweils 50 Knoten in den verdeckten Lagen benutzt. Die Anzahl der Eingangsknoten entspricht der Zahl der ein Wort beschreibenden akustischen Parameter. Die Anzahl der Wörter des zu erkennenden Vokabulars bestimmt die Zahl der Ausgangsknoten. Das Training des Netzes wird mit dem Backpropagation Algorithmus vorgenommen.

In Bild 3 werden die ersten Ergebnisse einer sprecherabhängigen Einzelworterkennung eines 46 Wörter umfassenden Vokabulars, eines Auszugs des Reimwortschatzes von /8/, wiedergegeben. Der Reimwortschatz besteht aus kurzen Wörtern mit der Lautfolge Konsonant-Vokal-Konsonant. Es existieren Gruppen mit jeweils 6 Wörtern, bei denen nur ein Laut variiert wird. Für diesen Erkennungsversuch wurden 8 Gruppen extrahiert, wobei zwei Wörter in verschiedenen Gruppen zweifach vorkamen. Es wird die Variation aller drei Lautanteile berücksichtigt. Daraus ergibt sich die auch für einen menschlichen Zuhörer sehr schwierige Aufgabe der Unterscheidung sehr ähnlicher Wörter wie beispielsweise "hing" und "hink".
Der Wortschatz wurde von einem Sprecher viermal gesprochen. Eine Aufnahme dient zur Erstellung des Referenzmusters bzw. zum Training des Netzes. Mit den drei anderen werden die Erkennungsversuche durchgeführt.

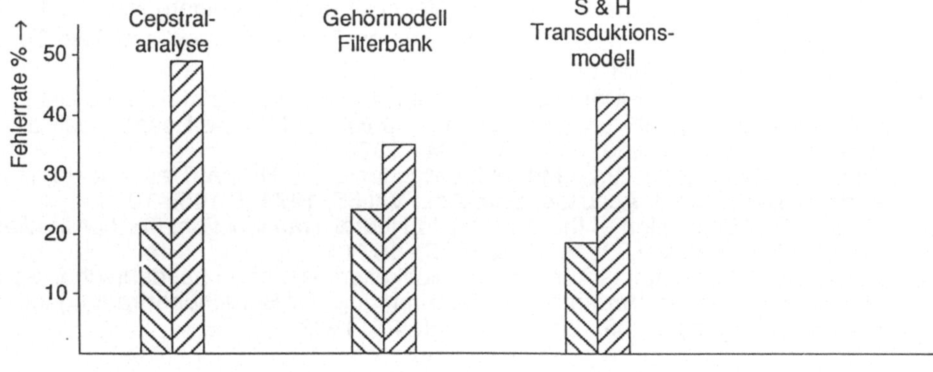

<u>Bild 3:</u> Fehlerraten einer sprecherabhängigen Einzelworterkennung

Zunächst fällt bei allen drei betrachteten Analyseformen auf, daß die Erkennung mit dem neuronalen Netz deutlich schlechter ausfällt. Dies spiegelt die zu erwartende und allgemein bekannte Tatsache wieder, daß die Lernmusteranzahl für ein neuronales Netz wesentlich größer sein muß. Dies müßte in weitergehenden Versuchen berücksichtigt werden.

Interessant ist das Ergebnis, das bei dem Transduktionsmodell die geringsten Fehlerraten im Vergleich zu den beiden anderen Verfahren, die etwa gleichwertige Ergebnisse liefern, auftreten. Dies läßt sich darauf zurückführen, daß das Transduktionsmodell gerade für einige Konsonanten gute und unterscheidbare Merkmale liefert.

4. Zusammenfassung

Es wird eine Form der Sprachanalyse vorgestellt, die sich an der modellhaften Beschreibung der Vorgänge im menschlichen Gehör bis hin zur Erzeugung von Nervenreizungen anlehnt. Erste positive Ergebnisse einer Einzelworterkennung mit dieser Sprachanalyse im Vergleich zu herkömmlichen Analyseverfahren werden vorgestellt. Allgemeingültige Aussagen über die Verwendung von neuronalen Netzen zur Klassifikation können in diesem Stadium der Untersuchungen noch nicht angestellt werden, da die Anzahl der Lernmuster offensichtlich zu gering war.

5. Literatur

/1/   Cohen,Y.R.: "Application of an Auditory Model to Speech Recognition", J. Acoust. Soc. Am., Vol.72 , 1982, S.93-100

/2/   Hamad,H. et al.: "Auditory-Based Filter Bank Analysis as a Front-End Processor for Speech Recognition", Proc. IEEE ICASSP 1989, Glasgow, S.396-399

/3/   Zwicker,E.: "Psychoakustik", Springer Verlag, Berlin Heidelberg New-York, 1982

/4/   Houtgast, T.: "Psychophysical Experiments on 'Tuning-Curves' and Two-Tone-Inhibition", Acustica Vol. 29, 1973, S. 168 - 179

/5/   Robles et. al.: "Basilar Membrane Mechanics at the Base of the Chinchilla Cochlea. Input-Output Functions, Tuning Curves and Phase Responses", J. Acoust. Soc. Am., Vol.80, 1986, S. 1364 - 1374

/6/   Schroeder,M.R. et Hall,J.L.: Model for Mechanical to Neural Transduction in the Auditory Receptor, J. Acoustic. Soc. Am., Vol.55, 1974, S.1055-1060

/7/   Meddis, R.: "Simulation of the Auditory to Neural Transduction: Further studies", J. Acoust. Soc. Am., Vol.83, 1988, S. 1056 - 1074

/8/   Sotschek,J.: Ein Reimtest für Verständlichkeitsmessungen mit deutscher Sprache als ein verbessertes Verfahren zur Bestimmung der Sprachübertragungsgüte, Der Fernmelde-Ingenieur, 36. Jahrgang, Heft 4/5, 1982

Automatische Spracherkennung in gestörter und halliger Umgebung

H.G. Hirsch
Institut für Nachrichtengeräte und Datenverarbeitung
RWTH Aachen

1. Einführung

Der Einsatz von Systemen zur automatischen Spracherkennung wird in vielen Anwendungsfällen durch die akustischen Einflüsse der Umgebung beschränkt.
Häufig überlagert sich dem Sprachsignal eine akustische Störung. Beispiele dafür sind die sprachgesteuerte Bedienung von Autotelefonen oder von Maschinen in Werkhallen. In einigen Anwendungen ist es zudem unumgänglich, dem Benutzer die Möglichkeit des Freisprechens zu eröffnen. Dabei ist die bisher meist verwendete, den Bewegungsraum einschränkende Nahbesprechung eines Mikrofons nicht mehr möglich. Die räumliche Umgebung beeinflußt dann allerdings die Sprachqualität. Bei einem Zuhörer wird dieser Einfluß als Nachhall hörbar.
In diesem Zusammenhang wurden schon eine Vielzahl ein- und mehrkanaliger digitaler Signalverarbeitungsverfahren zur Verbesserung der Sprachverständlichkeit für die zuvor genannten Umgebungsbedingungen entwickelt /1/,/2/,/3/,/4/,/5/.
Durch die Überlagerung akustischer Störungen sowie durch den Raumnachhall werden die Erkennungsraten automatischer Systeme signifikant verschlechtert. Eine Verbesserung der automatischen Spracherkennung in einer störschallerfüllten Umgebung konnte bei Einsatz eines einkanaligen Störunterdrückungsverfahrens erzielt werden /6/,/7/. Diese einkanalige Verarbeitung setzt jedoch voraus, daß eine Detektion von Sprachpausen, in denen nur das Störgeräusch vorliegt, möglich ist. Dann kann in den Sprachabschnitten eine adaptive Filterung des Signals vorgenommen werden. Das exakte Differenzieren zwischen zeitlichen Abschnitten, in denen nur Sprache bzw. nur Störung vorhanden ist, ist jedoch bei realen Störgeräuschen häufig fehlerbehaftet.

Im folgenden wird ein einkanaliges Verfahren vorgestellt, das eine subjektive Reduktion des Nachhalls und eine Verbesserung der Erkennungsraten eines Systems zur automatischen Einzelworterkennung in einer halligen Umgebung ermöglicht. In einer leicht modifizierten Version läßt sich das Verfahren auch zur Verbesserung der Erkennungsraten in einer störschallerfüllten Umgebung einsetzen, wobei ein entscheidendes Merkmal die Tatsache darstellt, daß keine Sprachpausendetektion erforderlich ist.

2. Spracherkennung in halliger Umgebung

In früheren Untersuchungen war eine erhebliche Verschlechterung der Erkennungsraten von Einzelworterkennungssystemen sowohl bei einer ortsungebundenen Spracheingabe im Freisprechmodus in realen Räumen als auch bei Verwendung eines künstlichen Verhallungssystems festgestellt worden /8/.
Als Ursache für die Verschlechterung wurde die Verdeckung der spektralen Merkmale bestimmter Laute durch den Nachhall ermittelt. Die dominierenden Laute sind in der

Sprache die in der Regel länger andauernden und intensitätsreicheren Vokale. Durch die künstliche zeitliche Verlängerung dieser Laute infolge des Nachhalls werden nachfolgende kürzere und intensitätsärmere Laute verdeckt. Mit zunehmender Nachhallzeit kommt es dabei immer häufiger zu Verwechslungen von Wörtern mit gleichem oder ähnlichem Vokalspektrum.

Zur Verbesserung der Erkennung müßten die charakteristischen Merkmale der verdeckten Laute wieder deutlicher hervorgehoben werden. Insgesamt müßte eine Enthallung der Sprache stattfinden.

Im Rahmen anderer Untersuchungen /9/,/10/ war festgestellt worden, daß der Nachhall wie ein Tiefpaßfilter auf den zeitlichen Kurzzeit-Energieverlauf in schmalen Frequenzbändern wirkt.

Von diesen Erkenntnissen läßt sich der Ansatz einer Enthallung der Sprache durch eine inverse Hochpaßfilterung dieser Kurzzeit-Energieverläufe ableiten. Dazu wird eine Verarbeitung verhallter Sprachsignale in der im folgenden beschriebenen Weise vorgenommen.

Es kann auch eine Resynthese der Sprache durchgeführt werden, um eine subjektive Bewertung vornehmen zu können.

Das mit 12 kHz abgetastete Sprachsignal wird in Segmente, bestehend aus 512 oder 1024 Abtastwerten, zerlegt. Es erfolgt eine Wichtung mit einem Hammingfenster. Aufeinanderfolgende Segmente ergeben sich durch eine Verschiebung des Fensters um ein Viertel der Segmentlänge. Mittels einer FFT wird jedes Sprachsegment spektralanalysiert. Die spektrale Zerlegung ist notwendig, da man im allgemeinen nur in einem schmalen Frequenzband von einem näherungsweise exponentiellen Nachhallverlauf ausgehen kann. Nach einer vollständigen Analyse des Sprachsignals wird im folgenden das Betragsquadrat jeder Spektralkomponente betrachtet.

Der zeitliche Verlauf des Betragsquadrats in jedem Frequenzband wird wiederum der Diskreten Fourier-Transformation unterworfen. Das Ergebnis dieser Transformation wird mit einer Hochpaßcharakteristik gefiltert, wobei in allen Kanälen die gleiche Filterfunktion verwendet wird.

Nach der Filterung erfolgt eine Rücktransformation. Zur Resynthese wird die Phase des Originalsignals verwendet, um eine möglichst hohe Natürlichkeit der Sprache zu gewährleisten. Subjektiv wird eine deutliche Reduktion des Hallanteils hörbar.

Wird die beschriebene Form der Enthallung als Vorverarbeitungsschritt bei der Spracherkennung eingesetzt, so läßt sich eine deutliche Verbesserung der Erkennungsraten erzielen, wie man den Verläufen in Bild 1 entnehmen kann.

Es wird eine sprecherabhängige Erkennung eines Vokabulars, bestehend aus 43 kurzen deutschen Wörtern, betrachtet. Als akustische Parameter werden die ersten 12 Cepstralkoeffizienten herangezogen. Ein Wortmuster setzt sich nach erfolgter Wortgrenzendetektion und nach einer Datenreduktion aus 16 Parametersätzen mit je 12 Cepstralkoeffizienten zusammen. Zum Mustervergleich wird der Algorithmus der dynamischen Programmierung verwendet.

Bei Betrachtung der halligen Sprache läßt sich eine deutliche Verschlechterung der Erkennungsraten für ansteigende Nachhallzeiten feststellen. Die Erkennung verschlechtert sich bis zu einer Rate, bei der Wörter mit gleichem oder ähnlichem Vokalspektrum beliebig miteinander verwechselt werden.

Bei Verwendung der Enthallung zur Erstellung der Referenzen als auch zum eigentlichen Erkennungstest läßt sich eine deutliche Verbesserung der Erkennungsraten feststellen. Dabei wurde nur _eine_ Hochpaß-Filterfunktion verwendet. Es fand keine Optimierung für die jeweilige Nachhallzeit statt. Insgesamt läßt sich feststellen, daß die spektralen Merkmale der verdeckten Laute wieder deutlicher hervortreten.

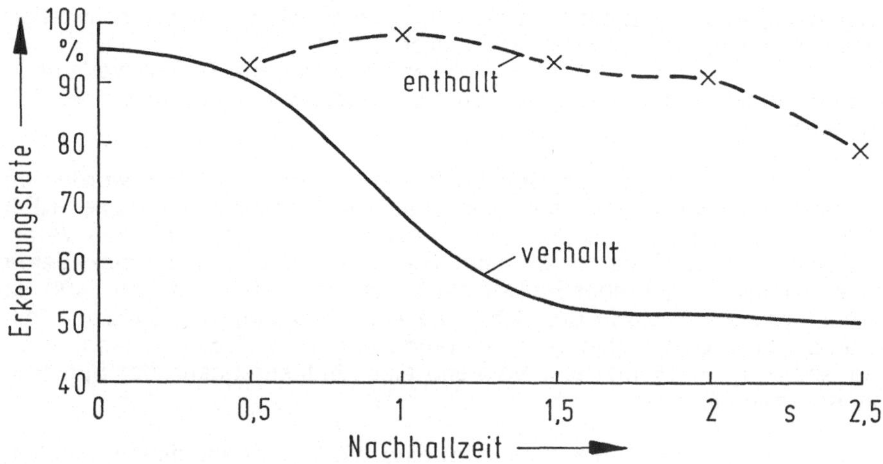

Bild 1: Erkennungsraten in Abhängigkeit der Nachhallzeit

3. Spracherkennung in störschallerfüllter Umgebung

Betrachtet man Störsignale, die bezüglich einer Kurzzeit-Analyse als stationär anzusehen sind, so führen diese im Betragsspektrum zu konstanten Anteilen. Im zeitlichen Verlauf des Kurzzeit-Spektrums läßt sich daher eine im zuvor beschriebenen Sinn streng kurzzeit-stationäre Störung als Gleichanteil interpretieren. Daraus läßt sich der Ansatz ableiten, daß durch eine Hochpaßfilterung des zeitlichen Verlaufs jeder Spektralkomponente eine Reduktion der Störung erzielt werden kann. Diese Vorgehensweise als Vorverarbeitungsschritt zur Spracherkennung ist in Bild 2 dargestellt.

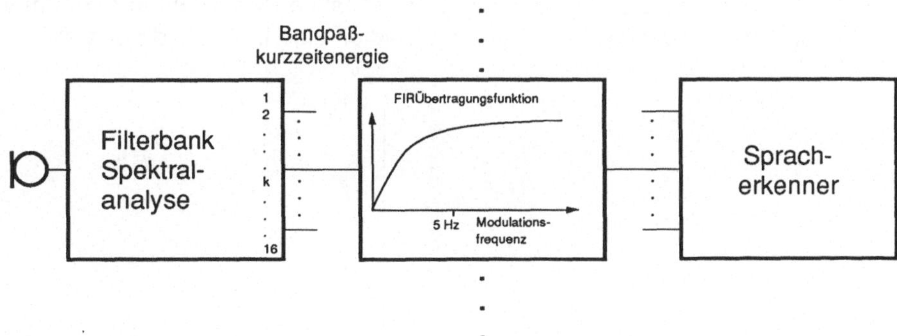

Bild 2: Spracherkennungssystem für eine störschallerfüllte Umgebung

Dieser Ansatz läßt sich vergleichen mit dem Verfahren der spektralen Subtraktion /2/, /11/, bei dem eine adaptive Wichtung des spektralen Gleichanteils in jedem Kanal vorgenommen wird. Um eine adaptive Filterung überhaupt zu ermöglichen, ist aller-

dings eine Schätzung des Störspektrums notwendig, was wiederum die schwierige Aufgabe der Detektion von Sprachpausen erforderlich macht.
Demgegenüber ist bei der Hochpaßfilterung des zeitlichen Betrags-Spektralverlaufs in jedem Kanal eine Detektion der Sprachpausen nicht erforderlich, was einen erheblichen Vorteil darstellt.

Zur Durchführung der im folgenden beschriebenen Untersuchungen wurde ein Spracherkennungssystem verwendet, das eine spezielle integrierte Schaltung (NEC 7763) zur Sprachanalyse und ein "68000"-Mikroprozessorsystem zur weiteren Verarbeitung benutzt. Das Spezial-IC beinhaltet eine 16 kanalige analoge Filterbank, deren Mittenfrequenzen nichtlinear auf einer Bark-Skala bis zu einer Frequenz von 5400 Hz angeordnet sind. Desweiteren ist in der Schaltung eine Schätzung der Kurzzeit-Teilbandenergien und eine A/D-Umsetzung dieser Werte enthalten. Dies geschieht in einem zeitlichen Abstand von 16 ms, entsprechend einer Abtastfrequenz der Spektralwerte in jedem Kanal von 62,5 Hz.

Zur Realisierung einer Einzelworterkennung wird eine Wortgrenzendetektion benötigt, die auf dem Über- bzw. Unterschreiten von Energieschwellen beruht.
Eine Beschreibung eines Wortmusters wird mit einer mittels eines Trace-Segmentierungs Algorithmusses reduzierten Anzahl von Spektren innerhalb der Wortgrenzen vorgenommen. Der Vergleich von Test- und Referenzmustern wird mit Hilfe des Verfahrens der dynamischen Programmierung angestellt. Die Gewinnung sprecherunabhängiger Referenzmuster wird mit einem Cluster-Algorithmus bewerkstelligt .

Das zur Erkennung benutzte Vokabular besteht aus 30 deutschen Wörtern. Drei sprecherunabhängige Referenzmuster werden für jede Wortklasse zur Verfügung gestellt. Damit kann in einer ungestörten Umgebung eine sprecherunabhängige Erkennungsrate von etwa 98 % erreicht werden.

Zur Verwendung in einer gestörten Umgebung wird die Hochpaßfilterung des Betrags-Spektralverlaufs in jedem Kanal mittels einer FIR-Filterung implementiert. Um eine Echtzeit-Realisierung auf dem "68000"-Prozessorsystem zu erreichen, wird eine Stoßantwort verwendet, die keine Multiplikationen, sondern nur Shift-Operationen erfordert. Eine Stoßantwort, die im allgemeinen 2^n negative Koeffizienten mit dem Wert -$1/2^n$ besitzt, und die zugehörige Übertragungsfunktion sind in Bild 3 dargestellt.

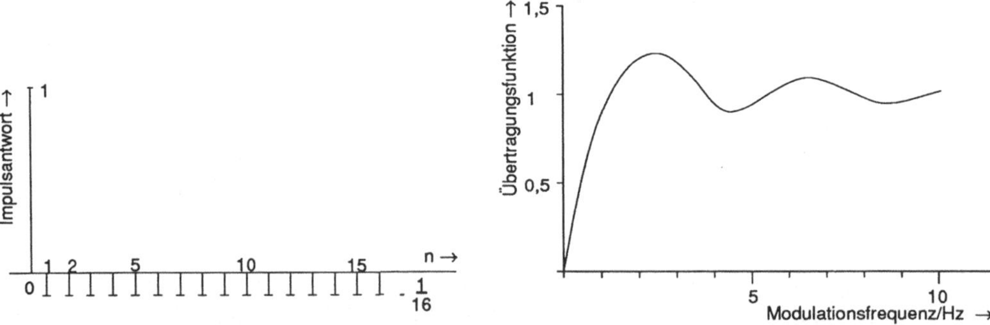

Bild 3: Stoßantwort und Übertragungsfunktion des Hochpaßfilters

Einige Erkennungsversuche mit 300 Testwörtern des 30 Wörter umfassenden Vokabulars von 10 Sprechern wurden für verschiedene Störgeräusche und bei variierendem S/N-Verhältnis durchgeführt.
In Bild 4 sind die Ergebnisse bei Verwendung von weißem Gaußschem Rauschen als Störung dargestellt.

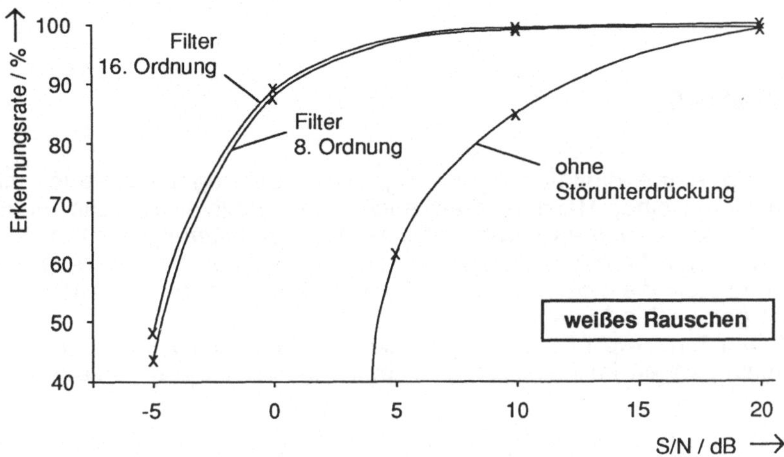

Bild 4: Erkennungsraten ohne und mit Störunterdrückung

Es zeigt sich eine deutliche Verbesserung der Erkennungsraten bei Verwendung des Störunterdrückungsverfahrens.
Im Falle, daß keine Störunterdrückung verwendet wird, werden die Referenzmuster aus den ungestörten Signalen ermittelt. Bei Verwendung der Störunterdrückung werden die Referenzmuster zwar auch aus den ungestörten Signalen gebildet, jedoch mit zugeschalteter Hochpaßfilterung als Vorverarbeitungsstufe.
Den Verläufen kann entnommen werden, daß die Ergebnisse bei Verwendung eines Filters 16. Ordnung geringfügig besser ausfallen als bei einem Filter 8. Ordnung.
Prinzipiell stellt sich ein Gewinn von mehr als 10 dB beispielsweise bei Betrachtung einer Erkennungsrate von 95 % ein.

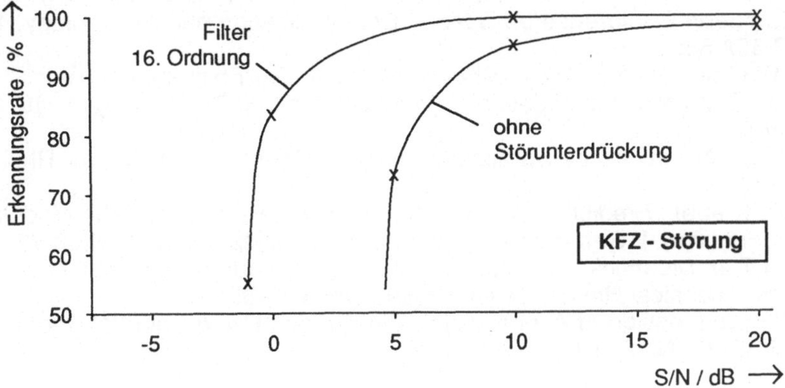

Bild 5: Erkennungsraten ohne und mit Störunterdrückung

In Bild 5 werden die Ergebnisse bei Verwendung eines in einem Kraftfahrzeug aufge-
zeichneten Störgeräuschs wiedergegeben.
In diesem Fall ist die Verbesserung nicht ganz so signifikant wie im Fall des weißen
Rauschens. Dies ist auf die Tatsache zurückzuführen, daß in diesem Störgeräusch ge-
wisse instationäre Anteile vorhanden sind, die z.B. auf eine Drehzahländerung oder die
Benutzung des Blinkers zurückzuführen sind.

4. Zusammenfassung

Das Grundprinzip eines digitalen Sprachsignalverarbeitungsverfahrens, mit dem
sowohl die Reduktion eines Hallanteils als auch einer additiven Störung möglich ist,
wurde vorgestellt. Das Verfahren beruht auf einer Hochpaßfilterung der Kurzzeit-Energieverläufe in einzelnen Frequenzbändern. Einen wesentlichen Vorteil dieser einkanaligen Verarbeitung stellt die Tatsache dar, daß keine Sprachpausendetektion zur Adaption auf das Störgeräusch erforderlich ist.
Bei verschiedenen Einzelwort-Erkennungssystemen konnte eine deutliche Verbesserung der Erkennungsraten im Falle verhallter bzw. gestörter Sprache aufgezeigt werden.

5. Literatur

/1/   Lim,J.S.: Speech Enhancement, Prentice-Hall, 1983
/2/   Vary,P.: Noise Suppression by Spectral Magnitude Estimation - Mechanism and
       Theoretical Limits, Signal Processing, 1985, S. 387-400
/3/   Van Compernolle,D. et al.: Speech Recognition in Noisy Environments with the Aid
       of Microphone Arrays, Proc. European Conference on Speech Communication
       and Technology, 1989, Paris, S. 657-660
/4/   Zelinski,R.: A Microphone Array with Adaptive Post-Filtering for Noise Reduction in
       Reverberant Rooms, Proc. ICASSP 88, New York, 1988, S. 2578-2581
/5/   Allen,J.B. et al.: Multi-Microphone Processing Technique to Remove Room
       Reverberation from speech signals, JASA, Vol.62, No.4, 1977, S.912-915
/6/   Hirsch,H.G. et Rühl,H.W.: Automatic Speech Recognition in a Noisy Environment,
       Proc. European Conference on Speech Communication and Technology, 1989,
       Paris, S.652-655
/7/   Rühl,H.W.et al.: Speech Recognition in the Noisy Car Environment, Proc.
       European Conference on Speech Communication and Technology, 1989, Paris,
       S.262-265
/8/   Hirsch,H.G.: Automatische Spracherkennung in Räumen, Verlag TÜV Rheinland,
       Köln, 1987
/9/   Houtgast,T. et al.: Predicting Speech Intelligibility in Rooms from the Modulation
       Transfer Function. I. General Room Acoustics, Acustica 46, 1980, S.60-72
/10/   Houtgast,T. et Steenecken,H.J.M.: The Modulation Transfer Function in Room
       Acoustics, Technical Review Brüel & Kjaer, No. 3, 1985
/11/   Boll,S.F.: Suppression of Acoustic Noise in Speech Using Spectral Subtraction,
       IEEE ASSP-27, No.2, 1979, S.113-120

NICHTINVASIVE BLUTDRUCKBESTIMMUNG DURCH HERZSCHALL–MUSTERERKENNUNG

Andreas Bartels

Institut für Medizinische Physik und Biophysik der Georg-August-Universität Göttingen

Einleitung

In der vorliegenden Arbeit wird ein Verfahren zur nichtinvasiven Bestimmung des Blutdruckes eines Patienten aus dessen Herzschall beschrieben. Das langjährige qualitative Wissen um den "klingenden" 2. Herzton beim Hypertoniker wird hierbei in ein rechnergestütztes, auf alle Blutdrucke anwendbares Mustererkennungsverfahren umgesetzt.

Die Blutdruckabhängigkeit des Herzschalles

In der medizinischen Diagnostik ist seit langem bekannt, daß der 2. Herzton eines Hypertonikers ein charakteristisches "Klingen" aufweist [1]. Dieses qualitative Wissen gab den Anstoß zur vorliegenden Untersuchung der Frage, inwieweit physikalische Kenngrößen des 2. Herztones mit dem Blutdruck korreliert sind.

Der 2. Herzton entsteht gegen Ende der Systole beim Schließen der Pulmonal- und der Aortenklappen kurz nach dem Erreichen des zeitlichen Blutdruckmaximums der Aorta. Hierdurch sind 2. Herzton und systolischer Blutdruck zeitlich korreliert. Es lag daher nahe, die Frage zu untersuchen, welchen Einfluß der systolische Blutdruck auf den 2. Herzton hat.

Im Hinblick auf das Leistungsspektrum des 2. Herztones in Abhängigkeit vom Blutdruck ist folgendes zu erwarten : Bei höherem systolischen Blutdruck wird die elastische Verformung der Blutgefäßwände erhöht. Die Tangentialspannung der Gefäßwand steigt nach dem Laplaceschen Gesetz proportional zum Blutdruck an [2, 3]. Daher ist zu erwarten, daß die akustische Bandbreite des 2. Herztones und seine Lautstärke im Verhältnis zum 1. Herzton mit wachsendem systolischen Blutdruck zunehmen. Resonanzphänomene im Arteriensystem werden bei höherem Blutdruck zu höheren Frequenzen verschoben.

Das Verfahren zur Blutdruckbestimmung aus dem Herzschall

In der gegenwärtigen Entwicklungsphase des Verfahrens werden Herztonmerkmale des Probanden blutdruckabhängig gespeichert und können dann in der Meßphase von einem Rechenprogramm wiedererkannt werden. Dies ermöglicht eine ausreichend genaue Blutdruckbestimmung.

Die für die Arbeit verwendeten Herztöne wurden in der Göttinger Universitätsklinik mit einem speziellen Mikrophon-Stethoskop aufgenommen und gemeinsam mit dem EKG-Signal zunächst auf einem handelsüblichen HiFi-Cassetten-Rekorder abgespeichert (Abb. 1). Dann wurden sie nach Analog-Digital-Wandlung mit Hilfe eines Computers off-line verarbeitet, wobei gestörte Herztöne bei der Auswertung eliminiert werden mußten.

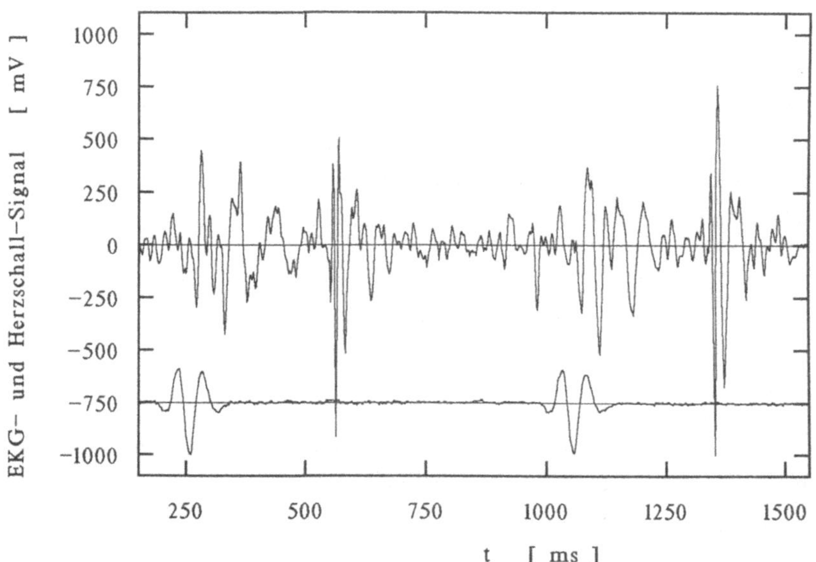

Abb.1 Herzton und EKG-Signal, aufgenommen mit dem HiFi-Cassetten-Rekorder. Dargestellt sind zwei volle Herzzyklen.

Für jeden Patienten werden in der Lernphase des Verfahrens bestimmte Merkmale der Herztöne in Abhängigkeit vom intravasal gemessenen Blutdruck berechnet und gespeichert. Als gut geeignete *Merkmale* erwiesen sich 10 Spektralkoeffizienten (Abb. 2) eines bestimmten Zeitfensters, das um das Maximum der akustischen Leistung des 2. Herztones zentriert ist.

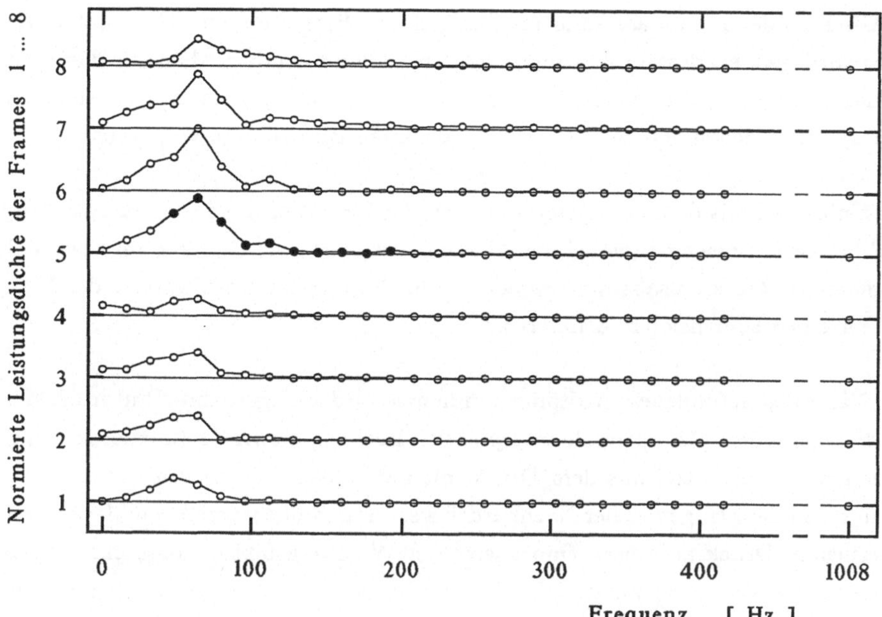

Abb.2 Je 4 Kurzzeit-Leistungs-Spektren für den 1. Herzton (1 bis 4) und
für den 2. Herzton (5 bis 8).   Die als Merkmalsvektor verwendeten
10 Spektralkoeffizienten sind markiert.

Der 2. Herzton sollte dabei natürlich durch das Verarbeitungsprogramm möglichst automatisch erkannt werden. Eine geeignete Synchronmarke für den 2. Herzton ist das *Maximum der Hilberteinhüllenden* des 2. Herztones. Um die zeitaufwendige Berechnung der Einhüllenden zu umgehen, wurde ein neues, einfaches Verfahren entwickelt, das eine Synchronmarke für den 2. Herzton liefert, die sehr gut reproduzierbar erkannt wird, die aber nur eine Näherung für das Maximum der Einhüllenden darstellt.

Bei diesem Verfahren wird durch Multiplikation des Schallsignals $s(t)$ mit seiner Ableitung $ds(t)/dt$ und durch anschließende Betragsbildung ein neues Signal $l(t)$ generiert :

$$l(t) = \mid s(t) \cdot \frac{ds(t)}{dt} \mid \quad . \tag{1}$$

Das Maximum dieses Signals wird als Synchronmarke verwendet, die der Rechner selbständig und reproduzierbar finden kann. Die gute Annäherung an eine eindeutige Einhüllende ist eine Folge der durch die Differentiation und Betragsbildung erhaltenen größeren Anzahl von relativen Maxima.

Nach Abschluß der Lernphase kann für den gleichen Patienten ein unbekannter Blutdruck aus dem vorliegenden Herzton bestimmt werden, indem man dazu ebenfalls diese Merkmale berechnet und sie aufgrund eines bestimmten, auf den Merkmalsraum anzuwendenden *Abstandsmaßes* mit denen von Herztönen bei bekannten Blutdrucken vergleicht.

Als Abstandsmaß mit dem geringsten mittleren Fehler hat sich eine sogenannte 'Cityblock-Metrik' am besten bewährt, wobei der Abstand zwischen zwei Punkten im Merkmalsraum, der sogenannte 'Merkmalsabstand' gerade als die Summe der Absolutwerte der Differenzen in den einzelnen Dimensionen definiert ist.

In der Nähe des gefundenen Abstandsminimums wird der gesuchte Blutdruck durch *Interpolation* gefunden. Als optimale Interpolation mit dem geringsten mittleren Fehler ergab sich das gewichtete Mittel aus dem Druck mit minimalem Merkmalsabstand zum gesuchten Druck und demjenigen seiner Nachbardrücke, der den nächstgrößeren Merkmalsabstand zum gesuchten Druck aufweist. Dabei wird der Wichtungsfaktor umgekehrt proportional zum Merkmalsabstand angesetzt. Für die Berechnung wird also nur der Druck p_1 mit dem kleinsten Abstand D_1 und dessen Nachbardruck p_2 mit dem nächsthöheren Abstand D_2 verwendet, so daß der gesuchte Druck p_x berechnet wird zu :

$$p_x = \frac{p_1 \cdot \frac{1}{D_1} + p_2 \cdot \frac{1}{D_2}}{\frac{1}{D_1} + \frac{1}{D_2}} \quad . \tag{2}$$

Es zeigt sich, daß die unter günstigen akustischen Bedingungen mit diesem Verfahren erzielten Ergebnisse im Mittel bereits eine Genauigkeit von etwa 6 % erreichen, was etwa der Genauigkeit entspricht, die heute von automatischen nichtinvasiven Blutdruckmeßgeräten gefordert wird [5]. Die Güte des Verfahrens ist in Abb.3 dargestellt. In diese Abbildung sind alle bisher durchgeführten akustischen Blutdruckmessungen eingetragen, sie weisen insgesamt einen mittleren relativen Fehler von nur 6 % auf. Eine detailliertere Erläuterung des beschriebenen Verfahrens findet sich in [6].

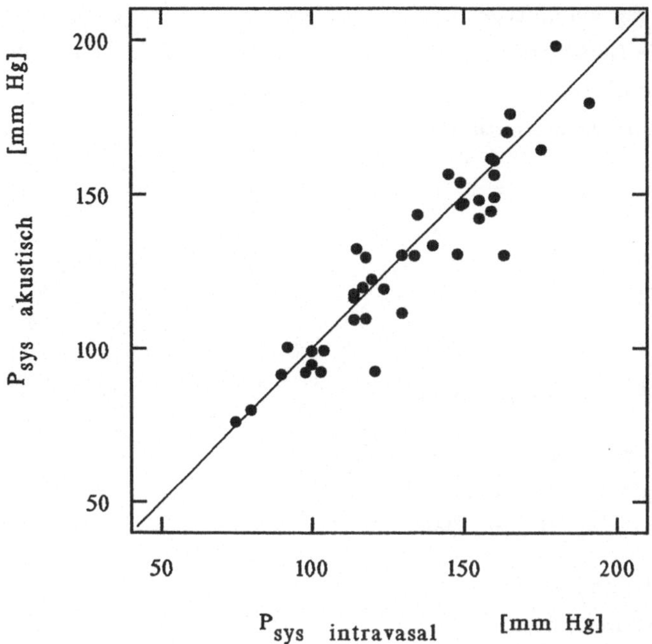

Abb.3 Genauigkeit aller bisher durchgeführten akustischen Blutdruckmessungen.
Mittlerer relativer Fehler : 6.0 %.

Schlußfolgerung

Mit dem vorgestellten Verfahren einer nichtinvasiven Blutdruckmessung durch Ausnutzung
der Blutdruckabhängigkeit des 2. Herztones konnte mittels Optimierung von Merkmalsraum,
Abstandsmaß und Interpolationsformel ein gutes Ergebnis erreicht werden. Da die Abweichungen des Verfahrens unter günstigen Bedingungen im selben Bereich wie der für automatische nichtinvasive Blutdruckmeßgeräte maximal zugelassene Fehler von ± 6 bis 8 mmHg
liegen, ist es für Anwendungsfälle, die den Aufwand für die Lernphase rechtfertigen, zur
kontinuierlichen, nichtinvasiven Blutdrucküberwachung gut geeignet. Zum Beispiel ist an
die (off-line) Langzeitüberwachung von Hypertonikern mittels eines tragbaren Rekorders
wie beim 24-Stunden-EKG oder an die kontinuierliche (on-line) Blutdrucküberwachung
von Patienten in der Intensivpflege zu denken.

Ein wichtiges Ziel der zukünftigen Arbeit auf diesem Gebiet ist es, das Verfahren soweit zu entwickeln, daß die Blutdruckmessung in der Lernphase nicht mehr bei mehreren, sondern nur noch bei einem Blutdruck durchgeführt werden muß, von dem ausgehend die Merkmale aller anderen Blutdrucke zu bestimmen sind.

Literatur

[1] Bircher, J.,
Persönliche Mitteilung, 1988.

[2] Schmidt, R. F. und G. Thews, (Hrsg.)
Physiologie des Menschen   (22.Aflg.),
Springer-Verlag Berlin 1985.

[3] Kamke, D. und W.Walcher,
Physik für Mediziner,
B. G. Teubner-Verlag Stuttgart 1982.

[4] Wagner, K. W.,
Einführung in die Lehre von den Schwingungen und Wellen,
Dieterich'sche Verlagsbuchhandlung Wiesbaden 1947.

[5] Richtlinien für klinische Eignungsuntersuchungen im Rahmen der
Bauartzulassung von nichtinvasiven Blutdruckmessgeräten,
Physikalisch-Technische Bundesanstalt ; Institut Berlin,
(Stand 14. 6. 1988).

[6] Bartels, Andreas,
Nichtinvasive Blutdruckbestimmung durch Herzschall-Mustererkennung
Diplomarbeit, Georg-August-Universität Göttingen, Februar 1990
Institut für Medizinische Physik und Biophysik

Erzeugung von Huffman-Sequenzen mit hoher Energieeffizienz

L. Bömer, G. Nikol, M. Antweiler

Institut für Elektrische Nachrichtentechnik
RWTH Aachen, 5100 Aachen

Übersicht

Huffman-Sequenzen sind zeitdiskrete Sequenzen, deren aperiodische Autokorrelations-funktion in allen Nebenwerten, außer dem letzten, den Wert Null hat. Konstruktions-methoden zur Erzeugung von Huffman-Sequenzen mit den höchsten Energieeffizienzen sind nicht bekannt. Daher werden reell- und komplexwertige Huffman-Sequenzen mit den höchstmöglichen Energieeffizienzen durch vollständige Suche erzeugt. Die Ergebnisse der Suche sind in einer Tabelle angegeben.

1   Einleitung

Huffman-Sequenzen sind zeitdiskrete Sequenzen, deren aperiodische Autokorrelationsfunktion in allen Nebenwerten, außer dem letzten, den Wert Null hat. Die Sequenzen werden nach D.A. Huffman benannt, nachdem er in [1] 1962 eine Konstruktion dieser Sequenzen vorstellte. Die Konstruktion beruht dabei auf Eigenschaften der Sequenzen im Z-Bereich. Anwendungen finden solche Sequenzen in der Radartechnik und in der digitalen Kommunikationstechnik wie zum Beispiel zur Synchronisation oder bei Matched Filter Empfängern. Dabei werden vor allem Sequenzen mit hoher Energieeffizienz benötigt.

In [2] wurde gezeigt, daß eine Energieeffizienz von 100 % nur von Huffman-Sequenzen bis zur Länge 3 erreicht werden kann. Damit sind weder Grenzen für die theoretisch erzielbaren Energieeffizienzen von Huffman-Sequenzen beliebiger Länge noch allgemeine Verfahren für ihre Erzeugung bekannt. Einen Ansatz zur Erzeugung von energieeffizienten Huffman-Sequenzen erfolgte in [3]. Dabei werden Sequenzen mit einem quadratischen Phasenverlauf im Frequenz-bereich nachgebildet. Das Verfahren hat den Vorteil, für jede beliebige Länge mit geringem Rechenaufwand Huffman-Sequenzen zu erzeugen. Um Probleme mit der Rechengenauigkeit in der Erzeugung der Sequenzen zu umgehen, wurde dabei auf eine Berechnung mit Hilfe der diskreten Fouriertransformation zurückgegriffen [4]. Es stellt sich somit die Frage, inwiefern die sich mit diesem Verfahren ergebenden Energieeffizienzen optimal sind.

In [5] wurden Huffman-Sequenzen modifiziert, um die Energieeffizienz zu erhöhen. Dazu wird ein weiterer Nebenzipfel in der AKF zugelassen, so daß die modifizierten Sequenzen keine Huffman-Sequenzen mehr sind. Huffman-Sequenzen mit ganzzahligen Elementen wurden in [6] erzeugt. Die Energieeffizienz dieser mit einer einfachen Rekursion konstruierten Sequenzen tendiert allerdings mit zunehmender Länge zu Null.

In dieser Arbeit wird eine vollständige Suche nach Huffman Sequenzen mit den besten Energieeffizienzen durchgeführt. Da der Rechenaufwand mit der Länge exponentiell steigt, konnte die vollständige Suche für komplexe Huffman-Sequenzen bis zur Länge 26 und für reelle Huffman-Sequenzen bis zur Länge 39 durchgeführt werden. Damit sind erstmalig die oberen Schranken für die Energieeffizienzen von Huffman-Sequenzen und die zugehörigen Sequenzen bis zur angegebenen Länge bekannt.

2 Grundlagen

2.1 Definitionen

Die aperiodische Autokorrelationsfunktion (AKF) $\varphi_{aa}(l)$ einer Sequenz $a(n)$ der Länge N mit $0 \leq n < N$ ist durch

$$\varphi_{aa}(l) = \sum_{n=0}^{N-1-|l|} \begin{cases} a^*(n) \cdot a(n+l), & \text{für } 0 \leq l < N \\ a^*(n+|l|) \cdot a(n), & \text{für } -N \leq l < 0 \end{cases} \tag{1}$$

definiert, wobei (*) die komplexe Konjugation bedeutet. Die Energie E der Sequenz $a(n)$ ist mit $E = \varphi_{aa}(0)$ gegeben. Die Sequenz $s(n)$ ist eine Huffman-Sequenz, wenn $\varphi_{aa}(l) = 0$ für $0 < |l| < N - 1$ erfüllt ist.

Huffmann Sequenzen werden durch ihre Energieeffizienz η mit

$$\eta = \frac{E}{N(Max \mid a(n) \mid)^2} \tag{2}$$

und durch das Haupt- zu Nebenwertverhältnis M/S ihrer AKF mit

$$M/S = \frac{\varphi_{aa}(0)}{|\varphi_{aa}(N-1)|} \tag{3}$$

charakterisiert.

2.2 Z-Transformation einer Huffman-Sequenz

Huffmann führte in [1] die Ableitung der Z-Transformation der AKF einer Huffman-Sequenz ein. Die Z-Transformation $A(z)$ einer Sequenz $a(n)$ der Länge N ist definiert als

$$A(z) = a(0) + a(1)z^{-1} + a(2)z^{-2} + \ldots + a(N-1)z^{-(N-1)} = \sum_{n=0}^{N-1} a(n)z^{-n} \tag{4}$$

Zur Berechnung der Z-Transformierten $\phi_{aa}(z)$ der AKF $\varphi_{aa}(l)$ wird die Bildung der AKF durch die diskrete Faltung der komplex konjugierten Sequenz $a^*(n)$ mit der Sequenz $a(-n)$ ausgedrückt. Die Faltung transformiert sich im Z-Bereich in eine Multiplikation. Damit ergibt sich die Z-Transformierte $\phi_{aa}(z)$ der AKF $\varphi_{aa}(l)$ einer Huffman-Sequenz zu

$$\phi_{aa}(z) = a^*(0)a(N-1) + Ez^{-(N-1)} + a(0)a^*(N-1)z^{-2(N-1)}. \tag{5}$$

Die Gleichung (5) stellt eine quadratische Gleichung in $X = z^{-(N-1)}$ dar. Die Sequenz $a(n)$ sei so mit einem Faktor skaliert, daß $a(0)a^*(N-1) = -1$ gilt. Die Nullstellen $X_{1/2}$ der Gleichung (5) berechnen sich dann zu

$$X_{1/2} = \frac{E}{2} \pm \sqrt{(\frac{E}{2})^2 - 1}. \tag{6}$$

Die Nullstellen $X_{1/2}$ stellen zwei reelle Radien dar, die reziprok zueinander liegen. Die $N-1$ Nullstellen z_n in der Z-Ebene liegen auf einem Kreis entweder mit dem Radius X oder X^{-1}. Für sie gilt

$$z_n = exp\{j\frac{2\pi n}{N-1}\} \cdot \begin{cases} X \\ X^{-1} \end{cases}, \; 0 \leq n < N. \tag{7}$$

Für eine Sequenz $a(n)$ mit der Sequenzlänge N ergeben sich somit genau 2^{N-1} mögliche Nullstellenkombinationen, die zur Berechnung der Huffman-Sequenz benötigt werden [1].

In Abbildung 1 sind zwei mögliche Lagen von Nullstellen einer Huffman-Sequenz in der komplexen Z-Ebene dargestellt. Dabei sind die Nullstellen durch ein • Zeichen angegeben. In der linken Nullstellenverteilung sind die Nullstellen einer komplexen Huffman-Sequenz aufgezeigt. Die rechte Darstellung enthält die Nullstellen in komplex konjugierten Paaren, so daß sich eine reelle Huffman-Sequenz ergibt.

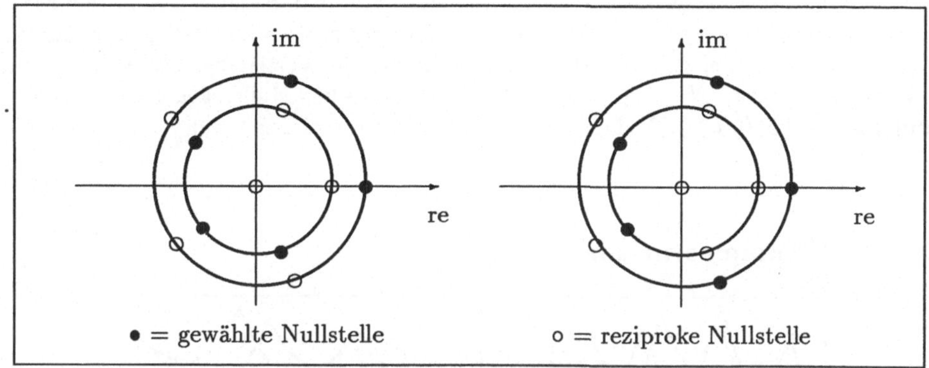

Abbildung 1: Nullstellen einer komplexen (links) und reellen (rechts) Huffman-Sequenz

2.3 Invarianzoperationen der Nullstellenverteilung

Für eine Suche nach den energieeffizientesten Huffman-Sequenzen müssen im Z-Bereich für verschiedene Radien X alle 2^{N-1} Nullstellenkombinationen durchgetestet werden. Dabei treten Kombinationen der Nullstellenverteilung auf, die Huffman-Sequenzen mit den gleichen Energieeffizienzen erzeugen. Operationen, die aus einer Nullstellenverteilung eine andere erzeugen, so daß die zugehörigen Huffman-Sequenzen gleiche Energieeffizienzen haben, werden Invarianzoperationen genannt. Es gibt die folgenden Invarianzoperationen:

Reziproke Nullstellen: Wird die Z-Transformierte $A(z)$ einer Sequenz $a(n)$ faktorisiert, dann läßt sich sofort zu jeder komplexen Nullstelle z_n die Nullstelle $1/z_n^*$ der Z-Transformierten der Sequenz $a^*(-n)$ angeben. Die beiden sich entsprechenden Nullstellen haben reziproke Beträge und gleiche Phasenlage und können somit durch Spiegelung am Einheitskreis gewonnen werden.

Gedrehte Nullstellen: Werden die Nullstellen einer Huffmann Sequenz in der Z-Ebene mit einen Faktor $exp\{j\frac{2\pi u}{N-1}\}$ mit ganzzahligem u multipliziert, entspricht die Multiplikation einem zyklischen Shift der Nullstellen. Die Energieeffizienz der Huffman-Sequenz ändert sich dabei nicht.

Gespiegelte Nullstellen: Die zu Gleichung (7) gespiegelten Nullstellen

$$z_n = exp\{-j\frac{2\pi n}{N-1}\} \cdot \begin{cases} X \\ X^{-1} \end{cases}, \ 0 \leq n < N \tag{8}$$

erzeugen eine Huffman-Sequenz gleicher Energieeffizienz.

3 Vollständige Suche

Eine vollständige Suche nach den energieeffizientesten reellen und komplexen Huffman-Sequenzen wurde durchgeführt. Durch die eingeschränkte Freiheit der Lage der Nullstellen der Z-Transformierten einer reellen Huffman-Sequenz ist zu erwarten, daß reelle Huffman-Sequenzen eine niedrigere Energieeffizienz als komplexe Huffman-Sequenzen bei gleicher Länge haben. Reelle Sequenzen sind allerdings in Anwendungen einfacher zu implementieren und von daher ebenso interessant wie die komplexen Huffman-Sequenzen.

Die Nullstellen der Z-Transformierten einer reellen Huffman-Sequenz treten rein reell oder in konjugiert komplexen Paaren auf (s. Abb. 1). Dabei gibt es für eine gerade Anzahl von Nullstellen außerdem zwei unterschiedliche Möglichkeiten der Verteilung. Die Nullstellen liegen entweder bei $exp\{j2\pi n/(N-1)\}$, dann treten die zwei reellen Nullstellen 1 und -1 auf, oder bei $exp\{j(2\pi n + 0.5)/(N-1)\}$, dann treten keine reellen Nullstellen auf.

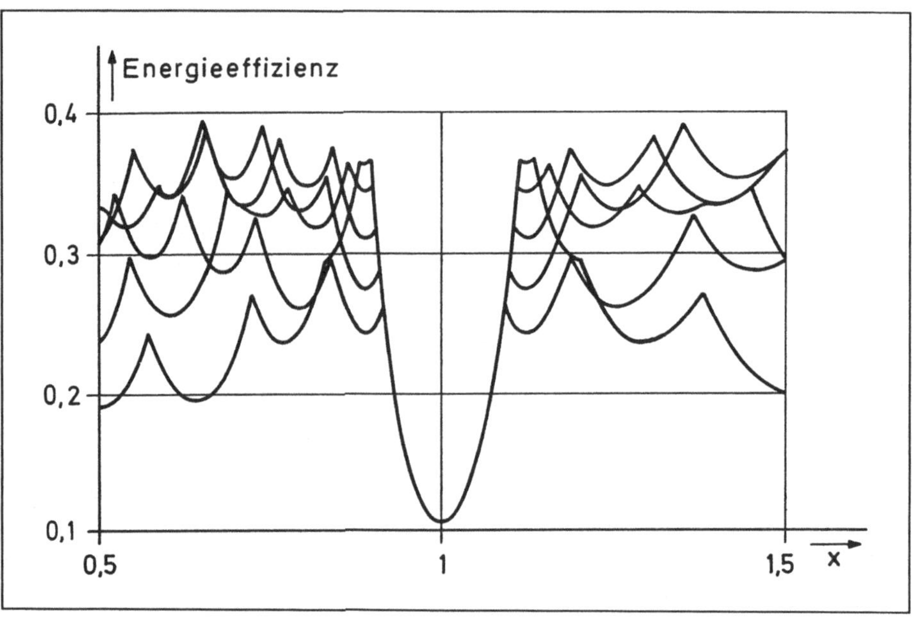

Abbildung 2: Verlauf der Energieeffizienzen von 5 verschiedenen Huffman Sequenzen der Länge 19 über den Radius X von 0.5 bis 1.5 aufgtragen

Zur Suche der energieeffizientesten Huffman-Sequenz müssen im Z-Bereich zunächst alle Nullstellenverteilungen, die nicht durch eine der aufgeführten Invarianzoperationen auseinander hervorgehen, erzeugt werden. Für jede Nullstellenverteilung wird anschließend der optimale reelle Radius X bestimmt. Zur Veranschaulichung der Optimierungsaufgabe sind in Abbildung 2 die Energieeffizienzen von 5 Huffman-Sequenzen der Länge 19 mit unterschiedlicher Nullstellenverteilung über dem Radius X dargestellt. Für jede Nullstellenverteilung ergeben sich verschiedene Maxima der Energieeffizienz η.

Da sich für alle zu optimierenden Längen der Verlauf der Energieeffizienz über dem Radius X ähnlich darstellt, wurde folgender Suchalgorithmus implementiert:

1. Lokale Maxima der Energieeffizienz in Abhängigkeit von X für eine feste Nullstellenverteilung sammeln, wobei ein grober X-Abstand gewählt wird.

2. Laufend von den gesammelten lokalen Maxima das größte Maximum der Energieeffizienz bestimmen.

3. Nur lokale Maxima im einem vorzugebenden Bereich unter dem größten lokalen Maximum weiter sammeln.

4. Schritt 1, 2 und 3 für alle Nullstellenverteilungen durchführen.

5. Aus den im vorgegebenen Bereich verbleibenden lokalen Maxima der Energieeffizienz mit feinem X-Abstand das größte lokale Maximum bestimmen.

Dieser Suchalgorithmus berücksichtigt die Begrenztheit des Arbeitsspeichers des Rechners und erzeugt in vertretbarer Zeit die energieeffizienteste Huffman-Sequenz einer vorgegebenen Länge. Die Ergebnisse einer vollständigen Suche sind in der Tabelle 1 für komplexe Huffman-Sequenzen bis zur Länge 26 und für reelle Huffman-Sequenzen bis zur Länge 39 zusammengestellt. Die Nullstellen sind hexadezimal codiert, wobei eine n-te 1 bzw. n-te 0 die Nullstelle $exp\{j\frac{2\pi n}{N-1}\}$ auf dem Kreis mit dem Radius X bzw. X^{-1} darstellt. Zur hexadezimalen Darstellung wurden von den niederwertigsten Nullstellen aus beginnend vier Nullstellen in ein Hexawort zusammengefaßt.

4 Zusammenfassung

Eine vollständigen Suche nach den energieeffizientesten reell- und komplexwertigen Huffman-Sequenzen wurde durchgeführt. Die Erzeugung der Huffman-Sequenzen erfolgte im Z-Bereich durch Variation von Nullstellen und der Radien, auf dessen Kreise die Nullstellen liegen. Die Suche erfolgte bis zu einer relativ großen Länge der Huffman-Sequenzen, da Nullstellenkombinationen, die Huffman-Sequenzen gleicher Energieeffizienz erzeugen, nicht zu berücksichtigen waren. Die maximalen Energieeffizienzen und die zugehörigen Nullstellenverteilungen sind in einer Tabelle angegeben.

Literatur

[1] D. A. Huffman, "The generation of impuls-equivalent pulse trains," *IRE Trans. Inform. Theory*, vol. IT-8, pp. S10 – S16, 1962.

[2] D.J. White, J.N. Hunt, and L.A.G. Dresel, "Uniform Huffman sequences do not exist," *Bull. London Math. Soc.*, vol. 9, pp. 193 – 198, 1977.

[3] M.H. Ackroyd, "Synthesis of efficient Huffman sequences," *IEEE Trans. Aerosp. Electron. Syst.*, vol. AES-8, pp. 2 – 8, 1971.

[4] M.H. Ackroyd, "Computing the coefficients of highorder polynomials," *Electron. Lett.*, vol. 6, pp. 715 – 717, 1970.

[5] D.L. Huffman, "A modification of Huffman's impulse-equivalent pulse trains to increase signal energy utilization," *IEEE Trans. Inform. Theory*, vol. 20, pp. 559 – 561, 1974.

[6] J.N. Hunt and M.A. Ackroyd, "Some integer Huffman sequences," *IEEE Trans. Inform. Theory*, vol. IT-26, pp. 105 – 107, 1980.

Tabelle 1: Energieeffizienzen η, Radien X, Haupt- zu Nebenwertverhältnisse M/S und Nullstellen von komplexen und reellen Huffman-Sequenzen

Länge	komplex				reell			
	η	X	M/S	Nullstellen	η	X	M/S	Nullstellen
4	69.09	0.618	4.47	6	69.09	0.618	4.47	4
5	85.00	0.707	4.25	c	85.00	0.707	4.25	9
6	58.97	0.738	4.80	1c	58.97	0.738	4.80	19
7	75.75	0.762	5.30	34	66.28	0.781	4.64	31
8	58.80	0.776	6.06	74	51.58	0.795	5.20	4c
9	94.91	0.766	8.55	e8	55.44	0.688	19.97	c3
10	61.81	0.734	16.19	1e8	49.25	0.822	5.99	13c
11	67.87	0.778	15.22	3a2	67.27	0.762	15.22	345
12	58.91	0.824	36.56	7d0	48.16	0.841	6.87	586
13	65.23	0.825	10.23	f82	65.23	0.825	10.23	d0b
14	70.20	0.813	14.73	1ed0	59.31	0.742	48.50	1d0b
15	70.27	0.843	11.03	3958	55.38	0.831	13.36	23b8
16	63.79	0.848	12.05	7b14	55.43	0.770	50.35	740d
17	68.75	0.847	14.30	f690	60.15	0.732	148.47	e817
18	64.12	0.817	31.42	1f612	50.70	0.802	42.32	137ec
19	65.84	0.805	49.53	3f640	58.10	0.837	24.69	32c69
20	61.47	0.866	14.11	7ec28	47.75	0.883	18.69	42fd0
21	64.94	0.878	13.66	fb20c	51.34	0.888	10.80	e6067
22	62.86	0.877	22.06	1fb064	49.62	0.886	12.84	17909e
23	69.31	0.880	16.71	3f6680	54.32	0.887	13.92	3b2137
24	66.31	0.882	18.06	7eb260	48.94	0.838	58.28	7a8057
25	67.56	0.828	93.83	fed480	50.74	0.862	35.63	f300cf
26	62.02	0.891	18.12	1fb414c	47.48	0.900	13.73	114ff28
27					53.42	0.887	22.38	2f4285e
28					49.43	0.904	15.32	768845b
29					52.83	0.812	338.40	f64026f
30					52.27	0.895	25.32	10f696f0
31					51.97	0.912	16.13	2fa0a0be
32					46.12	0.914	16.14	7720c13b
33					55.79	0.899	29.78	be82417d
34					47.25	0.892	34.95	182fdbf41
35					49.76	0.899	36.81	2fc8304fd
36					45.64	0.921	17.88	40f9b67c0
37					46.24	0.920	20.25	82ef9f741
38					46.93	0.912	26.65	107936c9e0
39					47.38	0.913	31.54	3d2b40b52f

Autorenindex

Anschriften der Vortragenden

Anton, K., Dipl.-Phys., Postfach 11 19 32, 6000 Frankfurt 11,
Johann-Wolfgang Goethe-Universität, Institut für Angewandte Physik

Antweiler, Markus, Dipl.-Ing., Melatenerstr. 23, 5100 Aachen,
RWTH Aachen, Institut für Elektrische Nachrichtentechnik

Arp, Ferdinand, Prof. Dr., Postfach 10 01 27, 5600 Wuppertal 1,
Bergische Universität GHS Wuppertal, Nachrichten- und Informationsverarbeitung

Bartels, Andreas, Dipl.-Phys., Emilienstr. 13, 3400 Göttingen,
Georg-August-Universität Göttingen, Institut für Medizinische Physik und Biophysik

Bömer, Leopold, Dipl.-Ing., Melatenerstr. 23, 5100 Aachen,
RWTH Aachen, Institut für Elektrische Nachrichtentechnik

Borys, Andrzej, Dr.-Ing., Postfach 90 14 03, 2100 Hamburg 90,
Technische Universität Hamburg-Harburg, AB Nachrichtentechnik

Boschen, Fritz, Dipl.-Ing., Postfach 10 01 27, 5600 Wuppertal 1,
Bergische Universität GHS Wuppertal, Nachrichten- und Informationsverarbeitung

Bossmeyer, Thomas, Dipl.-Ing., Postafch 10 21 48, 4630 Bochum 1,
Ruhr-Universität Bochum, Lehrstuhl für Signaltheorie

Botteck, Martin, Dipl.-Ing., Postfach 500 500, 4600 Dortmund 50,
Universität Dortmund, AG Schaltungen der Informationsverarbeitung

Brenner, Andreas R., Dipl.-Phys., Schinkelstr. 2, 5100 Aachen,
RWTH Aachen, Rogowski-Institut für Elektrotechnik

Bressmer, H., Dipl.-Ing., Postfach 560, 7000 Stuttgart 1,
Universität Stuttgart, Institut für Biomedizinische Technik

Bundschuh, Bernhard, Dipl.-Ing., Hölderlinstr. 3, 5900 Siegen,
Universität GHS Siegen, Institut für Nachrichtenverarbeitung

Du, Yonggang, Dipl.-Ing., Melatenerstr. 23, 5100 Aachen,
RWTH Aachen, Institut für Elektrische Nachrichtentechnik

Ebert, A., Dipl.-Math., Eisenstockstr. 12, 7505 Ettlingen 6,
FIM (FGAN e.V.)

Eggers, Helmuth, Dr.-Ing., Wilhelm-Runge-Str. 11, 7900 Ulm,
Daimler-Benz AG Forschungsinstitut Ulm, FAUM/R

Ehbrecht, A., Dipl.-Phys., Postfach 11 19 32, 6000 Frankfurt 11,
Johann-Wolfgang Goethe-Universität, Institut für Angewandte Physik

Eisele, Thomas, Dipl.-Ing., Schinkelstr. 2, 5100 Aachen,
RWTH Aachen, Rogowski-Institut für Elektrotechnik

Elterich, A., Sedanstr. 10, 7900 Ulm,
Telefunken Systemtechnik GmbH

Ender, Joachim, Dipl.-Math., Neuenahrer Str. 20, 5307 Wachtberg-Werthhoven,
FGAN Forschungsinst. für Funk und Mathematik

Falkhausen, M., Postfach 11 19 32, 6000 Frankfurt 11,
Johann-Wolfgang Goethe-Universität, Institut für Angewandte Physik

Feichtinger, Hans G., Doz., , 5100 Aachen,
RWTH Aachen, Lehrstuhl A für Mathematik

Fettweis, Alfred, Prof.Dr.sc.techn., Postfach 102148, 4630 Bochum 1,
Ruhr-Universität Bochum, Lehrstuhl für Nachrichtentechnik

Finster, Harald, Dipl.-Ing., , 5100 Aachen,
RWTH Aachen, Inst. für Nachrichtengeräte und Datenverarbeitung

Fuhrmann, Gerd, Dipl.-Ing., Postfach 1913, 5170 Jülich,
Forschungszentrum Jülich, Abtlg. ZEL-NE

Hekrdla, Josef, Dr., Lamumborg 1, CS-18251 Praha,
Czechoslovac Academy of Sciences, Institute of Radio Engineering and and Electronics

Hirsch, H. G., Dr.-Ing., , 5100 Aachen,
RWTH Aachen, Inst. für Nachrichtengeräte und Datenverarbeitung

Höher, Peter, Dipl.-Ing., Münchnerstr., 8031 Oberpfaffenhofen,
DLR Oberpfaffenhofen, Institut für Nachrichtentechnik

Hou, Peihong, Dipl.-Ing., Otto-Hahn-Str. 4, 4600 Dortmund 50,
Universität Dortmund, Lehrstuhl für Nachrichtentechnik

Kalveram, Hans, Dipl.-Ing., Appelstr. 9a, 3000 Hannover 1,
Universität Hannover, Institut für Allgemeine Nachrichtentechnik

Kleinhempel, W., Dipl.-Ing., Kurt-Schumacher-Str. 72, 6750 Kaiserslautern

Kraus, D., , 4630 Bochum,
Ruhr-Universität Bochum, Lehrstuhl für Signaltheorie

Laws, Peter, Prof. Dr., Bismarckstr. 81, 4100 Duisburg,
Universität Duisburg, FB Elektrotechnik FG Nachrichtentechnik

Ley, Dietmar, Dipl.-Ing., Postfach 10 12 40, 5900 Siegen,
Universität GHS Siegen, Zentrum für Sensorsysteme ZESS

Loffeld, Otmar, Priv. Doz. Dr.-Ing., Hölderlinstr. 3, 5900 Siegen,
Universität GHS Siegen, Institut für Nachrichtenverarbeitung

Luther, Wolfram, Prof. Dr., An den Quellen 44, 5102 Würselen

Marschall, Roland, Dr.-Ing., Buchholzerstr. 100, 3000 Hannover 51,
Prakla-Seismos AG

Mehrholz, Dieter, Dr.-Ing., Neuenahrer Str. 20, 5307 Wachtberg-Werthhoven,
FGAN Forschungsinst. für Hochfrequenzphysik, Großradaranlage

Molocher, Bernhard, Dipl.-Ing., Arcisstr. 21, 8000 München 2,
TU München, Lehrstuhl für Nachrichtentechnik

Mugler, Dale H., Prof. Dr., , USA Akron, OH 44325, 4002,
University of Akron, Department of Mathematical Sciences

Ndenge, A. F., Dipl.-Inform., , 4790 Paderborn,
Universität GHS Paderborn, FB Elektrotechnik - Elektrische Meßtechnik

Nickel, Ulrich, Dr. rer.nat., Neuenahrer Str. 20, 5307 Wachtberg-Werthhoven,
FGAN Forschungsinst. für Funk und Mathematik

Ohsmann, Martin, Dr.-Ing., Augustinerbach 2a, 5100 Aachen,
RWTH Aachen, Lehrstuhl I für Mathematik

Penner, Erik A., Dipl.-Ing., Schinkelstr. 2, 5100 Aachen,
RWTH Aachen, Rogowski-Institut für Elektrotechnik

Ping He, , Dipl.-Ing., Im Johannistal 23, 5600 Wuppertal 1,
Bergische Universität GHS Wuppertal, Fachbereich für Elektrotechnik

Rupp, Markus, Dipl.-Ing., Merckstr. 25, 6100 Darmstadt,
Technische Hochschule Darmstadt, Institut für Netzwerk- und Signaltheorie

Sauer-Greff, Wolfgang, Dr.-Ing., Erwin-Schrödinger-Str., 6750 Kaiserslautern,
Universität Kaiserslautern, Lehrstuhl für Nachrichtentechnik

Sawicki, Janusz, Prof.Dr.habil.Ing., ul. Piotrowo 3A, PL-60965 Poznan,
Politechnika Poznanska, Instytut Elektroniki i Telekom.

Schüßler, Hans Wilhelm, Prof. Dr.-Ing., Cauerstr 7, 8520 Erlangen,
Universität Erlangen-Nürnberg, Lehrstuhl für Nachrichtentechnik

Sottek, Roland, Dipl.-Ing., , 5100 Aachen,
RWTH Aachen, Institut für Elektrische Nachrichtentechnik

Tran Duc, Long, Dipl.-Ing., Am Hohen Rain 3, 5900 Siegen,
Universität GHS Siegen, Institut für Nachrichtenverarbeitung

von Brandt, Achim, Dr., Otto-Hahn-Ring 6, 8000 München 83,
Siemens AG, ZFE IS INF 11

von Winterfeld, Chr., Prof. Dr., Neuenahrer Str. 20, 5307 Wachtberg-Werthhoven,
FGAN Forschungsinst. für Hochfrequenzphysik (FHP), Abt. AuS

Welz, Kornelia, Dipl.-Inform., Appelstr. 9a, 3000 Hannover 1,
Universität Hannover, Theoretische Nachrichtentechnik